수직형 터널(환기구 포함) 진단을 위한 AI기반 3D 외관조사망도 자동 스캐닝 시스템 개발

국토안전관리원

요 약 문

1. 연구 주제

수직형 터널(환기구 포함) 진단을 위한 AI기반 3D 외관조사망도 자동 스캐닝 시스템 개발

2. 연구 목적 및 필요성

○ 도로터널, 철도터널 및 지하철 내 수직형 시설물의 정밀점검 및 정밀안전진단시 외관조사는 현재, 진단기술자(조사자)가 직접 내부에 진입하여 육안에 의해 시설물의 상태를 확인한다. 이에, 위험 유해환경에서 추락 등 안전사고 위험에 노출되어 면밀하고 정량화된 조사가 어렵고, 조사결과의 객관성과 신뢰성을 확보에 문제가 있다. 따라서, 진단기술자의 안전을 확보함과 동시에 조사결과의 품질을 확보할 수 있는 스마트 점검 및 진단기술의 개발이 요구된다.

○ 본 연구는 도로터널, 철도터널, 지하철 등 터널 시설물 내 환기 및 방재의 목적으로 설치되는 수직구(갱구), 환기구 등 수직형 시설물의 정밀안전진단시 외관조사 자동화를 위한 것이다. 정밀영상획득을 위한 비진입 스캐닝 자동화 장비를 이용하여 시설물의 평면전개 이미지와 3차원 형상 데이터를 생성하고, 인공지능(AI)을 기반으로 추출된 결함 손상 정보를 기반으로 외관조사망도와 결함손상 물량정보를 산출함으로써 선제적이고 유지관리 업무에 활용하고자 한다.

3. 연구 내용 및 범위

○ 수직형 시설물 점검/진단 관련 국내외 동향 조사

○ 조사장비 광학센서 모듈을 이용한 정밀영상 획득 및 평면전개 기법 개발

○ 수직형 시설물 영상기반 균열 등 결함검출 최적화 기법 연구

○ 영상기반 수직형 시설물 비진입 스캐닝 시스템 시작품 설계 및 제작

○ 테스트베드 적용을 통한 스캐닝 시스템 시제품 제작 및 고도화

○ 현장적용에 최적화된 촬영기법 분석 및 데이터 처리기술 개발

○ 조사품질 향상 방안 마련

○ 평면전개영상, 형상 데이터 획득 및 균열 검출을 위한 데이터 처리 기술 개발

○ 외관조사망도 작성 자동화 및 손상정보 정량화 시스템 구축

○ 운용매뉴얼 작성 및 평가절차/방법 제안

4. 연구기간 및 금액

○ 1차년도 : 2020. 01. 01.~ 2020. 12. 31. (연구비 : 100,000천원)

○ 2차년도 : 2021. 01. 01.~ 2021. 12. 31. (연구비 : 100,000천원)

○ 3차년도 : 2022. 01. 01.~ 2022. 12. 31. (연구비 : 100,000천원)

5. 연구 성과 및 결과

○ 수직형 시설물 국내 건설현황 조사 및 점검/진단기술 국내외 기술수준 조사분석

○ 수직형 시설물 정밀영상 획득기법, 획득영상 왜곡분석 및 보정기법 연구

○ 수직형 시설물내부 전단면 평면전개 기법 개발

○ AI기술을 적용한 콘크리트 시설물 균열탐지 기술조사 및 정확도 향상방안 연구

○ 수직형 시설물의 특성을 고려한 균열탐지(검출)용 AI 네트워크 최적화 방안 수립

○ 고성능 GPU기반 인공지능(AI) 서버 설계

○ 비진입 스캐닝 시스템 시제품 설계 및 제작

<목 차>

제1장 과업의 개요 ··3
1.1 과업의 배경 및 필요성 ··3
1.1.1 과업의 배경 ··3
1.1.2 과업의 필요성 ··5
1.2 과업의 내용 및 목적 ··7
1.2.1 연구개발 최종목표 ··7
1.2.2 연구범위 및 내용 ··8
1.3 과업의 파급효과 및 활용방안 ···12
1.3.1 파급효과 ···12
1.3.2 활용방안 ···13
1.4 공동연구기관 ···14
1.4.1 과업 수행체계 ··14
1.4.2 공동연구기관 사업화 실적 ··15

제2장 과업 수행 내용 ··19
2.1 국내외 기술동향 조사 ··19
2.1.1 개요 ···19
2.1.2 시설물 유지관리 현황 ··19
2.1.3 기존 육안조사 문제점 및 개선방안 ···21
2.1.4 외관조사 자동화 기술현황 ···23
2.1.5 국내·외 연구 동향 ··28
2.1.6 수직형 시설물 유지관리 기준 및 특성 분석 ·······································32
2.2 정밀영상 획득 및 평면전개 기법 개발 ···36
2.2.1 수직형 시설물 정밀영상 획득기법 개발 ···36
2.2.2 획득영상 왜곡 분석 및 보정기법 연구 ···40
2.2.3 수직형 시설물 내부 전단면 평면전개 기법 개발 ·································44
2.3 결함검출 최적화 기법 연구 ··49
2.3.1 AI기반 콘크리트 시설물 균열탐지(검출) 기술 조사 ·······························49
2.3.2 AI기반 균열탐지(검출) 정확도 향상방안 연구 ·····································51
2.3.3 균열탐지(검출)용 AI 네트워크 최적화 방안 수립 ·································52
2.3.4 고성능 GPU기반 인공지능(AI) 서버 설계 ··54

2.4 수직형 스캐닝 시스템 시작품 개발 ··56
2.4.1 스캐닝 시스템 시작품 설계 ··56
2.4.2 스캐닝 시스템 시작품 제작 ··58
2.4.3 테스트베드 현장적용시험 ···60
2.5 수직형 스캐닝 시스템 시제품 개발 ··66
2.5.1 수직형 스캐닝 시스템 시제품 설계 ··66
2.5.2 수직형 스캐닝 시스템 시제품 제작 ··81
2.5.3 수직형 스캐닝 시스템 시제품 테스트베드 적용 ··84
2.5.4 수직형 시설물 스캐닝 시스템 상용화 시제품 설계 ··91
2.5.5 수직형 스캐닝 시스템 상용화 시제품 제작 ··101
2.5.6 수직형 스캐닝 시스템 상용화 시제품 테스트베드 적용 ··································103
2.5.7 수직형 스캐닝 시스템 상용화 시스템 현장성능시험 ··115
2.6 촬영기법 분석 및 데이터 처리 기술 개발 ··120
2.6.1 획득 영상 데이터 전송/처리기술 개발 ··120
2.6.2 평면전개 알고리즘의 테스트베드 적용 및 검증 ··122
2.6.3 결함검출용 네트워크 학습을 위한 데이터 수집 ··133
2.7 수직형 스캐닝 시스템 기술 고도화 ··138
2.7.1 수직형 스캐닝 시스템 개선 시제품 설계 ··138
2.7.2 수직형 스캐닝 시스템 개선 시제품 제작 ··149
2.7.3 수직형 스캐닝 시스템 개선 시제품 테스트베드 적용 ······································151
2.7.4 수직형 스캐닝 시스템 터널 외 시설물 적용 방안 마련 ··································158
2.7.5 촬영영상 최소 품질기준 ···160
2.8 평면전개 영상 생성, 결함검출 기술 개발 ··162
2.8.1 균열 결함검출을 위한 데이터 처리기술 개발 ··162
2.8.2 외관조사망도 작성 자동화 및 손상정보 정량화 시스템 구축 ·························172
2.9 수직형 스캐닝 시스템 운용 매뉴얼 개발 ··176
2.9.1 총칙 ···176
2.9.2 수직형 스캐닝 시스템 구성 ···178
2.9.3 수직형 스캐닝 시스템 제어 S/W 네트워크 환경설정 ······································186
2.9.4 수직형 스캐닝 시스템 화각 및 정밀도 ··192
2.9.5 수직형 스캐닝 시스템 현장 조사절차 ··195
2.9.6 수직형 스캐닝 시스템 현장 작업인원 및 소요시간 ··200
2.9.7 수직형 스캐닝 시스템 점검항목 및 유지관리 ··201
2.9.8 수직형 스캐닝 시스템 현장촬영 ··202

2.9.9 평면전개 이미지 생성을 위한 영상처리 ···206
　2.9.10 AI기반 결함검출 및 손상정보 영상분석 ··210
　2.9.11 외관조사망도 및 물량 산출 집계표 생성 ······································216
　2.9.12 보고서 양식 ···219

제3장 결론 ···225

참고문헌 ···227

부록 1. 테스트베드 적용결과 ···237
　1. 분당터널 환기구 현장시험 결과 ···237
　2. 서울지하철 4호선 환기구 ···264
　3. 광주지하철 1호선 환기구 ···278
　4. 대전지하철 1호선 환기구 ···294

부록 2. 지식재산권 ···305
　1. 특허 제 10-2387098호 ···302
　2. 특허 제 10-2442659호 ···303

부록 3. 평가의견 조치계획 및 조치결과 ··309

<그림 차례>

그림 1.1 국내 도로터널 및 철도터널 건설현황 ···3
그림 1.2 지하철 환기구 설치 현황 ···4
그림 1.3 수직형 시설물의 상태평가를 위한 인력진입 육안조사 ···················5
그림 1.4 연구개발 목표 및 개요 ···7
그림 2.1 철근 콘크리트 터널 시설물의 대표적인 결함손상 사례 ···············20
그림 2.2 도로터널 라이닝 천정부의 육안조사 현황 ·······································21
그림 2.3 균열자(crack scale)을 이용한 균열 육안측정 ··································21
그림 2.4 시설물 진단 및 외관조사 기술 발전방향 ···23
그림 2.5 영상기반 스캐닝 시스템 개요 ···24
그림 2.6 레이저 스캐닝 방식의 터널 스캐닝 시스템(일본 Tunnel Catcher) ·····26
그림 2.7 라인 카메라 촬영 방식의 터널 스캐닝 시스템 (일본 Road Eye) ·····26
그림 2.8 하이브리드형 스캐닝을 통한 터널 구조물 열화상 3D 맵핑 ·······26
그림 2.9 하이브리드형 스캐닝을 통한 라이닝 열화상 추출 ·······················26
그림 2.10 이미지 기반 스캐닝을 위한 디지털 카메라 장비 ·························26
그림 2.11 영상 기반 스캐닝을 위한 비디오 카메라 장비 ·····························26
그림 2.12 다중 카메라 촬영 방식의 주행형 터널 스캐너의 시스템 구성도 ·····29
그림 2.13 수직형 시설물 외관조사 자동화 국내 사례((주)케이엠티엘 수행실적) ·····29
그림 2.14 환기구 스캐닝 시험적용 사례(대구지하철 1호선 환기구) ·········29
그림 2.15 국외 수직 시설물 스캐닝 시스템 개발사례 ···································30
그림 2.16 클라이밍 로봇 영상 스캐닝 시스템 ···31
그림 2.17 영상 평면전개 및 균열 탐지, 정량화(물량산출) 결과 ················31
그림 2.18 기저 데이터를 활용한 손상 검출 및 정량화 과정 ·······················32
그림 2.19 수직형 시설물 유지관리 관련 참조기준 ···33
그림 2.20 지하철 환기구 표준제원 및 설치특성 예 ·······································35
그림 2.21 분당터널 환기구 일반도 ···35
그림 2.22 획득영상 왜곡 분석 및 보정기법 연구 개략도 ·····························40
그림 2.23 실내실험을 통한 왜곡보정 내/외부 파라미터 산출 ·····················42
그림 2.24 수직형 시설물 스캐닝용 카메라를 활용한 카메라 캘리브레이션 수행 ·····43
그림 2.25 수직형 시설물에서 취득한 데이터를 활용한 ·································43
그림 2.26 수직형 시설물 내부 전단면 평면전개 기법 개발 연구 개략도 ·····44
그림 2.27 평면전개 알고리즘 문헌 조사 ···45

그림 2.28 이미지 정밀 스티칭을 위한 특징 매칭 및 특징 제어 절차 ·················45
그림 2.29 Feature control 알고리즘 기반 평면전개 수행 ····························46
그림 2.30 검증 결과의 개선 방향 도출 ···47
그림 2.31 Depth estimation network를 활용한 각 벽면 분할 ·····················47
그림 2.32 Depth estimation network를 활용한 각 벽면 분할 ·····················48
그림 2.33 개선 알고리즘의 평면 전개 결과 ··48
그림 2.34 문헌조사에 따른 대표적인 인공지능 네트워크 ······························50
그림 2.35 수직형 시설물 내 Negative sample 조사 ·······································51
그림 2.36 구축 네트워크를 활용한 균열 검출 수행 결과 ·····························53
그림 2.37 Multi-tasking network ··54
그림 2.38 웹서버 설계 ···55
그림 2.39 비진입 스캐닝 시스템의 구성 및 영상획득 원리 ·························56
그림 2.40 조사장비, 구동부 및 가이드와이어 상세 ··58
그림 2.41 케이블 윈치 구동부의 모습 ···59
그림 2.42 스캐닝 조사장비의 모습 ··59
그림 2.43 조사위치도 ···60
그림 2.44 대상 환기구 전경 ··60
그림 2.45 환기구 상부 그레이팅/메쉬 ··60
그림 2.46 환기구 내부현황(계단부) ···60
그림 2.47 환기구 풍도 벽체 현황 ··61
그림 2.48 스캐닝 조사장비 설치 ··61
그림 2.49 스캐닝 장비 촬영중 모습(1) ··62
그림 2.50 스캐닝 장비 촬영중 모습(2) ··62
그림 2.51 360도 카메라 및 평면형 영상획득 시스템 ·····································67
그림 2.52 Depth Estimation을 위한 360도 LiDAR 센서의 측정원리 ········67
그림 2.53 수직형 스캐닝 시스템 시제품 시스템 구성도 ·······························68
그림 2.54 적용된 렌즈(f=6mm)에 의한 화각 및 FOV 분석 개요 ···············71
그림 2.55 수직형 스캐닝 시스템 시제품 도면 ··75
그림 2.56 수직형 스캐닝 시스템 시제품의 윈치박스 설계 상세도 ············76
그림 2.57 환기구 외부(상부) 및 내부(하부) 바닥설치용 가이드 와이어 베이스 ···············77
그림 2.58 숙대입구역 환기구 대상 화각분석 예 ···78
그림 2.59 수직형 스캐닝 시스템 1차 시제품 설치 및 조사순서도 ···········80
그림 2.60 수직형 스캐닝 시스템 시제품 전면부 ···81
그림 2.61 수직형 스캐닝 시스템 시제품 후면부 ···81

그림 2.62 수직형 스캐닝 시스템 시제품 ···82
그림 2.63 숙대입구역 환기구 상부 케이블 윈치 구동부의 모습 ··············83
그림 2.64 서울지하철 4호선 숙대입구역~서울역 환기구 4-#119, #120 전경 ···85
그림 2.65 서울지하철 4호선 숙대입구역~서울역 환기구 스캐닝 순서 ······86
그림 2.66 수직형 스캐닝 시스템 가이드와이어 및 윈치 케이블 연결 전경 ······87
그림 2.67 수직형 스캐닝 시스템 촬영중 전경 ·······································87
그림 2.68 숙대입구역 환기구 #4-120_C3 이미지망도 ··························88
그림 2.69 숙대입구역 환기구 #4-120 외관조사망도(CAD) ····················89
그림 2.70 수직형 스캐닝 시스템 상용화 시제품 시스템 구성도 ············91
그림 2.71 온도에 따른 LED 광량, 파장, 전압 변화 ······························93
그림 2.72 LED조명 패널 ··94
그림 2.73 트리거 보드 ···94
그림 2.74 수직형 스캐닝 시스템 상용화 시제품 도면 ······························95
그림 2.75 수직형 스캐닝 시스템 상용화 시제품 설계도면 ·······················96
그림 2.76 수직형 스캐닝 시스템 상용화 시제품 윈치박스 설계도면 ······96
그림 2.77 수직형 스캐닝 시스템 조사 대상면과의 이격거리별 화각분석 예 ·······98
그림 2.78 수직형 스캐닝 시스템 상용화 시제품 설치순서도 ················100
그림 2.79 수직형 스캐닝 시스템 상용화 시제품 윈치박스 제작 전경 ···101
그림 2.80 수직형 스캐닝 시스템 상용화 시제품 제작 및 제어성능 실험 전경 ···102
그림 2.81 광주지하철 환기구 상부 작업 전경 ·······································105
그림 2.82 광주지하철 환기구 #1161 제원별 촬영방법 ·························106
그림 2.83 광주지하철 환기구 #1161 작업전경 ·····································107
그림 2.84 광주지하철 환기구 #1155 촬영방법 ·····································108
그림 2.85 광주지하철 환기구 #1155 작업전경 ·····································109
그림 2.86 광주지하철 환기구 #1154 촬영방법 ·····································110
그림 2.87 광주지하철 환기구 #1154 작업전경 ·····································111
그림 2.88 광주지하철 환기구 #1154 이미지망도 ·································112
그림 2.89 광주지하철 환기구 #1154 외관조사망도(CAD) ···················113
그림 2.90 조사장비 이동속도 분석을 위한 환기구 내부 줄자 설치 전경 ······115
그림 2.91 환기구 NO. #1161_1련_2면, 조사장비 이동에 의한 속도 Graph ······116
그림 2.92 환기구 NO. #1155_1련_2면, 조사장비 이동에 의한 속도 Graph ······116
그림 2.93 프레임 속도별 획득 이미지 간 중첩영역과 이미지 크기 산정방법 ···117
그림 2.94 스캐닝 영상의 노출시간에 따른 히스토그램 분석결과(계속) ····118
그림 2.94 스캐닝 영상의 노출시간에 따른 히스토그램 분석결과 ········119

그림 2.95 개선 스캐닝 시스템의 렌즈계 왜곡 보정 ···120
그림 2.96 Optimal image selection 알고리즘 ··121
그림 2.97 구조물의 특성을 고려한 스티칭 기법 개요 ···122
그림 2.98 SIFT 기법을 이용한 특징점 추출 및 매칭 ···123
그림 2.99 Outlier analysis ···123
그림 2.100 Image pair matching ···123
그림 2.101 Bundle adjustment를 통한 Rotation 및 Focal length 업데이트 ·······124
그림 2.102 이미지의 Mesh 분할 ··125
그림 2.103 SIFT 기법을 이용한 특징점 추출 및 매칭 결과 ·······························126
그림 2.104 RANSAC 및 Outlier analysis를 이용한 필터링 결과 비교 ···············126
그림 2.105 기존의 Stitching 기법과 제안된 기법의 결과 비교 ··························127
그림 2.106 평면전개 알고리즘의 Lab scale 테스트 ···128
그림 2.107 평면전개 알고리즘 테스트베드 검증 및 최적화 ·································128
그림 2.108 테스트베드를 활용한 평면전개 알고리즘 검증 ···································129
그림 2.109 광주 공항역 테스트베드를 활용한 정량화 Pretest 결과 ····················132
그림 2.110 Semantic segmentation network ···133
그림 2.111 Training dataset ··134
그림 2.112 Testbed를 활용한 Training dataset 보강 ···································134
그림 2.113 Annotation toolbox ···135
그림 2.114 네트워크 시스템 ···136
그림 2.115 광주 공항역 데이터를 활용한 네트워크 검증 수행 ·····························136
그림 2.116 손상 데이터 맵핑을 통한 딥러닝 기반 외관손상망도 구축 ··················137
그림 2.118 수직형 스캐닝 시스템 개선 시제품 고도화 ······································138
그림 2.119 수직형 스캐닝 시스템 개선 시제품 시스템 구성도 ····························139
그림 2.120 수직형 스캐닝 시스템 시제품 개선설계 도면 ···································142
그림 2.121 수직형 스캐닝 시스템 개선 시제품 설계 도면 ·································143
그림 2.122 윈치박스 및 가이드와이어 베이스 도면 ···143
그림 2.123 촬영거리 1m일 경우 수평 및 수직 FOV 크기 ·································145
그림 2.124 촬영거리(Work Distance)별 수평 및 수직 FOV 및 GSD 분석 ········145
그림 2.125 카메라 렌즈 6mm 촬영거리 별 이미지 해상도 ································147
그림 2.126 카메라 렌즈 16mm 촬영거리 별 이미지 해상도 ······························148
그림 2.127 수직형 스캐닝 시스템 개선 시제품 윈치박스 설치 전경 ····················149
그림 2.128 수직형 스캐닝 시스템 개선 시제품 제작 및 제어성능 실험 전경 ········150
그림 2.129 대전지하철 환기구 도면 및 상부전경 ···151

그림 2.130 대전지하철 환기구 작업순서 및 전경 ···152
그림 2.131 대전지하철 환기구 114S 2련 환기구 촬영방법 및 전경 ················153
그림 2.132 대전지하철 환기구 114S 3련 환기구 촬영방법 및 전경 ················154
그림 2.133 대전지하철 환기구 114S 2련(중앙단면) 이미지망도 ·······················155
그림 2.134 대전지하철 환기구 114S 2련(중앙단면) 외관조사망도(CAD) ········156
그림 2.136 Semantic segmentation network ···167
그림 2.138 대전광역시 월평역 인근 환기구 테스트베드 ····································170
그림 2.139 대전역 데이터를 활용한 네트워크 검증 수행 ··································171
그림 2.140 Damage mapping 알고리즘 ···172
그림 2.141 2D exterior and 2D exterior damage map 구축 ··················173
그림 2.142 Working distance calculation using Lidar scanning ············174
그림 2.143 대전역 테스트베드를 활용한 구축 알고리즘의 정량화 결과 ···········175
그림 2.144 수직형 스캐닝 시스템 구성 및 설치 항목별 이미지 ······················178
그림 2.145 수직형 스캐닝 시스템 시제품 시스템 구성도 ································179
그림 2.146 수직형 스캐닝 시스템 전면부의 카메라 및 LED 조명과 설치 항목 ···········181
그림 2.147 후면부의 영상처리 및 저장장치 제어모듈 구성 ······························182
그림 2.148 가이드와이어 고정베이스 및 장력유지장치와 강재블럭 구성항목 ················183
그림 2.149 수직형 스캐닝 시스템 승강장치 윈치박스 및 수동윈치박스 구성 ················184
그림 2.150 수직형 스캐닝 시스템 네트워크 및 데이터 전송 설정 방법 ········186
그림 2.151 PC와의 연결을 위한 NETWORK 설정방법 ·································187
그림 2.152 /W 화면 구성 및 Command 설정과 Device Status 상태 ·········188
그림 2.153 영상취득 데이터 확인을 위한 통신HUB 연결방법 ························190
그림 2.154 영상저장데이터 전송을 위한 네트워크 설정방법 ···························191
그림 2.156 촬영거리 1m일 경우 수평 및 수직 FOV 크기 ·····························192
그림 2.157 촬영거리(Work Distance)별 수평 및 수직 FOV 및 GSD 분석 ················193
그림 2.158 수직형 스캐닝 시스템 단계별 현장 적용 절차 ·······························195
그림 2.159 촬영거리에 의한 화각검토 및 촬영계획 수립 ································196
그림 2.160 수직형 스캐닝 시스템 촬영계획 수립을 위한 현장답사 ················196
그림 2.161 촬영거리에 의한 화각검토 및 촬영계획 수립 ································197
그림 2.162 환기구 외부 안전 발판 단계별 설치 순서 ·····································204
그림 2.163 테스트베드 별 환기구 외부 안전발판 설치 및 작업 전경 ············204
그림 2.165 RAW image folder ···207
그림 2.166 Optimal image folder ···208
그림 2.167 Damage detected image folder ··208
그림 2.168 평면전개용 이미지 폴더 ···209

그림 2.169 Exterior map generation result ···209
그림 2.170 Semantic segmentation network ···210
그림 2.171 Web server 기반 인공지능 다중손상 결함검출 ····························211
그림 2.172 Output 폴더 내 결과물 ···218
그림 2.173 소프트웨어를 통해 산출된 손상 물량 ··218
그림 2.174 평면전개 이미지망도 조사양식 ··219
그림 2.175 외관조사망도(CAD) 조사양식 ··220

<표 차례>

<표 1.1> 수직형 시설물의 육안조사 문제점 ···6
<표 2.1> 영상기반 스캐닝 기술 비교 ···27
<표 2.2> 터널 부대시설의 균열평가 기준 ··34
<표 2.3> 고해상도(6,720×4,480) 카메라의 화소당 길이 분석결과 ·································37
<표 2.4> 정사각형 단면의 단면제원 및 카메라 해상도에 따른 식별가능 균열폭 ··········39
<표 2.5> 원형 단면의 단면제원 및 카메라 해상도에 따른 식별가능 균열폭 ···············39
<표 2.6> 스캐닝용 카메라(Insta360 Pro2)의 영상취득 옵션 ···41
<표 2.7> 네트워크 성능검증 결과 ··52
<표 2.8> 인공지능 하드웨어 서버 사양 ···54
<표 2.9> 카메라 모듈(Insta 360 Pro2)의 기술적 사양 ··57
<표 2.10> LED조명의 기술적 사양 ··57
<표 2.11> 수직형 스캐닝 시스템 2차년도 1차 시제품 개선설계 방향 ·························66
<표 2.12> 수직형 스캐닝 시스템 1차 시제품 구성 모듈 ··68
<표 2.13> 영상획득장치 머신비전 카메라의 기술적 사양 ··69
<표 2.14> 영상획득장치 머신비전 카메라 렌즈의 기술적 사양 ·····································70
<표 2.15> 촬영거리(Working Distance)에 따른 FOV 분석 결과 ···································71
<표 2.16> LED조명의 기술적 사양 ··72
<표 2.17> LED슬림형 조명의 기술적 사양 ···72
<표 2.18> LIDAR의 기술적 사양 ··73
<표 2.19> 영상처리보드(Latte Panda Alpha 800s) ···74
<표 2.20> 촬영거리에 따른 중첩율, 수평 FPV 및 GSD 분석결과 ································78
<표 2.21> 숙대입구역 환기구 대상 단면 화각분석 예 ···79
<표 2.22> 숙대입구역~서울역 환기구 단면형태 및 제원 ··84
<표 2.23> 숙대입구역~서울역 환기구 #119, #120 평면도 및 단면도 ···························84
<표 2.24> 서울지하철 4호선 숙대입구역~서울역 환기구 물량집계표 ··························90
<표 2.25> 수직형 스캐닝 시스템 상용화 시제품 개선설계 방향 ···································91
<표 2.26> 수직형 스캐닝 시스템 상용화 시제품 구성 모듈 항목 및 수량 ···················92
<표 2.27> 트리거 보드(mTrigger)의 기술적 사양 ···95
<표 2.28> 수직형 스캐닝 시스템 상용화 시제품의 크기 및 무게 ·································97
<표 2.29> 촬영거리에 따른 중첩율, 수평 FOV 및 GSD 분석결과 ·······························99
<표 2.30> 광주지하철 환기구 대상 수직형 스캐닝 시스템 화각분석 예 ······················99

<표 2.31> 광주지하철 환기구 제원 ······103
<표 2.32> 광주지하철 환기구 도면 및 상부전경 ······103
<표 2.33> 환기구 상단 외부 공정작업을 위한 안전발판 설치도 ······104
<표 2.34> 광주지하철 공항역~마륵역(컨벤션센터) 환기구 물량집계표 ······114
<표 2.35> 수직형 스캐닝 시스템 상향 및 하향 이동속도 분석 ······115
<표 2.36> 수직형 스캐닝 시스템 상향 및 하향 이동속도 분석 ······116
<표 2.37> 조사장비의 카메라 프레임속도(fps 1, 2, 3, 5) 별 중첩률 분석 ······117
<표 2.38> The number of training dataset ······133
<표 2.39> The number of training labels ······133
<표 2.40> Network performance validation ······137
<표 2.41> 수직형 스캐닝 시스템 개선 시제품의 설계 방향 ······138
<표 2.42> 수직형 스캐닝 시스템 개선 시제품 설계 항목 및 수량 ······140
<표 2.43> 연직거리 측정을 위한 와이어변위계의 기술적 사양 ······141
<표 2.44> 촬영거리에 따른 중첩율, 수평, 수직 FOV 및 GSD분석결과 ······146
<표 2.45> 대전지하철 환기구 제원 ······151
<표 2.46> 대전지하철 월평역~갑천역 환기구 114S 2련(중앙단면) 물량집계표 ······157
<표 2.47> 수직형 스캐닝 시스템 터널 외 시설물 최적 촬영을 위한 적용방안 ······159
<표 2.48> 터널 시설물의 안전점검 및 정밀안전진단 대상시설 범위 ······160
<표 2.49> 부대시설물 상태평가항목 ······161
<표 2.50> 부대시설물 균열 손상에 대한 상태평가기준 ······161
<표 2.51> The number of training dataset ······166
<표 2.52> The number of images per class ······167
<표 2.53> Network performance validation: Test image 1 ······169
<표 2.54> Network performance validation: Test image 2 ······169
<표 2.55> Network performance validation: Test image 3 ······169
<표 2.56> Network performance validation ······171
<표 2.57> 물량산출표 ······175
<표 2.58> 수직형 스캐닝 시스템 현장적용 가능 대상시설물 및 범위 ······176
<표 2.59> 부대시설물 상태평가항목 ······177
<표 2.60> 부대시설물 균열 손상에 대한 상태평가기준 ······177
<표 2.61> 수직형 스캐닝 시스템 시제품 장비 구성 및 수량 ······180
<표 2.62> 수직형 스캐닝 시스템 단계별 네트워크 설정방법 ······187
<표 2.63> 수직형 스캐닝 시스템 S/W화면의 구성항목 및 최적설정 방법 ······189
<표 2.64> 수직형 스캐닝 시스템 영상취득 데이터 확인을 위한 단계별 설정방법 ······190
<표 2.65> 촬영거리에 따른 중첩율, 수평, 수직 FOV 및 GSD분석결과 ······194
<표 2.66> 무선통신 및 S/W실행을 위한 단계별 네트워크 설정방법 ······199
<표 2.67> 수직형 스캐닝 시스템 영상취득 데이터 확인을 위한 단계별 설정방법 ······199

<표 2.68> 현장적용 시 단계별 설치순서에 의한 작업인원 및 소요시간 ·················200
<표 2.69> 수직형 스캐닝 시스템 점검항목 및 유지관리 방안 ·····························201
<표 2.70> 수직형 스캐닝 시스템 현장 적용을 위한 단계별 절차 ·······················202
<표 2.71> 환기구 상단 외부 공정작업을 위한 안전발판 설치도 ·······················203
<표 2.72> 평면전개 소프트웨어 운용을 위한 시스템 권장 및 최소사양 ···········206
<표 2.73> 물량집계표 조사양식 ···221

제 1 장

과업의 개요

1.1 과업의 배경 및 필요성

1.2 과업의 내용 및 목적

1.3 과업의 파급효과 및 활용방안

1.4 공동연구기관

제1장 과업의 개요

1.1 과업의 배경 및 필요성

1.1.1 과업의 배경

가. 터널 및 수직형 시설물의 증가

○ 도로터널, 철도터널, 지하철 등 터널 시설물의 건설 및 설치연장이 대폭 증가됨에 따라, 터널 시공시 교통 영향 및 인접 지장물에 대한 영향을 최소화하며, 공용중 환기 및 방재를 목적으로 설치되는 터널 부속 시설물인 터널 수직구(갱구), 환기구 등 수직형 시설물의 설치가 함께 증가되고 있다.

○ 고속국도, 일반국도 및 지방도에 건설된 국내 도로터널은 2018년 말 현재, 총 2,566개소, 총 연장 1,897km로서, 2008년 대비 1,244개소, 총 연장 1,112km가 증가되었으며, 도로 터널 개소와 연장은 매년 약 10% 내외의 지속적인 증가세를 보이고 있다. 일반철도, 도시철도 및 고속철도에 건설된 국내 철도 터널은 2018년 말 현재, 총 925개소, 총 연장 2,219.4km로서, 2008년 대비 281개소, 총 연장 563km가 증가되었으며, 철도 터널 개소와 연장은 매년 약 5% 내외로 꾸준히 증가하고 있다. 그림 1.1에서는 국내 도로터널 및 철도터널 건설현황을 보여주고 있다.

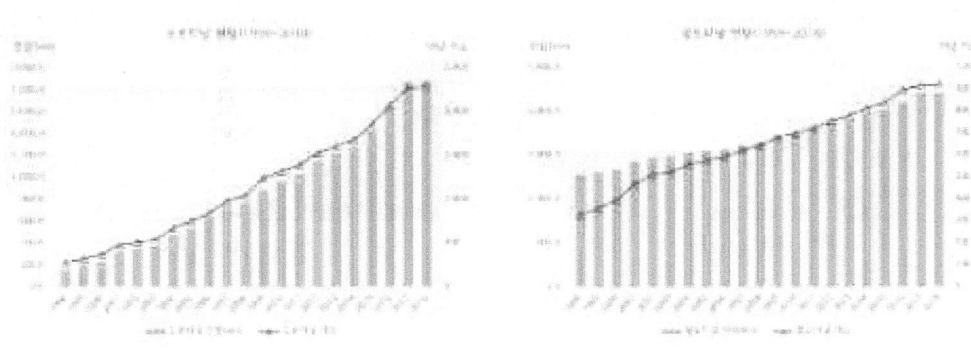

(1) 도로터널 건설현황(1998~2018)　　　(2) 철도터널 건설현황(1998~2018)

그림 1.1 국내 도로터널 및 철도터널 건설현황
(자료출처: 시설물정보관리종합시스템(FMS), 한국시설안전공단)

○ 도로터널, 철도터널, 지하철 등 터널 시설물의 설치 개소 및 연장이 대폭 증가됨에 따라

터널 시공시 교통 영향 및 인접 지장물에 대한 영향을 최소화하며, 공용중 환기 및 방재를 목적으로 설치되는 터널 부속 시설물인 터널 수직구(갱구), 환기구 등 수직형 시설물의 설치가 함께 증가되고 있다. 이러한 수직형 시설물의 증가에 따라 관리주체의 유지관리 부담이 가중되고 있으며, 정밀점검 및 정밀안전진단 등 선제적 유지관리를 위한 비진입 방식의 자동화된 점검 및 진단기술의 개발 및 현장적용이 필요한 시점이다.

○ 대단면 장대화 터널 건설이 증가함에 따라, 공용중 환기 및 방재를 위한 중요 부속시설인 수직형 시설물의 규모가 대형화되고 있으며, 이러한 대심도 수직형 시설물은 대부분 철근 콘크리트 구조로 건설되어 심도에 따라 토압 등 작용하중 및 주위 환경에 의한 구조체의 균열 등 결함손상과 재료적 열화가 발생하게 되어 주기적인 정밀점검 및 정밀안전진단시 외관조사에 의한 정밀상태평가가 요구되고 있다.

나. 수직형 시설물의 유지관리 현황

○ 지하철 시설물의 환기 및 방재를 위해 설치되는 수직 환기구는 대표적인 수직형 시설물로서, 2015년 기준 서울시 공공기반시설 부속 환기구는 지하철, 공동구, 지하도상가, 공영주차장 등 약 2,800여 개소로 집계되며, 지면형, 탑형, 조형화, 투시형 등 다양한 형태로 보도부, 녹지(공원), 중앙분리대(녹지부), 건물 부속 등에 설치되어 운영되고 있다. 그림 1.2에서는 지하철 환기구의 설치 현황을 보여주고 있다.

(1) 상부(출입구)   (2) 환기구 내부

그림 1.2 지하철 환기구 설치 현황

○ 공공기반시설 부속 환기구의 경우, 2014년 판교 환기구 추락사고를 계기로, 공용중 점검을 통해 주로 사용자 안전을 확보하기 위해 환기구 덮개의 안전성을 위주로 관리주체에 의해 유지관리 되어 왔다. 공공기반시설 부속 환기구의 정밀점검 및 정밀안전진단시 환기구 본체 내부의 상태 안전성 평가를 위한 외관조사시 조사인력의 접근이 용이하지 아니하고 조사환경이 불량함에 따라 조사가 불가능하거나, 필요시 조사자의 육안과 판단에

의존하는 재래적인 외관조사에 의존할 수밖에 없어 면밀한 조사 및 평가에 어려움이 있다.

1.1.2 과업의 필요성

○ 도로터널, 철도터널 및 지하철 내 수직형 시설물의 정밀점검 및 정밀안전진단시 외관조사는 현재, 진단기술자(조사자)가 직접 내부에 진입하여 육안에 의해 시설물의 상태를 확인하는 육안조사를 수행하게 되나, 위험 유해환경에서 추락 등 안전사고 위험에 노출되고, 면밀하고 정량화된 조사가 불가능하며 조사결과의 객관성과 신뢰성을 확보하기 어려운 문제가 있어 진단기술자의 안전을 확보함과 동시에 조사결과의 품질을 확보할 수 있는 스마트 점검 및 진단기술의 개발이 요구된다.

○ 대부분의 수직형 시설물은 현장조사를 위한 점검용 통로, 점검 사다리가 부재하여 조사인력의 접근이 용이하지 않고, 바람, 먼지, 소음 등 조사환경이 매우 불량하여 조사가 불가능하거나, 불가피한 경우 진단기술자가 직접 로프를 통해 진입하여 외관조사를 수행하게 됨으로써 추락 등 안전문제가 발생하고 고가의 특수 장비를 사용하여 유지관리 비용이 증가하는 문제가 발생하고 있다. 그림 1.3에서는 수직형 시설물의 상태평가를 위한 인력진입 육안조사 현황을 보여주고 있으며, <표 1.1>에서는 수직형 시설물의 육안조사 문제점을 요약하여 보여주고 있다.

(1) 지하철 환기구　　　　　　　　(2) 터널 수직구

그림 1.3 수직형 시설물의 상태평가를 위한 인력진입 육안조사

<표 1.1> 수직형 시설물의 육안조사 문제점

번호	문제점	현 황
1	조사결과 정밀도, 정확도 및 객관성 저하	• 한정된 조사시간, 조사자의 육안 및 주관에 의한 외관조사로 결함손상의 물량 누락 및 오류 발생 • 정량적인 조사가 어려워 조사결과의 정확도 및 객관성 저하 • 원거리 구분가능한 결함손상만 측정이 가능
2	유해환경 노출 및 조사자 안전문제 발생	• 현장조사시 조사자의 추락의 위험이 크고 조사시간 장기화 • 배출가스, 먼지, 소음 등 시설물 내 조사환경이 매우 열악함
3	조사결과 데이터의 기록, 저장 및 활용성 저하	• 조사결과 결함손상 정보의 현장표기 및 수기에 의한 외관망도 작성 • 정량적인 결함손상 정보의 추출, 기록, 저장 및 활용성 제한

○ 도로터널, 철도터널 및 지하철 내 수직형 시설물의 정밀점검 및 정밀안전진단시 기존 진단기술자의 직접 육안조사에 의한 외관조사 기술을 대체하여, 전술한 조사인력의 안전문제를 해결하고, 조사환경 개선, 조사결과의 품질 향상 및 신뢰성 확보 등 선제적 유지관리 체계에 적용가능한 비진입 방식의 영상 및 데이터 기반 점검/진단기술의 상용화 개발 필요성이 있으며, 관리주체 및 안전진단전문기관에 보급하여 수직형 시설물 유지관리 현장에 적용할 필요가 있다.

○ 대상 수직형 시설물의 특성을 고려하여, 최대 100m 이상의 깊은 심도의 수직형 시설물에 적용가능하고, 정밀한 균열 등 결함손상 검출이 가능한 비진입 방식의 스캐닝 시스템 개발 필요성이 있으며, 조사장비의 이동시 진동, 흔들림에 의한 획득영상의 품질 저하, 적정 조도 확보, 경량화를 통해 이동 및 작업 편의성을 개선할 수 있는 자동화된 외관조사 기술의 개발 필요성이 있다.

○ 본 연구는 도로터널, 철도터널, 지하철 등 터널 시설물 내 환기 및 방재의 목적으로 설치되는 수직구(갱구), 환기구 등 수직형 시설물의 정밀안전진단시 외관조사 자동화를 위한 것으로, 정밀영상획득을 위한 비진입 스캐닝 자동화 장비를 이용하여 시설물의 평면전개 이미지와 3차원 형상 데이터를 생성하고, 인공지능(AI)으로 추출된 결함손상 정보를 기반으로 외관조사망도와 결함손상 물량정보를 산출함으로써 선제적이고 과학적인 유지관리 업무에 활용하고자 한다.

1.2 과업의 내용 및 목적

1.2.1 연구개발 최종목표

가. 최종목표

> 본 연구는 도로터널, 철도터널, 지하철 등 터널 시설물 내 환기 및 방재의 목적으로 설치되는 갱구(수직구), 환기구 등 수직형 시설물의 정밀점검 및 정밀안전진단 시 외관조사 자동화 기술을 개발하기 위한 것으로,
>
> (1) 수직형 시설물 내부의 정밀영상 획득을 위한 다중 카메라와 형상 데이터 획득을 위한 레이저 센서를 기반으로 하는 비진입 스캐닝 자동화 장비와;
>
> (2) 획득된 영상 및 형상 데이터를 이용하여 시설물 내부의 평면전개 이미지와 3차원 형상 데이터(포인트 클라우드)를 생성하는 데이터 처리기술 및;
>
> (3) 인공지능(AI) 기반의 자동 영상처리를 통해 균열 등 결함을 검출하고, 손상정보를 정량화함으로써 외관조사망도 및 결함손상 물량정보(결함손상 집계표) 생성 기술을 포함하는 수직형 시설물의 AI기반 비진입 스캐닝 자동화 시스템 개발을 목표로 한다.

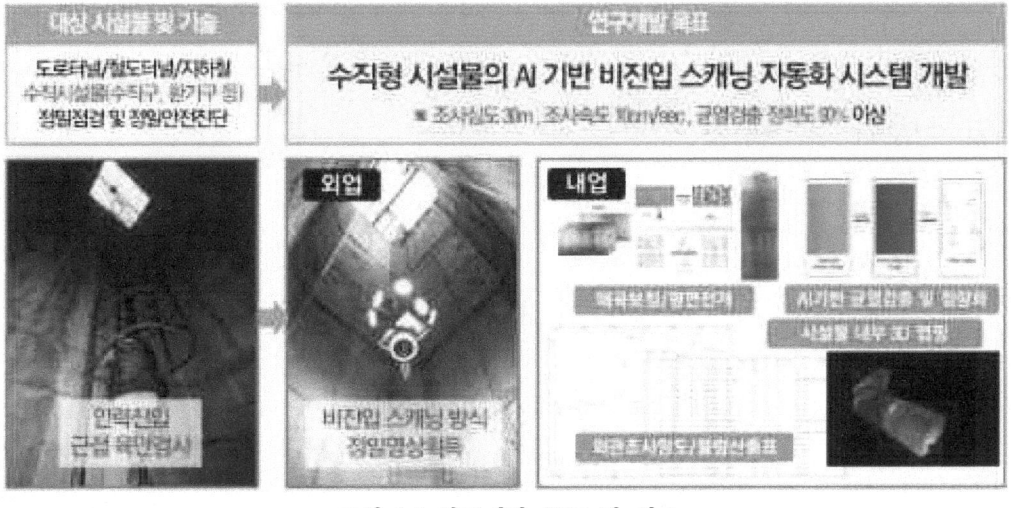

그림 1.4 연구개발 목표 및 개요

나. 연차별 연구목표

최종목표		수직형 시설물의 AI 기반 비진입 스캐닝 자동화 시스템 상용화 개발
연차별 연구 목표	1차년도 (당해연도)	• 조사장비 정밀영상 획득 및 평면전개 기법 개발 • 수직형 시설물 영상기반 비진입 스캐닝 시스템 시작품 제작
	2차년도	• 비진입 스캐닝 시스템 테스트베드 적용 및 개선 시제품 제작 • 조사품질 향상을 위한 최적 촬영기법 및 데이터 처리기술 개발
	3차년도	• 평면전개 영상, 3차원 형상 데이터 획득 및 AI기반 결함검출에 의한 외관조사 망도 자동화 생성 및 손상정보 정량화 기술 개발 • 비진입 스캐닝 시스템 운용 매뉴얼 및 평가기준/절차 제안

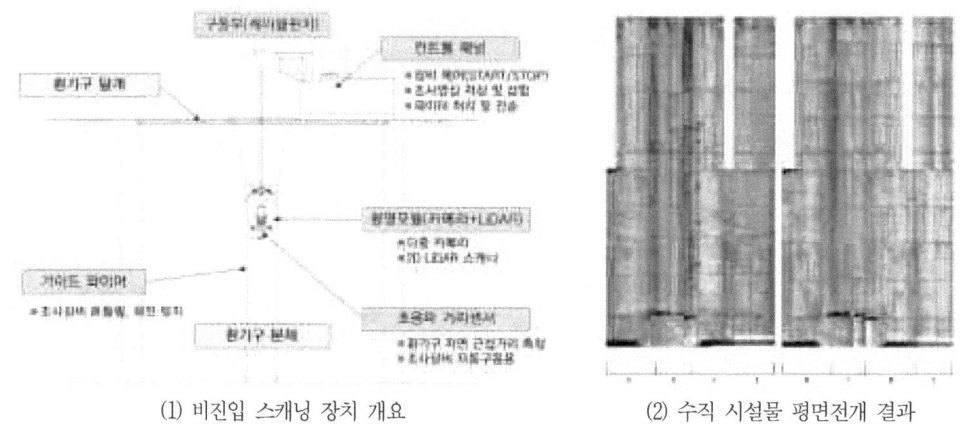

(1) 비진입 스캐닝 장치 개요   (2) 수직 시설물 평면전개 결과

그림 1.5 수직형 시설물 비진입 스캐닝 장치 및 결과물

1.2.2 연구범위 및 내용

가. 1차년도

(1) 수직형 시설물 점검 및 진단 관련 국내외 동향 조사

　　○ 수직형 시설물 국내 건설현황 조사

　　○ 수직형 시설물 점검/진단기술 국내외 기술동향 조사/분석

　　○ 대상 시설물 특성 및 점검/진단 기준 조사/분석

(2) 정밀영상 획득 및 평면전개 기법 개발

　　○ 전단면 다중 카메라 동영상 촬영 및 적정 조도 확보에 의한 수직형 시설물 정밀영상

획득기법 개발

- ○ 영상 취득 파라미터 최적화, 단면형태, 거리에 따른 획득영상 왜곡 분석 및 보정 기법 적용 연구
- ○ 다중 영상접합 후 특징점 매칭(feature matching) 기반 저왜곡부 순차접합에 의한 전단면 평면전개 기법 개발

(3) 수직형 시설물 영상 기반 균열 등 결함 검출 최적화 기법 연구

- ○ 인공지능(AI) 기술을 적용한 콘크리트 시설물 균열탐지 기술 조사 및 정확도 향상방안 연구
- ○ 수직형 시설물의 특성을 고려한 균열탐지(검출)용 AI 네트워크 최적화 방안 수립
- ○ 고성능 GPU기반 인공지능(AI) 서버 설계

(4) 수직형 시설물 비진입 스캐닝 시스템 시작품 설계 및 제작

- ○ 조사가능 최대심도 30m, 이동속도 10cm/sec 이상 비진입 스캐닝 장비 프레임/구동부 설계 및 제작
- ○ 비진입 스캐닝 시스템의 다중 카메라 촬영방식 광학식 조사모듈 설계 및 제작

나. 2차년도

(1) 테스트베드 적용을 통한 스캐닝 시스템 시제품 제작 및 고도화

- ○ 현장적용성 검증을 위한 테스트베드 구축
- ○ 비진입 스캐닝 시스템 테스트베드 적용 및 성능검증
- ○ 비진입 스캐닝 시스템 상용화 시제품의 보완방안 도출
- ○ 2D 또는 3D 레이저스캐너(LiDAR)를 이용한 형상 데이터 획득기술 개발
- ○ 조사모듈 자동화 구동 및 제어 기술 개발
- ○ 비진입 스캐닝 시스템 상용화 시제품 설계 및 제작

(2) 현장 적용에 최적화된 촬영기법 분석 및 데이터 처리 기술 개발

- ○ 수직형 시설물 최적 촬영기법 연구
- ○ 획득 영상 데이터 전송/처리기술 개발
- ○ 평면전개 알고리즘의 테스트베드 적용 및 검증을 통한 알고리즘 최적화 및 고도화 수행

○ 결함검출용 네트워크 학습을 위한 데이터 수집

(3) 조사품질 향상 방안 마련

　○ 조사모듈 촬영시 진동 및 흔들림(sway) 최소화 방안 적용

　○ 단면형태(원형 및 사각단면)에 따른 왜곡보정 기법 연구

다. 3차년도

(1) 수직형 시설물 영상기반 스캐닝 장비 기술 고도화

　가. 수직형 스캐닝 장비 시제품 개선

　　○ 수직형 스캐닝 장비의 흔들림, 회전, 진동 등 가이드와이어 구조 및 안정성 개선

　　○ 수직형 스캐닝 장비의 소형화, 경량화 방안 마련

　　○ 카메라, 조명, 영상처리 보드 등 영상획득 시스템 안정성 및 신뢰성 확보

　나. 테스트베드 구축 및 확대 적용 방안 마련

　　○ 수직형 스캐닝 시스템 테스트베드 현장적용 및 개선사항 도출

　　　※ 지하철 환기구 외 수직형 터널(연직갱) 등 테스트베드 확대 적용

　　○ 환기구, 연직갱 등 터널 시설물 외 적용성 확보 방안 마련

　　○ 시설물 특성에 따른 수직형 스캐닝 시스템 운용 및 적용방안 확대방안 제시

　　　※ 단면변화, 지장물(사다리, 계단) 등 시설물 특성 고려

　　　※ 사각지대 발생시 별도 획득영상의 데이터 융합 방안 제시

　　　※ 상하부 윈치구동부 및 가이드와이어 베이스 설치 제약 등 극복 방안

　　○ 장비설치, 영상획득, 해체를 포함한 현장 영상획득 절차 간소화 및 작업시간 단축 방안 마련

　　　※ 테스트베드 적용을 통해 조사단계별 소요시간 기준 제시

(2) 수직형 시설물 스캐닝 장비 및 데이터 처리 알고리즘 운용 매뉴얼 작성

① 조사장비 현장 운용 매뉴얼 작성 및 조사품질 평가방법 제안

- 시설물 종류 및 유형, 조사환경을 고려한 수직형 스캐닝 장비 현장설치 및 운용 표준절차 제시

    ※ 적용가능한 시설물 종류, 형태, 크기, 연장 등 적용범위 정의

    ※ 다중 카메라 시스템의 촬영거리별 픽셀 정밀도(GSD)와 화각분석 수행

- 수직형 시설물 영상 기반 스캐닝 장비의 구성, 사양, 규격 등 고품질 영상획득을 위한 최소 요구사항, 조사절차, 조사 안전성을 고려한 현장 운용지침 제시

- 획득영상 품질, 균열검출 정밀도 등 조사품질 평가항목 정의 및 평가방법 제안

② 조사결과 분석방법 및 표준절차 제안

- 수직형 시설물 스캐닝 시스템을 이용한 영상획득, 고품질 평면전개 이미지 생성, AI 기반 균열손상 검출 과정의 수직형 스캐닝 표준절차 제시

- AI 기반 다중손상 결함분석을 위한 데이터 학습(training), 검증(validation) 및 테스트(test) 표준절차 제안 및 결과 분석방법 제시

1.3 과업의 파급효과 및 활용방안

1.3.1 파급효과

가. 기술적 측면

(1) 도로터널, 철도터널, 지하철 등 터널 내 주요 부속시설물인 수직형 터널(수직갱, 환기구)에 대한 정밀점검 및 정밀안전진단시 기존 진단기술자의 직접 진입에 의한 육안조사 기술을 대체하여 조사환경 개선 및 조사자 안전 확보에 기여함.

(2) 스캐닝 시스템으로 획득한 수직형 터널 내부 정밀영상과 3D 형상 데이터를 기반으로 인공지능(AI)에 의한 결함검출을 통해 조사결과의 정확도 및 정밀도를 향상하고 조사결과의 객관성과 신뢰성을 확보하여 데이터 기반의 선제적 유지관리 체계에 적용됨.

나. 경제적 측면

(1) 비진입 방식의 스캐닝 시스템 적용으로 수직형 터널 시설물의 정밀점검 및 정밀안전진단시 기존 육안조사 대비 조사인력을 1/4이하로 최소화하고, 점검 및 진단에 소요되는 기간을 50% 이상 단축함으로써 현장 조사업무의 경제성을 확보함.

(2) 수직형 터널 시설물의 유지관리에 있어 비진입 스캐닝 시스템을 적용하면 균열 등 결함 손상의 정량화된 데이터 기반의 진행성 관리를 통해 경제적 시점의 보수보강을 시행하는 선제적 유지관리 체계에 적용가능하며, 시설물의 수명연장을 통해 생애주기 유지관리비용 절감이 기대됨.

(3) 현장조사시 진단기술자 안전관리, 교통통제 등 시설물 점검 및 진단에 따른 간접비용의 대폭 절감 효과가 있음.

다. 사회적 측면

(1) 기존 인력기반의 육안조사 방식을 대체하는 비진입 스캐닝 기술의 개발로 진단 기술자의 점검 및 진단시 안전한 조사환경을 조성하고, 조사업무의 신속성 확보로 진단업무의 생산성 향상이 기대됨.

(2) 데이터 기반 스마트 점검 및 진단기술 개발로 사회기반시설물의 노후화로 인한 국민적 불안을 해소하고, 선제적인 유지관리에 의한 시설물 장수명화에 기여함.

1.3.2 활용방안

(1) 사회기반시설물의 정밀점검 및 정밀안전진단을 위한 기존 인력기반의 육안조사를 대체하는 영상 및 센서 데이터 기반의 시설물 스캐닝 원천기술을 확보함

(2) 교량, 터널, 수처리 시설, 건축물 등 진입이 곤란하거나 불가능한 시설물의 비진입 점검 및 진단 기술로 확대 적용 가능함

(3) 수직형 시설물 스캐닝시 조사장비의 흔들림, 회전 등 장비 이용기술의 불안정성을 해결하여 조사장비 하드웨어 관련기술의 국내외 기술적 파급효과가 큼

(4) 데이터 처리를 통한 평면전개 알고리즘 및 인공지능(AI)을 이용한 결함 자동추출을 위한 원천기술 개발로 타 시설물의 영상 및 데이터 기반 점검 및 진단 소프트웨어 기술에 확장 및 적용 가능

1.4 공동연구기관

1.4.1 과업 수행체계

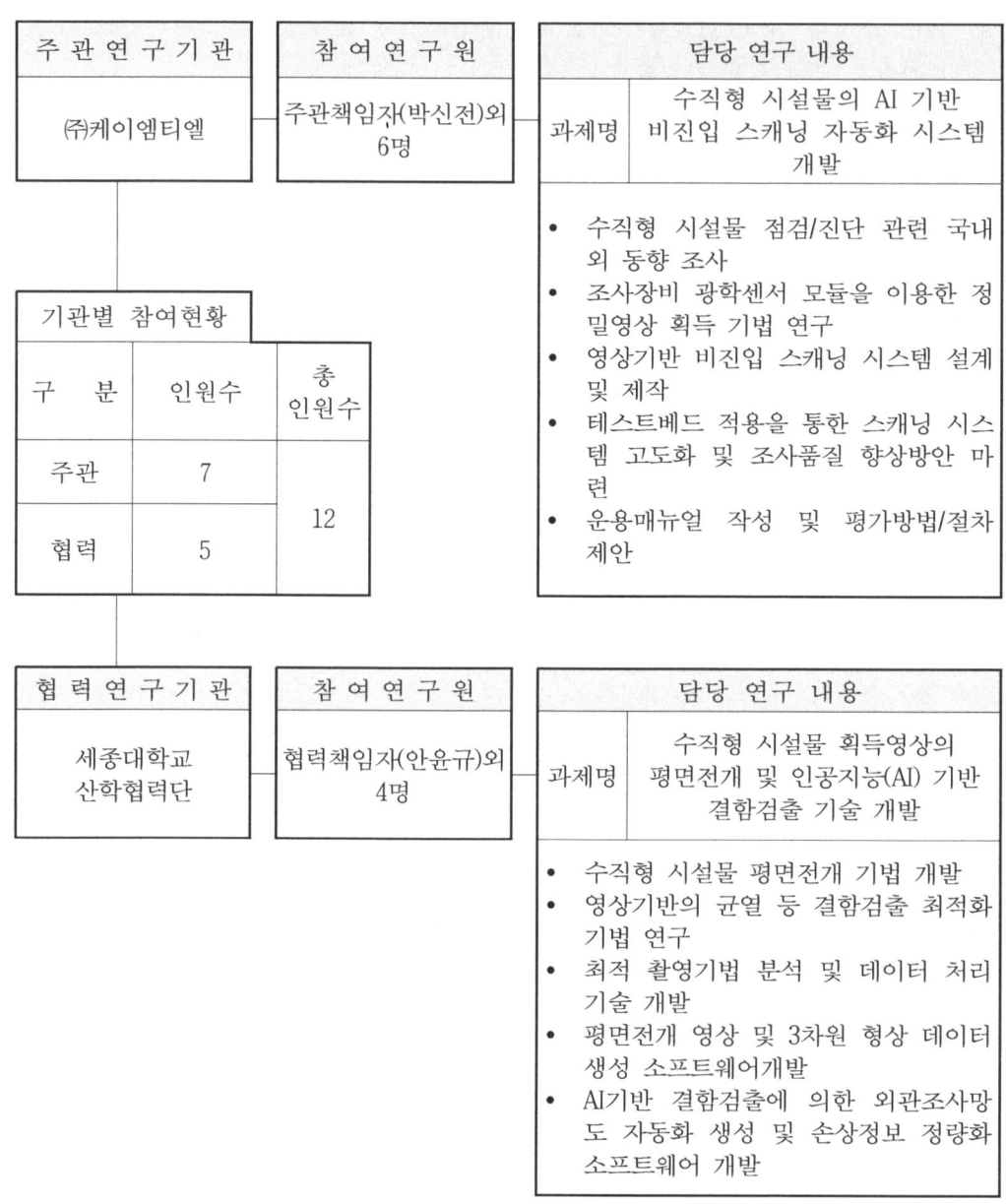

1.4.2 공동연구기관 사업화 실적

구 분	연구기관	연구내용	지원기관
주요연구 업적	㈜케이엠티엘	대구경 하수관로의 육안조사 및 조사결과 결함손상의 검출기술, 비진입 방식의 맨홀 3D 조사장비의 개발	한국환경산업 기술원
		장대레일 종방향 레일축력 측정장치 개발	국토교통과학 기술진흥원
		고감도 CCD카메라 스캐닝 장치를 이용한 대단면 장대 터널 균열진행 검출 및 균열상태 mapping 기술	산업자원부
	세종대학교 산학협력단	도로함몰 위험도 평가 및 분석기술 개발	국토교통과학 기술진흥원
		SOC 시설물 재해·재난 방지를 위한 자가센싱 섬유보강 시멘트 복합재료 기반의 스마트 모니터링 시스템	국토교통과학 기술진흥원
		무인검사장비 기반 교량구조물 신속진단 및 평가기술 개발	국토교통과학 기술진흥원
		강섬유 보강 콘크리트의 섬유 방향성 제어를 위한 마그네틱 노즐 원천기술 개발	국토교통과학 기술진흥원
		구조물 손상 진단을 위한 Deep learning 기반의 laser speckle photography 기법	과학기술정보통신부
		인공지능 기반의 초고해상도 3D 디지털 외관조사망도 자동화 구축 기술 개발	국토교통과학 기술진흥원
주요사업화의 성공과제 및 성공내용	㈜케이엠티엘	신경망 학습기법의 균열 인식 알고리즘을 이용한 클라우드 기반 콘크리트 구조물 균열결함 자동추출 시스템 개발	중소벤처 기업부
		영상기반 터널 스캐닝 시스템을 이용한 도로터널 및 철도터널 라이닝의 외관조사 자동화 기술 개발(건설신기술 제887호)	국토교통부
	세종대학교산학협력단	도로함몰 위험도 평가 및 분석기술 개발	국토교통과학 기술진흥원

제 2 장
과업 수행 내용

2.1 수직형 시설물의 점검/진단 관련 국내외 동향 조사

2.2 정밀영상 획득 및 평면 전개 기법 개발

2.3 수직형 시설물 영상기반 균열 등 결함검출 최적화 기법 연구

2.4 수직형 스캐닝 시스템 시작품 개발

2.5 수직형 스캐닝 시스템 시제품 개발

2.6 촬영기법 분석 및 데이터 처리 기술 개발

2.7 수직형 스캐닝 시스템 기술 고도화

2.8 평면전개 영상 생성, 결함검출 기술 개발

2.9 수직형 스캐닝 시스템 및 데이터 처리 알고리즘 운용 매뉴얼

제2장 과업 수행 내용

2.1 국내외 기술동향 조사

2.1.1 개요

　수직형 시설물은 주로 도로터널, 철도터널, 지하철 등 터널 시설물의 부대 시설물로 수직구(갱구), 환기구의 형태로 설치되는 것으로, 터널 시설물의 지속적인 건설과 함께 환기 및 방재의 목적으로 설치되는 수직형 터널 시설물의 설치개소 및 규모가 크게 증가하고 있다. 본 장에서는 수직형 시설물 외관조사 자동화 기술의 적용분야인 터널 및 수직형 시설물의 유지관리 및 외관조사 자동화 기술현황을 분석하였다.

2.1.2 시설물 유지관리 현황

○ 1995년에 제정된 '시설물의 안전관리에 관한 특별법(이하, 시특법)'에 따라 기존 건설위주의 건설산업 패러다임이 시설물 안전과 유지관리 위주로 변화되고 있으며, 제정된 시특법에 의거하여 수직형 시설물의 정밀안전진단은 안전점검 및 정밀안전진단 세부지침에 따라 외관조사 및 내구성 평가 결과를 바탕으로 상태평가 및 안전성 평가를 실시하여 최종적인 터널 상태등급을 산정하여 수행되어 오고 있다.

○ 2017년에 전면 개정된 '시설물의 안전 및 유지관리에 관한 특별법(이하, 시설물 안전법)'에 따라 그 동안 관리주체에 따라 수행되어온 시설물 안전관리를 일원화하고 성능중심의 유지관리체계가 도입되었으며, 터널의 정밀안전진단시 시설물 안전법에 의거한 개정된 안전점검 및 정밀안전진단 세부지침에 따라 안전성능, 내구성능 및 사용성능을 종합적으로 평가하여 종합성능등급을 산정한다.

○ 수직갱, 환기구 등 수직형 시설물은 터널 부대 시설물로서, 대부분 철근 콘크리트를 재료로 설치된다. 이러한 수직형 시설물은 시간의 경과와 더불어 구조적, 환경적 영향으로 인한 손상 및 구조적 열화로 균열, 누수, 박리, 박락, 재료분리, 철근노출 등 노후화에 따른 문제가 발생하게 된다. 따라서 터널 시설물의 노후화에 따른 벽체균열의 심화 및 탈락, 복공부위 누수 및 변형과 같은 중대 결함을 포함하여 현재 상태안전성능을 외관조사와 비파괴 현장시험 및 재료시험을 통해 평가하고, 수치해석을 통한 구조안전성능을 함께 고려하여 시설물의 안전성능을 평가하는 것이 매우 중요하다. 그림 2.1에서는 철근 콘크리트 터널 시설물의 대표적인 결함 및 손상 사례를 보여주고 있다.

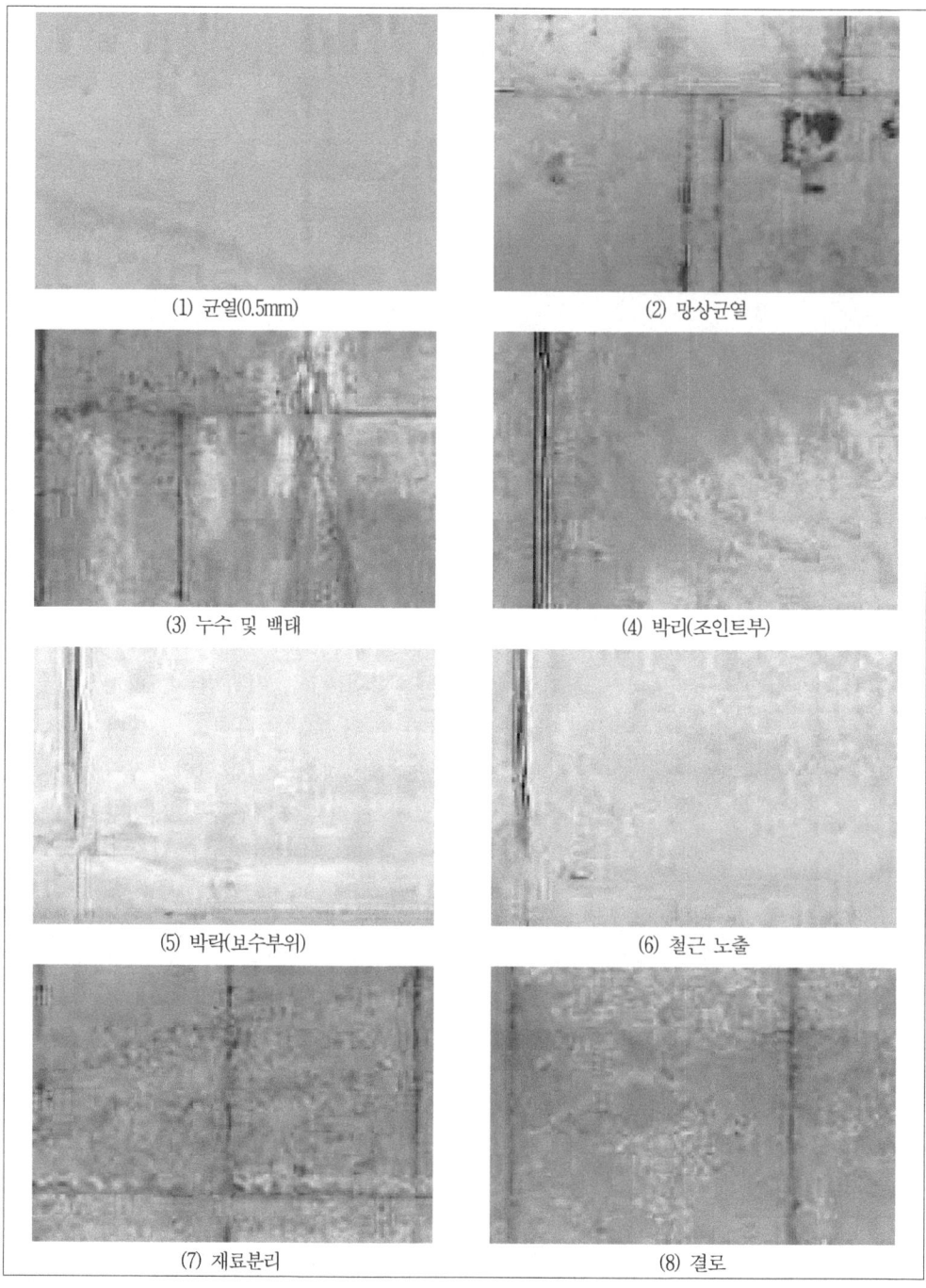

그림 2.1 철근 콘크리트 터널 시설물의 대표적인 결함손상 사례

2.1.3 기존 육안조사 문제점 및 개선방안

○ 터널 시설물의 상태안전성능 평가를 위한 외관조사는 대부분 조사자의 육안에 의한 조사방법(이하, 육안조사)에 의존하여 수행되어 왔다. 점검 및 진단 대상 터널 시설물의 지속적 증가와 터널 시설물의 대형화 및 장대화에 따라 기존의 조사인력에 의한 육안조사 기법으로는 폭증하는 조사대상 물량을 소화하기 불가능하게 됨에 따라 최근 영상기반의 터널 스캐닝 기술을 도입되어 터널 시설물의 정밀안전진단 업무에 활용되고 있다. 그림 2.2에서는 도로터널 라이닝 천정부의 육안조사 현황을 보여주고 있으며, 그림 2.3에서는 균열자(crack scale)를 이용한 균열폭 측정 모습을 보여주고 있다.

그림 2.2 도로터널 라이닝 천정부의 육안조사 현황

그림 2.3 균열자(crack scale)을 이용한 균열 육안측정

○ 터널 부대시설인 수직구(갱구), 환기구와 같은 수직형 시설물의 경우, 정밀안전진단시 외관조사가 필요함에도 불구하고 이러한 상시 유지관리를 위한 내부 점검계단, 통로 또는 사다리가 설치된 경우는 매우 드물어 인력진입에 의한 육안 외관조사가 불가능하거나, 불가피한 경우 진단기술자가 직접 로프를 통해 진입하여 조사를 수행하게 됨에 따라 유해위험환경 하에서 추락 등 안전문제가 발생할 수 있다.

○ 기술적 측면에 있어 기존 육안조사(visual inspection)는 균열과 같은 구조적 결함손상 및 재료적 열화의 정량화된 측정이 어려워 조사결과의 객관성 및 신뢰성이 결여되며, 인력의 접근이 어려운 위치에서 조사가 불가능한 근본적인 제약이 있다. 또한, 조사결과의 문서화가 어렵고 변상 데이터 기반의 선제적 유지관리에 활용하는데 한계가 있다. 따라서 외관조사의 기계화, 자동화 및 데이터베이스화를 위한 과학적 진단기술의 요구되고 있다. 수직형 시설물등 터널 시설물의 외관조사시 기존 육안조사의 문제점을 정리하면 다음과 같다.

(1) 조사결과 정확도 및 객관성 저하

한정된 조사시간 내에 조사자의 주관에 의존하여 외관조사가 이루어져 결함손상 물량의 누락과 오류가 발생할 수 있으며, 결함손상 위치, 형태, 폭, 길이 등의 정량적인 조사가 어려워 조사결과의 정확도와 객관성이 저하된다. 특히, 원거리에서 구분이 가능한 대표적인 균열에 대한 육안 확인 및 근접 측정만이 가능하므로 균열의 개소별 최대 폭만을 측정해야 하는 문제점이 있다.

(2) 밀착 접근에 의한 정밀 조사 제약

철도시설 수직구, 지하철 환기구 등 대표적인 수직형 시설물은 내부의 높이와 폭이 큰 구조물이며, 조사인력의 밀착 접근이 어려워 대단면 터널 라이닝의 밀착 접근에 의한 결함손상의 정량적이고 정밀한 외관조사가 불가능하다.\

(3) 유해환경 노출 및 조사인력 안전문제 발생

현장 육안조사시 수직형 시설물 내부의 저조도, 분진, 소음 등 시설물 내부의 조사환경이 매우 열악하고, 폐쇄공간에서 장시간 조사작업이 이루어져야 한다. 또한 시설물 접근을 위해 로프를 이용한 고소작업이 요구되어 조사인력의 안전을 보장할 수 없고 정밀한 조사를 위한 환경적인 제약이 있다.

(4) 데이터의 기록, 저장 및 활용성 저하

조사결과 결함손상 정보를 해당위치에 표기하고 기록해야 하므로 위치 및 크기 등 정량적인 결함손상 정보의 기록, 저장 및 자료의 활용에 어려움이 있다.

(5) 조사시간 제약

철도터널 및 지하철의 경우, 실제 외관조사가 가능한 시간이 단전시간 중 1일 3~4시간 내외로 매우 제한적일 수 있어 조사시간이 절대적으로 부족하여 정밀한 현장조사가 불가능하다.

(6) 데이터베이스의 구축 및 성능중심 유지관리 활용 측면

손상의 위치 및 크기 등을 포함하는 정량적 결함손상 정보와 전체 터널의 상태를 확인할 수 있는 영상자료의 체계화된 데이터베이스 구축이 어려우므로, 상태변화의 진행 여부(경년변화)를 통해 향후 과학적 유지관리업무에 이용하는 성능중심 유지관리체계에 활용하기 어렵다.

○ 터널을 포함한 대규모 도로시설물의 양적 증가와 대형화가 진행되고 있는 반면에 시설물 유지관리 인력의 부족 문제는 심화됨에 따라 시설물 진단기술은 과거 인력에 의한 아날로그방식에서 디지털화, 무인화되고 있는 추세이며, 고감도화, 화상화, 소형화, 메모리 저장화, 정량화, 고속화, 비접촉화 등 진단 장비의 성능과 사용성을 개선함으로써 시설물 유지관리 업무는 진단 기술 및 장비의 기계화 및 자동화를 통해 신속성과 정확성을 확보하는 방향으로 발전하고 있다.

○ 전술한 육안조사의 문제점을 해결하기 위해 수직형 시설물의 외관조사 기술 또한, 기존의 인력에 의한 레이저 스캐닝, 디지털 광학센서 카메라 등 디지털 영상, 데이터 획득 및 영상처리 기술을 이용하여 터널 라이닝의 외관조사 결과의 객관성과 신뢰성을 확보하고 조사결과를 빠르게 처리할 수 있는 자동화된 터널 라이닝 외관조사 기술이 요구된다.

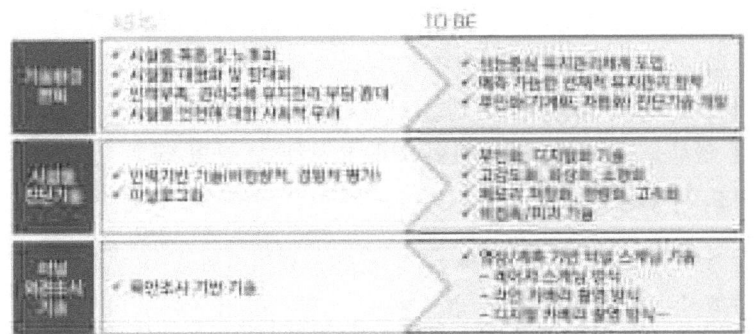

그림 2.4 시설물 진단 및 외관조사 기술 발전방향

2.1.4   외관조사 자동화 기술현황

○ 교량, 터널 등 대형 토목·건축 시설물의 정밀점검 및 정밀안전진단시 자동화 외관조사를 위한 데이터 기반 터널 스캐닝 시스템은 측정센서와 검출방식에 따라 크게 (1) 레이저 스캐닝 방식, (2) 라인 카메라 촬영 방식, (3) 디지털 영상 촬영 방식으로 구분할 수 있다. 레이저 스캐닝 방식과 라인 카메라 촬영 방식은 터널 내부의 외관조사에 국한하여 적용되고 있으며, 외관조사의 목적과 조사속도 및 분해능에 따라 기술별로 그 적용범위 및 특성이 상이하다. 디지털 이미지 촬영 방식의 영상기반 스캐닝 기술은 터널 외의 교량, 댐, 저장시설(탱크) 등 다양한 형태의 대형 토목건축 시설물에 적용될 수 있는 확장성을 가지고 있다. 그림 2.5에서는 영상기반 스캐닝 시스템의 개요를 보여주고 있다.

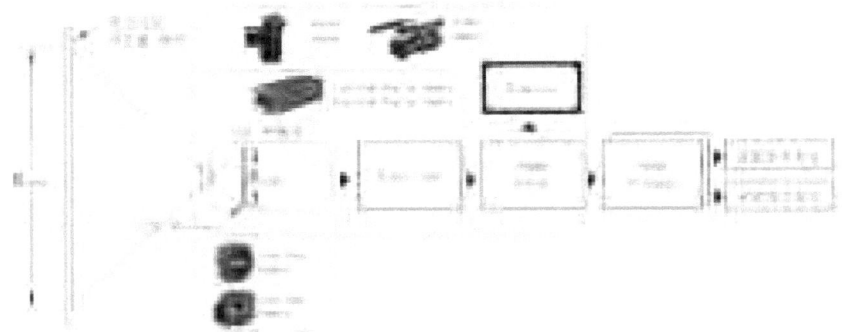

그림 2.5 영상기반 스캐닝 시스템 개요

(1) 레이저 스캐닝 기술

○ 레이저 스캐닝(terrestrial laser scanning) 방식의 스캐닝 시스템은 레이저빔을 터널 라이닝 표면에 방출한 후 반사되어 돌아오는 광선의 방사광량을 분석하여 표면의 상태를 영상으로 나타내는 것으로 레이저빔을 가늘게 만들어 폴리건 스캐너 등을 이용하여 대상 표면에 고속으로 주사하고 반사되는 광선의 양을 고속 광센서로 검출한다. 검출된 정보(거리, 각도)는 디지털 신호로 변환하여 고속데이터 레코더 등으로 기록하고, 기록된 각 점의 데이터는 256개 흑백농담 신호로 변환하여 디지털 영상으로도 표현될 수 있다. 생성된 디지털 영상을 통해 균열을 확인하여 표시하고, 균열 폭과 형태에 따라 구분하여 집계하며 도면으로 출력한다.

○ 레이저 스캐닝 방식의 터널 스캐닝 시스템은 레이저빔을 발생시키고, 조사장치를 일정한 속도로 주행시키는 등속장치가 필요하며, 조명, 습기, 먼지, 타일과 같은 반사체 등 주변 환경에 따라 측정 데이터의 정밀도와 신뢰성에 영향을 미치게 된다. 또한 조사장치의 정속주행 조건에서만 측정이 가능하여 제한적으로 적용이 가능하며, 방출되는 레이저빔의 간섭에 의한 오차가 발생하는 기술적 단점이 있다. 레이저 스캐닝 방식의 터널 스캐닝 기술은 주로 3차원 포인트 클라우드 데이터를 기반으로 시공중 굴착면 계측과 클리어런스(clearance) 관리를 위한 터널 내부 형상 추출용으로 효율적인 기술이나 균열 이외의 누수, 박리, 박락 등과 같은 다양한 구조적 결함 및 재료적 열화를 확인하기 어려워 수직형 시설물의 상태평가를 위한 외관조사 용도로 적용이 제한적인 것으로 평가된다.

(2) 라인 카메라 방식

○ 라인 카메라 촬영(line camera capturing) 방식은 공장 생산 라인에서 제품의 불량을 검출하는데 주로 사용되는 CCD라인센서 카메라를 이용하는 것으로 촬영장치는 화상의 스케일을 동일하게 유지할 수 있도록 라인 카메라 헤드, 투영 제어장치, 조명장치 및 모니터 표시장치로 구성된다. 샘플링 속도(fps)가 높아 고속 촬영이 가능하며 프레임간 접합은 디지털 이미지 촬영방식에 비해 상대적으로 단순하다. 라인 카메라는 대용량의 고속 화상 기록 장치를 필요로 하며, 카메라 렌즈의 조리개 조임으로 인한 화상의 흐려짐을 최소화 하고 피사체의 심도가 깊은 경우에도 선명한 화상을 얻을 수 있도록 충분한 조명이 필요하다. 또한, 라인 스캔방식으로 해상도를 동일하게 유지하기 위해서는 등속추행장치를 이용하거나 차축의 회전속도에 따라 라인 카메라의 주사 타이밍을 조절해야 한다. 터널의 경우 여러 대의 카메라를 설치하여 촬영 후, 단면 크기에 따라 카메라간 접합조건이 달라져 복잡한 후처리 단계를 거치게 된다.

(3) 디지털 이미지 촬영(Digital image capturing) 방식

○ 디지털 이미지 촬영 방식은 이동하는 다수의 디지털 카메라로부터 일정 영역의 화상에

대한 영상 데이터를 획득하는 2차원적인 면스캔(area scan) 방식으로 정의할 수 있는 스캐닝 기술로서 최근 카메라 기술과 영상처리 기술의 발전에 힘입어 영상기반 터널 스캐닝 기술로 개발 응용되고 있다. 디지털 이미지 촬영은 크게 이미지 기반 기술과 영상 기반 기술로 구분할 수 있다.

○ 이미지 기반 기술(Image based capturing method)은 고해상도의 CCD(Charge Coupled Device) 또는 CMOS(Complementary Metal Oxide Semiconductor) 방식의 이미지 센서를 이용하는 다수의 디지털 카메라를 이동장치에 방사형으로 탑재하여 시설물의 종방향으로 일정 간격씩 이동하면서 고해상도의 이미지를 연속적으로 획득하는 기술이다. 획득된 정지영상은 왜곡보정, 편집 및 접합을 통해 생성된 평면전개 이미지를 이용하여 구조물 표면의 손상 및 결함을 분석하는데 이용된다.

○ 영상 기반 기술(Video based capturing method)은 다수의 비디오 카메라 또는 디지털 캠코더를 주행형 촬영장치에 방사형으로 탑재하여 시설물의 종방향으로 연속 주행하면서 고해상도의 동영상을 획득하는 기술이다. 개별 카메라로부터 얻은 동영상은 프레임 동기화, 영상의 보정 및 정합을 통해 일정 크기의 이미지를 추출하여 이를 접합함으로써 외관조사망도의 대상이 되는 평면전개 이미지를 생성한다. 면스캔 방식이기 때문에, 주행속도와 촬영장치의 샘플링 속도가 동기화될 필요가 없이 일정한 품질의 결과물을 낼 수 있으나 촬영시 많은 영상데이터를 보존해야 하여 대용량 저장장치 및 전송 장치를 필요로 한다. 동영상 기반 기술은 획득된 영상으로부터 평면전개도의 생성에 왜곡보정, 정합, 접합 등 고도의 영상처리 기술이 요구되지만 최근 영상처리 소프트웨어 기술 발전과 자동화를 통해 효율적이고 정밀한 이미지의 추출이 가능하다.

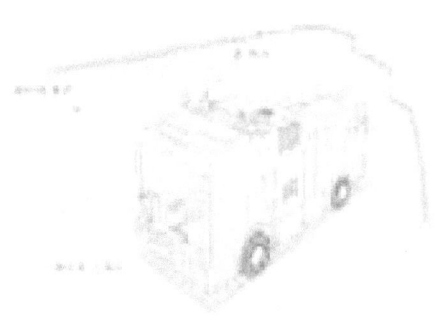

그림 2.6 레이저 스캐닝 방식의 터널 스캐닝 시스템(일본 Tunnel Catcher)

그림 2.7 라인 카메라 촬영 방식의 터널 스캐닝 시스템 (일본 Road Eye)

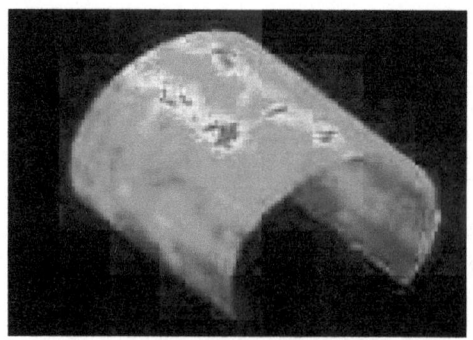
그림 2.8 하이브리드형 스캐닝을 통한 터널 구조물 열화상 3D 맵핑

그림 2.9 하이브리드형 스캐닝을 통한 라이닝 열화상 추출

그림 2.10 이미지 기반 스캐닝을 위한 디지털 카메라 장비

그림 2.11 영상 기반 스캐닝을 위한 비디오 카메라 장비

<표 2.1> 영상기반 스캐닝 기술 비교

구 분	레이저 스캐닝	라인 카메라 촬영	디지털 영상 촬영
개요도			
결과물			
촬영장치	2D 레이저 스캐너	라인센서 카메라	CCD/CMOS방식 디지털 카메라
기술개요	레이저빔을 터널 라이닝 표면에 방출한 후 반사되어 돌아오는 광선의 방사광량을 분석하여 표면의 상태를 영상으로 변환	라인 카메라를 이용하여 이동차량의 차축에 회전속도 펄스에 따라 카메라 센서의 주사 타이밍 신호를 생성하여 이미지 생성	이동하는 다수의 디지털 카메라로부터 일정 영역의 화상에 대한 영상 데이터를 2차원적인 면스캔(area scan) 방식으로 촬영
균열폭 검출분해능	1.0mm	0.5~1.0mm	0.1~0.5mm
조명	불필요 (터널내 소등, 태양광 영향 차단 필요)	선조명장비(LED)	면조명장비(LED 외)
색상	흑백	흑백/컬러	컬러
장점	터널 내 단면변화에 따른 형상 구현 내공변위, 클리어런스(clearance) 비접촉 측정	촬영 데이터의 저장용량이 적고, 신속한 처리가 가능 50km/hr 이상의 고속이동으로 영상획득	터널 내 단면변화에 대응하여 촬영장비의 제어 및 처리가 용이함 영상의 정합, 접합 및 편집에 효율적임
단점	1.0mm 이하의 미세 균열 검출이 불가능 터널 라이닝 내면의 평면전개이미지 생성불가	터널 내 단면변화에 대응하기 어려움 화각이 작아 촬영제어 및 보정이 어려움	촬영 데이터의 저장용량이 커 후처리 작업에 고성능 시스템을 요구함
개발기술 적용	-	-	○ (영상기반)

2.1.5 국내 외 연구 동향

가. 영상기반 시설물 스캐닝 기술

○ 대형 시설물의 정밀점검 및 정밀안전진단시 외관조사 자동화를 위한 영상기반 스캐닝 기술은 국내 도로터널 및 철도터널의 터널 스캐닝 시스템에 한정적으로 상용화 개발되어 ㈜케이엠티엘에 의해 2003년 금화터널 터널 스캐닝을 시작으로 유지관리 현장에 적용되고 있음. 이 기술은 균열 등 결함손상의 조사구간별 데이터 분석 및 3차원 맵핑이 가능한 터널 스캐닝 균열관리 소프트웨어를 통해 시설물의 과학적 유지관리가 가능하도록 개발되었음.

○ 국내 개발된 터널 스캐닝 기술은 차량, 모터카 등 주행장치에 탑재된 다중 카메라를 이용하여 10~80km/hr 속도로 이동하면서, 터널 라이닝의 정밀영상을 획득하고, 저장된 카메라별 영상을 왜곡보정, 접합한 평면전개영상을 대상으로 균열 등 결함분석 통해 외관조사망도 및 결함손상 물량집계표를 생성하여 대상 시설물의 상태안전성을 평가하는 데 이용되고 있음.

○ 영상기반 터널 스캐닝 기술 이외에, 고교각, 교량, 건축물 등 외관조사에 무인비행장치(드론)을 이용한 외관조사 기술이 일부 적용되고 있으나, 전체 시설물을 스캐닝 하는 정밀조사기술로는 이용되지 아니하는 점검수준의 기술로만 활용되고 있음.

나. 수직형 시설물 외관조사 자동화 기술

○ 수직형 시설물의 외관조사 자동화 기술과 관련하여, 시설물 영상진단 전문기업인 ㈜케이엠티엘은 고교각 및 LNG탱크를 외곽에서 다수의 디지털 카메라를 이용하여 영상을 획득하고 왜곡보정 및 접합을 통해 외관조사망도와 결함손상 물량을 산출하는 기술을 국내 적용한 바 있음.

○ 또한, 갱구(수직구), 환기구와 유사한 형태인 하수관로 맨홀의 외관조사를 위해, 다중 카메라와 2D 레이저스캐너를 이용한 맨홀 3D 조사장비의 시제품 수준으로 개발되고 있음.

○ 본 연구의 수직형 시설물 비진입 스캐닝 기술과 관련하여, 2019년 대구지하철 환기구의 외관조사에 스캐닝 시스템을 시험적용하여 현장적용성이 평가한 결과, 현장적용에 의한 효과는 우수하나 조사장비의 소형화, 진동/흔들림에 대한 안정화, 영상왜곡의 최소화 등 수직형 터널의 특성과 환경에 적합한 기술개발이 필요한 것으로 판단됨.

제 2장 과업 수행 계획

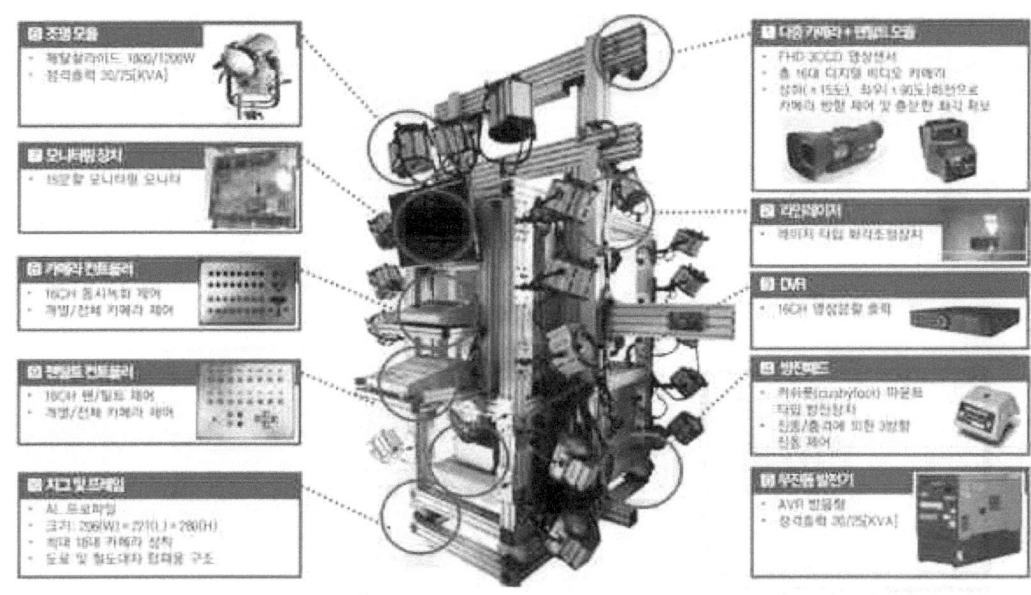

그림 2.12 다중 카메라 촬영 방식의 주행형 터널 스캐너의 시스템 구성도

(1) 고교각 스캐닝　　(2) LNG탱크 외관조사　　(3) 맨홀 3D 조사장비

그림 2.13 수직형 시설물 외관조사 자동화 국내 사례((주)케이엠티엘 수행실적)

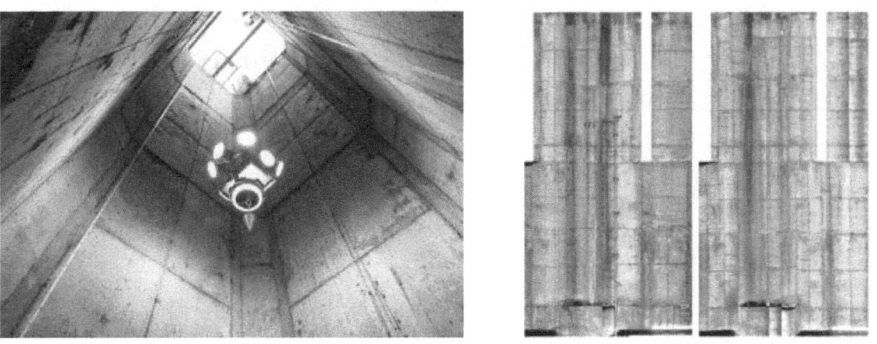

(1) 스캐닝 시험적용 모습　　(2) 외관조사망도

그림 2.14 환기구 스캐닝 시험적용 사례(대구지하철 1호선 환기구)

○ 미국 Mine Vision Systems사는 3차원 레이저스캐너를 이용한 광산 수직구(mine shaft)의 조사장비를 개발하여 포인트클라우드를 이용한 시설물 내부 3차원 맵핑으로 형상측정, 지장물 식별 등의 목적으로 사용되고 있으며, 영상기반의 점검 및 진단기술로는 상용화 개발이 미진한 것으로 판단됨.

○ 맨홀 내부 조사를 위한 3차원 스캐닝 기술은 독일 IBAK사, 독일 CleverScan사 등에 의해 개발되어 현장적용되어 맨홀 상태조사, 포인트클라우드를 이용한 3차원 맵핑 등 유지관리 현장에 적용되고 있음.

(1) 광산수직구 조사장비 (Mine Vision Systems)　(2) 맨홀 조사장비 (독일 IBAK사)　(3) 맨홀 조사장비 (독일 CleverScan사)

그림 2.15 국외 수직 시설물 스캐닝 시스템 개발사례

다. AI기반 결함 검출, 정량화 기술

○ 단일 영상 이미지 데이터에 대한 평면전개 기술은 국내에서 활발히 개발되고 있고(Bae et al,. (2017)), 이를 시설물 데이터에 활용한 연구를 진행함(Jang et al., (2020), Park et al., (2020)). 대형 시설물의 경우 그 면적에 따른 대용량 데이터 처리 시 오차 누적 등으로 인해 발생하는 왜곡에 대하여 보정 기술이 필요하나 대부분의 연구는 이에 대한 개발이 미흡하거나 성능이 부족한 것으로 평가됨.

○ 균열 검출을 위한 네트워크 개발이 다수 진행되었으며 (Kim & Cho, (2018), Kim et al., (2019), Jang et al., (2019)), 다중 손상 검출을 위한 네트워크 개발은 미미한 실정으로 실제 현업에서 활용할 구조물 전면의 외관조사망도에 대한 인공지능 기반 다중 손상 검출 및 정량화 기술은 전무한 것으로 판단됨.

○ 도로 터널 내부를 대상으로 ㈜태명이앤씨에서 외관조사망도 작도 자동화 패키지 (2019)를 개발하였으나 이미지 내 왜곡도에 대한 보정을 고려하지 않았으며, 왜곡도 해소를 위해

평면 전개 기술을 바탕으로한 외관조사망도 구축 기술 개발은 미흡한 것으로 판단됨.

○ 시설물의 교각을 대상으로 콘크리트 표면 손상 중 균열에 대하여 세종대학교가 고정밀 균열 외관 조사망도 구축 및 균열 손상 물량산출을 위해 평면전개, 초고해상화, 균열 검출, 정량화 알고리즘을 통해 균열 1종에 대하여 외관조사망도 구축 및 물량 산출을 자동화한 연구가 있으나, 균열 1종에 대한 것으로 박리박락, 백화 등의 다양한 손상 종류에 대한 정량화가 필요함.

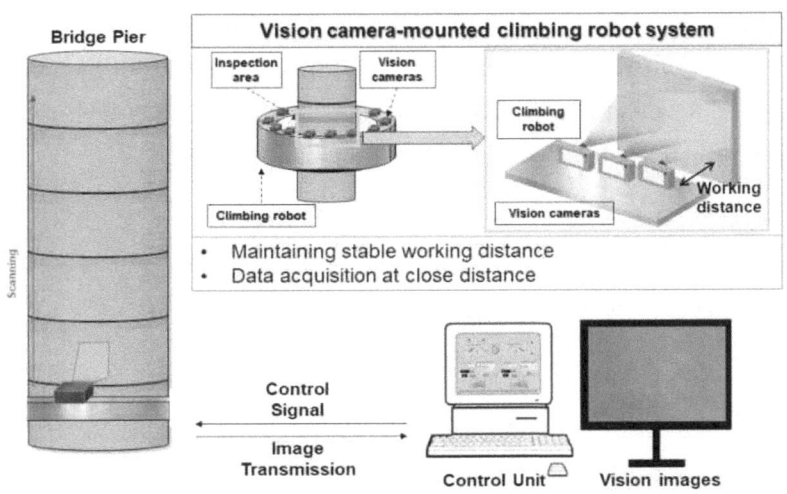

그림 2.16 클라이밍 로봇 영상 스캐닝 시스템

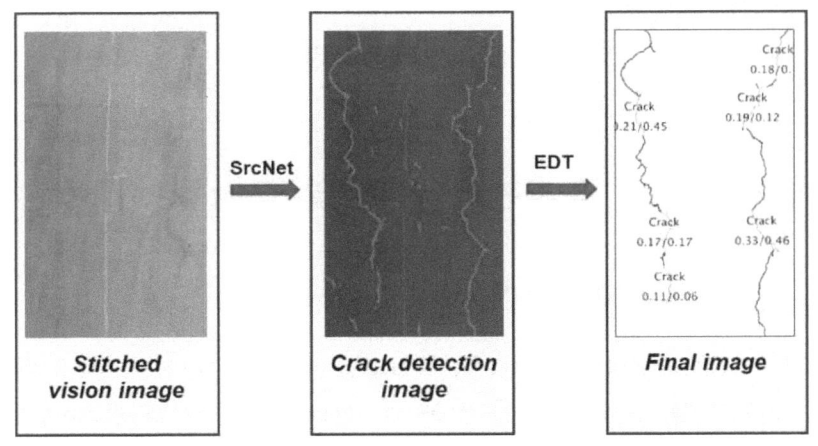

그림 2.17 영상 평면전개 및 균열 탐지, 정량화(물량산출) 결과

○ 단일 영상 이미지 데이터에서 추출한 특징들을 매칭하여 하나의 평면 전개 이미지를 생성하는 기술은 컴퓨터 비전 분야에서 꾸준히 연구, 개발되고 있음 (Liao et al., (2019), Zhang et al., (2020)). 기개발된 기술의 대부분은 영상 이미지 데이터로 풍경화, 인물화

○ 등과 같은 일반적인 영상 이미지 데이터를 사용하고 있어 특징점이 적은 콘크리트 이미지 데이터에 동일한 성능을 나타내기 어려움.

○ 균열 검출을 위한 네트워크 개발이 국, 내외에서 다수 진행되었으며 (Cha et al., (2018), Li et al., (2019), Zhang et al., (2020)) 박리 검출을 위한 연구 또한 진행되었음 (Lee et al., (2018)). 대다수의 연구가 단일 손상에 대한 인공지능 기반 손상 검출 네트워크를 개발하였으며, 다중 손상 검출을 위한 네트워크 개발은 균열, 백화 등의 2-3종에 대한 손상 분류가 주를 이루어 초기 단계임.

○ 교량의 하부면 균열망도 구축 (Xie et al., (2018)), structure-from-motion 기법을 통한 건축물의 파사드 (Choi et al., (2018)) 구축기술에 대한 연구가 진행되어 있지만 왜곡 보정은 고려되지 않아 대형 시설물의 전면부에 적용하기 어려움.

○ 인공지능 기반의 다중 손상 검출 후 기저 데이터를 활용한 손상 정량화 연구가 주를 이루며(Kang et al., (2020)), 1D LiDAR를 활용한 손상 정량화 연구도 수행된 바 있으나(Li et al., (2019)) 단일 손상 종류에 대한 정량화 결과임.

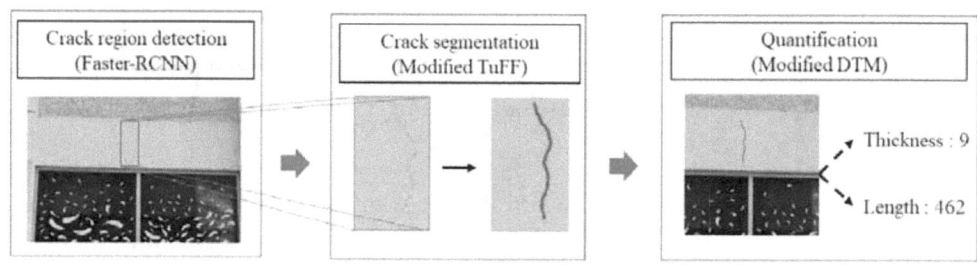

그림 2.18 기저 데이터를 활용한 손상 검출 및 정량화 과정

2.1.6 수직형 시설물 유지관리 기준 및 특성 분석

가. 수직형 시설물 유지관리 기준

○ 본 연구의 수직형 시설물과 관련하여, 정밀점검 및 정밀안전진단 등 유지관리 업무를 위한 지침, 매뉴얼 등 조사기준을 조사하였다. 터널 부대 시설물 및 공공기반 시설물로서 수직형 시설물의 유지관리와 관련하여 참고한 기준은 다음과 같다.

(1) 시설물 안전 및 유지관리 실시 세부지침[안전점검·진단편](한국시설안전공단, 2019)

(2) 건축물 환기구 설계·시공·유지관리 가이드라인(국토교통부, 2018)

(3) 공공시설 환기구 설치 및 관리기준(서울특별시 안전총괄본부, 2015)

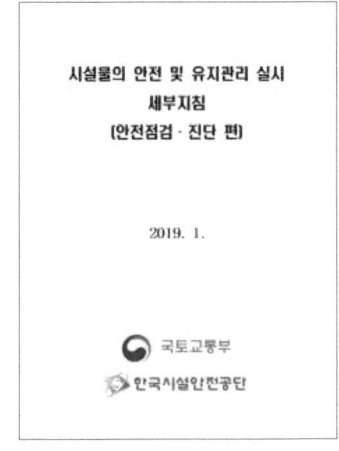

그림 2.19 수직형 시설물 유지관리 관련 참조기준

○ 시설물 안전 및 유지관리 실시 세부지침(한국시설안전공단, 2019)에 의하면, 수직형 시설물인 터널 연직갱과 환기구는 부대시설물로 분류하고 있으며, 정기안전점검과 정밀안전진단을 점검 및 진단 실시범위로 하고 있다. 또한 이러한 수직형 시설물은 시설물의 중요도 및 규모 등이 상대적으로 큰 것으로 별도평가 후 부대시설 가중치를 적용하여 시설물을 평가하도록 하고 있다.

○ 터널의 수직형 시설물은 무근 또는 철근 콘크리트를 재료로 하므로 외관조사에 의한 상태평가는 균열, 누수, 파손 및 손상, 재질열화(박리, 층분리 및 박락, 백태, 재료분리, 철근노출, 탄산화, 염화물)을 평가항목으로 정하고 있다. 대표적인 결함항목인 균열에 대하여서는 평가기준을 a~e에 따라 균열폭을 정하여 균열의 진행성을 판단하여 그 결과가 "d" 이하 또는 고정 균열의 경우 면적율 20% 이상으로 "e"이면 중대한 결함으로 분류된다.

○ 균열 평가기준에 따라, 최소 균열은 0.1mm이상의 확인 및 평가가 가능하여야 하며, 본 연구의 비진입 스캐닝 자동화 시스템은 이러한 최소 균열폭 0.1mm의 식별 및 검출이 가능하도록 개발될 필요가 있다. 다음 <표 2.2>에서는 터널 부대시설의 균열평가 기준을 보여주고 있다.

<표 2.2> 터널 부대시설의 균열평가 기준

평가기준 구 분	a	b	c	d	e
무근 콘크리트 라이닝	0.1mm 이하	0.1mm 초과 0.3mm 이하	0.3mm 초과 1.0mm 이하	1.0mm 초과 3.0mm 이하	3.0mm 초과
철근 콘크리트 라이닝	0.1mm 이하	0.1mm 초과 0.3mm 이하	0.3mm 초과 0.5mm 이하	0.5mm 초과 1.0mm 이하	1.0mm 초과
철근 콘크리트 구조물 (개착 구조물)	0.1mm 이하	0.1mm 초과 0.3mm 이하	0.3mm 초과 0.5mm 이하	0.5mm 초과 1.0mm 이하	1.0mm 초과

○ 2014년 판교 환기구 추락사고를 계기로 서울시와 국토교통부는 건축물 환기구 설계·시공·유지관리 가이드라인(국토교통부, 2018) 및 공공시설 환기구 설치 및 관리기준(서울시 안전총괄본부, 2015) 등 도로 및 보도부의 환기구의 설치 및 유지관리 기준(가이드라인)을 제시하였으나 도로 또는 보도부의 사용자 측면의 사고예방을 위해 구조적 안전성과 기능성 측면의 관리기준을 제시하고 있으며, 지중부를 포함한 환기구 본체의 구조안전성을 평가하고 관리하는 기준을 별도로 제시하고 있지 않다.

나. 수직형 시설물의 특성 및 고려사항

○ 본 연구의 수직형 시설물 비진입 스캐닝 자동화 시스템 개발을 위해, 대상 시설물을 지하철 환기구 및 철도터널 수직갱 등의 터널 부대 시설물에 한정하여 단면, 심도 등 설계특성을 분석하였다.

○ 공공시설 및 지하철 환기구, 도로터널 및 철도터널 수직구(갱구) 등 수직형 시설물은 대부분 사각형 및 원형(원통형) 단면의 형태이며, 환기구의 경우 외부와 연결된 상단 풍도의 경우 폭 2.0~2.3m의 사각형 단면을 표준제원으로 하고 있으며, 경우에 따라 풍도의 폭이 4.5m까지 확대될 수 있다. 철도터널 수직구의 경우, 환기구보다 일반적으로 큰 단면의 사각형 및 원형 단면을 가지고 있다.

○ 환기구는 지하 시설물의 심도에 따라 수m에서 수십m의 다양한 심도를 가지며, 도로터널 및 철도터널 수직구의 경우, 100m 이상의 연장을 가지는 대심도 수직터널의 형태로 설계된다. 참고로, 본 연구의 현장조사가 수행된 분당터널(정자~죽전)의 경우, 총 9개소의 환기구가 8련~18련 규모의 풍도로 구성되어 있으며, 풍도의 높이는 1.2~8.7m로 심도에 따라 다양하게 분포되어 있으며, 환기구 하단부 높이(약 6m)를 고려할 때, 조사가 필요한 구간은 7.2~14.7m의 조사대상 높이를 가진다. 현행, 육안조사 방식으로는 5m이상의 높이를 가지는 풍도의 경우 면밀한 조사가 불가능한 것으로 평가되고 있다.

○ 지하철 환기구는 일반적으로 보도 및 도로에 상단부가 노출된 지면형으로 설치된 경우가 대부분이며, 환기구 상단부의 진출입구를 통해 계단 또는 사다리를 이용하여 내부에 접근할 수 있는 구조로 설계된다. 특히, 환기구 상단부는 강재 그레이팅 및 스틸 메쉬 등으로 막음처리가 되어 있어 환기구 상단을 통한 조사장비의 자유로운 이동 및 접근이 용이하지 않으며, 내부가 어둡고, 열차의 통행에 따른 소음 및 분진이 크게 발생하는 조사환경을 가지고 있다.

○ 그림 2.20에서는 공공시설 환기구 설치 및 관리기준(서울시)에서 제시하고 있는 지하철 환기구의 표준제원 및 설치특성을 보여주고 있으며, 그림 2.21에서는 현장시험촬영이 수행된 분당터널 환기구의 도면을 보여주고 있다.

제 2장 과업 수행 계획

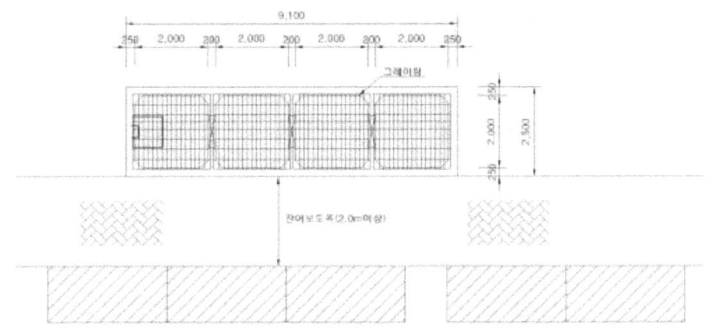

그림 2.20 지하철 환기구 표준제원 및 설치특성 예

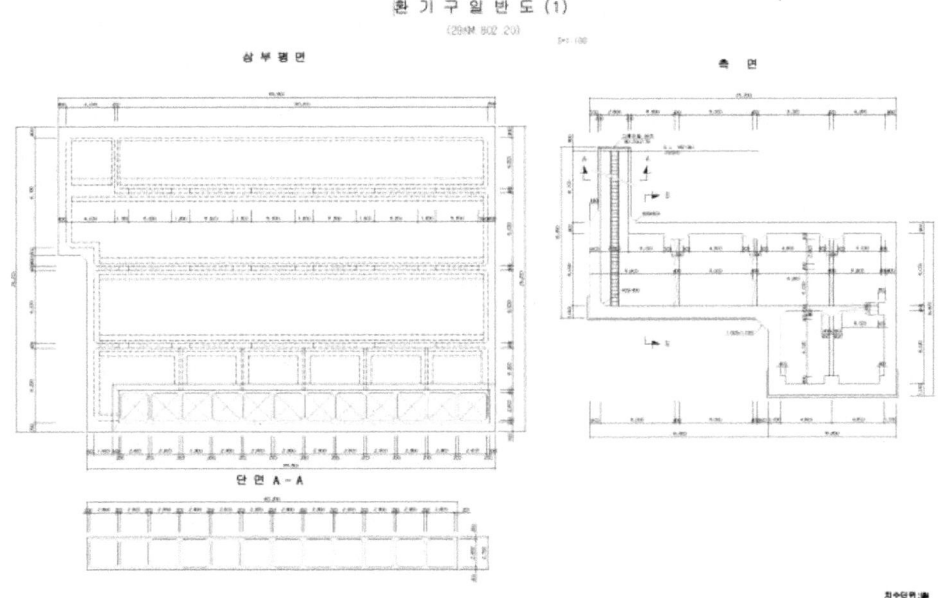

그림 2.21 분당터널 환기구 일반도

2.2 정밀영상 획득 및 평면전개 기법 개발

2.2.1 수직형 시설물 정밀영상 획득기법 개발

가. 개요

○ 본 연구의 영상기반 스캐닝 시스템으로는 영상기반의 디지털 이미지 촬영방식을 적용하여 대상 수직형 시설물 표면의 일정 영역의 화상에 대한 영상 데이터를 획득하는 2차원적인 면스캔(area scan) 방식을 적용하였다.

○ 영상기반의 디지털 이미지 촬영방식은 CCD 또는 CMOS 영상센서를 이용하여 획득된 영상신호를 디지털 신호로 변환하여 이미지 데이터로 저장 후, 이미지 처리를 통해 균열 등 영상에 기반한 정밀분석이 가능하도록 하는 것으로, 고해상도 특성과 광학줌 등을 이용하여 다양한 형태와 크기의 수직형 시설물에 대한 균열폭 정밀도 0.1mm 이상의 정밀영상 획득이 가능하다.

○ 다수의 고해상도 디지털 카메라를 이용하여 1회 촬영시 수직형 시설물 내부 전단면 또는 반단면 다중 영상의 동시획득이 가능하여 대형 시설물 스캐닝 기술에 적합한 다중 카메라 촬영방식을 적용하였다.

○ 본 연구에서는 카메라 모듈의 픽셀 해상도(pixel resolution) 및 화각에 따른 균열폭 정밀도를 분석하여 폐합된 수직형 시설물 전단면 폭에 따른 정밀영상 획득기법 제시하였다.

나. 균열 정밀도 분석

○ 영상기반 스캐닝 시스템을 이용하여 획득되는 영상의 균열 정밀도는 카메라의 픽셀 해상도와 촬영면의 면적 즉, 화각에 가장 큰 영향을 받게 된다. 일반적으로 촬영상태가 양호한 이미지의 경우, 0.5화소의 실제 화각(폭)에 해당되는 길이를 균열획득 정밀도로 볼 수 있다.

○ 정밀영상 획득성능을 평가하기 위해, 본 연구에서는 균열의 폭, 길이 등을 계산하기 위한 카메라의 픽셀 해상도에 따른 1개 화소당 최소 길이(P_l)를 다음 (식 2.1)를 이용하여 영상 정밀도를 평가하였다.

$$P_l = \frac{W_{area}}{R_{CCD}}$$ (식 2.1)

여기서, P_l : 하나의 화소가 나타내는 실제 길이(mm/pixel)

W_{area} : 촬영면의 한 변의 실제 길이(mm)

R_{CCD} : 촬영면의 한 변에 대한 화소수(pixel)

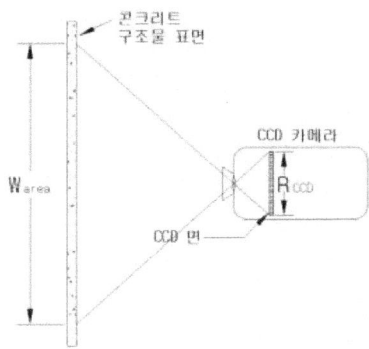

○ 촬영면의 화각, 즉 촬영되는 영역의 실제 길이(W_{area})는 카메라 이미지 센서의 크기(S)와 촬영면의 거리(L) 및 초점거리(F)의 관계로부터, 다음 식 (2.2)에 의해 계산된다.

$$W_{area} = \frac{S \times L}{F}$$ (식 2.2)

여기서, S : 이미지 센서(CCD/CMOS) 한변의 길이(mm)

L : 촬영면의 거리(mm)

F : 초점거리(mm)

○ 일반적인 고해상도 카메라(DSLR급)의 경우, 촬영면의 거리를 1m로 가정하여 한 개의 화소(pixel)가 획득하는 실제 길이는 다음 <표 2.3>와 같이 계산된다.

<표 2.3> 고해상도(6,720×4,480) 카메라의 화소당 길이 분석결과

구 분	단위	가로(폭)	세로(높이)	비 고
이미지 센서 크기(S)	mm	36.0	24.0	(3:2)
촬영면 거리(L)	mm	1,000	1,000	가정
초점거리(F)	mm	50.0	50.0	표준렌즈
촬영면 길이(W_{area})	mm	720	480	
픽셀 해상도(R_{CCD})	pixel	6,720	4,480	
화소당 길이(P_l)	mm/pixel	0.107	0.107	0.05mm식별 가능

○ <표 2.3>에서, 화소당 길이는 0.107mm로 이미지 또는 영상에서 그 절반인 0.05mm 이상의 균열폭 식별이 가능하나, 중첩도를 고려한 촬영면의 전체길이(W_{Total}) 즉, 시설물의 촬

영면 둘레방향 길이가 큰 경우, 작은 영역을 나누어 촬영하거나, 매우 많은 수의 카메라를 사용하여야 하는 문제점이 있다.

○ 촬영면의 거리(L), 이미지 센서의 크기(S) 및 초점거리(F)는 이미지 센서(카메라) 및 광학 줌의 적용에 따라, 선택적으로 적용하여 촬영면의 길이를 설정할 수 있으므로, 이미지 센서의 픽셀 해상도(R_{CCD})와 촬영면 길이(W_{area})에 따라 광학식 스캐닝 시스템의 카메라 모듈을 수량과 배치를 설계할 수 있다.

○ 단면폭 2m, 3m, 5m, 10m 및 20m의 정사각형 및 원형 단면에 대하여, 8대의 다중 카메라를 가정하고, 카메라간 영상 중첩도를 50%로 하여 전체 촬영길이(총 둘레길이)에 이미지 센서의 픽셀 해상도에 따른 식별가능 균열폭을 계산한 결과는 <표 2.4> 및 <표 2.5>와 같다. 정사각형 단면의 경우, 8K 해상도로 1.5m 이하의 영역을 촬영하는 경우 균열폭 정밀도 0.1mm로 촬영이 가능한 것으로 분석되었다.

다. 정밀영상 획득방안

○ 수직형 시설물의 균열 정밀도를 확보할 수 있는 정밀영상 획득을 위해 카메라가 탑재된 조사모듈의 이동수단을 전동식 케이블 윈치를 이용한다. 고속이동에 따른 빛번짐(blur) 현상이 발생하지 않도록 이동속도는 초당 10cm의 속도로 하였으며, 초당 30프레임(30fps)의 영상을 획득하도록 한다.

○ 수직형 시설물 내부의 저조도 환경에 대응하기 위해, 총 5000루멘 이상의 분산형 LED조명을 사용한다.

○ 조사장비 진동 및 흔들림(sway)의 최소화를 위해 조사구간 상하단부에 고정되어 조사장비의 불안정성을 제어하는 가이드와이어 안정장치를 적용한다.

○ 조사장비를 이용한 영상획득시 다음 사항을 유의한다

- 전체 화각 내 이미지의 초점이 맞도록 촬영한다.

- 획득하고자 하는 균열 정밀도에 적합한 촬영영역 이내로 화각을 설정한다.

- 적절한 조명의 배치로 촬영면의 대비(contrast)가 충분하도록 촬영한다.

- 획득되는 영상은 압축하지 않은 원본 이미지(jpeg, bmp)로 저장한다.

- 가급적 카메라의 중심이 촬영영역을 정면으로 촬영한다.

<표 2.4> 정사각형 단면의 단면제원 및 카메라 해상도에 따른 식별가능 균열폭

단면 형태	단면 폭 (m)	촬영길이 (m)	카메라화각 (m/cam)	픽셀 해상도 (pixel)	전체 픽셀 (pixel)	화소당 길이 (mm)	식별가능 균열폭(mm)
정사각형 단면	2	12	1.500	1,920(FHD)	15,360	0.78	0.39
				3,840(4K)	30,720	0.39	0.20
				7,680(8K)	61,440	0.20	0.10
				15,360(16K)	122,880	0.10	0.05
	3	18	2.250	1,920(FHD)	15,360	1.17	0.59
				3,840(4K)	30,720	0.59	0.29
				7,680(8K)	61,440	0.29	0.15
				15,360(16K)	122,880	0.15	0.07
	5	30	3.750	1,920(FHD)	15,360	1.95	0.98
				3,840(4K)	30,720	0.98	0.49
				7,680(8K)	61,440	0.49	0.24
				15,360(16K)	122,880	0.24	0.12
	10	60	7.500	1,920(FHD)	15,360	3.91	1.95
				3,840(4K)	30,720	1.95	0.98
				7,680(8K)	61,440	0.98	0.49
				15,360(16K)	122,880	0.49	0.24
	20	120	15.000	1,920(FHD)	15,360	7.81	3.91
				3,840(4K)	30,720	3.91	1.95
				7,680(8K)	61,440	1.95	0.98
				15,360(16K)	122,880	0.98	0.49

<표 2.5> 원형 단면의 단면제원 및 카메라 해상도에 따른 식별가능 균열폭

단면 형태	단면 폭 (m)	촬영길이 (m)	카메라화각 (m/cam)	픽셀 해상도 (pixel)	전체 픽셀 (pixel)	화소당 길이 (mm)	식별가능 균열폭(mm)
원형단면	2	9.42	1,178	1,920(FHD)	15,360	0.61	0.31
				3,840(4K)	30,720	0.31	0.15
				7,680(8K)	61,440	0.15	0.08
				15,360(16K)	122,880	0.08	0.04
	3	14.13	1,766	1,920(FHD)	15,360	0.92	0.46
				3,840(4K)	30,720	0.46	0.23
				7,680(8K)	61,440	0.23	0.11
				15,360(16K)	122,880	0.11	0.06
	5	23.55	2,944	1,920(FHD)	15,360	1.53	0.77
				3,840(4K)	30,720	0.77	0.38
				7,680(8K)	61,440	0.38	0.19
				15,360(16K)	122,880	0.19	0.10
	10	47.1	5,888	1,920(FHD)	15,360	3.07	1.53
				3,840(4K)	30,720	1.53	0.77
				7,680(8K)	61,440	0.77	0.38
				15,360(16K)	122,880	0.38	0.19
	20	94.2	11,775	1,920(FHD)	15,360	6.13	3.07
				3,840(4K)	30,720	3.07	1.53
				7,680(8K)	61,440	1.53	0.77
				15,360(16K)	122,880	0.77	0.38

2.2.2 획득영상 왜곡 분석 및 보정기법 연구

가. 개요

○ 스캐닝용 장비의 렌즈계 왜곡 보정을 위해 실험실 내 환경에서 카메라 내/외부 파라미터를 산출한 뒤, 실제 실험 환경에서 취득한 영상에 적용하여 왜곡 보정 수행

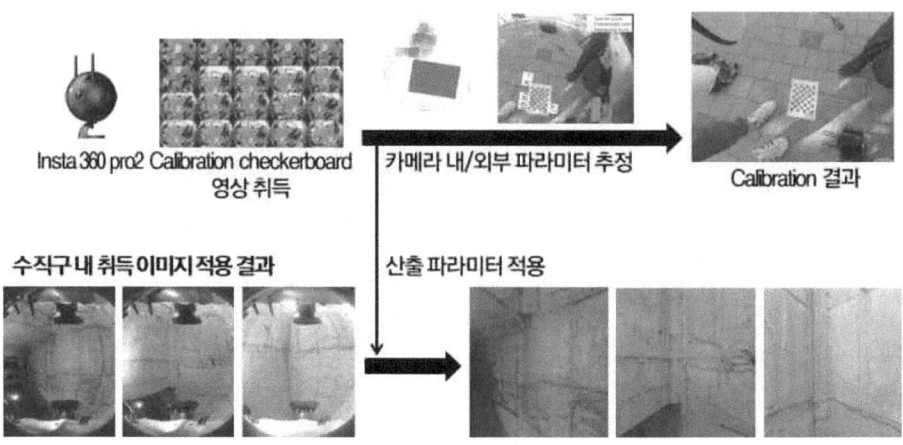

그림 2.22 획득영상 왜곡 분석 및 보정기법 연구 개략도

나. 스캐닝용 카메라 장비의 제원 분석 및 취득 파라미터 선정

○ 스캐닝용 카메라 장비의 제원 분석 및 최적의 촬영 옵션 선정

- 본 연구 활용 장비인 Insta 360 pro2 기종의 영상 취득 옵션 분석, 스캐닝 시스템의 속도를 고려한 파라미터 선정 수행

- 분석 결과로, 최대 8K 스티칭 영상 구성 가능하며, 6개의 렌즈의 영상의 해상도가 가장 높고 스캐닝 속도를 고려하였을 때, 30 fps 인 경우 충분한 중첩도가 확보되므로 1번 옵션으로 선정

<표 2.6> 스캐닝용 카메라(Insta360 Pro2)의 영상취득 옵션

구 분		스티칭 결과 해상도@FPS	렌즈 별 해상도@FPS
취득 옵션	1	8K3D@30FPS	3840x2880@30FPS
	2	8K@60FPS	3840x1920@60FPS
	3	8K@5FPS	3840x2160@5FPS
	4	6K3D@60FPS	3200x2400@60FPS
	5	4K3D@120FPS	1920x1440@120FPS
	6	4K@30FPS (real-time)	3840x2160@30FPS
	7	4K3D@30FPS (real-time)	3840x2880@30FPS

다. 보정 기법 연구 및 개발

○ 스캐닝용 카메라 및 체커보드를 활용한 카메라 내/외부 파라미터 산출

- Zhang camera calibration 알고리즘 구축

카메라 영상은 삼차원 공간의 점들을 이차원 이미지 평면에 투사 (Perspective projection) 하여 얻어지므로, 카메라 핀홀 (Pinhole) 모델에 기반하여 수학식 1과 같은 삼차원 공간 좌표와 이차원 영상 좌표 간의 변환 관계를 갖는다.

$$s \begin{bmatrix} x \\ y \\ 1 \end{bmatrix} = \begin{bmatrix} f_x & skew\_cf_x & c_x \\ 0 & f_y & c_y \\ 0 & 0 & 1 \end{bmatrix} \begin{bmatrix} r_{11} & r_{12} & r_{13} & t_1 \\ r_{21} & r_{22} & r_{23} & t_2 \\ r_{31} & r_{32} & r_{33} & t_3 \end{bmatrix} \begin{bmatrix} X \\ Y \\ Z \\ 1 \end{bmatrix} = A[R|t] \begin{bmatrix} X \\ Y \\ Z \\ 1 \end{bmatrix} \quad (1)$$

위 식에서, (x, y, z, 1)은 영상 좌표계 (Image coordiante system)이며, (X, Y, Z, 1)은 월드 좌표계(World coordinate system)의 삼차원 정점의 좌표이다. [R|t]는 외부파라미터 (Extrinsic parameter)로 월드 좌표계를 카메라 좌표계 (Camera coordinate system)로 변환시키기 위한 회전과 이동변환 행렬을 나타내며, A는 카메라 내부 파라미터 (Intrinsic parameter)이다.

이때, 캘리브레이션 마커는 3차원의 월드좌표계를 반영하며, 캘리브레이션 마커가 한 면에 붙은 형태인 Z=0으로 가정한다. 이에 따라, 이미지와 캘리브레이션 마커 간의 이차원 호모그래피(Homography, H) 행렬은 수학식 2와 같이 표현된다.

$$H = [h_1 h_2 h_3] = \lambda A [r_1 r_2 t] \quad (2)$$

위 식에서, λ는 스케일 팩터, r_1과 r_2는 회전 행렬 R의 구성요소이다. 주어진 캘리브레이션 마커 이미지에 의해 최대우도추정 (Maximum likelihood criterion)에 기반하여 H를 추정한다. 이때, r_1과 r_2는 직교하므로, 이를 통해 수학식 다음의 3, 4를 얻을 수 있다.

$$h_1^T A^{-T} A^{-1} h_2 = 0 \tag{3}$$

$$h_1^T A^{-T} A^{-1} h_1 = h_2^T A^{-T} A^{-1} h_2 \tag{4}$$

각 이차원 호모그래피는 카메라 내부 파라미터에 대한 두가지 기본 제약을 제공하며, Closed-form solution에 의해 카메라 내부 파라미터가 획득되면, 수학식 5에 나타낸 것과 같이 외부 파라미터를 얻을 수 있다.

$$\begin{aligned} r_1 &= \lambda A^{-1} h_1, \\ r_2 &= \lambda A^{-1} h_2, \\ t &= \lambda A^{-1} h_3 \end{aligned} \tag{5}$$

카메라 내부 및 외부 파라미터가 추출되면, 다시 수학식 1을 통해 이미지의 렌즈계 왜곡을 보정할 수 있다.

- 디지털 카메라 및 8x6/25mm 체커보드를 활용한 Zhang camera calibration 알고리즘 적용 가능성 검토

그림 2.23 실내실험을 통한 왜곡보정 내/외부 파라미터 산출: (a) 캘리브레이션용 체커보드, (b) 캘리브레이션을 위한 데이터 취득, (c) 캘리브레이션 수행용 이미지, (d) 캘리브레이션 결과

○ 실제 현장에서 스캐닝용 카메라를 활용하여 데이터 취득 및 캘리브레이션 수행

- 수직형 시설물 스캐닝용 카메라(Insta360 Pro2) 재원 파악 및 체커보드를 활용한 카메라 내·외부 파라미터 산출: 캘리브레이션용 체커보드를 바닥에 두고 약 30초간 각도를 바꾸어 데이터 취득, 데이터 내에 체커보드가 포함된 25개의 이미지를 활용
- 수직형 시설물 스캐닝용 카메라의 렌즈계 왜곡 보정 (어안 렌즈 왜곡 보정)을 위한 카메라 캘리브레이션 수행
- 수직형 시설물 내에서 취득한 데이터를 활용하여 카메라 캘리브레이션 알고리즘의 성능 검증 수행

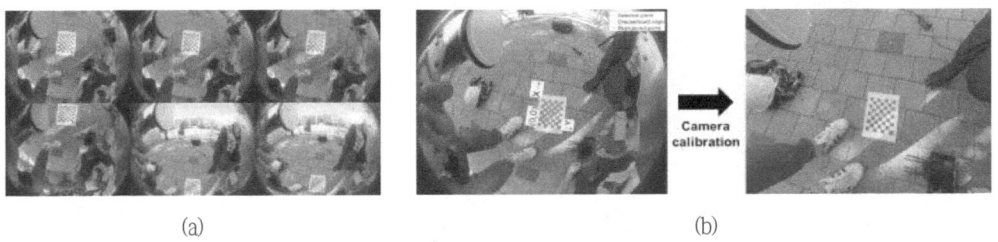

그림 2.24 수직형 시설물 스캐닝용 카메라를 활용한 카메라 캘리브레이션 수행: (a) 데이터 취득, (b) 카메라 캘리브레이션 결과

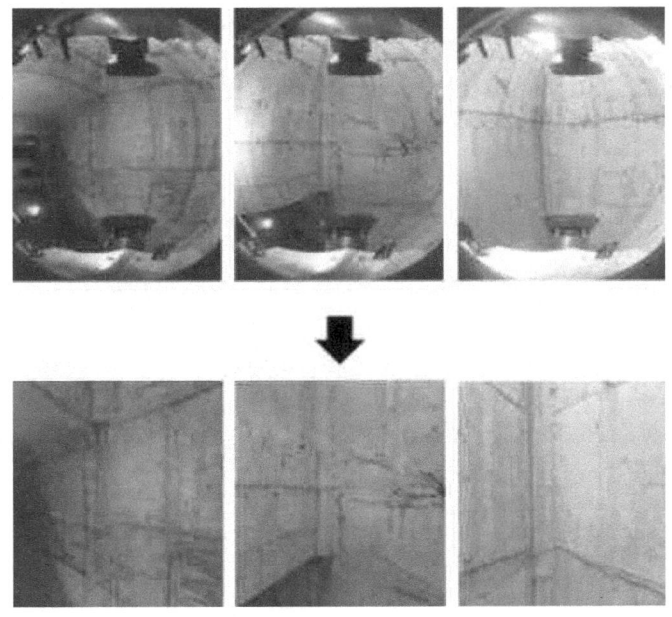

그림 2.25 수직형 시설물에서 취득한 데이터를 활용한 카메라 캘리브레이션 수행

2.2.3 수직형 시설물 내부 전단면 평면전개 기법 개발

가. 개요

○ 수직형 시설물 스캐닝용 카메라 및 수직형 시설물 환경에 적합한 평면전개 기법 개발 수행

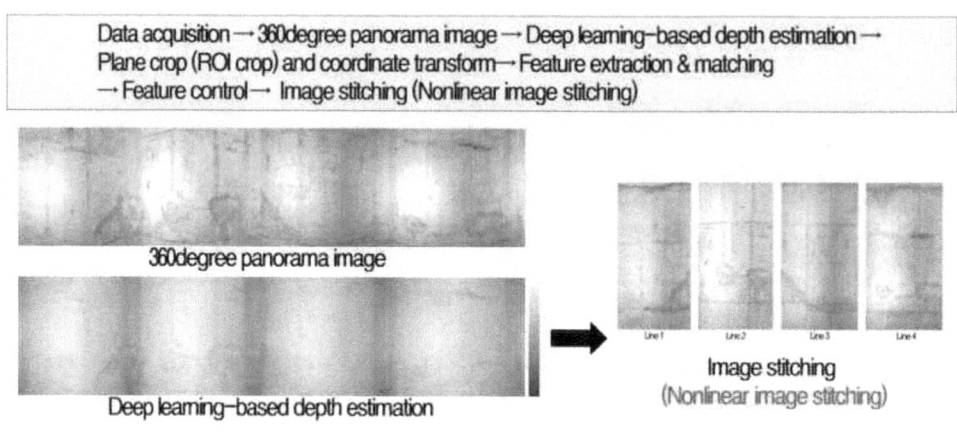

그림 2.26 수직형 시설물 내부 전단면 평면전개 기법 개발 연구 개략도

나. 이미지 접합 (Image stitching) 및 평면전개 알고리즘 문헌 조사 및 분석 수행

○ 선형, 비선형 이미지 접합 알고리즘 등 다양한 알고리즘 조사 및 장단점 파악 수행

- 이미지 접합 및 평면전개에 주로 활용되는 단일 호모그라피 추정에 따른 선형 이미지 접합 알고리즘은 촬영각도나 주변 feature, 지형의 왜곡 등으로 인해 다양한 접합 왜곡 (Misalignment, Distortion, Unnatural 등)이 발생할 가능성이 있음

- 이를 해결하기 위해, 비선형적 Mesh 기반 알고리즘 등이 다수 제안되었으며, 이를 활용하여 평면전개를 수행

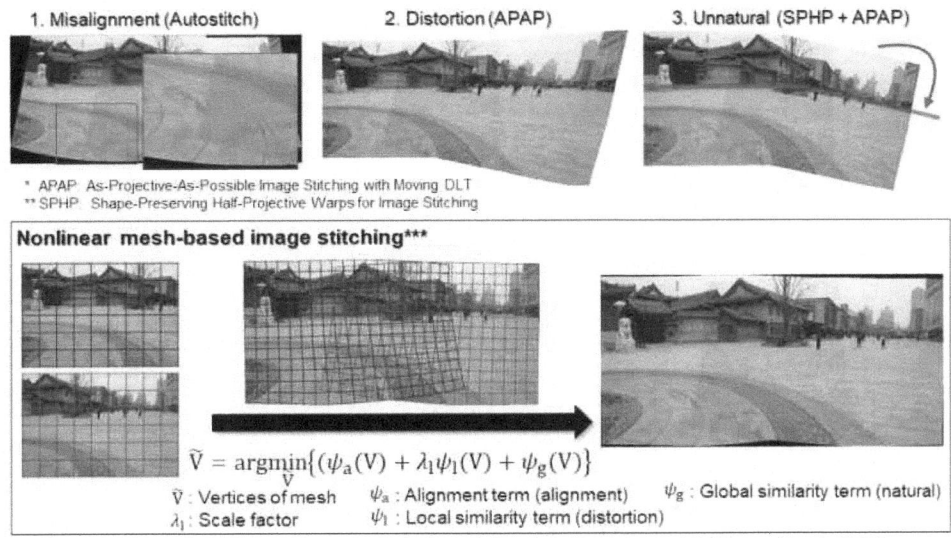

그림 2.27 평면전개 알고리즘 문헌 조사

다. 기개발 알고리즘인 Feature control 기반의 평면 전개 수행

○ 기개발 알고리즘의 적용을 통한 평면 전개 영상 취득 및 개선 사항 파악

- 추출 이미지의 특징점 매칭 (feature matching) 및 이미지 접합을 통한 다중 영상 데이터의 평면전개 알고리즘 구축 및 실험적 검증 수행: 수직구 12개소 중 1개소 데이터를 활용하여 평면전개 알고리즘 검증 수행

- 잘못 매칭된 특징점 (Mismatched features)을 수직형 시설물 스캐닝용 장비의 수직 스캐닝 조건에 기반하여 제거하여 접합을 수행

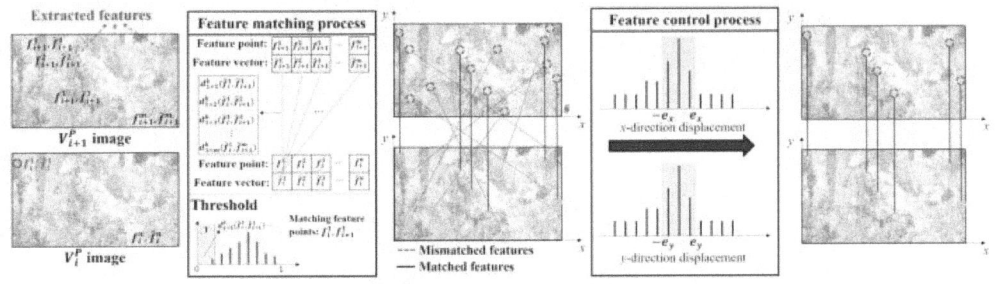

그림 2.28 이미지 정밀 스티칭을 위한 특징 매칭 및 특징 제어 절차

- 시스템이 미리 정해진 경로를 따라 동작하는 제어 조건을 반영하여 이미지 정밀 스티칭을 수행한다. 두 이미지에 추출된 특징점 중 가장 유사한 특징점을 찾아 매칭을 수행한다. 아래 그림에 나타낸 것과 같이, 제어 조건 없이 이미지 스티칭을 수행할 경우 콘크

리트 표면의 불균질성으로 인해 특징 간 매칭이 정확하게 이루어지지 않는다. 제어 조건을 적용하기 위해 특징 매칭을 수식으로 표현하면 다음과 같다.

$$\widehat{M_i^k}(x,y) = f_i^n(x,y) - f_{(i+1)}^m(x,y) \ \forall \ k \tag{1}$$

- $\widehat{M_i^k}(x,y)$는 매칭된 특징점간의 거리, $f_i^n(x,y)$는 i번째 이미지의 매칭된 특징이고 $f_{(i+1)}^m(x,y)$는 i+1번째 이미지의 매칭된 특징이다. 이때, 시스템의 경로를 제어 조건으로 활용하면 보다 정밀한 스티칭이 가능한 특징만을 추출할 수 있다. 스캐닝 시스템은 정해진 경로를 따라 스캐닝을 수행하므로 매칭된 특징점간의 거리는 일정한 경향을 갖는다. 진동이나 표면 조건으로 인한 떨림 등으로 인해 발생하는 에러를 감안하여 Scale factor를 수식으로 표현하면 다음과 같다.

$$\widehat{C_i^k}(x,y) = \begin{cases} 1 & \left|\widehat{M_i^k}(x,0) - argmax(m_x)\right| \leq e_x \\ 1 & \left|\widehat{M_i^k}(0,y) - argmax(m_y)\right| \leq e_y \\ 0 & Otherwise \end{cases} \tag{2}$$

- $\widehat{C_i^k}(x,y)$는 scale factor이고, m_x와 m_y는 각각 x, y 방향의 $\widehat{M_i^k}(x,y)$의 히스토그램이다. $argmax(m_x)$와 $argmax(m_y)$는 m_x와 m_y을 최대값으로 만들어주는 히스토그램 bin이다. e_x와 e_y는 진동에러이다. 수식 (2)를 통해 계산한 Scale factor를 이용해 제어 조건을 적용하면 다음으로 이미지 정밀 스티칭을 위한 매칭점들만을 남길 수 있다. 이를 통해 정밀 스티칭을 수행한다.

$$\widehat{Mc_i^j}(x,y) = C_i^k \cdot \widehat{M_i^k} \quad \forall \ k \tag{3}$$

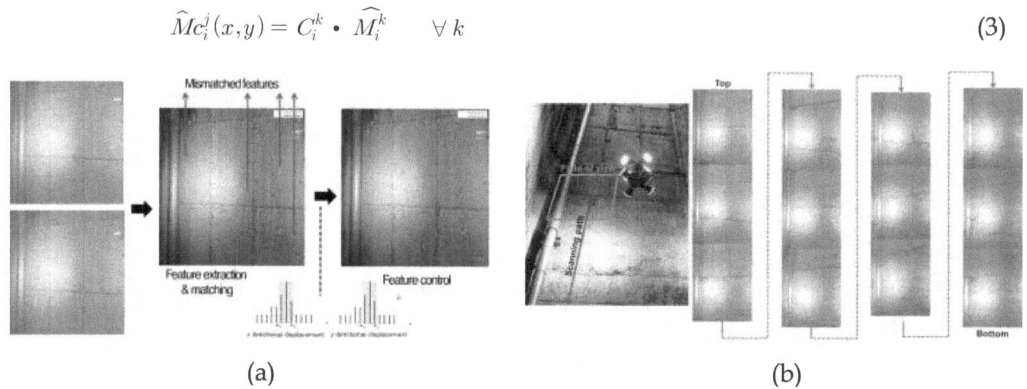

그림 2.29 Feature control 알고리즘 기반 평면전개 수행: (a) 알고리즘 적용을 통한 Mismatched feature 제거, (b) 접합 수행 결과

○ 기존 알고리즘 적용을 통한 2가지 개선 필요 사항 도출

- 풍도 형상과 촬영 영상의 화각 부조화로 인해 접합 결과의 왜곡이 발생

- 렌즈 별 화각 : 대상 구조물의 형상이 고려되지 않아, 촬영된 이미지 내 구조물 왜곡 발

생

- 접합 왜곡 발생 : 화각에 따라 Feature가 밀려나면서 같은 영역임에도 접합 결과로 다른 형상의 결과 취득

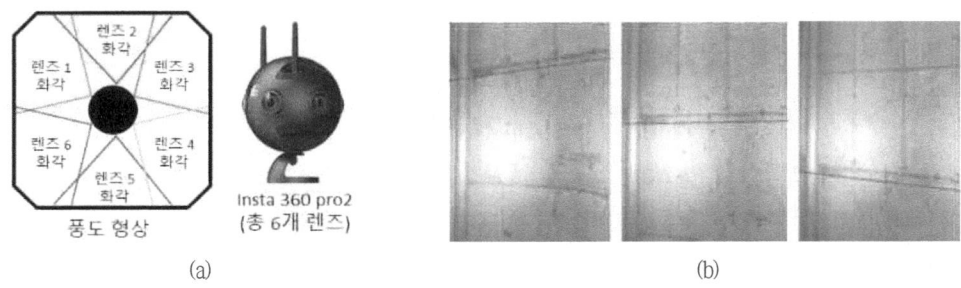

그림 2.30 검증 결과의 개선 방향 도출: (a) 풍도 형상과 렌즈 화각 간 부조화, (b) 부조화로 인해 발생한 접합 결과 왜곡

라. 개선 알고리즘을 통한 평면 전개 수행

○ 수직형 시설물 및 스캐닝 장비에 적합한 개선 알고리즘 구축

- 기존 알고리즘에서 본 연구에 적합한 알고리즘을 새로이 도출하여 평면전개 수행

- 6개의 렌즈로부터 취득한 데이터를 360도 panorama image로 생성하여 Cartesian coordinate로 전환한 뒤, Depth estimation network를 활용하여 각 풍도의 벽면 (본 실험에서는 총 4개의 벽면)을 분할

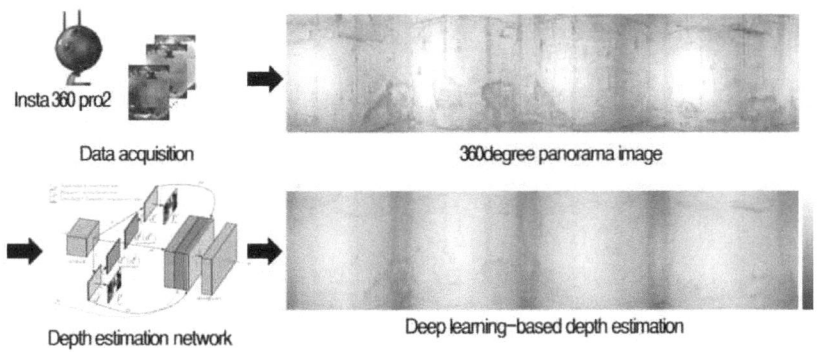

그림 2.31 360도 이미지로부터 Depth estimation network를 활용한 각 벽면 분할

- Depth estimation network는 Depth 값이 Label로 주어진 이미지를 활용하여 가중치를 업데이트하는 Supervised learning 네트워크의 일종이며, 본 연구에서는 Godard et al의 Unet 기반의 semantic segmentation 네트워크와 pose 네트워크를 활용하여 Depth를 예측하는 monodepth2를 활용하였음. 학습은 KITTI 데이터셋을 활용하여 학습하였음.

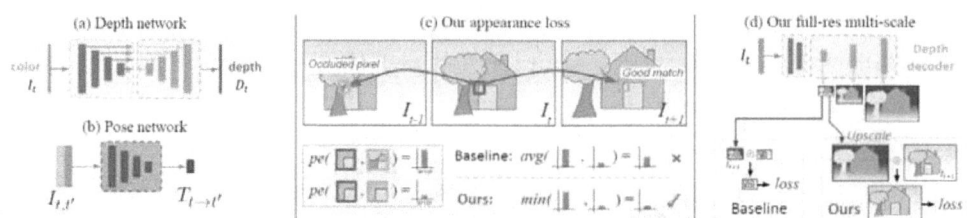

그림 2.32 360도 이미지로부터 Depth estimation network를 활용한 각 벽면 분할

- 이어서 기개발하였던 feature control 알고리즘 적용을 통해 접합 결과 취득: 각 렌즈의 화각에 영향받지 않고 각 벽면에 대한 평면 전개 수행

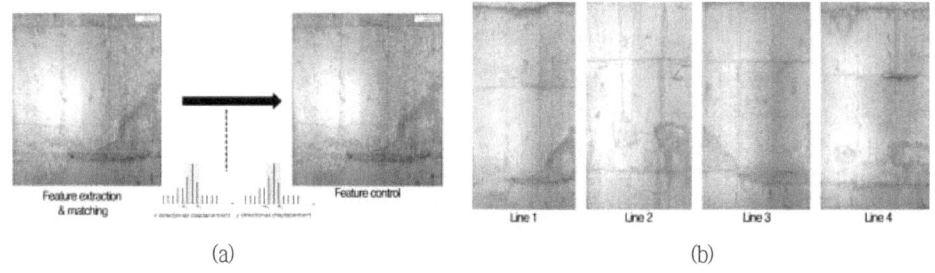

그림 2.33 개선 알고리즘의 평면 전개 결과: (a) Feature control 알고리즘 수행, (b) 각 벽면 별 평면전개 결과

- Depth estimation network는 조명 및 주변 환경에 따라 정확도에 차이가 발생하므로, 2차년도에 2D LiDAR를 구축하여 실제 거리값을 활용한 환산 수행 예정

2.3 수직형 시설물 영상기반 균열 등 결함검출 최적화 기법 연구

2.3.1 AI기반 콘크리트 시설물 균열탐지(검출) 기술 조사

가. AI 기술을 활용한 국내외 균열 검출 기술에 대한 문헌조사 수행

Model	Authors	Dataset (number of images)	Remarks
CNN	Kim & Cho	Crack: 10,000; Intact: 10,000; Joint & Edge (Multi line): 10,000; Joint & Edge (Single line): 10,000; Plant: 10,000	Transfer learning (AlexNet), negative sample Training (Joint, Edge, Plant), Probability map with a sliding window technique
	Jang et al.	Crack: 10,000; Intact: 10,000	Transfer learning (GoogLeNet), Combining vision and infrared images, Probability map with a multi-dividing window
	Ni et al.	Crack: 30,000; Intact: 30,000 (ResNet) Crack: 81,019; Intact: 81081 (GoogLeNet)	Dual-scale CNN detection (ResNet and GoogLeNet) and post processing
	Alipour and Harris	Crack: 40,000; Intact: 40,000	Network training using concrete and pavement images to increase robustness of material
RCNN	Deng et al.	Crack & Handwriting: 5,009, 3,010	Negative sample training (Handwriting)
	Zhang et al.	Crack, pop-out, spalling & exposed rebar: 2,206	Development of YoLoV3 network using novel transfer learning method
Semantic segmentation	Xie et al.	Crack: 300	Development own network, DeepCrack, consisted of FCN and Deeply-Supervised Nets and post processing
	Zhang et al.	Crack: 2521; Intact: 2350	Development SegNet based semantic segmentation network with neighborhood fusion method
	Choi and Cha	Crack: 160	Development own network, SDDnet, to achieve real-time crack detection
	Pan et al.	Crack & Intact: 11,000	Development own network, SCHNet, combining of VGG-19 and self-attention modules
	Bae et al.	Crack: 2,000 (SegNet) 2K images: 900 (RCAN)	Development own network, SrcNet, combining of SegNet and RCAN
	Billah et al.	Crack: 6,000	Development encoder-decoder attention network with silencing module for crack segmentation
	Kang et al.	Crack: 1,200	Crack segmentation using Faster R-CNN and post processing

나. 대표적인 네트워크 비교조사를 통한 기반 네트워크 선정

○ Semantic segmentation 기반 균열 검출 네트워크 선정

- 상기 표에 나타낸 것과 같이 균열 검출 기술은 크게 3가지로 나누어짐: Convolutional neural network (CNN) 기반 균열 검출 기술, Region-CNN (RCNN) 기반 균열 검출 기술, Sematic segmentation 기반 균열 검출 기술

- CNN 기반 균열 검출 기술은 이미지 내의 객체가 균열이 맞는지 아닌지 Classification을 수행할 수 있는 네트워크로, 여기서 localization을 수행하고자하면 Sliding window 또는 Grid 등의 기법을 추가적으로 활용하여야 가능하며, 균열을 픽셀 단위의 검출을 수행하고자 한다면 이미지 프로세싱을 수행하여야 함.

- 더 나아가 제안된 RCNN은 Classification 후에 균열이 존재하는 위치에 대한 Localization이 가능한 네트워크로 해당 기법에서도 픽셀 단위 검출을 수행하고자 한다면 이미지 프로세싱을 추가적으로 진행해야 함.

- Semantic segmentation은 픽셀 단위의 검출을 수행함. 본 연구에서는 균열 탐지 및 검출 후 정량화 과정이 수행되어야 하므로, Semantic segmentation 네트워크의 활용이 도움이 될 수 있음

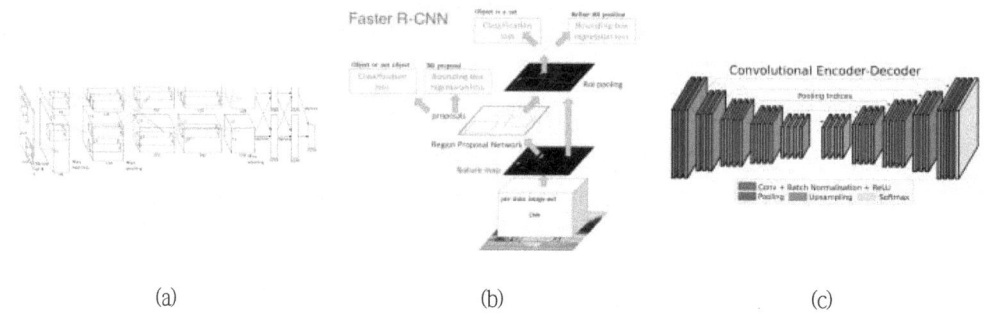

그림 2.34 문헌조사에 따른 대표적인 인공지능 네트워크: (a) CNN, (b) RCNN, (c) Semantic segmentation

2.3.2 AI기반 균열탐지(검출) 정확도 향상방안 연구

가. 문헌조사에 기반한 네트워크 선정 및 학습

○ 문헌조사에 기반하여 Semantic segmentation 및 backbone 네트워크 등 다양한 인공지능 네트워크를 고려하여 균열검출 정확도 확보를 위한 네트워크 선정
  - Semantic segmentation network 중 초기 모델인 FCN, SegNet 및 Deeplab v3+ 등 초기 모델 후보군 선정 및 학습 수행
  - Google Webscrapping을 통해 초기학습데이터 수집

나. Negative sample 조사

○ 수직형 시설물 실험 데이터를 통해 Negative sample로 오염, 거푸집 조인트, 조명으로 인한 그림자 등 선정

그림 2.35 수직형 시설물 내 Negative sample 조사

2.3.3 수직형 시설물의 특성을 고려한 균열탐지(검출)용 AI 네트워크 최적화 방안 수립

가. 구축 네트워크 활용한 검증 수행 및 개선 방향 도출

○ 구축 네트워크를 활용하여 실제 시설물에 존재하는 손상 검출 수행, 검출능 95 % 이상 달성

- Semantic segmentation network 성능 평가 지표인 Intersection over Union (IoU)를 통해 네트워크의 성능 검증 수행 (IoU 값이 0.5 이상인 경우 정상 검출로 판단)

<표 2.7> 네트워크 성능검증 결과

Class \ Test image	1	2	3	4	5	6	7
배경 (Background)	0.947	0.972	0.989	0.993	0.956	0.94	0.814
균열 (Crack)	0	NaN	0.642	0	0	0.653	0.58
백화 (Effloresce)	0.457	0.645	NaN	NaN	0.511	0	0
철근노출 (Rebar exposure)	0	0	NaN	0.627	0	0	0
박리박락 (Spalling)	0	0	0	0.656	0	0	0

○ 손상 검출 네트워크 개선을 위한 Multi-tasking network 개발 진행 중

- 유사 Tast를 수행하는 여러개의 네트워크를 동시에 학습하면 학습능이 향상되는 Multi-tasking network 네트워크 구축 수행
- 네트워크 앞단에 이미지 해상도를 향상 시킬 수 있는 Deep learning 기반의 Super resolution network를 end-to-end 형태로 연결하여 하나의 네트워크로 구성
- 네트워크는 Crack, Area-type, Background 총 3개의 Branch로 구성되어있으며, Area-type branch는 Spalling, Rebar exposure, Efflorescence, Rust 총 4개의 손상으로 구성되어 있음.

제 2장 과업 수행 계획

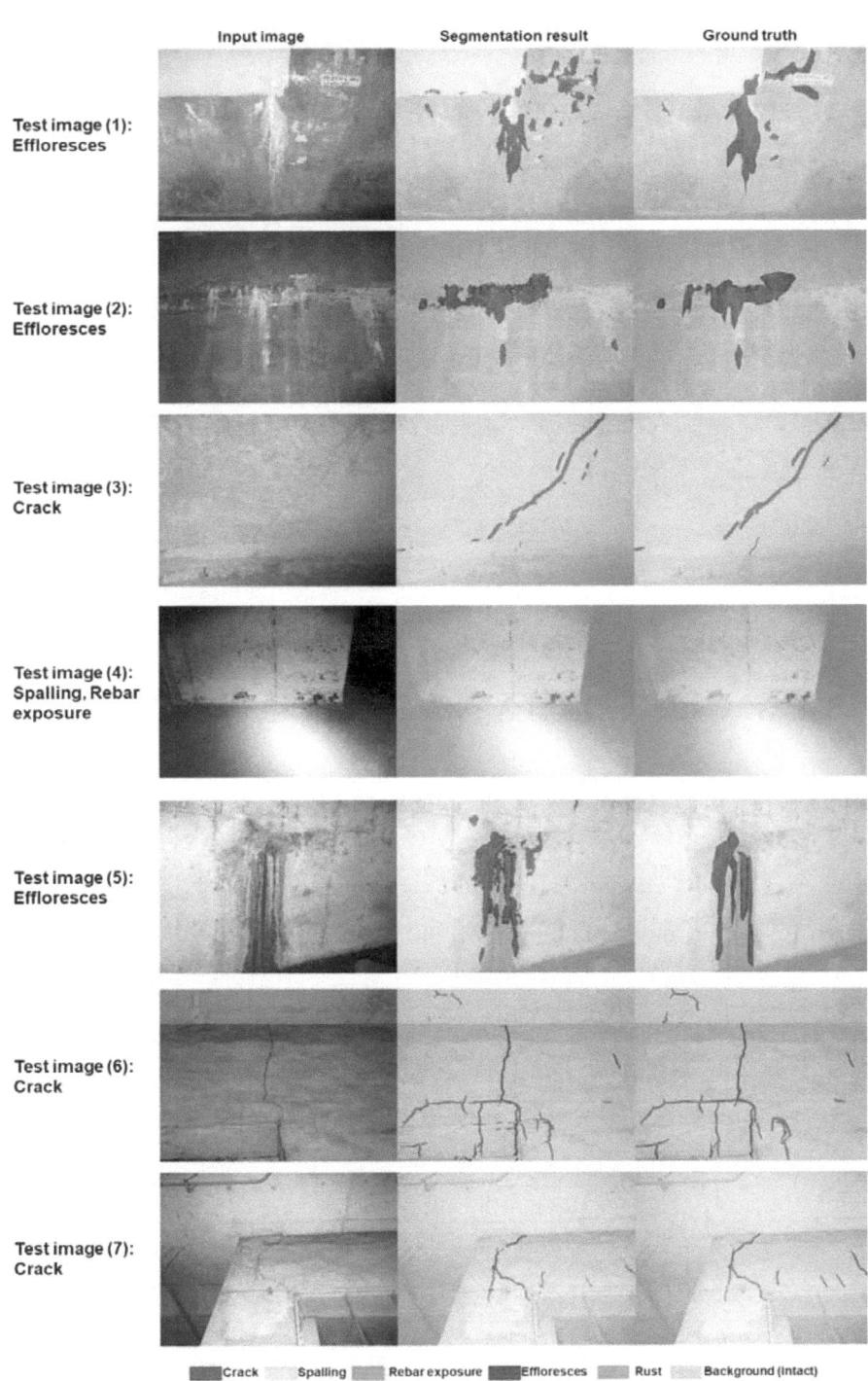

그림 2.36 구축 네트워크를 활용한 균열 검출 수행 결과

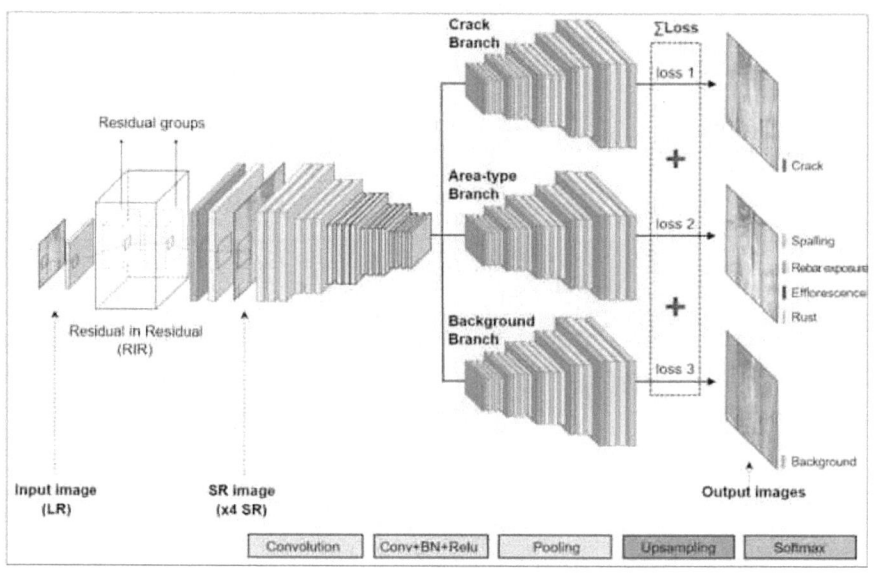

그림 2.37 Multi-tasking network

2.3.4 고성능 GPU기반 인공지능(AI) 서버 설계

가. 인공지능 개발을 위한 하드웨어 서버 설계

○ 인공지능 개발을 위한 하드웨어 서버 최소 사양 및 권장 사양 설정

- Inference 및 data augmentation 수행 시, CPU 연산이 다수 포함되므로 고성능 CPU 선정

- Deep learning 학습 진행 시, GPU 연산이 주로 진행되므로 고성능 GPU 포함

<표 2.8> 인공지능 하드웨어 서버 사양

부품	권장사양	최소사양
CPU	20코어 40스레드 이상	6코어 12스레드 이상
RAM	128GB 이상	64GB 이상
GPU	코어 5,000개 이상, GRAM 11GB GPU x 3개 (2080Ti, 3080 급)	코어 2,000개 이상, GRAM 8GB 이상 GPU (2070s, 1080ti 급)
SSD	PCIe 3.0 x4 (NVMe) M.2 SSD	PCIe 3.0 x4 (NVMe) M.2 SSD
HDD	10TB 이상	X
Power supply	1300W Gold급 이상	750W Bronze급 이상
Case	빅타워	미들타워
CPU 쿨러	일체형 수냉 쿨러	공랭 쿨러

나. 웹서버 설계

○ 인공지능 활용을 위한 웹서버 설계 진행 중

- 클라이언트가 접속할 수 있는 내부망을 구축, Router를 통해 접속하며 내부에는 총 2개의 Server인 Web server와 Processing 및 D/B를 담당하는 Server를 구축

- 사용자가 데이터를 업로드하면, 데이터가 D/B서버로 전달되며, 해당 신호를 받아 프로세싱 수행 및 결과 송출

- 회원가입/로그인 페이지, Home, Data upload 및 Processing, Reports, FAQ, QnA 페이지 설계 완료

- 테스트베드 데이터를 활용한 검증 수행 예정

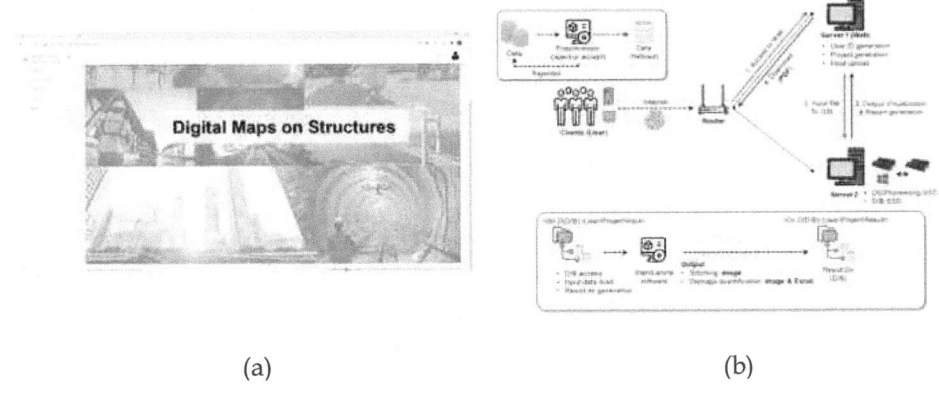

(a)   (b)

그림 2.38 웹서버 설계: (a) 메인 페이지, (b) 웹서버 설계 개략도

2.4 영상기반 수직형 시설물 비진입 스캐닝 시스템 시작품 개발 및 T/B적용

2.4.1 스캐닝 시스템 시작품 설계

○ 수직형 시설물 영상획득을 위한 비진입 스캐닝 시스템 시작품은 (1) 다중 카메라와 LED 조명이 탑재된 조사장비 본체; (2) 조사장비의 상하이동을 위한 케이블 윈치(구동부); (3) 조사장비 안정화를 위한 가이드 와이어; 및 (4) 가이드 와이어 베이스로 구성하여 상하이동하는 다중 광각 카메라로부터 수직형 시설물 내부의 전단면 영상을 획득하도록 설계하였다. 그림 2.39에서는 비진입 스캐닝 시스템 시작품의 구성 및 영상획득 원리를 보여주고 있다.

○ 스캐닝 시스템 시작품의 핵심장치인 카메라 모듈은 360도 VR 영상획득용 시스템인 Insta Pro2 적용하였다. 적용된 영상획득 장치는 4K급 해상도(3,880×2,880)의 6대 카메라로 구성된다. <표 2.9>에서는 카메라 모듈(Insta 360 Pro2)의 기술적 사양을 보여주고 있다.

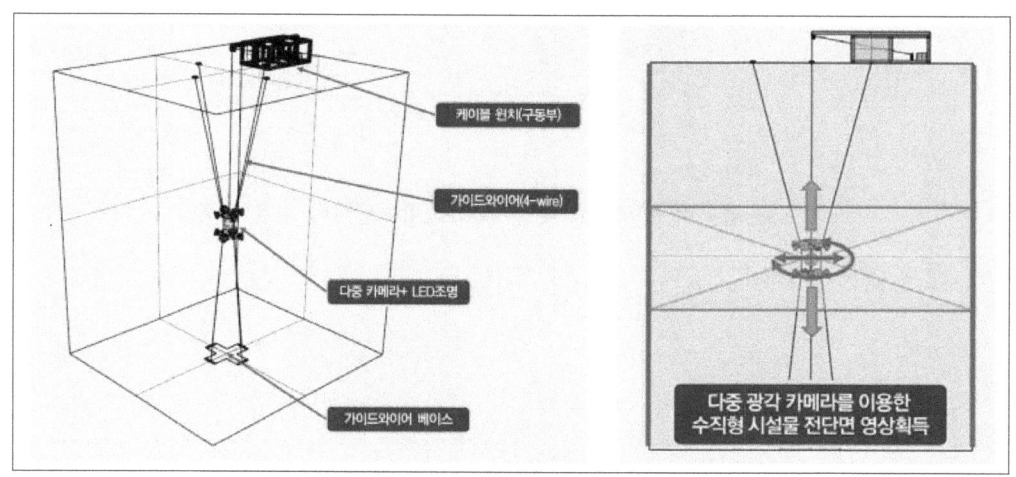

그림 2.39 비진입 스캐닝 시스템의 구성 및 영상획득 원리

<표 2.9> 카메라 모듈(Insta 360 Pro2)의 기술적 사양

구 분	사 양	비 고
렌즈(lens)	6×F2.4 어안렌즈	
크기(직경)	143mm	sphere 직경
무게	1,550g	
ISO범위	100~6400	
배터리	5100mAh 배터리	사용시간 50min.
재질	알루미늄 합금	
렌즈당 비트레이트	최대 120Mbps	
영상파일 형식	MP4	H.264 (영상코딩)
스티칭 영상 해상도	최대 7,680×3,840@30fps	8K 2D Stitching
렌즈당 해상도	4,000×3,000	4K

○ 조사장비의 상하이동을 위한 구동부는 12V DC모터를 탑재하고 있는 케이블 윈치를 적용하였으며, 3mm 두께의 강재 케이블 와이어를 이용하여 초당 10cm의 속도로 상하이동 제어가 가능하도록 하였다.

○ 조사장비는 카메라 모듈과 다수의 LED조명이 강재 플레이트 지그를 통해 연결된 구조로 216개의 LED소자로 구성된 2,000루멘의 조도성능을 가지는 LED조명을 상하부 각각 4개씩, 총 8개의 조명을 구성하였다. <표 2.10>에서는 LED조명의 기술적 사양을 보여주고 있다.

<표 2.10> LED조명의 기술적 사양

구 분	기술사양	비 고(사진)
제품명	YN216	
사용 대수	5	
광원	216 LED	
휘도 각도	55°	
색 온도	3200K ~ 5500K	
컬러 렌더링 인덱스	≥ 90%	
소비전력	13W	
루멘	2000LM	
전원	6 × AA 배터리	
평균 서비스 수명	50000h	
크기 / 무게	130×115×115 / 515g	

○ 조사장비의 케이블 윈치를 이용한 구동시 회전, 진동, 흔들림(sway) 등 불안정 요인이 발

생활 수 있으므로 상하단부에 조사장비를 통과하는 4개의 나일론 재질의 가이드와이어를 고정설치하여 조사장비의 구동시 불안정성을 최소화할 수 있도록 하였다. 하단부는 60cm 간격으로 가이드와이어를 고정할 수 있는 이동형 가이드와이어 베이스를 적용하였다. 그림 2.40에서는 비진입 스캐닝 시스템 시작품의 조사장비, 구동부 및 가이드와이어의 상세를 보여주고 있다.

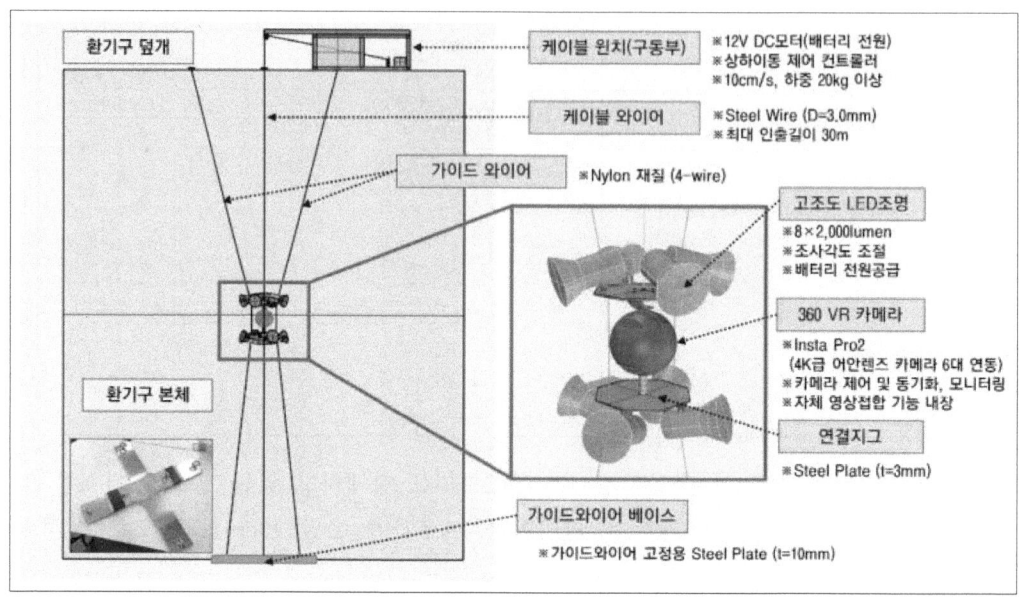

그림 2.40 조사장비, 구동부 및 가이드와이어 상세

2.4.2 스캐닝 시스템 시작품 제작

○ 조사장비의 케이블 윈치 구동부는 현장적용시 이동 및 설치가 용이한 경량구조로 알루미늄(AL) 프로파일을 이용하여 박스형 프레임을 구성하여 제작하였으며, 적용대상 환기구의 최대심도를 고려하여 30m 연장의 강제 케이블을 제작함으로써 초당 10cm의 속도로 30m 깊이의 수직형 시설물을 5분 이내 1회 전단면 촬영이 가능하며, 컨트롤러를 이용하여 조사장비의 상하이동을 제어하도록 하였다. 그림 2.41에서는 제작된 케이블 윈치 구동부의 모습을 보여주고 있다.

○ 조사장비는 카메라 모듈(Insta360 Pro2)의 상하부에 LED조명을 연결할 수 있는 지그를 설치하고, 지그의 상단에 구동부의 케이블을 연결할 수 있는 구조로 제작하였다. 카메라 모듈과 LED조명은 배터리에 의한 자체 전원공급이 가능한 구조로 제작되었다. 그림 2.42 에서는 스캐닝 조사장비 시작품의 모습을 보여주고 있다.

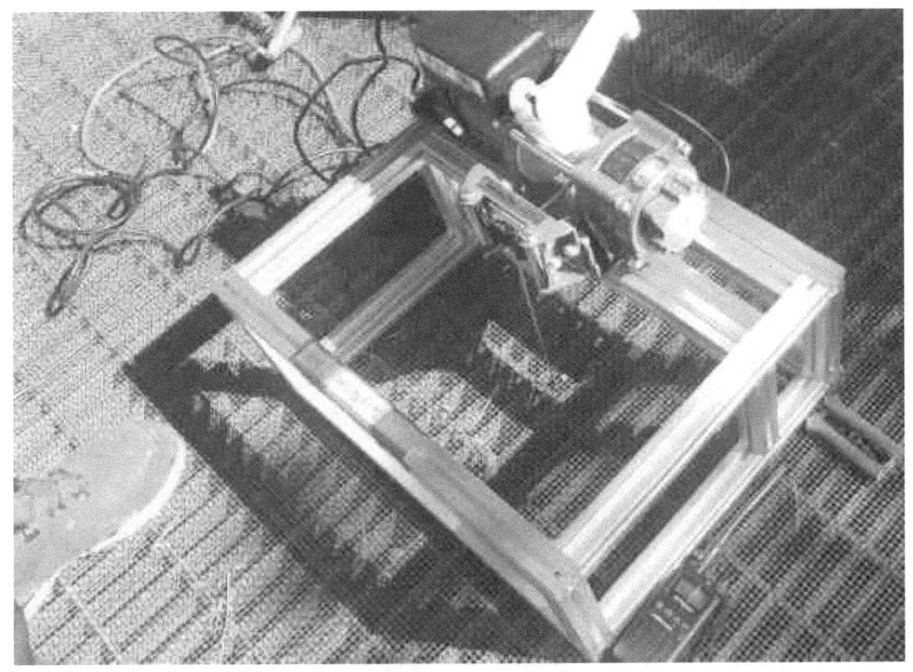

그림 2.41 케이블 윈치 구동부의 모습

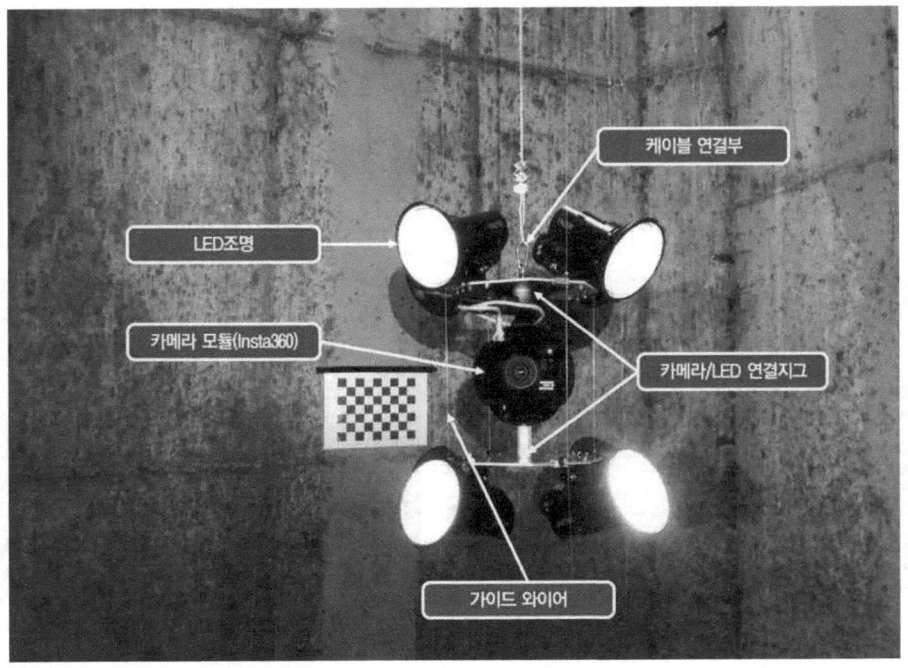

그림 2.42 스캐닝 조사장비의 모습

2.4.3 테스트베드 현장적용시험

(1) 개요

- 본 연구의 수직형 시설물 스캐닝 시스템 시작품의 현장적용성의 조기 검증 및 차년도 상용화 시제품의 개선사항을 도출하고, AI기반의 결함검출 기술개발을 위한 조사 데이터 확보를 위해 분당터널 정자~죽전간 환기구 테스트베드에 대한 현장적용시험을 수행하였다.
- 대상 시설물 : 분당터널(정자~죽전) 6번 환기구
- 시설물 수량 및 제원 : 12련, 폭 2.3×높이 8.7m, 사각형 단면)
- 조사일시 : 2020년 09월 28일 ~ 29일

그림 2.43 조사위치도

그림 2.44 대상 환기구 전경

그림 2.45 환기구 상부 그레이팅/메쉬

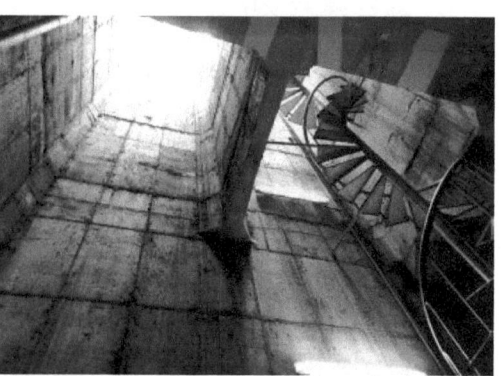

그림 2.46 환기구 내부현황(계단부)

제 2장 과업 수행 계획

그림 2.47 환기구 풍도 벽체 현황

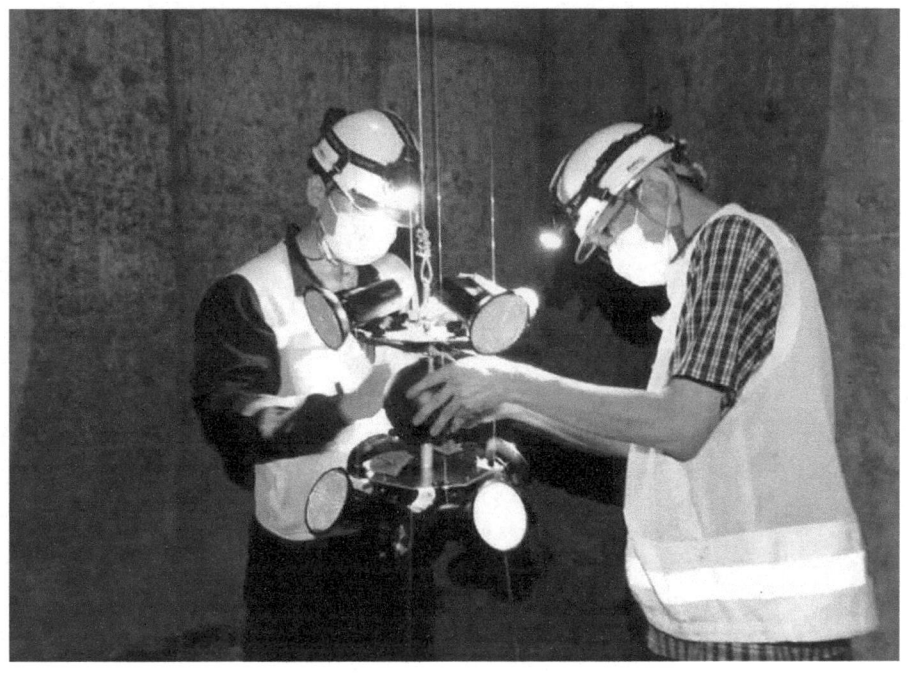

그림 2.48 스캐닝 조사장비 설치

그림 2.49 스캐닝 장비 촬영중 모습(1)

그림 2.50 스캐닝 장비 촬영중 모습(2)

제 2장 과업 수행 계획

(2) 현장시험 결과

○ 수직형 시설물 스캐닝 시스템 시작품의 현장적용시험 결과, 획득된 영상 데이터를 기반으로 평면전개 이미지망도, 외관조사망도 및 물량산출표를 작성하였으며, 본 절에서는 대표적으로 7번 풍도에 대한 결과를 제시한다. 전체 풍도에 대한 조사결과는 본 보고서의 부록에 수록하였다.

가. 이미지망도

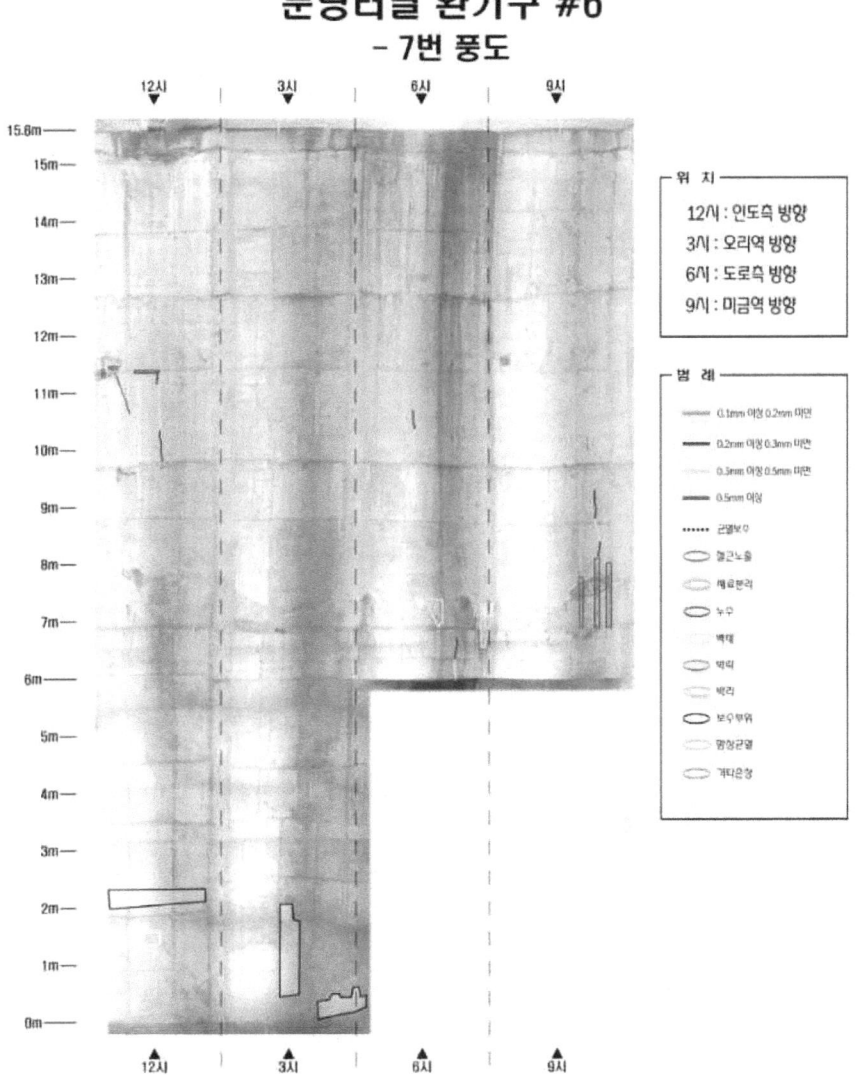

나. 외관조사망도(CAD망도)

수직형 시설물의 AI 기반 비진입 스캐닝 자동화 시스템 개발

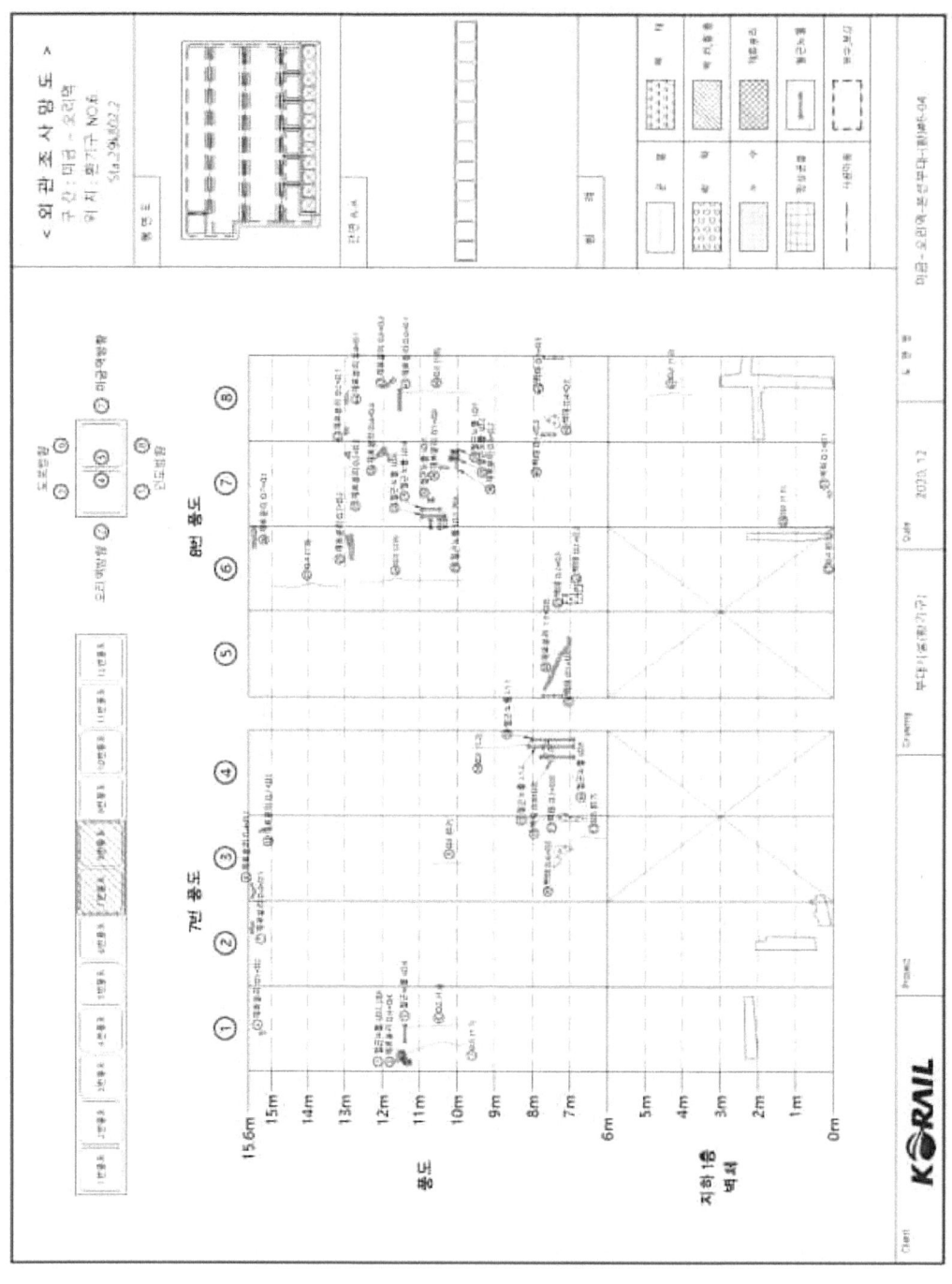

다. 물량집계표(일부)

분당터널(정자~죽전) 6번 환기구 물량집계표

NO.	ID	위치	높이	변상	등급	방향	폭	길이	내용
1	1	1	15m	균열		종	0.3	1.2	
1	2	1	5m	균열		횡	0.5	2.0	
1	3	1	13m	재료분리			0.4	0.3	
1	4	3	12m	재료분리			0.9	0.4	
1	5	3	7m	균열		횡	0.3	0.7	
1	6	4	8m	재료분리			0.5	0.4	
1	7	4	11m	재료분리			0.4	0.4	
1	8	5	11m	재료분리			0.7	0.7	
1	9	5	8m	재료분리			0.8	0.3	
1	10	6	8m	균열		사	0.3	0.9	
1	11	6	13m	균열		횡	0.3	0.6	
1	12	6	14m	균열		횡	0.3	0.6	
1	13	7	6m	박리			0.1	0.2	
2	1	1	5m	망상균열			0.4	1.6	
2	2	2	13m	철근노출				0.6	
2	3	2	14m	박리			0.6	0.1	
2	4	2	14m	박리			0.4	0.1	
2	5	2	6m	균열		사	0.3	1.4	
2	6	2	7m	균열		사	0.3	0.5	
2	7	6	11m	균열		횡	0.4	2.9	
2	8	6	10m	균열		횡	0.3	0.9	
2	9	6	14m	망상균열			0.6	2.0	
2	10	6	8m	균열		사	0.3	1.4	
2	11	7	1m	균열		횡	0.3	1.5	보수부
2	12	7	13m	철근노출				0.6	
2	13	7	1m	균열		사	0.3	0.9	보수부
2	14	7	8m	재료분리			1.6	0.7	
2	15	8	7m	균열		횡	0.5	1.4	
2	16	8	10m	균열		횡	0.3	0.9	
2	17	8	8m	재료분리			0.4	0.2	
3	1	1	5m	균열		횡	0.4	2.5	
3	2	1	8m	재료분리			0.7	0.4	
3	3	2	8m	재료분리			0.6	0.4	
3	4	3	15.6m	재료분리			0.5	0.2	
3	5	4	7m	철근노출				0.2	
3	6	6	12m	재료분리			0.4	0.2	

2.5 수직형 스캐닝 시스템 시제품 개발 및 고도화

2.5.1 수직형 스캐닝 시스템 시제품 설계

가. 개요

○ 1차년도 스캐닝 시스템 시작품 성능평가 및 테스트베드 현장적용성 검증결과를 반영하여 조사품질 향상, 조사장비 안정성 확보 등 상용화 시제품 보완방안 도출 및 개선설계를 수행하였다. <표 2.11>에서는 시작품과 개선 설계된 시제품의 개선설계 내용을 비교하여 보여주고 있다.

<표 2.11> 수직형 스캐닝 시스템 시제품 개선설계 방향

구 분	시작품	시제품(개선설계)	비고
영상획득장치 (카메라)	360도 VR카메라 적용 (전단면 촬영)	산업용 머신비전 카메라 적용 (분할단면 정밀촬영)	평면형 조사장비 (저왜곡 정밀도 향상)
영상획득방식	동영상 촬영 후 프레임 추출	정지영상(이미지) 연속촬영	
레이저스캐너	미적용	360도 LiDAR 센서 적용	Depth Estimation

○ 1차년도 시작품에 적용되어 환기구 전단면 촬영을 위한 360도 VR 카메라가 적용되었으나 개별 카메라가 촬영방향이 시설물의 형상에 적합하지 아니하여 거리와 화각에 따른 왜곡이 크게 발생하고, 고해상도 영상 취득에 어려움이 있다. 따라서, 2차년도 수직형 스캐닝 시스템 시제품의 핵심 모듈인 영상획득 장치로는 다수의 면스캔(Area scan) 방식의 산업용 머신비전 카메라를 탑재하는 평면형 스캐닝 시스템으로 설계하여 조사대상 수직형 시설물을 근접 촬영하는 정밀영상 획득장치로 설계를 개선하였다. 그림 2.51에서는 시작품의 360도 VR 카메라에 의한 영상획득 시스템과 시제품의 평면형 영상획득 시스템을 비교하여 보여주고 있다.

○ 영상획득방식에 있어서, 시작품의 360도 VR 카메라는 일정 프레임 속도의 동영상으로 조사영상 원본을 획득하고 내업에 의해 정지영상 프레임을 대상으로 영상처리 및 분석을 통해 평면전개 이미지와 결함손상 검출 등 분석 작업을 수행하였다. 수직형 스캐닝 시스템 시제품에서는 3,840×2,160픽셀 해상도의 정지영상을 일정 프레임 속도로 동기화된 카메라를 통해 획득하는 방식으로 개선하였다.

○ 영상획득 장치의 흔들림, 진동 등 불안정성을 최소화하기 위해 1차년도 시작품에 적용되었던 가이드와이어 구조를 개선하여 영상획득 장치의 양측면을 통과하는 가이드와이어의 하단부에 스프링 형태의 장력유지장치를 적용하여 개선하였으며, 장력도입을 위한 수동 원치와 가이드와이어 베이스를 적용하였다.

○ 영상획득 장치 카메라의 촬영방향, 촬영대상면과의 거리 등 포인트클라우드(Point cloud) 데이터를 획득하기 위해 레이저 센서기반의 360도 2D 라이다(LiDAR) 센서를 탑재하였으며, 획득된 정보는 영상 데이터와 융합되어 Depth Estimation을 통한 영상왜곡 식별 및 보정과정에 이용될 수 있도록 설계하였다. 그림 2.52에서는 Depth Estimation을 위한 360도 라이다(LiDAR) 센서의 측정원리를 보여주고 있다.

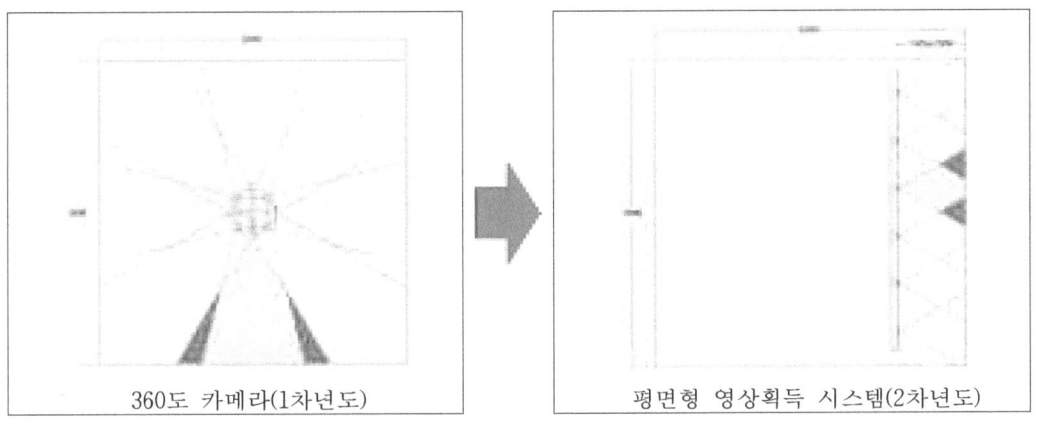

그림 2.51 360도 카메라 및 평면형 영상획득 시스템

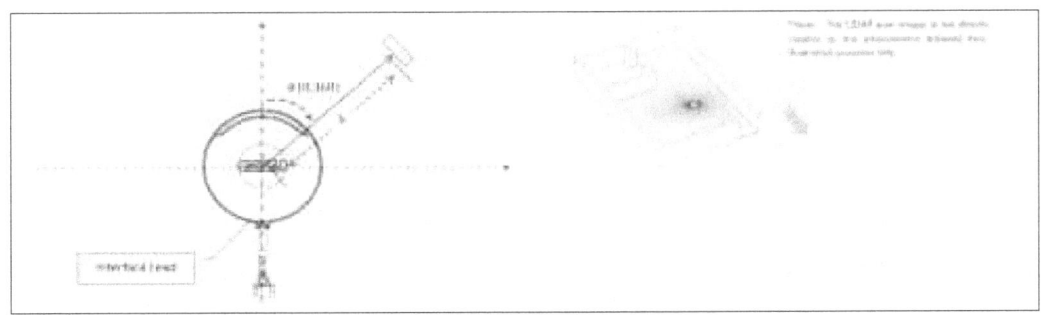

그림 2.52 Depth Estimation을 위한 360도 LiDAR 센서의 측정원리

나. 시스템 구성

1) 시스템 개요

○ 수직형 스캐닝 시스템 시제품은 데이터 처리장치부의 영상처리 보드로부터 실시간 영상 데이터 획득을 위해 카메라를 제어하고, 각 카메라에서 획득되는 영상은 데이터 저장장치에 전송된다. 또한 환기구 내부 영상촬영시 조도확보를 위해 LED 조명장치를 이용하여 조사대상면의 조도를 확보한다.

○ 수직형 스캐닝 시스템은 환기구의 정밀영상 획득을 위해 카메라와 렌즈, 조도 확보를 위한 LED조명과 장비제어 및 모니터링을 위한 영상처리보드 및 데이터 저장장치로 구성되며, 알루미늄 프로파일로 제작된 프레임에 탑재되어 운용되도록 설계하였다. 그림 2.53에서는 수직형 스캐닝 시스템의 구성도와 <표 2.12>에서는 수직형 스캐닝 시스템 시제품의 구성모듈을 보여주고 있다.

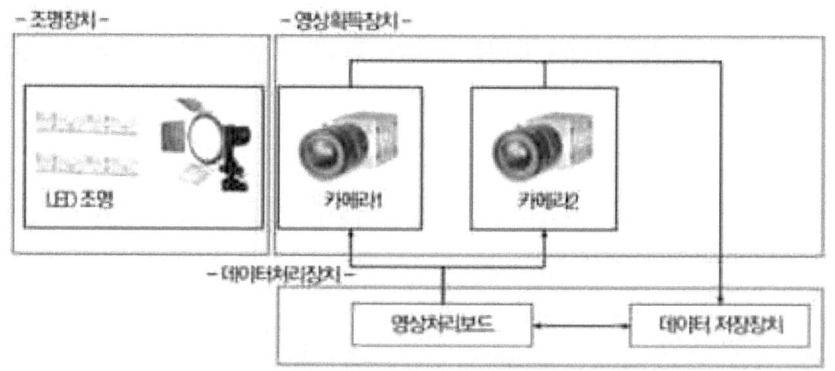

그림 2.53 수직형 스캐닝 시스템 시제품 시스템 구성도

<표 2.12> 수직형 스캐닝 시스템 시제품 구성 모듈

번호	항 목		내 용	수량	비고
1	카메라 모듈	카메라 (영상획득 장치)	조사대상 시설물 표면의 분할촬영에 의한 정밀영상획득	2	산업용 머신비전 카메라 적용
		렌즈	이격거리(0.5~1.0m)에서 카메라의 화각 및 획득영상 정밀도 확보	2	단렌즈
2	조명 모듈	LED 조명	영상 촬영시 조도확보를 위한 고조도 LED모듈 적용	4대 720모듈	LED 조명 LED BAR
3	제어 모듈	데이터 저장장치	영상데이터의 실시간 저장을 위한 대용량 데이터 저장장치	1	SSD 256GB 이상
4		AL프레임	장비 모듈의 통합탑재를 위한 경량 및 고강도 알루미늄 프레임	1set	Hi-Box를 이용한 모듈탑재

2) 영상획득장치 카메라 모듈

○ 카메라와 렌즈로 구성된 수직형 스캐닝 시스템의 카메라 모듈은 환기구 시설물 표면의 정밀영상 데이터를 획득하기 위한 핵심장치로서, 산업전반에 이용되고 있는 면스캔(Area Scan) 방식의 머신비전 카메라를 적용하였으며, 환기구 조사대상면 표면의 이격거리인 0.5~1.0m에서 GSD 0.31mm 수준의 정밀영상의 획득과 충분한 중첩화각을 확보할 수 있는 머신비전용 광학렌즈를 적용하였다.

○ 머신비전 카메라는 4K급 8.3MP(3,840×2,160) 해상도의 컬러 면스캔 카메라로서, 이동중 고속 정밀영상 획득이 가능한 Basler사의 산업용 카메라(모델명: Pro AC3840- 45UC)를 선정하였다. 선정된 카메라는 롤링 셔터(Rolling Shutter) 방식으로 초당 최대 45프레임(45fps)의 영상획득이 가능하다. <표 2.13>에서는 선정된 Basler사의 머신비전 카메라의 기술적 사양과 이미지 및 도면을 보여주고 있다.

<표 2.13> 영상획득장치 머신비전 카메라의 기술적 사양

구 분	항 목	사양(규격)	비 고(사진)
카메라	해상도	8.3MP (3,840×2,160)	
	센서 사이즈	1/1.8인치	
	FPS	45fps	
	센서종류	Progressive Scan CMOS	
	Pixels (HxV)	3,840 x 2,160	
	Sensing Area(HxV,(mm))	7.7 x 4.3	
	Imaging Sensor	Sony IMX334	
	Resolution (MegaPixels)	8.30	
	Pixel Size, H x V (μm)	2.00 x 2.00	
	Mount	C-Mount	
	전송방식	USB 3.0	
	작동온도	-10 to +60℃	
	크기(mm)	36.3(D)x29(W)x29(H)	
도면			

○ 조사대상 시설물의 영상은 일정 화각의 렌즈를 통해 카메라 센서로 획득된다. 스캐닝 시스템 카메라의 촬영거리(Working Distance)를 이격거리인 0.5~1.0m로 설정하고 최적의 화각을 가지는 초점길이(focal length)를 산정하여 이에 적합한 렌즈를 선정하였다.

○ 촬영거리가 가변적이므로 초점이 맞는 거리의 범위가 비교적 넓고, 카메라간 충분한 중첩율을 가질 수 있는 초점길이 6mm의 머신비전 카메라용 단렌즈를 선정하였고 이에 대한 검토를 1차 테스트베드 서울지하철 4호선(숙대입구역)을 대상으로 수행하였다. 선정된 렌즈는 HIKROBOT사의 MVL-HF0624M-10MP로서 <표 2.14>에서는 선정된 HIKROBOT사의 초점길이 6mm 머신비전 카메라 렌즈의 이미지 및 도면, 기술적 사양을 보여주고 있다.

<표 2.14> 영상획득장치 머신비전 카메라 렌즈의 기술적 사양

구 분	항 목	사양(규격)	비 고(사진)
카메라	최대이미지서클	1/1.8인치(6mm)	
	초점거리(f)	6mm	
	F-Number	F2.4 ~ F16	
	Field of View(DxHxV)	72.96°x62.46°x44.05° 8.96mmx7.37mmx4.92mm	
	최소 이격거리	0.1 m	
	조리개	F1.4	
	마운트	C-Mount	
	작동온도	-10 to +50℃	
	크기(mm)	Φ29.8×40.9	
도 면			

○ 수직형 스캐닝 시스템의 시제품 현장적용을 위해 서울지하철 4호선(숙대입구역)환기구 단면을 대상으로 선정된 머신비전 카메라 렌즈에 대해 화각검토를 수행하고, FOV(Field of View)를 분석하였다. 초점길이 6mm, 촬영거리(이격거리) 1.0m를 고려한 화각검토시 수평화각 65.4°에 의한 피사체 너비(FOV)는 1276mm이며, 카메라의 수평해상도 3,840픽셀의 GSD는 0.3mm로 충분한 정밀도를 가지는 영상의 획득이 가능한 것으로 분석되었다. 다음 그림 2.54에서는 적용된 렌즈에 의한 화각 및 FOV 분석 개요를 보여주고 있으며, <표

2.15>에서는 촬영거리(Working Distance)에 따른 른 FOV 분석결과를 보여주고 있다.

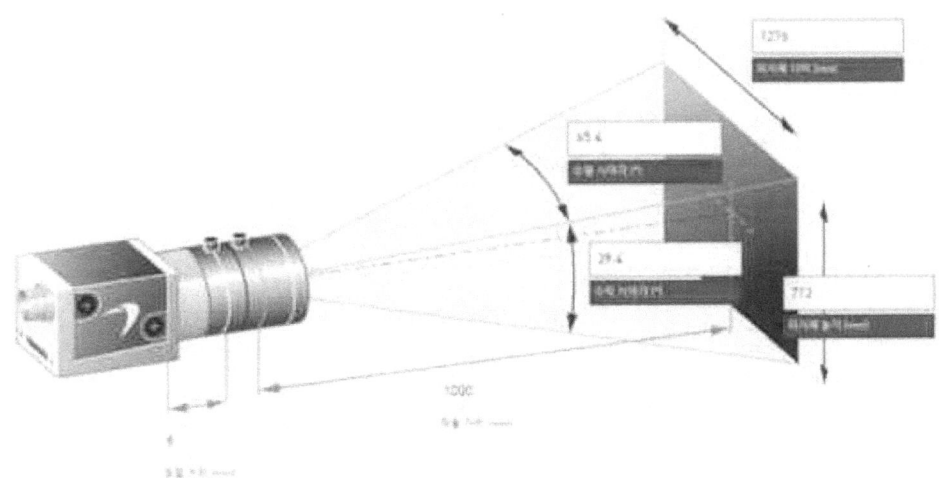

그림 2.54 적용된 렌즈(f=6mm)에 의한 화각 및 FOV 분석 개요

<표 2.15> 촬영거리(Working Distance)에 따른 FOV 분석 결과

Working Distance (mm)	Magnification	Field of View (mm) [Sensor Size 1/1.8 "]	
		H(7.38mm)	V(4.92mm)
300	-0.019	386.74	256.48
350	-0.017	448.13	297.38
400	-0.015	509.66	338.36
450	-0.013	571.09	379.27
500	-0.012	632.63	420.26
550	-0.011	694.03	461.16
600	-0.010	755.49	502.10
650	-0.009	816.87	542.99
700	-0.008	878.46	584.01
800	-0.007	1001.42	665.92
900	-0.007	1124.39	747.83
1000	-0.006	1247.15	829.60

3) 조명 모듈

○ 수직형 스캐닝 시스템은 환기구 내부 어두운 환경에서 충분한 조도를 확보하기 위한 저전력 조명 시스템을 적용하였다. 카메라 모듈과 다수의 LED조명이 알루미늄 프로파일 상단에 연결된 구조로 216개의 LED소자로 구성된 2,000루멘의 조도성능을 가지는 LED조명을 등간격으로 4개의 조명을 설치하였으며, <표 2.16>에서는 LED조명의 기술적 사양과 설계이미지를 보여주고 있다.

<표 2.16> LED조명의 기술적 사양

구 분	기술사양	비 고(사진)
제품명	YN216	
사용 대수	4	
광원	216 LED	
휘도 각도	55°	
색 온도	3200K ~ 5500K	
컬러 렌더링 인덱스	≥ 90%	
소비전력	13W	
루멘	2000LM	
전원	6 × AA 배터리	
평균 서비스 수명	50000h	
크기 / 무게	130×115×115 / 515g	

○ 또한 스캐닝 시스템의 전면 Plate에 초고휘도 LED슬림형 띠형태의 조명을 양면TAPE와 접착제를 이용하여 부착하였으며, 좌, 우 170mm(W)×200mm(H) Plate에 15mm간격 10줄로 총 360개의 LED소자로 구성하였고 중앙 630mm(W)×200mm(H) Plate에 15mm간격 10줄로 총 720소자로 구성하여 대칭구조로 설치하였다. <표 2.17>에서는 LED조명의 기술적 사양을 보여주고 있다.

<표 2.17> LED슬림형 조명의 기술적 사양

구 분	기술사양	비 고(사진)
제품명	BF063	
LED 소자 수	1080	
구동전압	12V	
구동전류	5A	
소비전력	60W	

4) LiDAR 센서

○ 스캐닝 시스템을 이용하여 획득한 이미지는 이미시 스티칭 알고리즘을 적용하여 특징점을 기준으로 정합되는 영상처리 과정을 거치게 된다. 평면분할 촬영으로 획득한 이미지 중 헌치부가 포함된 데이터의 경우 면구분을 위한 왜곡보정 작업이 수행되어야 하며,

LIDAR에서 수집된 거리(Distance)데이터를 기준으로 정밀한 왜곡보정을 할 수 있다. <표 2.18>에서는 LIDAR의 기술적 사양 및 이미지 정보와 도면을 보여주고 있다.

<표 2.18> LIDAR의 기술적 사양

구 분	항 목	사양(규격)	비 고(사진)
카메라	제조사	Sunhokey사	
	제품명	RPLIDAR-A2M6	
	측정범위	0.15~18m(거리)	
		0~360°(각)	
	분해능	0.5mm(거리)	
		0.9°(각)	
	샘플링 주파수	4000Hz(포인트)	
		10Hz(레이어)	
도 면			

5) 제어모듈

○ 조사장비 본체에 카메라 제어 및 데이터 저장, 시스템의 원활한 구동을 위한 메인보드(Latte Panda)를 설치하여 임베디드(Embedded) 시스템을 개발하였으며, 무선 와이파이로 메인보드에 원격 접속하여 카메라 제어와 획득되어지는 이미지를 확인할 수 있고 실시간 저장되어진 고용량의 이미지 데이터를 내보낼 수 있다. <표 2.19>에서는 영상제어 및 저장장치의 기술적 사양을 보여주고 있다.

○ 영상제어 및 저장장치(Latte Panda)의 운영체제(OS)는 Windows기반으로 운영되어지며 스캐닝 시스템 카메라의 셔터스피드와 조리개값, Gain값과 Lidar구동 등을 설정할 수 있는 별도의 S/W를 개발하여 적용하였다.

<표 2.19> 영상처리보드(Latte Panda Alpha 800s)

구 분	기술사양	비 고(사진)
제품명	LattePanda Alpha 800s	
운영체제(OS)	Windows, Linux	
CPU	인텔 8th	
코어	1.1~3.4GHz 듀얼코어, 4스레드	
그래픽	인텔HD 그래픽615, 300-900MHz	
메모리	SSD 128GB	
연결	와이파이802.11AC, 2.4G&5G	
	듀얼밴드 블루투스 4.2	
	기가바이트 이더넷	
USB 포트	3X USB 3.0 유형A	
	1X USB 유형 C	
규격	115mm(L)×78mm(W)×14mm(H)	
도 면		

○ 조사장비는 조명제어부와 영상제어부로 구분되며, 좌·우에 설치된 HI-BOX DC-12V-12A 베터리에서 각각 전압을 인가하여 별도의 제어기능이 가능하도록 하였으며, 조사장비 상단 LED조명은 AA베터리 6개로 작동되어지고 전면에 설치되어지는 LED슬림형 조명은 12V로 구동되도록 설계하였다.

○ 산업용 머신비전 카메라와 영상제어 및 저장장치인 메인보드(Latte Panda)는 인가전압 12V로 구동되고 레이저스캐너(RPLIDAR)는 인가전압이 DC 5V로 DC-DC컨버터를 이용하여 전압을 강하시켜 구동하도록 하였다.

다. 수직형 스캐닝 시스템 시제품 설계

1) 스캐닝 시스템

○ 스캐닝시스템 카메라 모듈의 배치설계를 바탕으로 수직형 스캐닝 시스템 시제품 설계를 수행하였으며, 그림 2.3 및 <표 2.2>에서 제시한 모듈구성에 따라 알루미늄 프레임 구조로 설계하였다. 전면부는 중앙부를 기준으로 좌, 우 400mm 간격으로 카메라가 설치되고, LED 슬림형 조명이 평면적으로 배치된 형태이다. 또한, 제어 모듈과 베터리는 카메라/조명 후면 내부의 함체에 탑재되도록 배치하였으며, 그림 2.55에서는 시제품의 설계도면을 보여주고 있다.

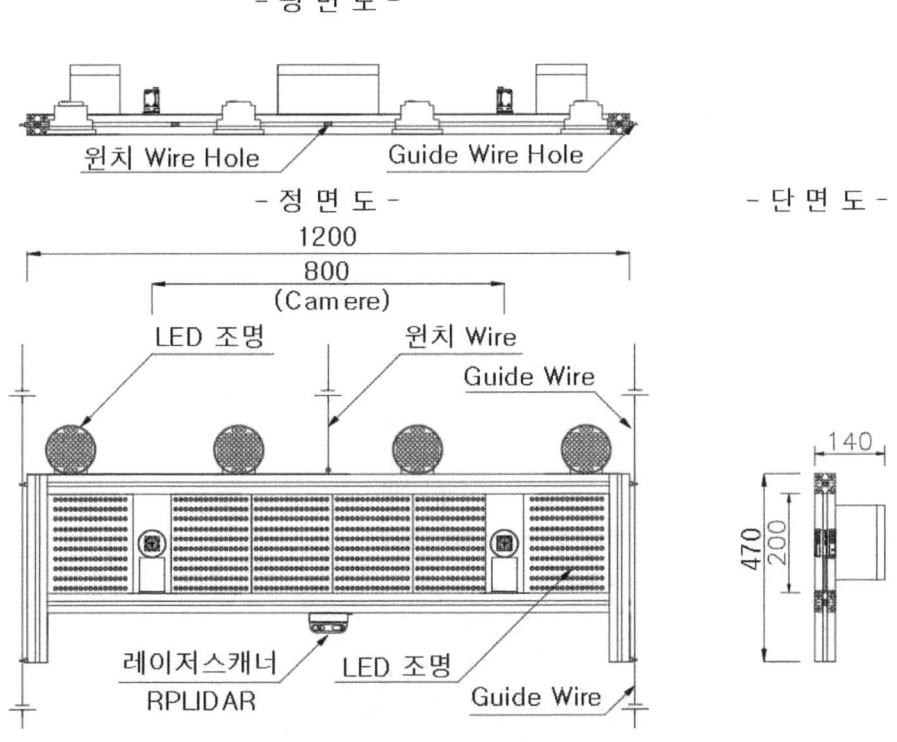

그림 2.55 수직형 스캐닝 시스템 시제품 도면

2) 윈치박스 및 가이드와이어 베이스

○ 조사장비의 상하 이동을 위한 구동부는 AC모터를 탑재하고 있는 케이블 윈치를 적용하였으며, 조사장비를 구동하는 윈치박스는 500mm(W)×500(H)× 1250mm(L)로 설계하였다. 윈치모터는 모델명 K9R-90-FD 형식의 90W 4극, 단상 200V/240V의 모터를 적용하였고 그림 2.56에서는 윈치박스의 설계 상세도를 보여주고 있다.

○ 윈치박스 상부 수동윈치에서 내려지는 가이드 와이어는 외부 그레이팅 상부에 설치되는 가이드 와이어 베이스 Hole을 통해 내려져 조사장비 좌, 우 고정 Hole을 통과하고 그림 2.57와 같이 바닥하부에 설치되어지는 가이드와이어 베이스의 장력조절장치인 고장력 스프링에 고정되어 인위적인 위치변경에 의한 오차를 최소화하였다.

○ 조사장비의 케이블 윈치를 이용한 구동시 회전, 진동, 흔들림(sway) 등 불안정 요인이 발생할 수 있으므로 환기구 외부 그레이팅 상부와 환기구 내부 바닥에 동일한 크기의 와이어베이스를 동일선상에 설치한다. 윈치박스에서 내려지는 2개의 강재재질의 가이드 와이어를 하부 베이스에 고정 설치하여 조사장비의 구동시 불안정성을 최소화 할 수 있도록 개선하여 설계하였으며, 그림 2.57 에서는 가이드 와이어 고정을 위한 베이스를 나타내었다.

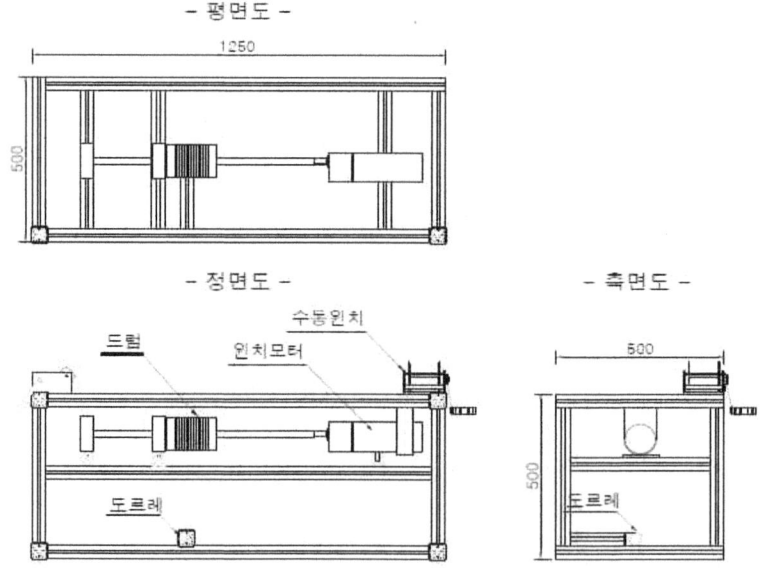

그림 2.56 수직형 스캐닝 시스템 시제품의 윈치박스 설계 상세도

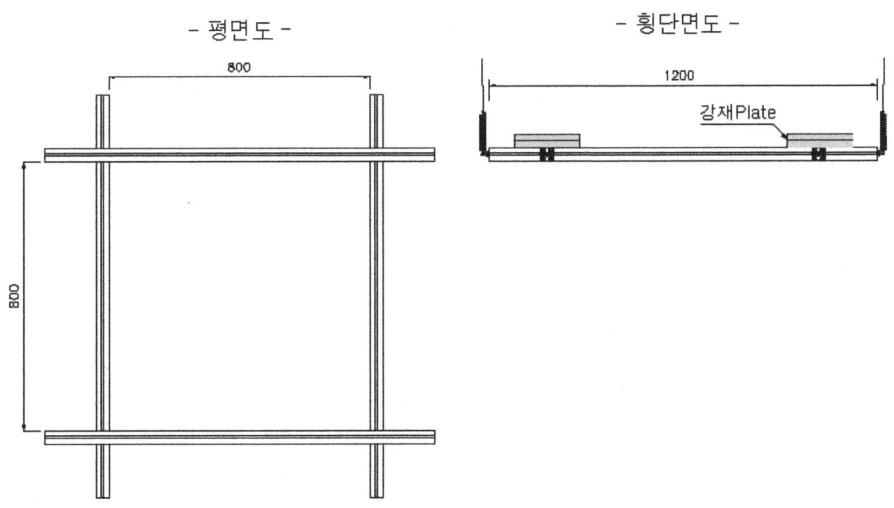

그림 2.57 환기구 외부(상부) 및 내부(하부) 바닥설치용 가이드 와이어 베이스

라. GSD 및 화각분석

○ 카메라 모듈을 통해 획득된 영상 데이터의 정밀 정합과 화각확보를 위해 선정된 카메라와 렌즈에 대한 화각분석을 서울지하철 4호선 숙대입구역 환기구 단면을 대상으로 수행하였다. 조사대상 시설물 표면과 카메라 렌즈간 이격거리(Working Distance)를 0.3~1.0m까지 0.1m 간격으로 변화시키며, 카메라간 중첩률과 수평 촬영길이(Vertical FOV)를 계산하고, 적용된 카메라 센서의 수평 해상도를 고려한 GSD(Ground Sample Distance)를 산정하여 균열폭 등 결함검출 성능을 추정하였다. 그림 2.58에서는 촬영거리별(0.7~1.0m) 변화에 의한 화각분석 예를 보여주고 있으며, <표 2.21>에서는 조사장비가 환기구 단면 중심 및 편심배치의 경우 화각분석 예를 보여주고 있다.

○ 촬영거리에 따른 스캐닝 시스템 카메라 모듈의 화각분석을 통해 <표 2.20>에서 보여주는 바와 같이 카메라간 중첩율, 수평 FOV 및 GSD를 분석하였다. 분석결과, 조사대상 시설물 표면의 이격거리인 1.0m에서 헌치부까지의 FOV확보가 가장 크게 나타났다. 카메라 영상간 중첩율은 약 34%로, 특징점 검출 및 매칭을 위한 요구 중첩율인 30%이상 확보하고 있으며, 정합된 전체 카메라의 시야각인 수평 촬영길이는 약 1.23m이다. 적용된 카메라의 해상도는 3,840×2,160픽셀로, 수평 해상도를 수평 촬영길이로 나눈 GSD는 0.31mm의 균열폭 정밀도를 확보할 수 있다.

<표 2.20> 촬영거리에 따른 중첩율, 수평 FPV 및 GSD 분석결과

촬영거리(WD)	카메라별 수평 FOV(mm)	카메라간 중첩길이(mm)	카메라간 중첩율(%)	정합 후 수평 FOV(mm)	GSD (mm/Pixel)
0.3m	364	중첩없음			0.094
0.4m	485				0.126
0.5m	606				0.157
0.6m	728				0.189
0.7m	849	49	6	1649	0.220
0.8m	970	170	18	1771	0.25
0.9m	1091	291	27	1891	0.28
1.0m	1213	413	34	2013	0.31

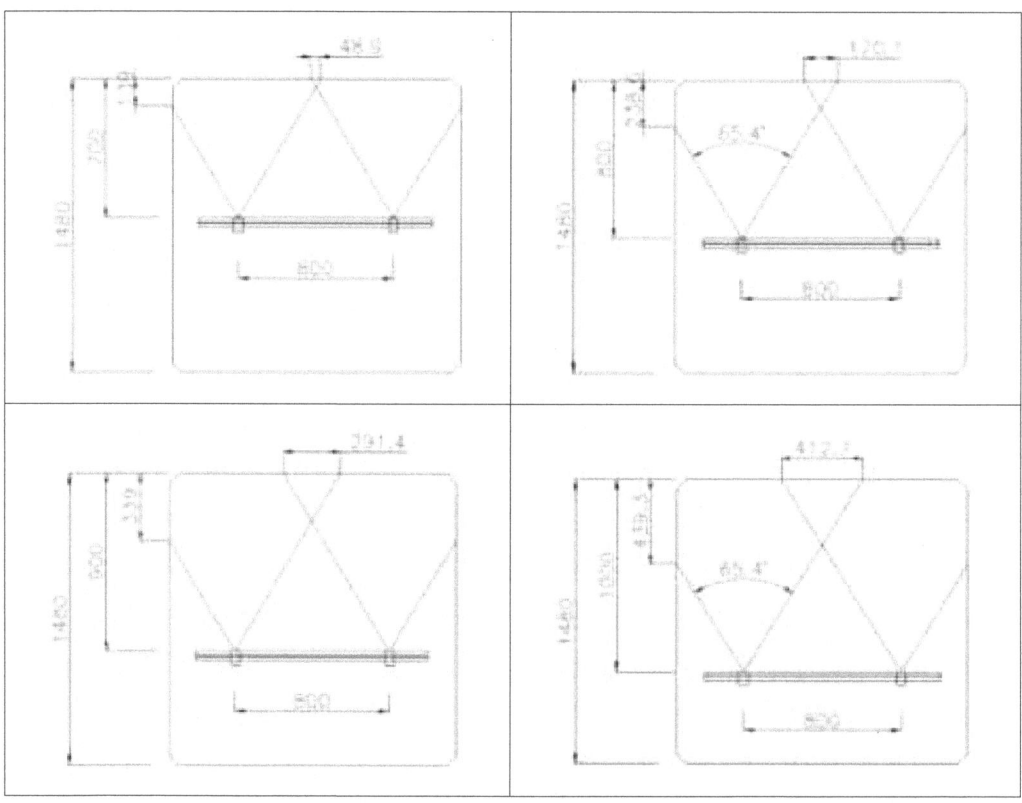

그림 2.58 숙대입구역 환기구 대상 카메라 간격 및 촬영거리 변경에 의한 화각분석 예

제 2장 과업 수행 내용

<표 2.21> 숙대입구역 환기구 대상 단면의 중심 및 편심 배치의 경우 화각분석 예

NO.	단면 중심배치	편심배치	선정
1안			O (1안)
2안			-
3안			-
4안			-

마. 스캐닝 시스템 설치 및 영상획득 절차

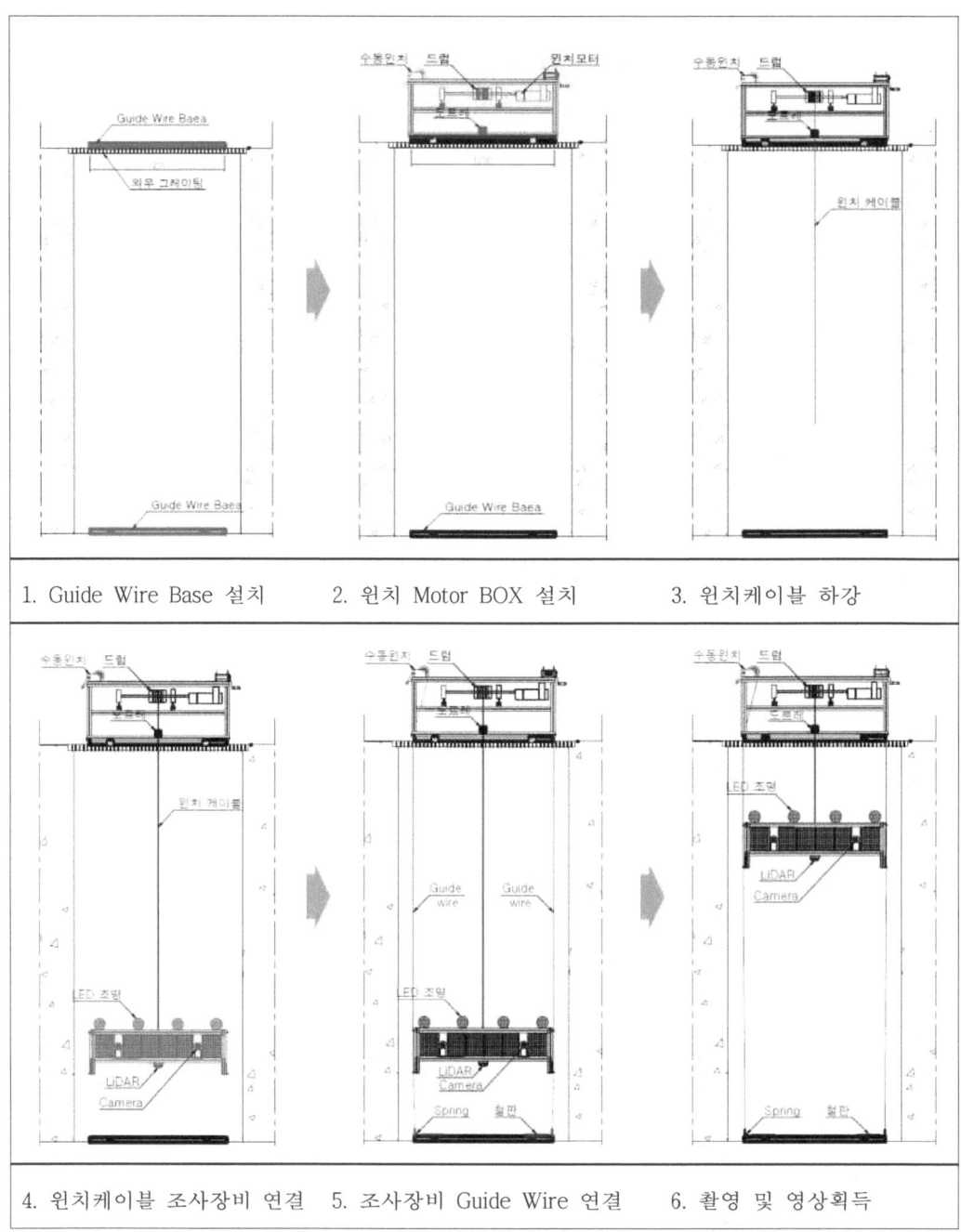

그림 2.59 수직형 스캐닝 시스템 시제품 설치 및 조사순서도

2.5.2 수직형 스캐닝 시스템 시제품 제작

가. 수직형 스캐닝 시스템 시제품

○ 스캐닝 시스템은 AL재질의 프로파일로 평면형 프레임의 구조이며, 하부 프레임에 머신비전 산업용 카메라(Ace2 Pro AC3840-45UC) 고정지그를 중심에서부터 400mm간격으로 고정한 후 선정된 카메라를 설치하였다. 그림 2.60에서 보여주는 바와 같이 수직형 스캐닝 시스템 시제품은 카메라와 영상저장장치, LED조명 등으로 구성되어 베터리에 의한 자체 전원공급이 가능한 구조로 제작되었다. 그림 2.10에서는 LED조명이 발광되는 전면부를 보여주고 있으며, 그림 2.61에서는 좌, 우측의 배터리와 중앙부 영상처리장치부의 함체를 보여주고 있다.

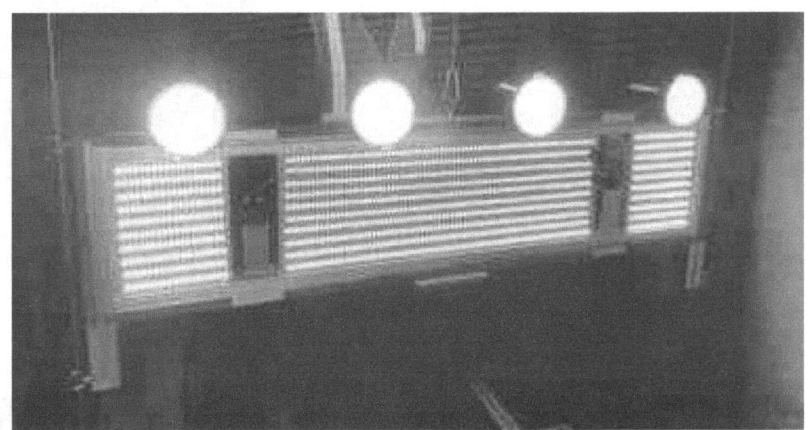

그림 2.60 수직형 스캐닝 시스템 시제품 전면부

그림 2.61 수직형 스캐닝 시스템 시제품 후면부

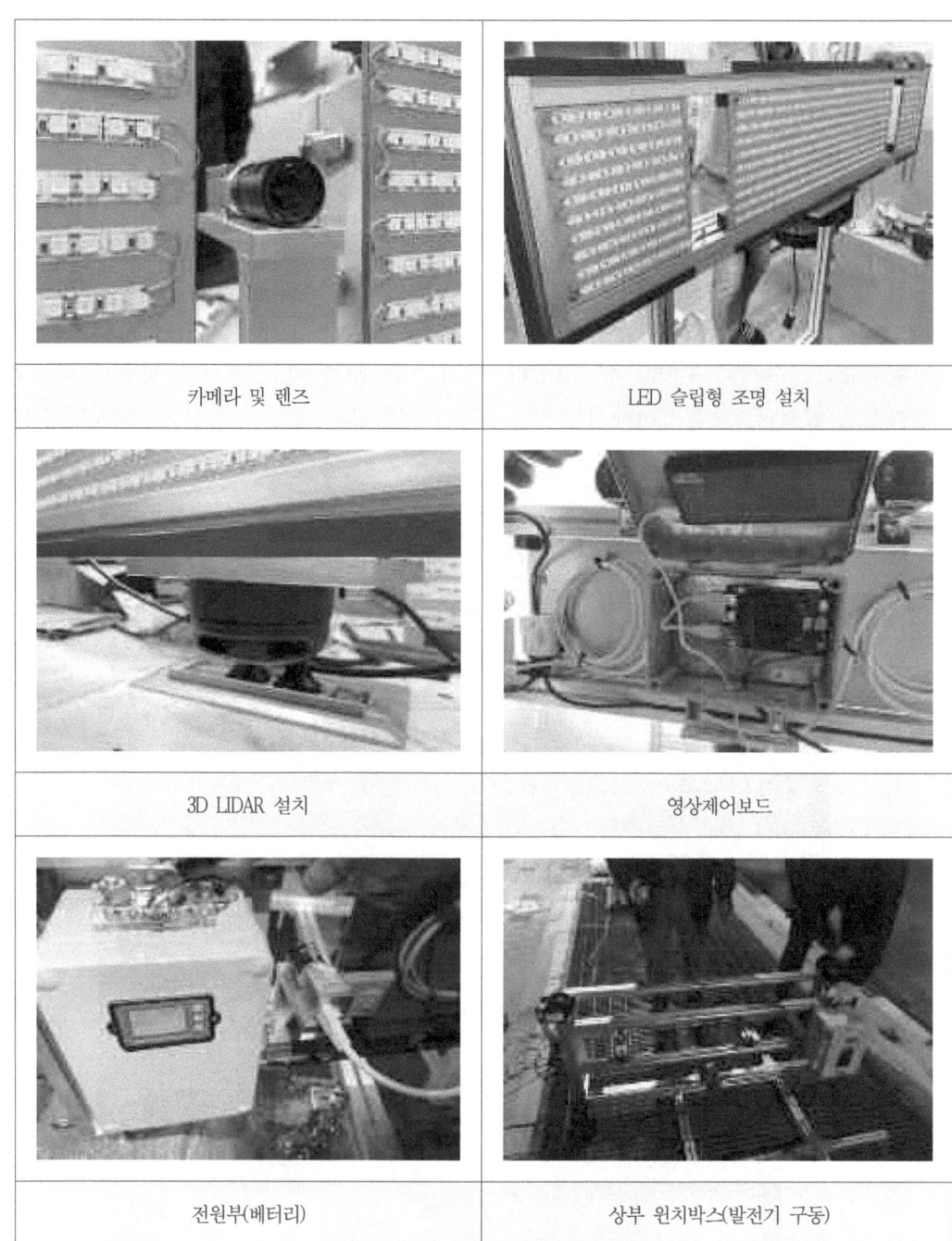

그림 2.62 수직형 스캐닝 시스템 시제품

○ 스캐닝 시스템의 케이블 윈치 구동부는 현장 적용시 이동 및 설치가 용이한 경량구조로 40mm 알루미늄(Al) 프로파일을 이용하여 박스형 프레임을 구성하여 제작하였으며, 컨트롤러를 이용하여 조사장비의 상하이동을 제어하도록 하였다. 그림 2.63에서는 제작된 케이블 윈치 구동부의 모습을 보여주고 있다.

그림 2.63 숙대입구역 환기구 상부 케이블 윈치 구동부의 모습

2.5.3 수직형 스캐닝 시스템 시제품 테스트베드 적용

가. 테스트베드 구축개요

○ 본 연구의 수직형 시설물 스캐닝 시스템 시제품의 현장적용성의 검증 및 상용화 시제품의 개선사항을 도출하고, AI기반의 결함검출 기술개발을 위한 조사 데이터 확보를 위해 서울 지하철 4호선 숙대입구역~서울역 환기구 테스트베드에 대한 성능검증 시험을 수행하였다. <표 2.22~2.23>에서는 숙대입구역~서울역 환기구 단면형태 및 제원과 도면을 보여주고 있으며, 그림 2.64에서는 내부 전경을 보여주고 있다.

<표 2.22> 숙대입구역~서울역 환기구 단면형태 및 제원

환기구 NO.	단면형태	폭(mm)	높이(mm)	촬영풍도	조사일시
4-#119	사각형단면	1480×1480	7400	3개	2021년 5월27~28일
4-#120			8500	3개	2021년 6월 3일

<표 2.23> 숙대입구역~서울역 환기구 #119, #120 평면도 및 단면도

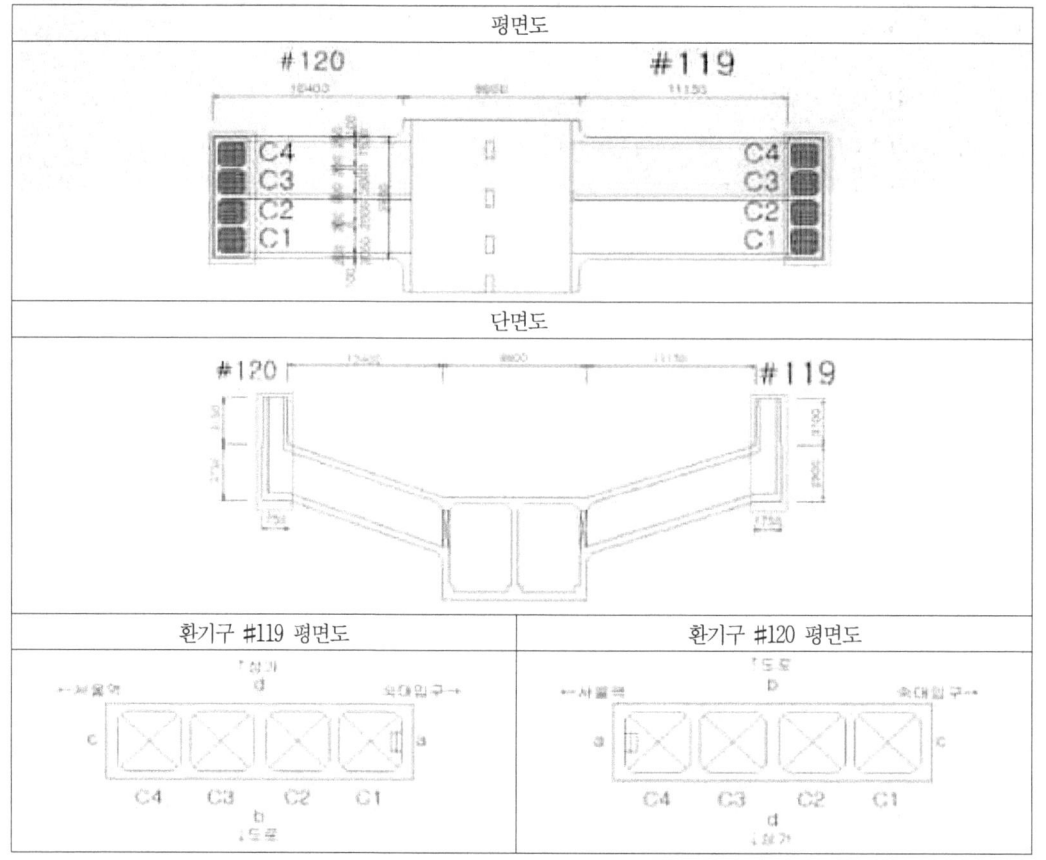

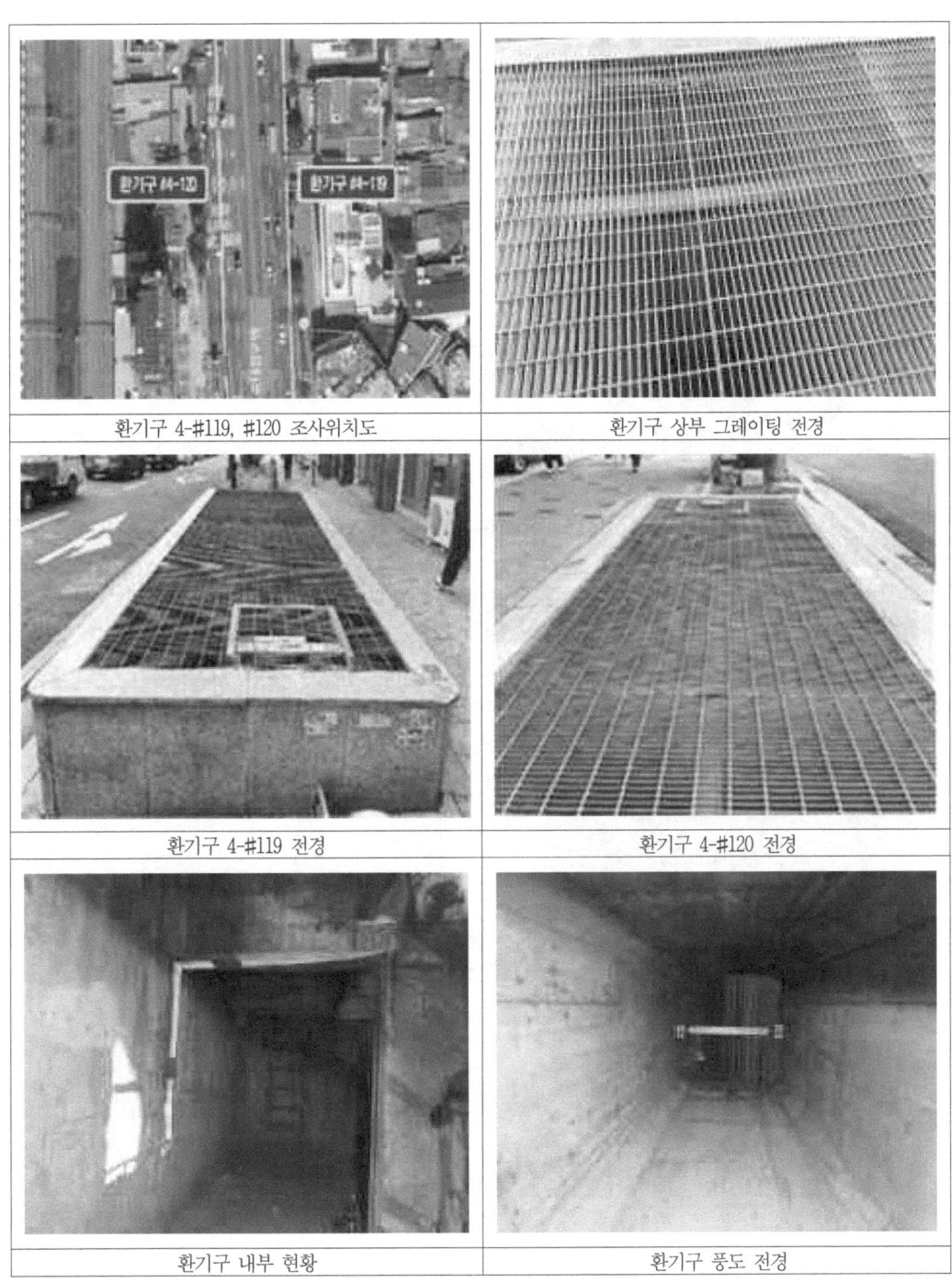

그림 2.64 서울지하철 4호선 숙대입구역~서울역 환기구 4-#119, #120 전경

나. 테스트베드 영상획득

○ 그림 2.65에서는 수직형 스캐닝 시스템 시제품의 설치 및 영상획득 절차를 보여주고 있다. 먼저, 환기구 상부에 윈치박스 베이스를 하부의 가이드와이어 베이스와 동일선상에 이동한 후 영상획득장치의 구동을 위한 윈치케이블을 조사장비에 연결한다. 이 후, 상부에서 가이드와이어를 하강시켜 영상획득장비의 양측면을 통과하도록 하여 가이드와이어 베이스에 연결한 후 윈치박스 모터를 구동시켜 영상획득장치를 정속으로 이동시키면서 촬영하여 수행한다.

그림 2.65 서울지하철 4호선 숙대입구역~서울역 환기구 스캐닝 순서

그림 2.66 수직형 스캐닝 시스템 가이드와이어 및 윈치 케이블 연결 전경

그림 2.67 수직형 스캐닝 시스템 촬영중 전경

다. 조사결과 분석

○ 수직형 시설물 스캐닝 시스템 시제품의 현장적용시험 결과, 획득한 이미지 데이터를 기반으로 평면전개 이미지망도, 외관조사망도 및 물량산출표를 작성하였으며, 대표적으로 4-#120-C3번 풍도에 대한 결과를 제시하였다. 전체 풍도에 대한 조사결과는 본 보고서의 부록.1에 수록하였다.

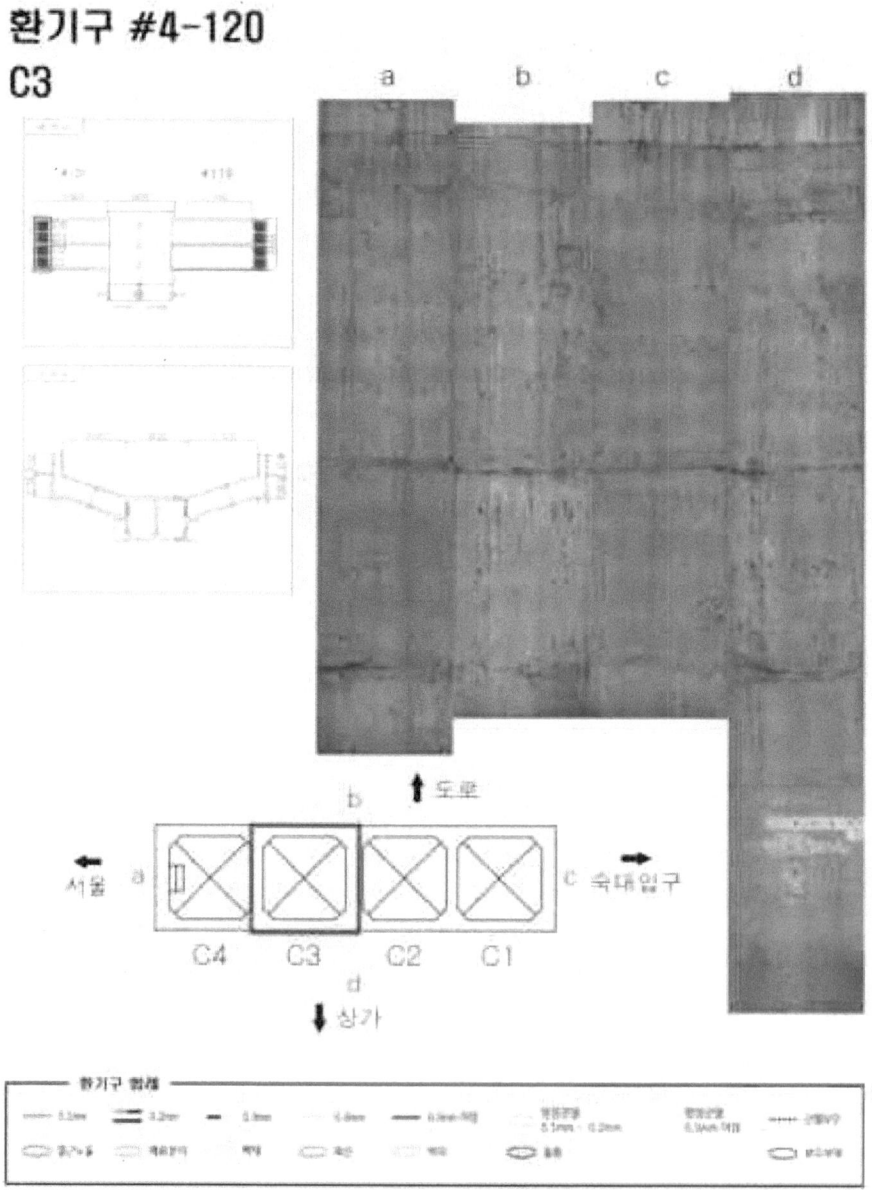

그림 2.68 숙대입구역 환기구 #4-120_C3 이미지망도

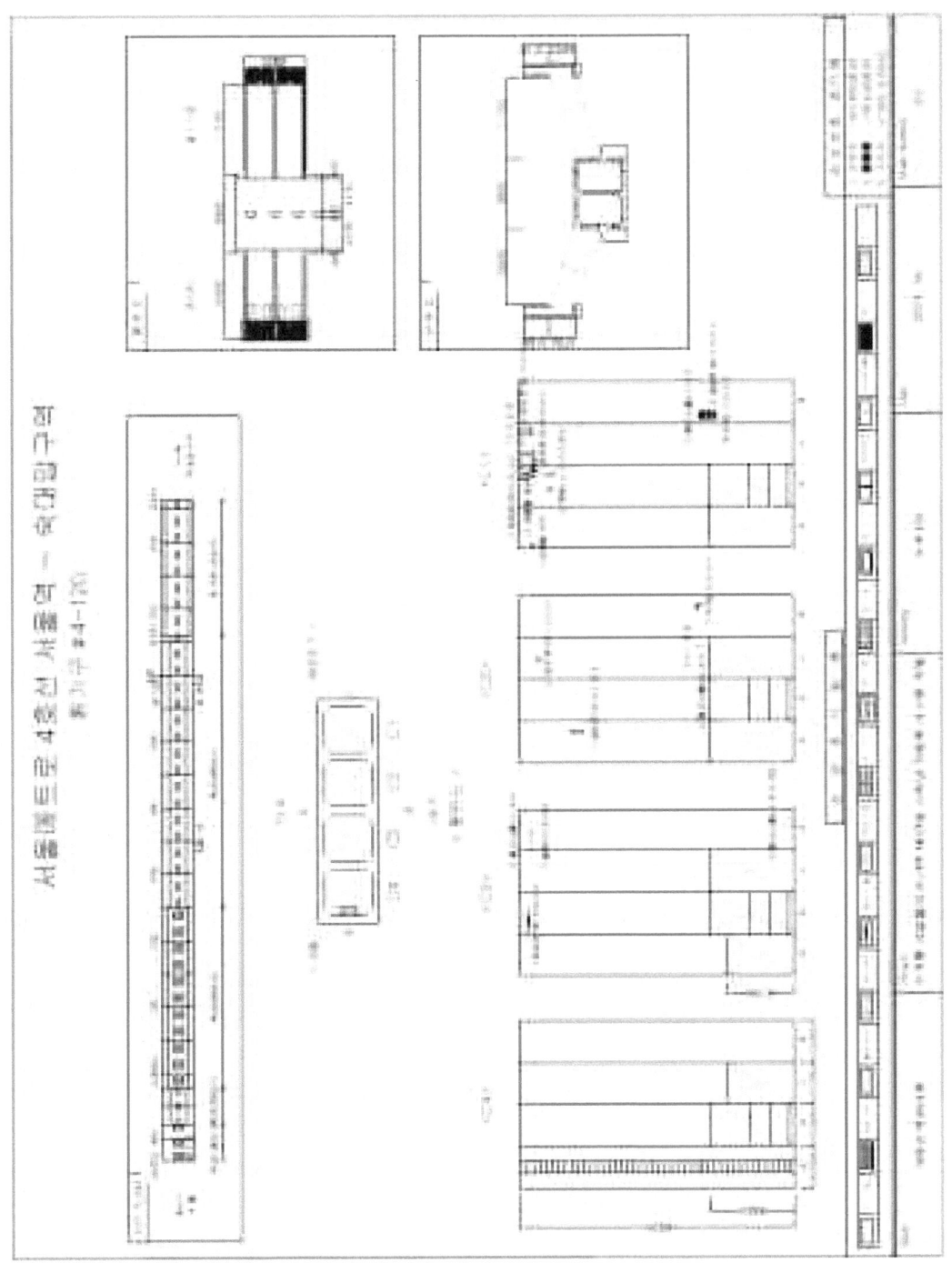

그림 2.69 숙대입구역 환기구 #4-120 외관조사망도(CAD)

<표 2.24> 서울지하철 4호선 숙대입구역~서울역 환기구 물량집계표

NO.	ID	번호	단면	손상	등급	방향	폭	너비	길이	개소	물량	단위
119	5	C2	b	들뜸	b			1.3	0.5	1	0.65	㎡
119	6	C2	c	백태	b			0.3	0.2	1	0.06	㎡
119	7	C2	c	백태	b			0.4	0.3	1	0.12	㎡
119	8	C2	c	들뜸	b			1.3	0.5	1	0.65	㎡
119	9	C2	c	철근노출	b				0.2	1	0.20	㎡
119	10	C2	c	균열		횡	0.1		0.6	1	0.60	㎡
119	11	C2	c	철근노출	b				0.4	1	0.40	㎡
119	12	C2	c	백태	b			0.1	0.2	1	0.02	㎡
119	13	C2	c	백태	b			0.2	0.2	1	0.04	㎡
119	14	C2	d	백태	b			0.2	0.4	1	0.08	㎡
119	15	C2	d	들뜸	b			1.3	0.5	1	0.65	㎡
120	1	C3	b	재료분리	b			0.9	0.2	1	0.18	㎡
120	2	C3	d	철근노출	b				0.4	1	0.40	m
120	3	C3	d	들뜸	b			0.8	0.3	1	0.24	㎡
120	4	C3	d	철근노출	b				0.3	2	0.60	m
120	1	C2	a	재료분리	b			0.2	0.4	1	0.08	㎡
120	2	C2	c	재료분리	b			0.2	0.2	1	0.04	㎡
120	3	C2	c	균열		횡	0.1		0.3	1	0.30	m
120	4	C2	c	철근노출	b				0.3	1	0.30	m
120	5	C2	d	박락	b			0.3	0.3	1	0.09	㎡
120	1	C1	a	잡철물						1	1.00	EA
120	2	C1	b	백태	b			0.2	0.3	2	0.12	㎡
120	3	C1	b	재료분리	b			0.3	0.5	1	0.15	㎡
120	4	C1	b	잡철물						3	3.00	EA
120	5	C1	c	재료분리	b			0.4	0.3	1	0.12	㎡
120	6	C1	c	균열		횡	0.2		0.3	1	0.30	m
120	7	C1	c	균열		횡	0.3		0.3	1	0.30	m
120	8	C1	c	재료분리	b			0.3	0.3	1	0.09	㎡

2.5.4 수직형 시설물 스캐닝 시스템 상용화 시제품 설계

가. 개요

○ 수직형 스캐닝 시스템 시작품의 보완 및 개선사항을 반영한 상용화 시제품의 구동부, 조사장비(카메라 모듈, 조명) 등 <표 2.25>와 같이 최적화 설계를 수행하였다.

<표 2.25 > 수직형 스캐닝 시스템 상용화 시제품 개선설계 방향

구 분	시제품	상용화 시제품(개선설계)	비고
영상획득장치 (카메라+렌즈)	산업용 머신비전 카메라+ 저왜곡렌즈(f=6mm) 2sets	산업용 머신비전 카메라+ 저왜곡렌즈(f=6mm) 3sets	화각확보 및 중첩률 향상
광보상장치 (LED조명)	지속광 평면형 LED조명	카메라 동기화(Strobo type) 평면형 LED조명	영상조도확보
레이저스캐너	LiDAR센서(RPLIDAR)	LiDAR센서(RPLIDAR)	360° 포인트 클라우드
조사장비 안정화	가이드와이어+장력유지장치	가이드와이어+장력유지장치	조사장비회전, 흔들림 최소화

나. 시스템 구성

1) 시스템 개요

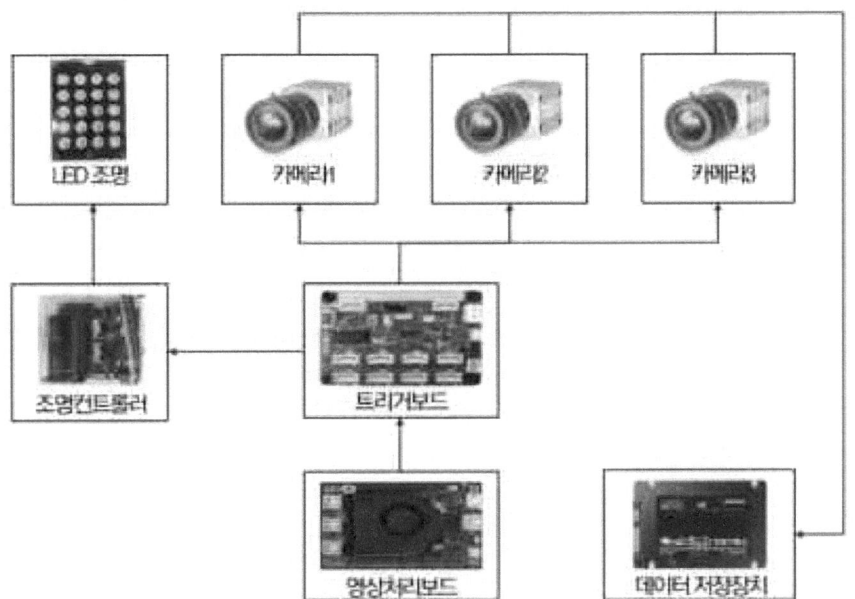

그림 2.70 수직형 스캐닝 시스템 상용화 시제품 시스템 구성도

○ 수직형 스캐닝 시스템 상용화 시제품은 시제품 대비 산업용 머신비전 카메라 수량 증가로 화각확보 및 중첩률을 향상시키고 고정밀 영상획득이 가능하도록 하였다. 또한 고정밀 영상획득을 위해 프레임속도(frame rate)에 따라 카메라와 조명의 동기화 신호를 발생시키면, 트리거보드를 통해 조명컨트롤러와 각 카메라가 동시에 작동하도록 하였다. 이때, LED조명은 카메라 렌즈의 노출시간과 동기화되어 작동하는 스트로보 라이트 타입(Strobo Light Type)이 적용되며, 다수의 LED모듈의 동기화와 안정적 전원공급을 위해 조명컨트롤러가 적용된다. 그림 2.70에서는 수직형 스캐닝 시스템 사용화 시제품의 시스템 구성도를 보여주고 있다.

○ 영상처리보드와 트리거보드의 카메라 제어신호에 의해 획득된 각 카메라의 영상은 촬영과 동시에 데이터 저장장치에 전송되며, 상용화 시제품의 시스템 구성도에서 보여주는 바와 같이 3대의 머신비전카메라가 적용된다. 영상획득시 장비의 이동, 흔들림, 진동에 의한 영향을 최소화할 수 있도록 노출시간을 최소화하여 정지영상 이미지를 획득하도록 저전력의 임베디드 컴퓨터 비전 시스템(Embeded Computer Vision System)으로 설계하였다.

○ 수직형 스캐닝 시스템 상용화 시제품은 수직형 시설물의 정밀영상 획득을 위한 카메라와 렌즈, 조도 확보를 위한 LED조명과 조명 컨트롤러, 카메라와 조명의 동기화 제어를 위한 트리거보드, 장비제어 및 모니터링을 위한 영상처리보드 및 데이터 저장장치로 구성되며, 알루미늄 프로파일로 제작된 프레임에 탑재되어 운용되도록 개선하여 설계하였다. <표 2.26>에서는 상용화 시제품의 구성모듈을 보여주고 있다.

<표 2.26 > 수직형 스캐닝 시스템 상용화 시제품 구성 모듈 항목 및 수량

번호	항목		내용	수량(ea)		비고
				시제품	상용화 시제품	
1	카메라 모듈	카메라 (영상획득 장치)	조사대상 시설물 표면의 분할촬영에 의한 정밀영상획득	2	3	동일제품 및 사양 적용
		렌즈	이격거리(0.5~1.0m)에서 카메라의 화각 및 획득영상 정밀도 확보	2	3	
2	조명 모듈	LED 조명	영상 촬영시 조도확보를 위한 고조도 LED모듈 적용	4 / 720소자	10대	PCB LED모듈
		조명 컨트롤러	LED조명 제어 및 안정적 전원공급	-	2	Strobo type 조명 방식적용
3	제어 모듈	트리거 보드	카메라와 조명의 동기화 신호 생성으로 설정된 Frame Rate에 따른 영상획득	-	1	-
		영상처리보드	조사장비 제어 및 조사영상 모니터링을 위한 저전력 소형 PC 적용	-	1	
		데이터 저장장치	영상데이터의 실시간 저장을 위한 대용량 데이터 저장장치	1	1	SSD 256GB 이상
4	AL프레임		모듈의 통합탑재를 위한 경량 고강도 알루미늄 프레임	1	1	Hi-Box를 이용한 모듈탑재

2) 조명모듈

제 2장 과업 수행 내용

○ 일반적인 LED조명 시스템은 촬영시간 동안 지속적으로 조명이 구동되는 지속광 시스템으로 그림 2.71에서 보여주는 바와 같이 장시간 사용으로 LED 소자의 온도가 올라갈수록 광량이 저하되고 광량변화와 같이 온도에 따라 발광되는 파장도 변하여 전압이 저하되는 현상이 발생된다. 지하철 환기구는 외부로부터 조도가 들어오지 않는 특성상 저전력의 조사장비로 최대 조도성능과 일정한 광량을 지속적으로 확보하기 위해 일반 DSLR 또는 휴대폰 촬영시 순간적으로 LED를 방광하게 하는 Strobo Light Type을 고려하여 조명모듈을 최적화 설계하였다.

○ 개발하여 적용된 LED조명은 공급되는 순방향 전압(VF)을 짧은 시간 안에 사용 가능한 전류를 2배가량 공급하여 더 밝은 빛을 내고 짧은 시간 점등하기 때문에 발열이 거의 발생하지 않아 이동중 이거나 미세한 진동이 발생할 경우 영상의 블러(blur)가 없이 고품질의 영상획득이 가능하게 된다.

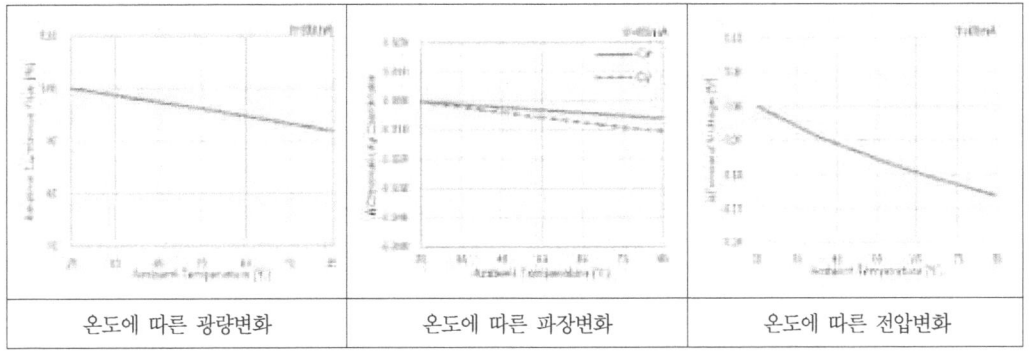

| 온도에 따른 광량변화 | 온도에 따른 파장변화 | 온도에 따른 전압변화 |

그림 2.71 온도에 따른 LED 광량, 파장, 전압 변화

○ 상용화 시제품의 조사장비는 카메라와 동기화되어 작동하는 LED 조명은 총 20개의 12mm× 10.2mm크기의 LED모듈이 부착된 PCB기판의 형태로 작동전압 5V, 작동전류 20mA로 구동된다. 단일 LED 조명은 130mm×90mm×20mm크기로 다수개의 LED조명을 직렬 연결하여 구동되도록 설계, 제작하였다. 다음 그림 2.72에서는 LED조명 패널의 설계도와 제작된 시제품을 보여주고 있다.

○ 조사장비에 탑재되는 다수의 LED 조명 패널은 영상획득시 카메라의 프레임 속도와 노출시간과 동기화되어 일시에 점등되어야 하므로 LED 조명 패널의 동기화 제어 및 안정된 전원공급을 위해 조명 컨트롤러를 필요로 하게 된다. 따라서, CDE SLPX 콘덴서가 적용된 PCB타입의 조명 컨트롤러를 적용하였다. 조명 컨트롤러는 전기용량 22,000μF, 전압정격 35W, 인가전압 5V으로 설계되었다.

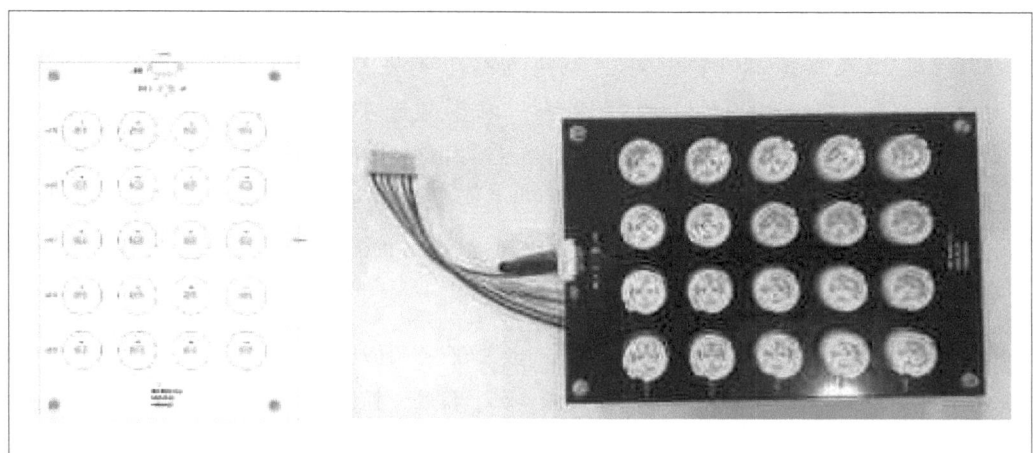

그림 2.72 LED조명 패널

3) LED 조명 제어모듈

○ 트리거보드(Trigger Board)는 영상처리보드에서 생성된 명령에 따라 다수의 카메라와 조명을 동기화하여 동작(Trigger)시키기 위한 것으로, 최대 8개의 트리거 신호를 출력하여 3 μsec 이내의 정확도로 다수 카메라와 조명간 동기화 제어를 가능하게 한다. 또한 캐스케이드(Cascade) 방식으로 여러 개의 카메라와 조명을 연결함으로써 시스템을 확장시킬 수 있는 장점을 가진다. 그림 2.73에서는 트리거보드(mTrigger)와 시스템도를 보여주고 있으며, <표 2.27>에서는 트리거보드의 기술적 사양을 보여주고 있다.

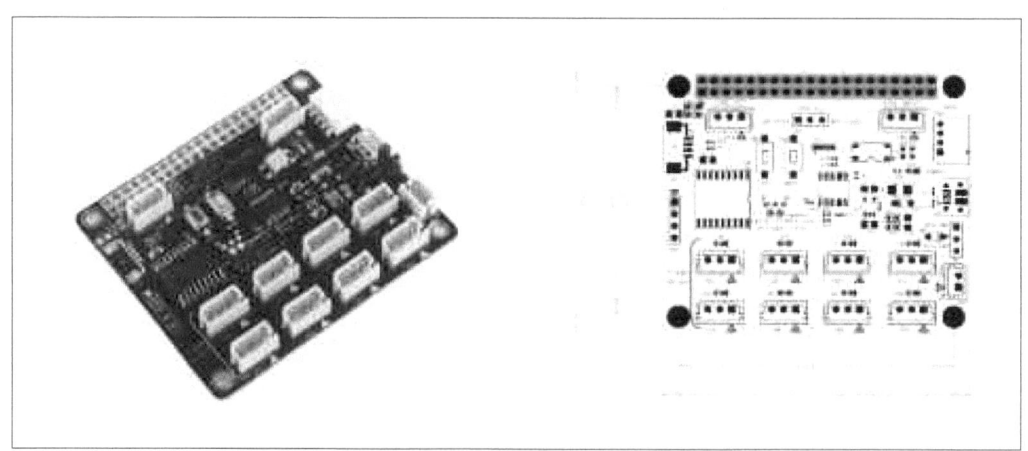

그림 2.73 트리거 보드(mTrigger)

제 2장 과업 수행 내용

<표 2.27> 트리거 보드(mTrigger)의 기술적 사양

구 분	항 목	사양(규격)
트리거 보드 (모델명: mTrigger)	출력포트 수	8개/보드
	출력레벨	Low Level 0V / High Level 5V
	외부입력레벨	Low Level 0V / High Level 5V
	출력신호 동기 정확도	3 μsec 이내
	출력신호 간격	5 msec ~ 30,000 msec
	트리거 출력 신호 폭	5 msec ~ 30,000 msec
	트리거 출력 신호 수	0 ~ 30,000
	인가전압	12V
트리거 보드 Cascade 연결		

다. 수직형 스캐닝 시스템 상용화 시제품 설계

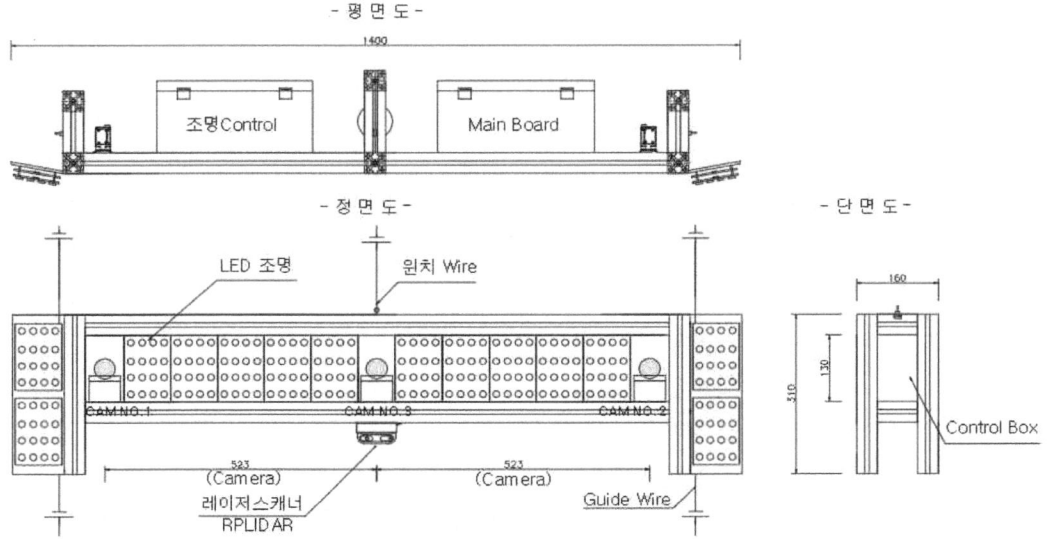

그림 2.74 수직형 스캐닝 시스템 상용화 시제품 도면

수직형 시설물의 AI 기반 비진입 스캐닝 자동화 시스템 개발

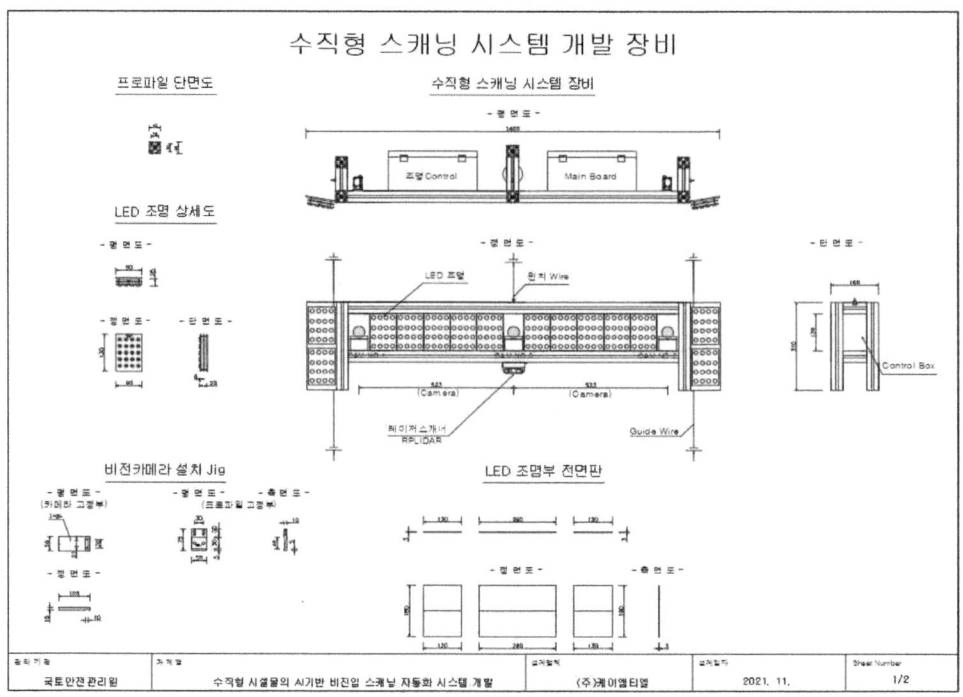

그림 2.75 수직형 스캐닝 시스템 상용화 시제품 설계도면

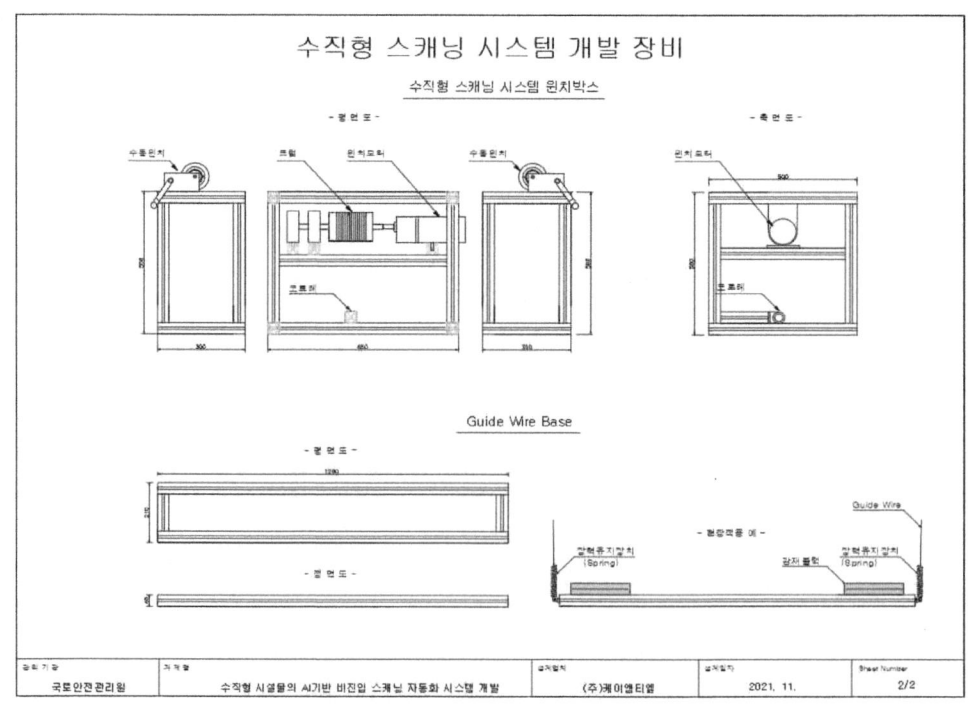

그림 2.76 수직형 스캐닝 시스템 상용화 시제품의 윈치박스 설계도면

○ 수직형 스캐닝 시스템은 3대의 카메라와 조명이 탑재된 임베디드 컴퓨터 비전 시스템으

로 선정된 카메라 모듈, 조명 모듈 및 제어 모듈을 통합한 상용화 시제품을 설계하였다. 이를 위해 총 3대의 머신비전 카메라가 설치되어 조사대상 시설물의 연속촬영이 가능하도록 설계하였다.

○ 카메라 모듈의 배치설계를 바탕으로 수직형 스캐닝 시스템 상용화 시제품 설계를 수행하였으며, 알루미늄 프레임 구조로 설계하였다. 전면부는 중앙부 카메라를 중심으로 523mm 간격으로 카메라가 설치되고, LED조명 패널이 평면적으로 배치된 형태이다. 또한, 제어 모듈과 베터리는 카메라/조명 후면 내부의 함체에 탑재되도록 배치하였다. 그림 2.74에서는 수직형 스캐닝 시스템의 상용화 시제품의 도면을 보여주고 있다.

○ 수직형 스캐닝 시스템 상용화 시제품은 저전력 임베디드 컴퓨터 비전 시스템으로 카메라 모듈, 조명 모듈 및 제어 모듈의 안정적 전원공급을 위해서 카메라 모듈(12V), 조명 모듈(5V), 트리거 보드(12V), 영상처리보드(12V)의 인가전원이 요구된다. 그림 2.75에서는 2차 시제품의 조명 및 카메라 설치 지그 등의 도면을 보여주고 있으며, 그림 2.76에서는 윈치박스와 가이드와이어 베이스의 도면을 보여주고 있다.

○ 상용화 시제품의 외형크기는 알루미늄 프레임을 포함할 경우, 폭(W) 1.4m, 높이(H) 0.31m, 깊이(D) 0.16m로 설계되었으며, 조사장비의 무게는 18kg으로 소형화하였다. 다음 <표 2.28>에서는 스캐닝 시스템 상용화 시제품의 크기와 무게를 보여주고 있다.

<표 2.28> 수직형 스캐닝 시스템 상용화 시제품의 크기 및 무게

구 분	항 목		설계결과	비 고
크 기	외형크기	폭(W)	1.4m	-
		높이(H)	0.31m	
		깊이(D)	0.16m	
무 게	카메라		3.0kg	-
	렌즈		3.0kg	
	LED조명/조명컨트롤러		4.0kg	
	영상처리보드/데이터저장장치		1.0kg	
	전원공급장치(베터리)		3.0kg	
	AL 프레임		4.0kg	
	합 계		18kg	

라. GSD 및 화각분석

○ 카메라간 중첩률과 수평 촬영길이(Vertical FOV)를 계산하고, 적용된 카메라 센서의 수평 해상도를 고려한 GSD(Ground Sample Distance)를 산정하여 균열폭 등 결함검출 성능을 추정하였다. 그림 2.77에서는 촬영거리 0.9m시 조사장비의 화각분석 예를 보여주고 있다.

○ 수직형 스캐닝 시스템 카메라 모듈의 화각분석을 통해 <표 2.29>에서 보여주는 바와 같이 카메라간 중첩율, 수평 FOV 및 GSD를 분석하였다. 분석결과. 스캐닝 시스템 장비와 조사대상 시설물 표면의 최소 이격거리인 0.9m에서 카메라 영상간 중첩율은 약 56%로, 특징점 검출 및 매칭을 위한 요구 중첩율인 30%이상 확보하고 있으며, 정합된 전체 카메라의 시야각인 수평 촬영길이는 약 1.09m이다. 적용된 카메라의 해상도는 3,840×2,160픽셀로, 수평 해상도를 수평 촬영길이로 나눈 GSD는 0.284mm로 우수한 균열폭 정밀도를 확보할 수 있다.

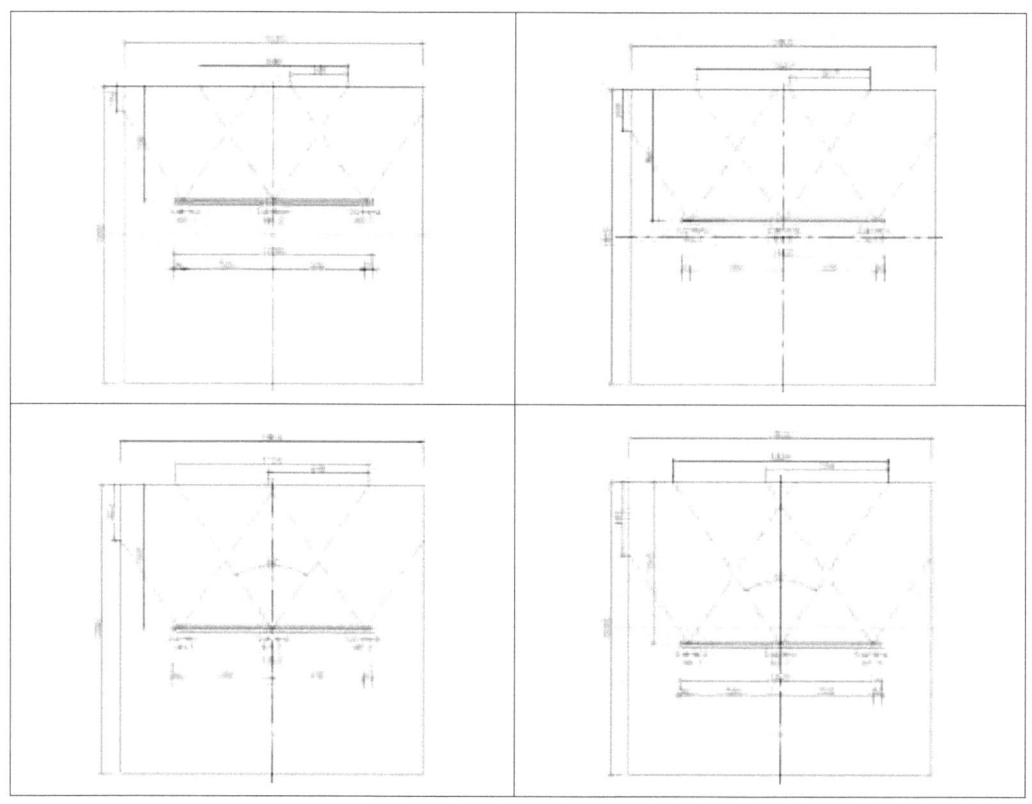

그림 2.77 수직형 스캐닝 시스템 조사 대상면과의 이격거리별 화각분석 예

<표 2.29> 촬영거리에 따른 중첩율, 수평 FOV 및 GSD 분석결과

촬영거리(WD)	카메라별 수평 FOV(mm)	카메라간 중첩길이(mm)	카메라간 중첩율(%)	정합 후 수평 FOV(mm)	GSD (mm/Pixel)
0.3m	364	중첩없음.			0.095
0.4m	485				0.126
0.5m	606	92	15	1742	0.158
0.6m	728	220	30	1870	0.190
0.7m	849	349	41	1999	0.220
0.8m	970	477	49	2127	0.253
0.9m	1091	606	56	2256	0.284
1.0m	1213	734	61	2384	0.316

<표 2.30> 광주지하철 환기구 대상 수직형 스캐닝 시스템 화각분석 예

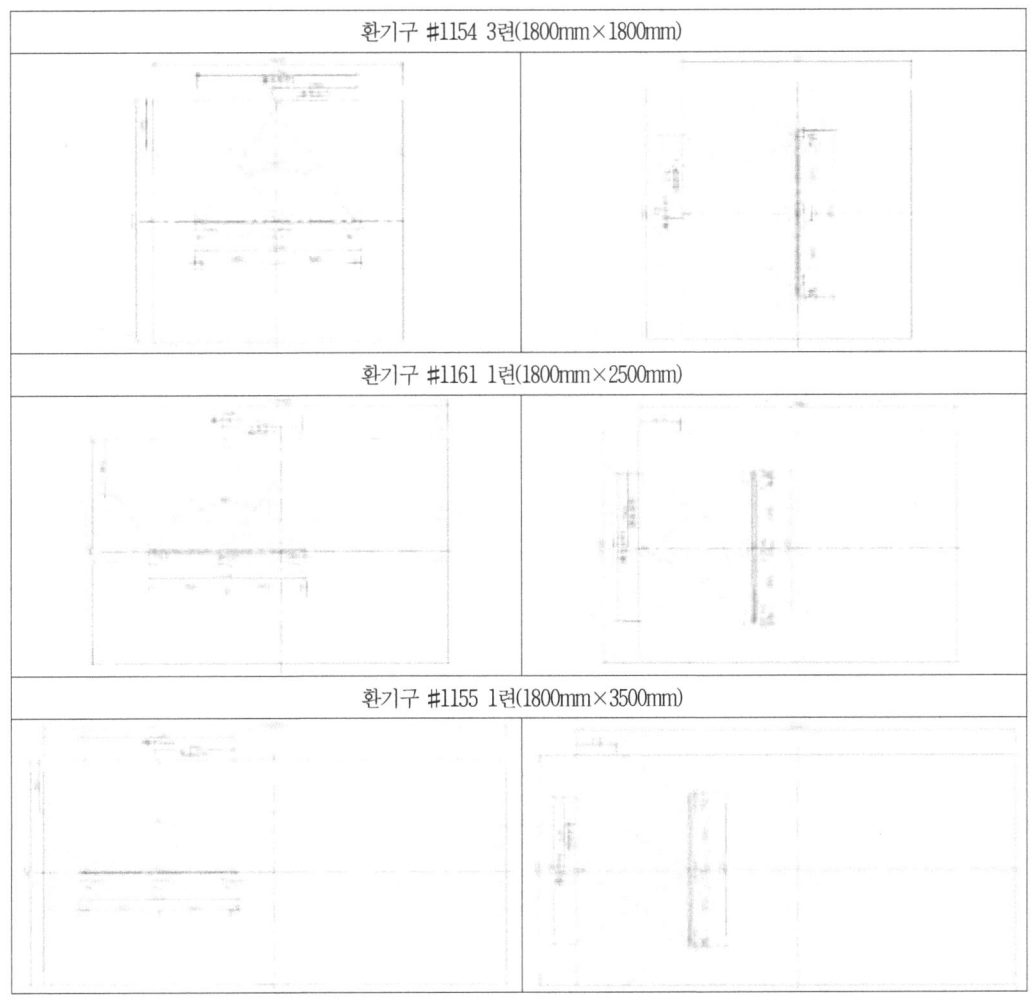

마. 스캐닝 시스템 설치 및 영상획득 조사절차

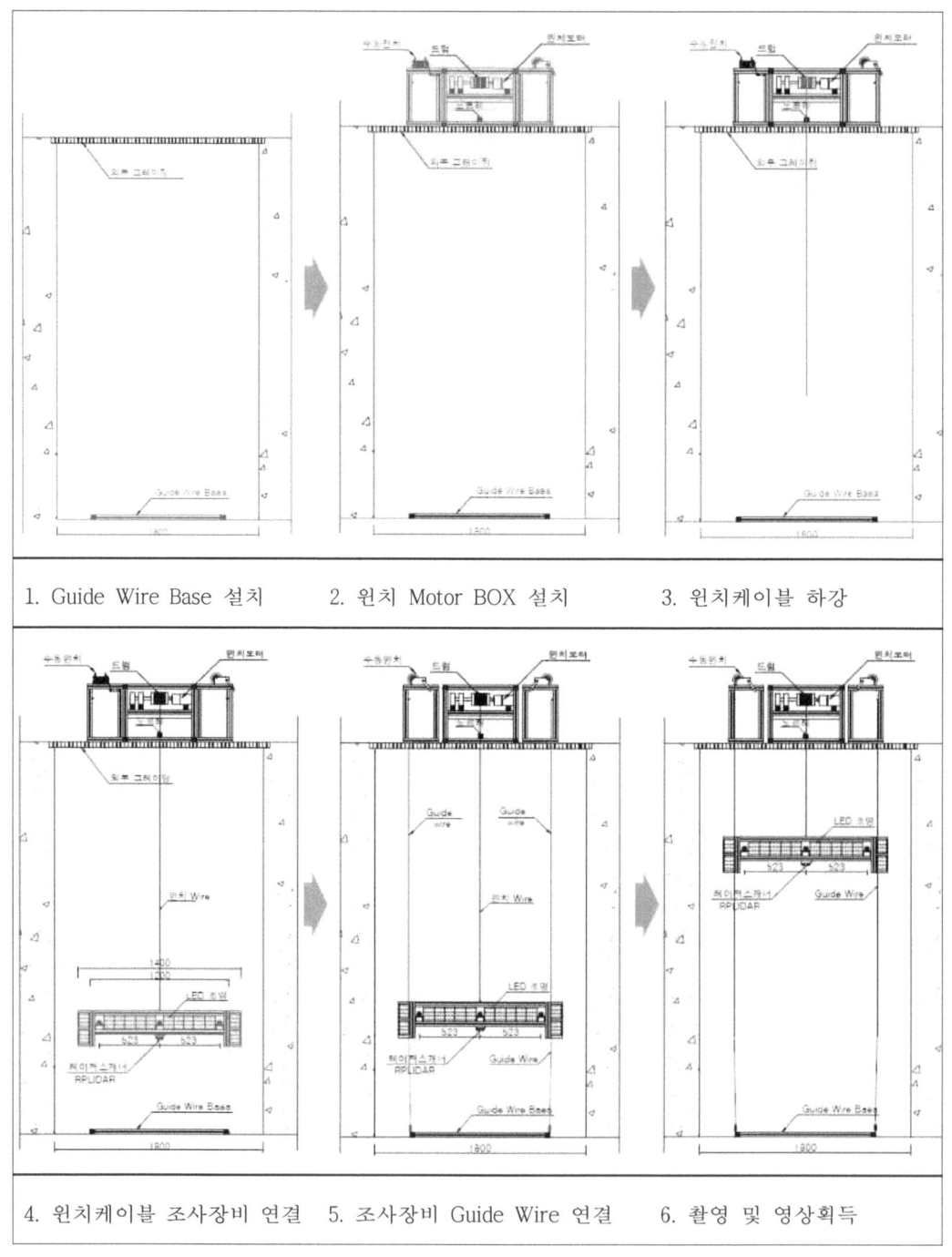

그림 2.78 수직형 스캐닝 시스템 상용화 시제품 설치순서도

2.5.5 수직형 스캐닝 시스템 상용화 시제품 제작

가. 수직형 스캐닝 시스템

○ 수직형 스캐닝 시스템의 케이블 윈치 구동부는 현장적용시 이동 및 설치가 용이한 경량 구조로 40mm 알루미늄(Al) 프로파일을 이용하여 박스형 프레임을 구성하여 제작하였으며, 컨트롤러를 이용하여 조사장비의 상하이동을 제어하도록 하였다. 그림2.79에서는 제작된 케이블 윈치 구동부의 모습을 보여주고 있다.

○ 조사장비의 하부 프레임에 카메라 설치를 위한 고정지그를 설치하고 산업용 카메라(Ace2 Pro AC3840-45UC)를 설치하였으며, 카메라 화각분석을 바탕으로 중앙부 카메라에서 523mm 간격으로 카메라를 배치하여 제작하였다. 또한 그림 2.80에서와 같이 카메라와 영상처리보드, LED조명 및 모듈은 DC12V 베터리에 의한 자체 전원공급이 가능한 구조로 시스템화였으며, 화각분석과 조명성능 및 제어성능을 실험하였다.

그림 2.79 수직형 스캐닝 시스템 상용화 시제품 윈치박스 제작 전경

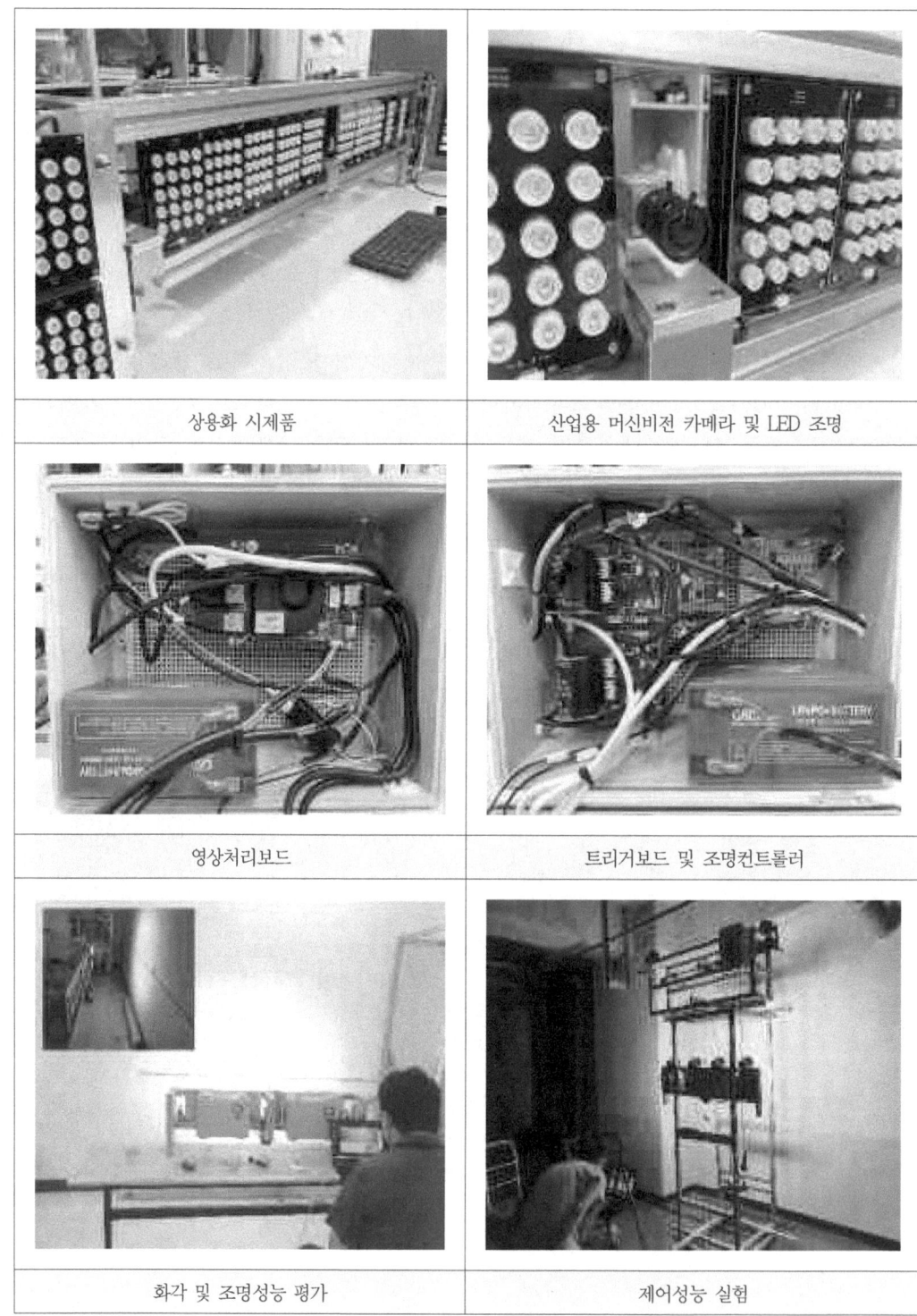

그림 2.80 수직형 스캐닝 시스템 상용화 시제품 제작 및 제어성능 실험 전경

2.5.6 수직형 스캐닝 시스템 상용화 시제품 테스트베드 적용

가. 테스트베드 구축개요

○ 본 연구의 수직형 시설물 스캐닝 시스템 상용화 시제품의 현장적용성의 검증 및 상용화 시제품의 개선사항을 도출하고, AI기반의 결함검출 기술개발을 위한 조사 데이터 확보를 위해 광주지하철 공항역~마륵역(컨벤션센터역) 환기구를 대상으로 테스트베드 적용 및 성능검증 시험을 수행하였다. <표 2.31>에서는 광주지하철 공항역 환기구 제원을 보여주고 있으며, <표 2.32>에서는 환기구 도면과 외부전경을 보여주고 있다.

<표 2.31> 광주지하철 환기구 제원

환기구 NO.		폭(mm)	단면형태	높이(mm)	촬영풍도 (개소)	조사일시
#1161	1련	1800×2500	사각형 단면	11,600	2(1,2련)	2021년 9월 7일
	2련	1800×1800				
#1155	1련	1800×3500		10,000	1(1련)	2021년 9월 8일
#1154	1련	1800×1800		10,000	2(1,3련)	2021년 9월 9일
	2련	1800×2500				
	3련	1800×1800				

<표 2.32> 광주지하철 환기구 도면 및 상부전경

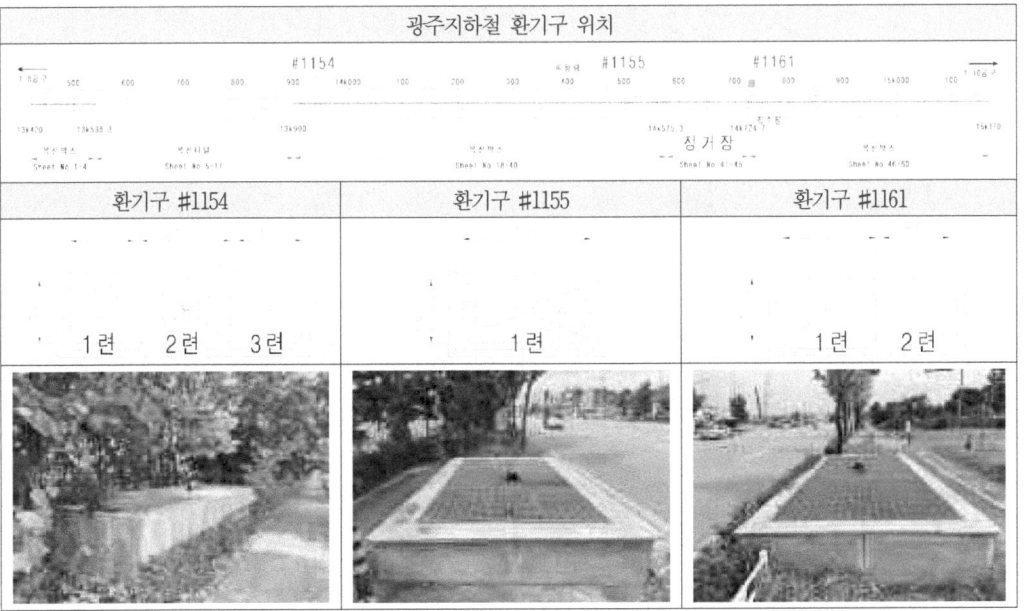

○ 광주지하철 환기구는 보도 및 도로에 상단부가 노출된 지면형으로 되어있고 상단부의 진

출입구를 통해 계단 또는 사다리를 이용하여 내부에 접근할 수 있는 구조로 설계되어있다. 현장 환기구 외부 그레이팅은 별도의 지지대 없이 콘크리트 마감재에 L형 앵글로 걸쳐져 있고 그레이팅 중앙부는 Steel Tie로만 결속되어 있고 상부 작업시 추락 위험성이 발생 할 수 있어 <표 2.33>에서 보여주는 바와 같이 환기구 크기에 맞는 발판구조물을 별도로 제작하였다. 또한 그림 2.81에서와 같이 환기구 상부에서의 작업은 작업안정성을 확보한 상태에서 수행하였다. 그림 2.82~2.87는 환기구 번호 별 조사장비를 이용한 촬영방법과 내부 전경 및 작업 전경 등 을 보여주고 있다.

<표 2.33 > 환기구 상단 외부 공정작업을 위한 안전발판 설치도

환기구 NO #1161 상부 작업 전경

환기구 NO #1155 상부 작업 전경

환기구 NO #1154 상부 작업 전경

그림 2.81 광주지하철 환기구 상부 작업 전경

나. 테스트베드 영상획득

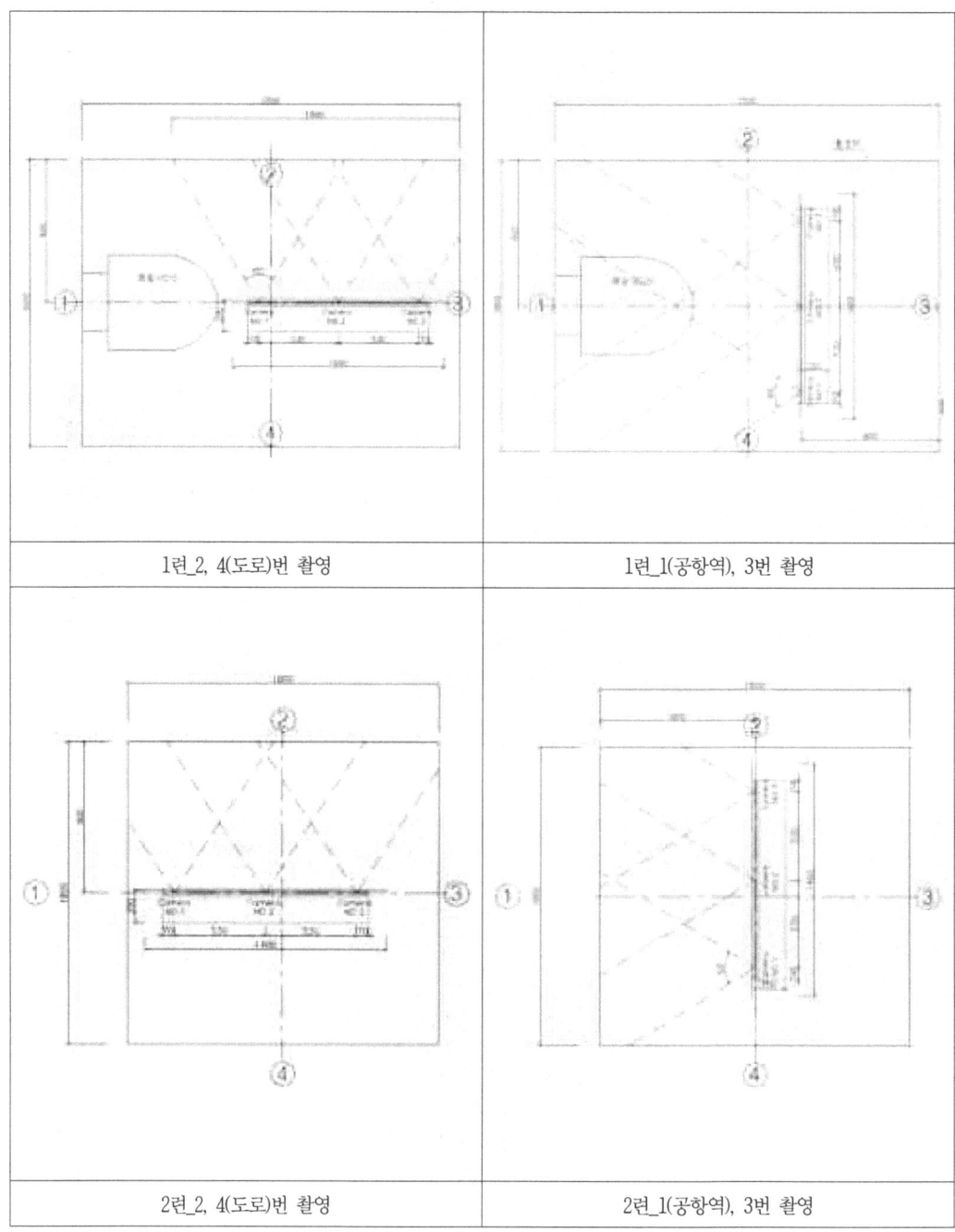

그림 2.82 광주지하철 환기구 #1161 제원별 촬영방법

그림 2.83 광주지하철 환기구 #1161 작업전경

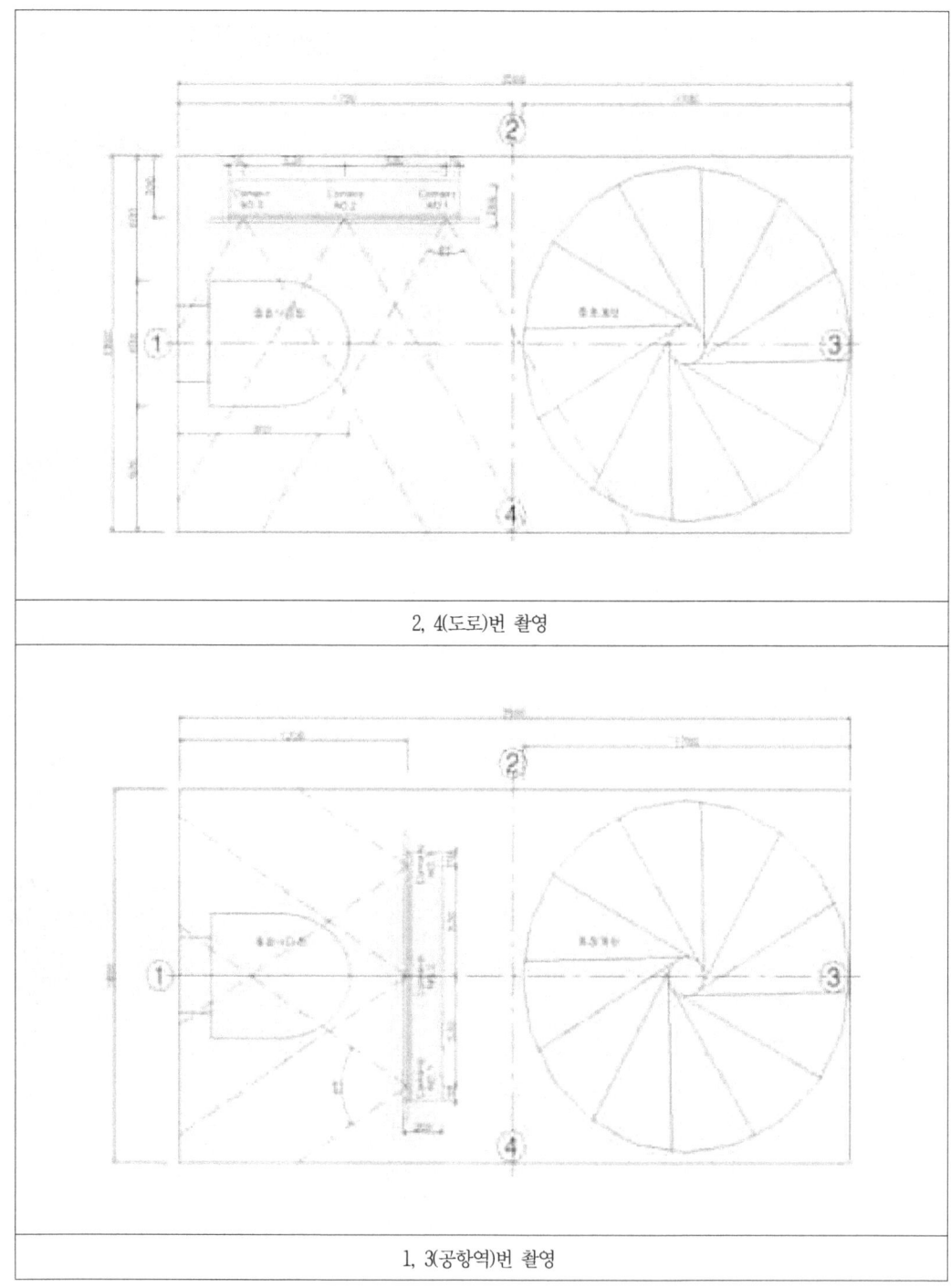

그림 2.84 광주지하철 환기구 #1155 촬영방법

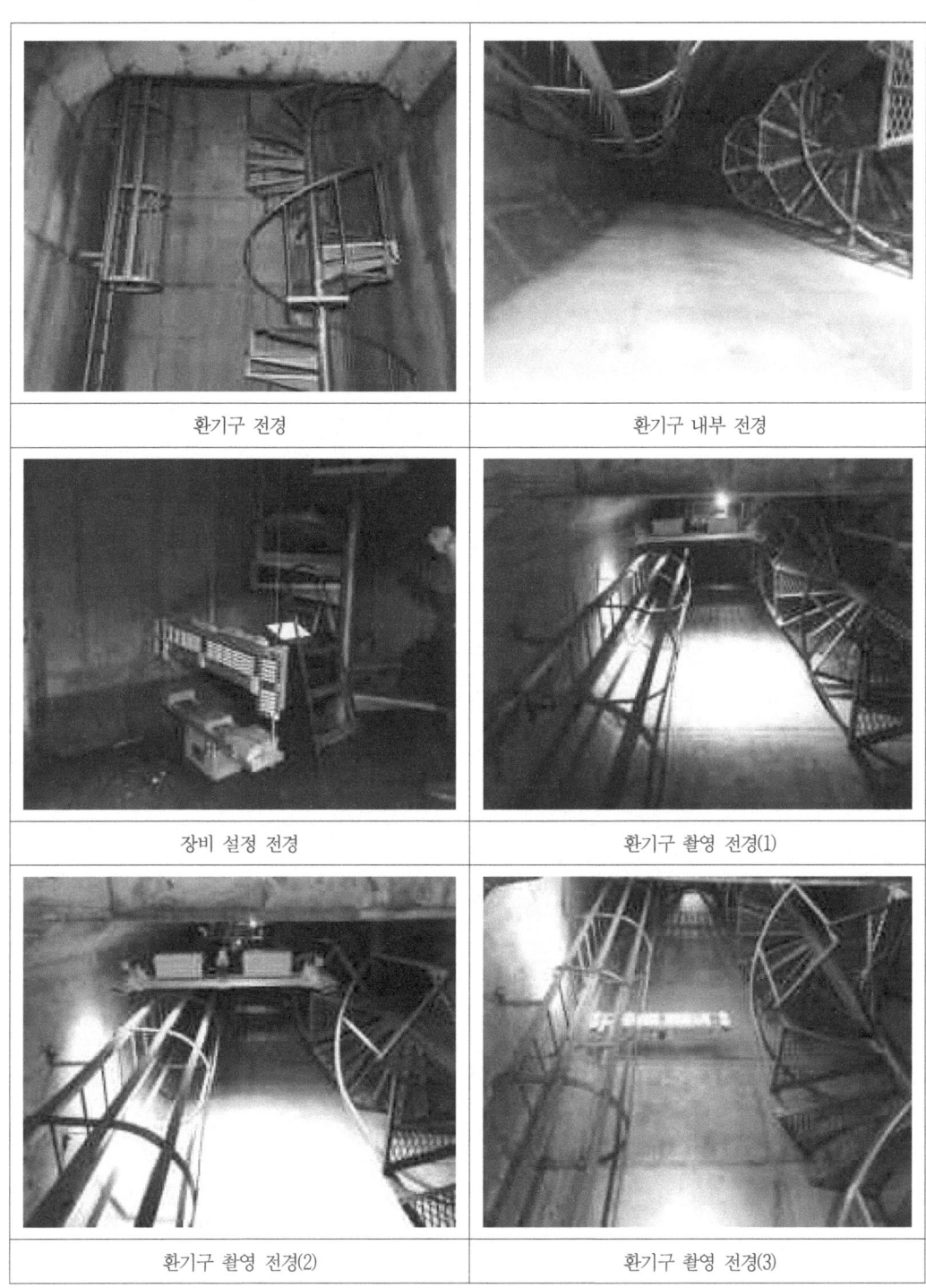

그림 2.85 광주지하철 환기구 #1155 작업전경

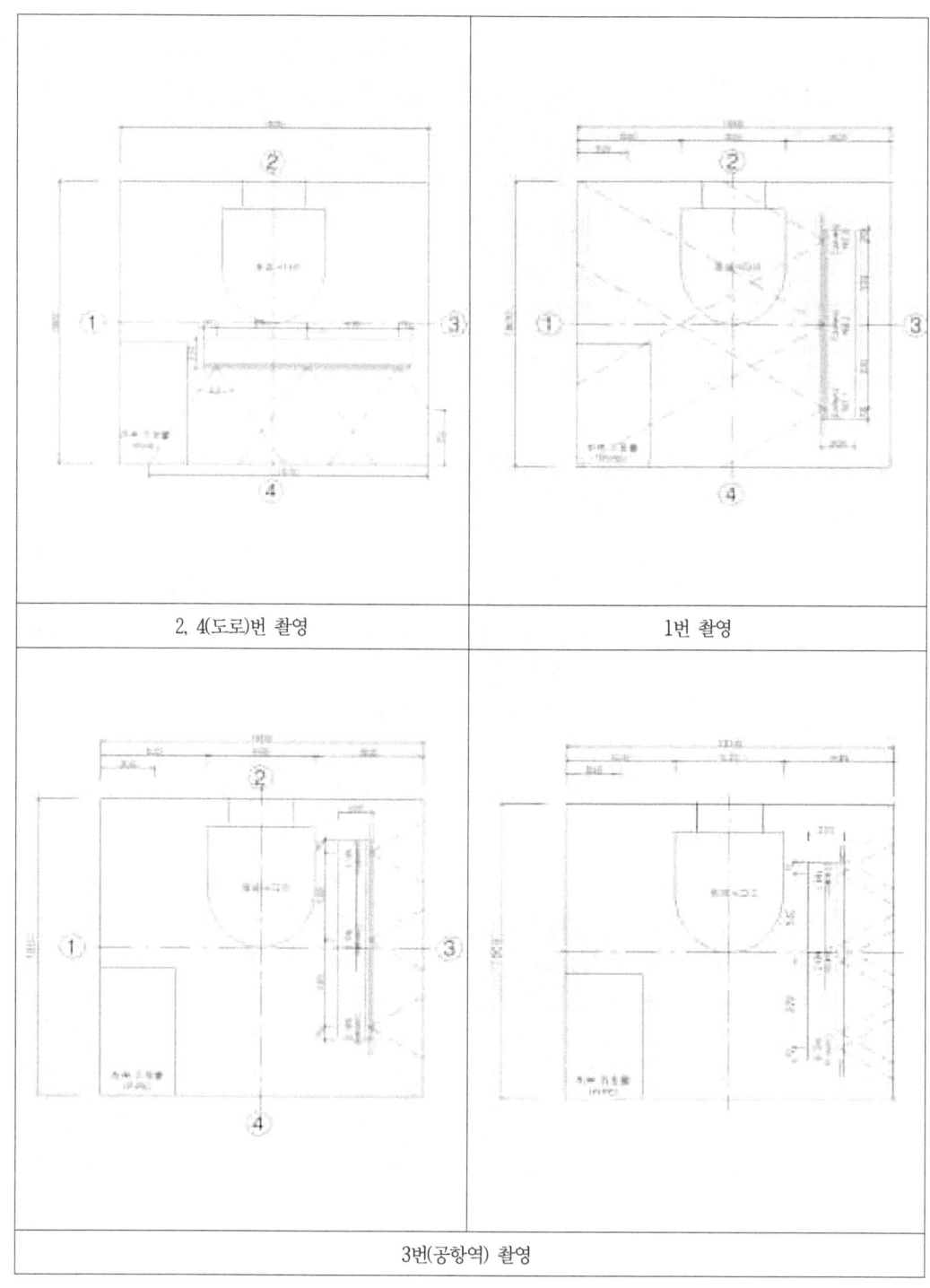

그림 2.86 광주지하철 환기구 #1154 촬영방법

환기구 1런 전경	환기구 3런 전경

환기구 1런 촬영 전경	

환기구 3런 촬영 전경	

그림 2.87 광주지하철 환기구 #1154 작업전경

다. 조사결과 분석

○ 수직형 시설물 스캐닝 시스템 상용화 시제품의 현장적용시험 결과, 획득한 이미지 데이터를 기반으로 평면전개 이미지망도, 외관조사망도 및 물량산출표를 작성하였으며, 대표적으로 #1154_3련 풍도에 대한 결과를 제시하였다. 전체 풍도에 대한 조사결과는 본 보고서의 부록에 수록하였다.

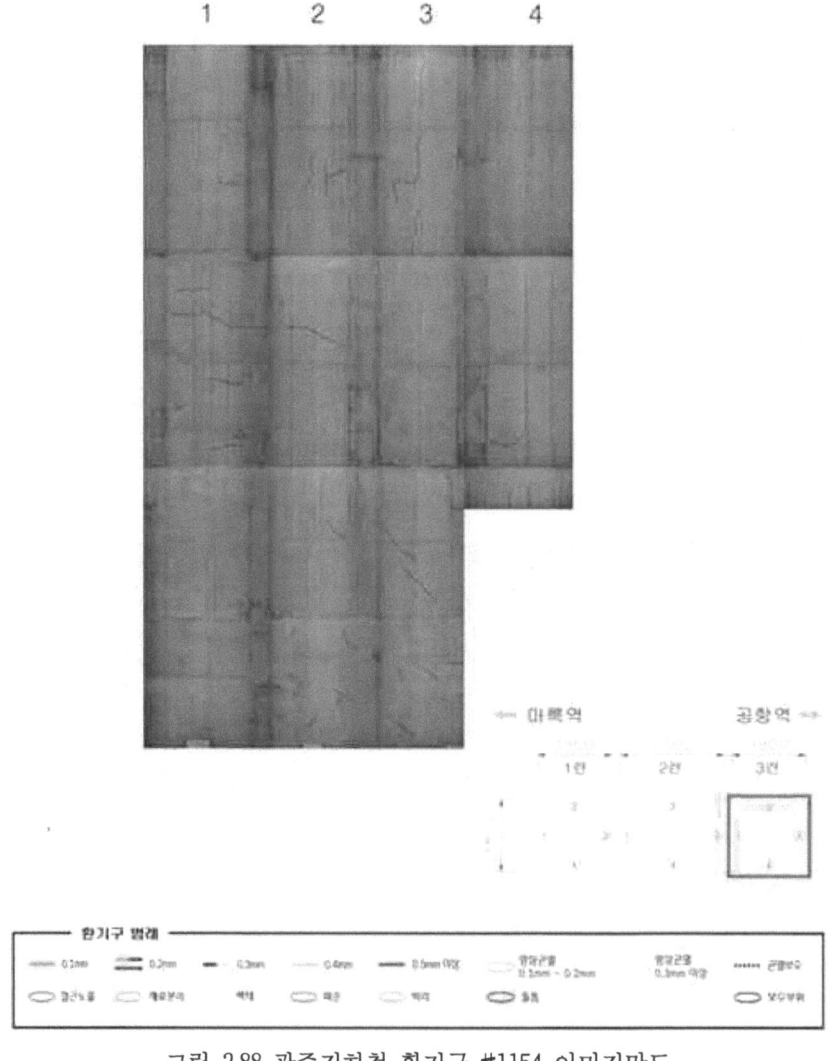

그림 2.88 광주지하철 환기구 #1154 이미지망도

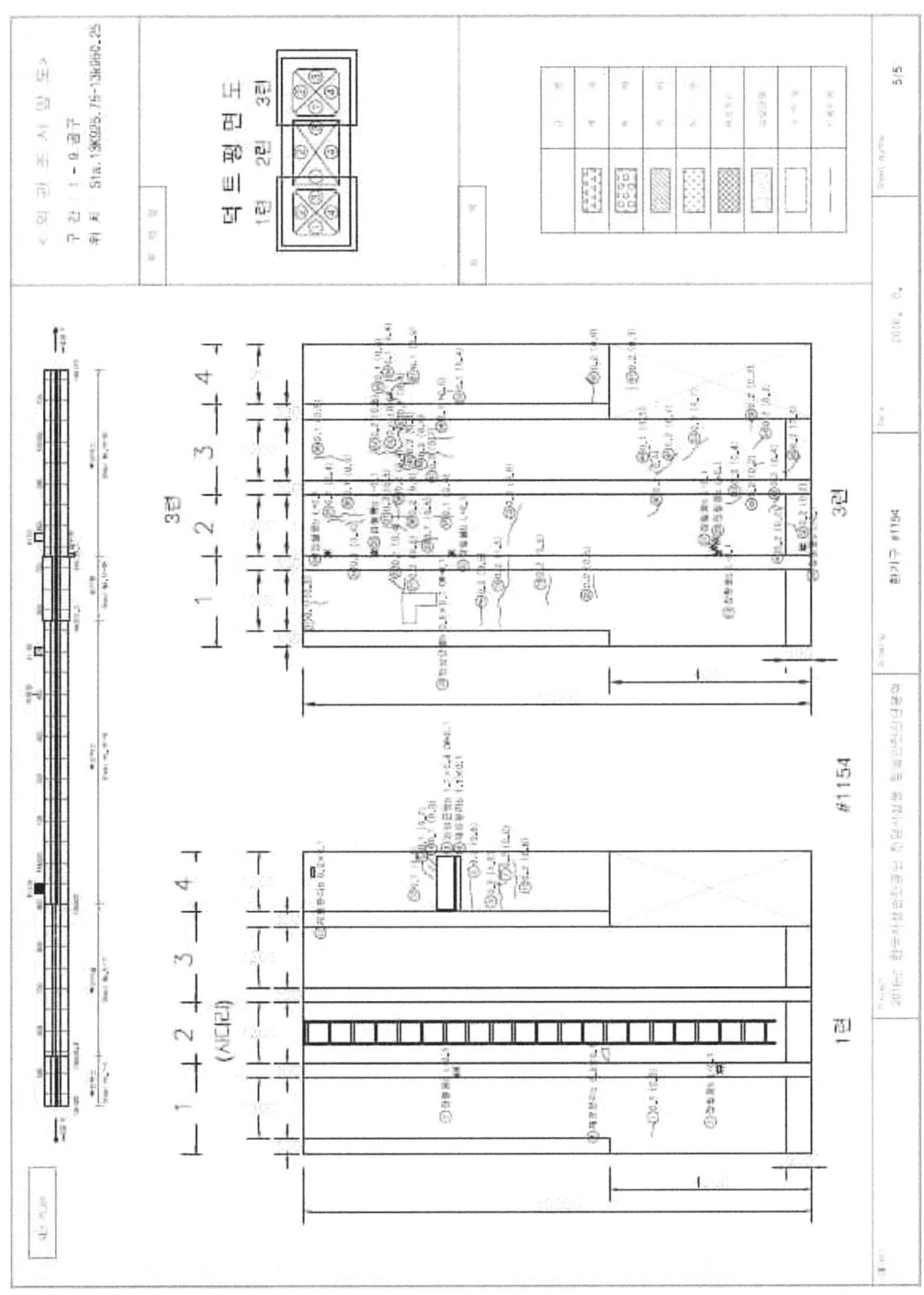

그림 2.89 광주지하철 환기구 #1154 외관조사망도(CAD)

< 표 2.34 > 광주지하철 공항역~마륵역(컨벤션센터) 환기구 물량집계표

환기번호	ID	위치	단면	손상	등급	방향	폭	너비	길이	개소	물량	단위
#1154	1	1련	1	균열		종	0.2		0.3	1	0.30	m
#1154	2	1련	1	잡철물	b				0.1	1	0.1	m
#1154	3	1련	1	잡철물	b				0.1	1	0.1	m
#1154	4	1련	2	재료분리	b			0.3	0.1	1	0.03	㎡
#1154	5	1련	4	균열		종	0.2		0.6	1	0.60	m
#1154	6	1련	4	균열		종	0.2		1	1	1.00	m
#1154	7	1련	4	균열		횡	0.2		0.2	1	0.20	m
#1154	8	1련	4	재료분리	b			1.1	0.1	1	0.11	㎡
#1154	9	1련	4	망상균열	b			1.1	0.4	1	0.44	㎡
#1154	10	1련	4	균열		종	0.2		0.8	1	0.80	m
#1154	11	1련	4	재료분리	b			0.2	0.1	1	0.02	㎡
#1154	12	1련	4	균열		사	0.1		0.5	1	0.50	m
#1154	13	1련	4	균열		사	0.1		0.2	1	0.20	m
#1154	14	1련	4	균열		사	0.1		0.3	1	0.30	m
#1154	15	3련	1	균열		종	0.2		0.5	1	0.50	m
#1154	16	3련	1	망상균열	b			0.6	0.7	1	0.42	㎡
#1154	17	3련	1	균열		횡	0.1		0.5	1	0.50	m
#1154	18	3련	1	균열		종	0.2		1.5	1	1.50	m
#1154	19	3련	1	균열		종	0.2		0.6	1	0.60	m
#1154	20	3련	1	균열		종	0.2		0.5	1	0.50	m
#1154	21	3련	1	균열		종	0.2		0.3	1	0.30	m
#1154	22	3련	1	균열		사	0.1		0.4	1	0.40	m
#1154	23	3련	2	잡철물	b				0.1	1	0.1	m
#1154	24	3련	2	잡철물	b				0.1	1	0.1	m
#1154	25	3련	2	잡철물	b				0.1	1	0.1	m
#1154	26	3련	2	잡철물	b				0.1	1	0.1	m
#1154	27	3련	2	잡철물	b				0.1	1	0.1	m
#1154	28	3련	2	잡철물	b				0.1	1	0.1	m
#1154	29	3련	2	잡철물	b				0.1	1	0.1	m
#1154	30	3련	2	균열		횡	0.1		0.5	1	0.50	m
#1154	31	3련	2	균열		횡	0.2		0.5	1	0.50	m
#1154	32	3련	2	균열		사	0.2		0.2	1	0.20	m
#1154	33	3련	2	균열		종	0.2		0.9	1	0.90	m
#1154	34	3련	2	균열		횡	0.1		0.4	1	0.40	m
#1154	35	3련	2	균열		횡	0.1		0.4	1	0.40	m

2.5.7 수직형 스캐닝 시스템 상용화 시제품 현장성능시험

가. 현장성능시험 개요

○ 광주지하철 환기구를 대상으로 상용화 시제품에 대해 <표 2.35>에서 보여주는 바와 같이 조사장비의 이동속도와 프레임속도, 노출시간 등에 대해 현장 성능시험을 수행하였다.

<표 2.35> 수직형 스캐닝 시스템 상용화 시제품 상향 및 하향 이동속도 분석

항 목	시험방법	비 고
조사장비 이동속도 (촬영속도)	● 환기구 상, 하단 연장 설치된 줄자 촬영 ● 조사장비 구동용 전동원치에 의한 이동속도 평가	조사장비 이동속도 측정
프레임속도 (frame rate)	● 초당 프레임(frs) 1, 2, 3, 5 범위 적용 ● 장비 이동시 적정 중첩률을 가지는 최적 프레임 속도 도출	적정 프레임 속도 도출
노출시간 (exposure time)	● 노출시간에 의한 이미지 획득 ● 획득 이미지 히스토그램 분석	적정 노출시간 도출

나. 조사장비 이동(촬영)속도

○ 광주지하철 환기구를 대상으로 상부에서 하단부까지 연장하여 설치된 줄자를 그림 2.90과 같이 설치하여 조사장비 구동용 전동원치에 의한 이동속도(m/s)를 평가하였다. <표 2.36>와 같이 상향으로 이동하면서 영상촬영을 할 경우 약 25초 동안의 이동속도를 검토한 결과 분당 약 15m(243mm/sec)로 측정되었으며, 하향의 경우 분당 약 17m(277mm/sec)의 이동 속도를 보이고 있는 것으로 나타났다. 그림 2.91~2.92에서는 이동 시간별 속도를 Graph로 보여주고 있으며, 사각단면 환기구 한 면을 기준으로 높이 30m의 수직형 시설물을 6분 이내 촬영이 가능하다.

그림 2.90 이동속도 분석을 위한 환기구 내부 줄자 설치 전경

<표 2.36> 수직형 스캐닝 시스템 상향 및 하향 이동속도 분석

구 분		이동속도		평균
		환기구(#1161_2_2)	환기구(#1155_1_2)	
상 향	mm/sec	242	243	243
	m/min	14.5	14.6	15
하 향	mm/sec	266	287	277
	m/min	16.0	17.2	17

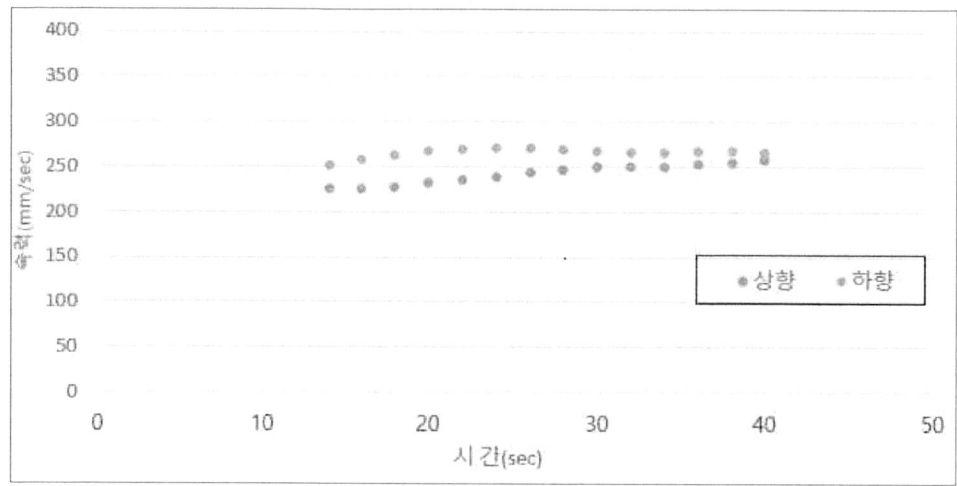

그림 2.91 환기구 NO. #1161_1련_2면, 조사장비 이동에 의한 속도 Graph

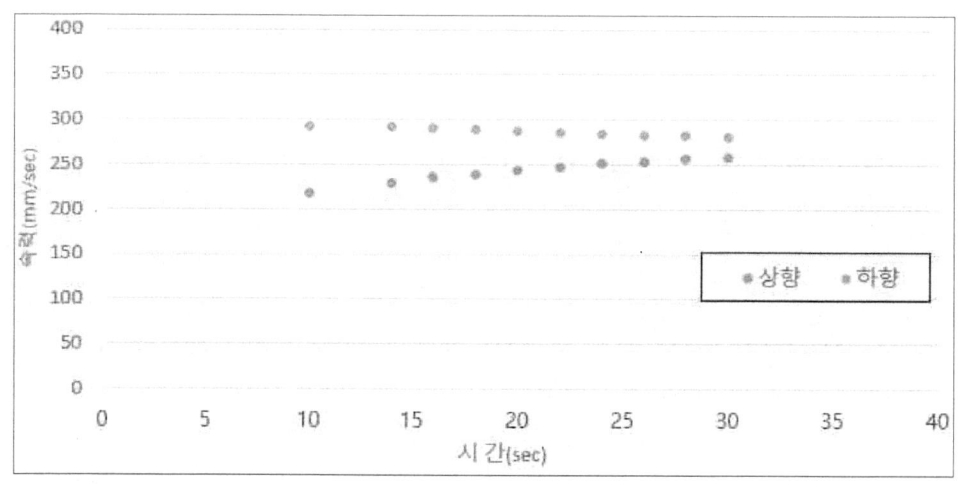

그림 2.92 환기구 NO. #1155_1련_2면, 조사장비 이동에 의한 속도 Graph

다. 머신비전 카메라의 최적 프레임속도(Frame Rate)

○ 조사장비 이동에 따라 영상을 획득하고 균열처리 분석을 위한 평면전개이미지 작성은 획득 이미지 간의 중첩률이 최소 30% 이상을 확보해야 한다. 중첩률에 의한 정략적인 프레임속도를 도출하기 위해 카메라의 노출시간은 5000μsec와 Gain값은 5로 고정하여 설정하였으며, 초당 1, 2, 3, 5정도의 프레임(fps) 속도로 영상을 획득하였다.

○ 또한 각각의 프레임속도별 획득한 이미지에서 촬영 순서대로 image A, B를 구분하여 중첩하고 중첩된 영역의 크기와 이미지 한 장 크기의 비로 중첩률을 산정하였으며, 분석결과 모든 시험 결과에서 50% 이상의 중첩률을 확보하는 것으로 분석되었다. <표 2.37>에서는 프레임 속도별 중첩률 분석결과를 보여주고 있으며, 그림 2.93에서는 중첩률 분석을 위한 이미지와 중첩영역의 크기(Pixel) 산정방법을 보여주고 있다.

<표 2.37> 조사장비의 카메라 프레임속도(fps 1, 2, 3, 5) 별 중첩률 분석

구 분	1fps	2fps	3fps	5fps	비 고
노출시간	5000μsec				50% 이상 확보
Gain	5				
중첩률	53%	76%	86%	92%	

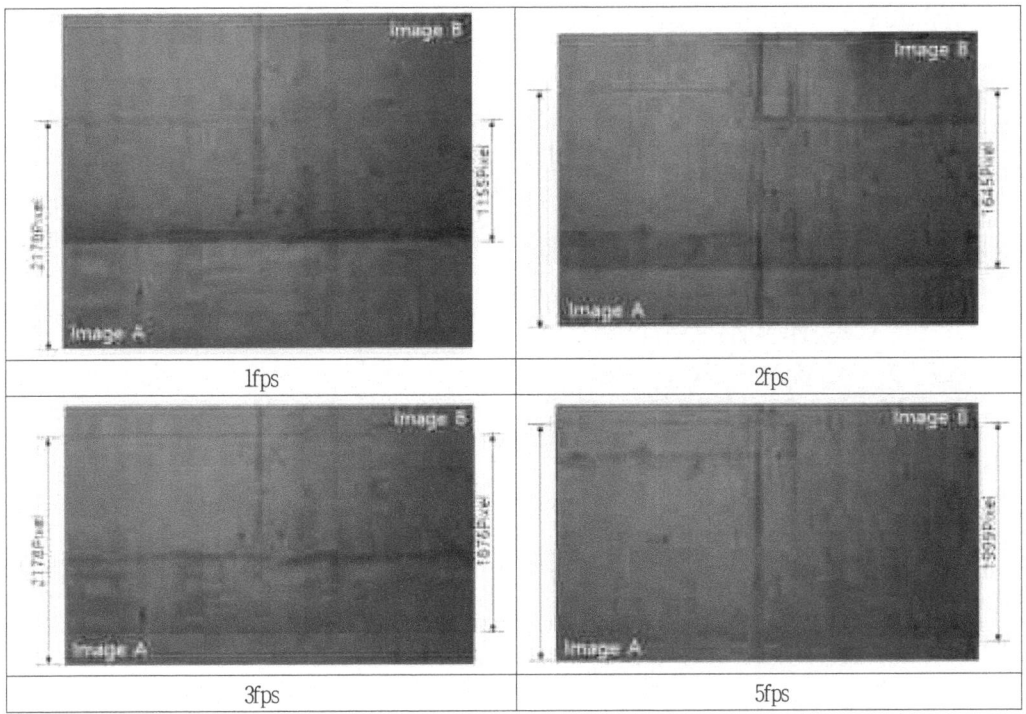

그림 2.93 프레임 속도별 획득 이미지 간 중첩영역과 이미지 크기 산정방법

라. 노출시간(Exposure time)

○ 환기구와 같은 저조도 환경에서 영상획득을 위한 노출시간(Exposure Time)의 변화에 따른 히스토그램 분석을 통해 적정 노출시간을 도출하였다. 아래 <그림 2.94>에서 보여주는 바와 같이, 시설물의 영상에서 균열손상 등 충분한 정보를 추출하기 위해서는 원본영상의 히스토그램의 분포가 적정하게 분포된 노출시간을 적용할 필요가 있다. 분석결과에서 보여주는 바와 같이, 노출시간 5,000μs에서 히스토그램의 분포가 가장 균등하며, 적정한 대비를 확보하여 균열손상의 식별 및 검출에 효율적인 것으로 판단된다.

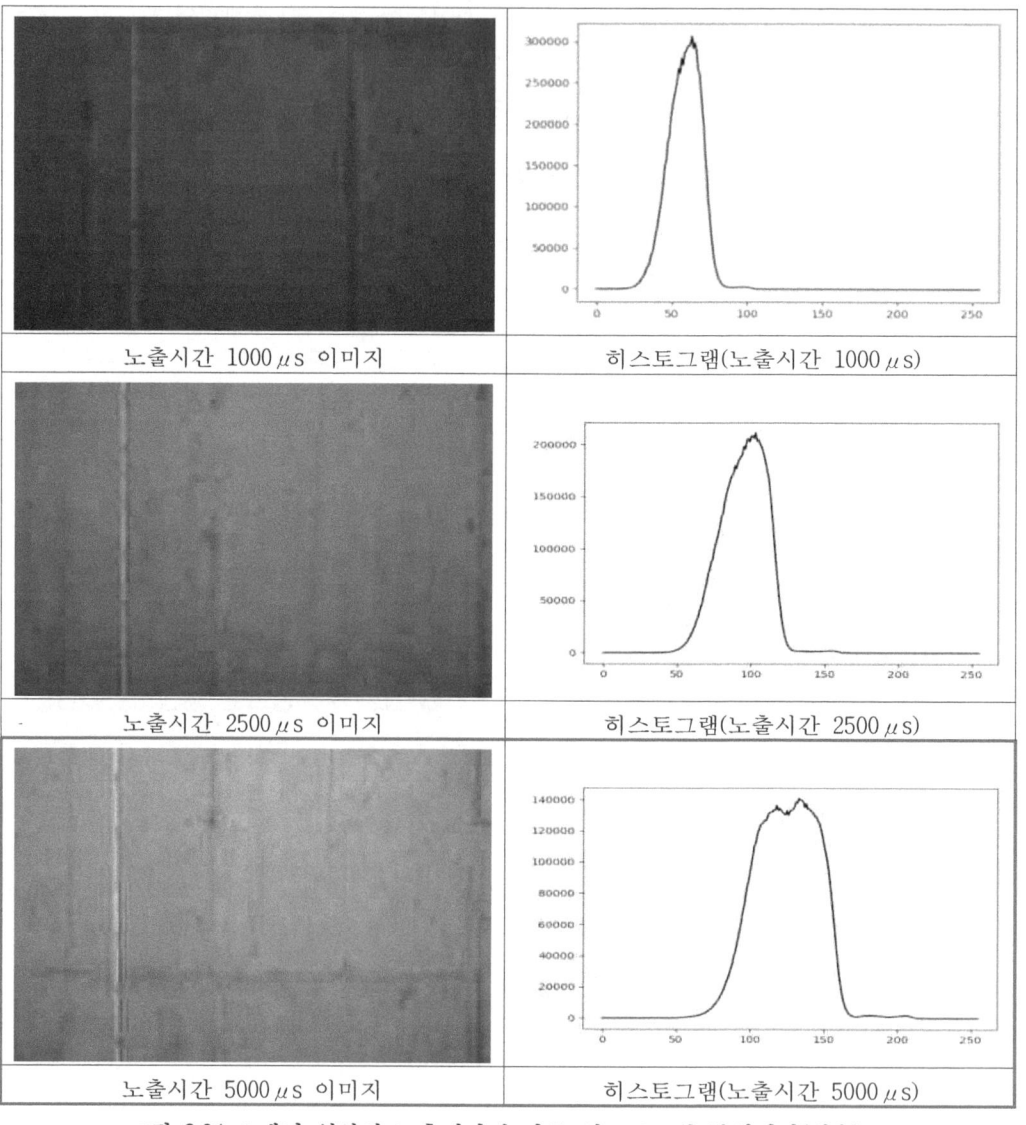

그림 2.94 스캐닝 영상의 노출시간에 따른 히스토그램 분석결과(계속)

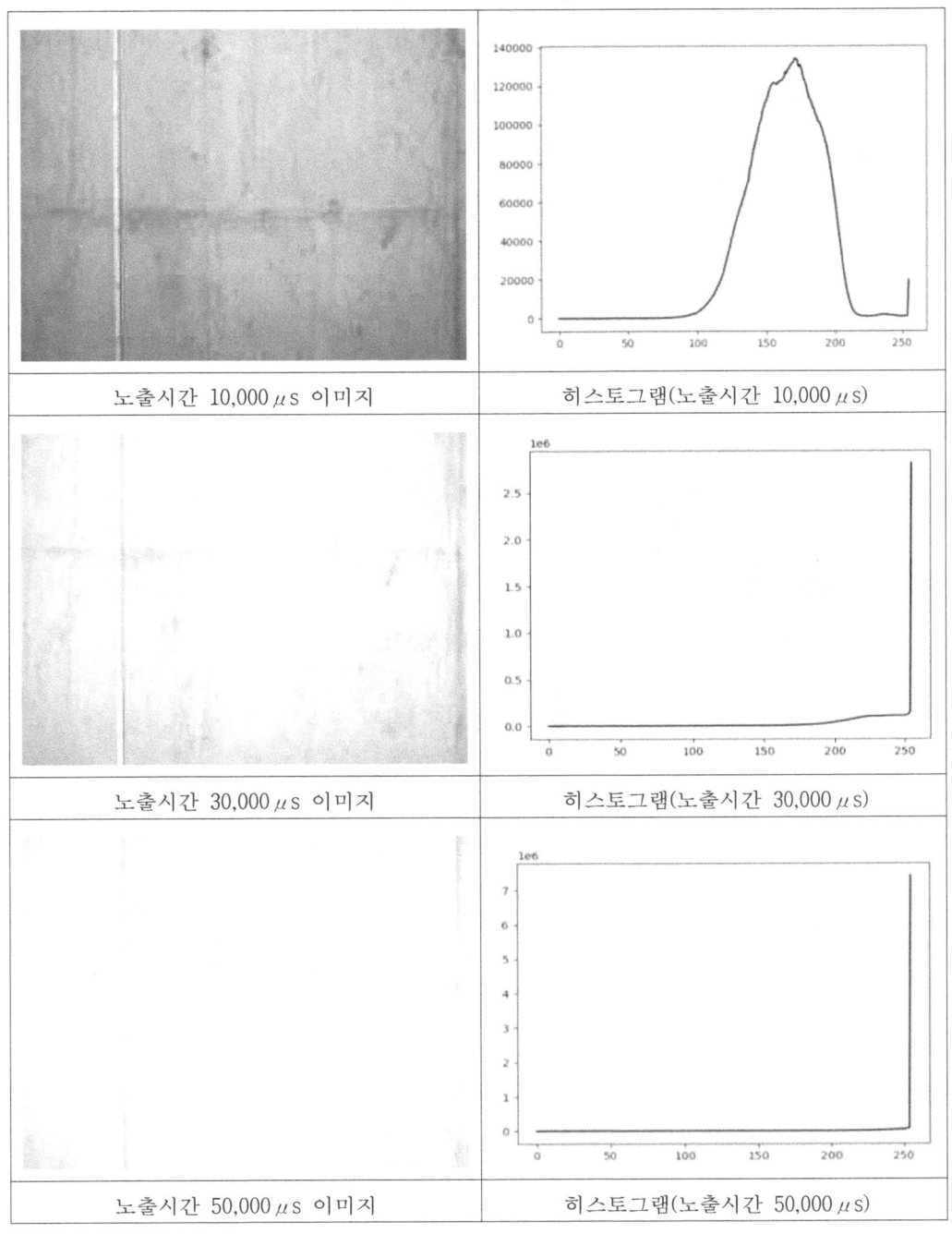

그림 2.94 스캐닝 영상의 노출시간에 따른 히스토그램 분석결과

2.6 현장 적용에 최적화된 촬영기법 분석 및 데이터 처리 기술 개발

2.6.1 획득 영상 데이터 전송/처리기술 개발

○ 2차년도 시제품 스캐닝 시스템의 렌즈계 왜곡 보정을 위한 1차년도 개발 왜곡 보정 알고리즘 적용

- 실험실 내 환경에서 카메라 내/외부 파라미터를 산출한 뒤, 실제 실험 환경에서 취득한 영상에 적용하여 왜곡 보정 수행

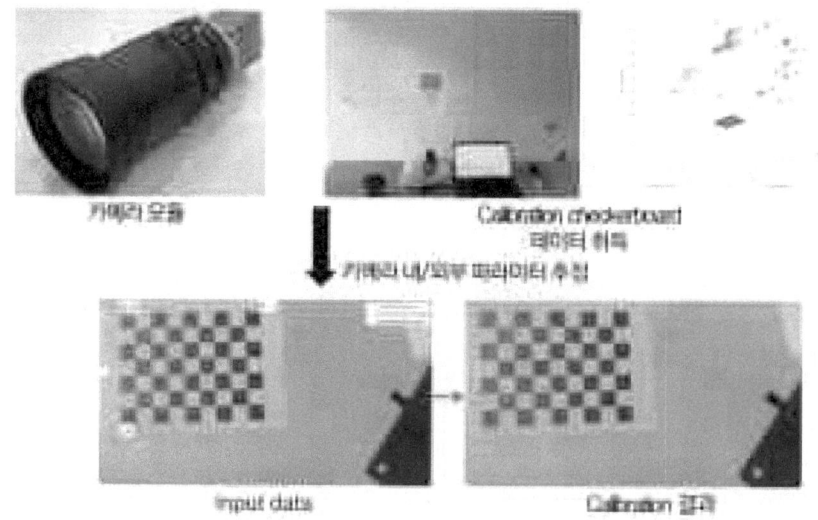

그림 2.95 개선 스캐닝 시스템의 렌즈계 왜곡 보정

○ 최적 프레임 선정 알고리즘 개발을 통한 대용량 영상 데이터의 최적화 처리기술 개발

- 최적 프레임 선정 알고리즘 (Optimal image selection algorithm) 개발을 통해 대용량 데이터 중 외관조사망도 구축을 위한 최적 프레임만 추출하여 영상 데이터 최적화를 수행

- 알고리즘 루프 첫 이미지 (p)와 다음 이미지 (q)를 선정한 뒤, Feature extraction 및 matching 후 RANSAC 알고리즘을 통해 inlier vector만 선정한 뒤, matching vector의 길이를 통해 Frame 간 지정 Overlap 비율에 기반하여 Frame 선택, 오버랩 비율은 풍도 및 테스트베드에 따라 스티칭 왜곡이 최소화 가능한 수준으로 선정

- 오버랩 비율을 다음 수식을 통해 산정한다.

$$R = \frac{100*(H-\mu)*(W-\nu)}{H*W}$$

여기서, R은 오버랩 비율, H와 W는 Raw image의 높이와 폭이며, μ와 ν는 inlier 벡터의 H, W 방향의 평균 길이이다. 오버랩 비율이 기준치를 넘어서면 p와 q에 해당하는 이미지가 선정이 되고, 알고리즘 루프가 반복되어 Optimal image가 모두 선정된다. Optimal image가 선정되는 동안, 동기화된 LiDAR로부터 취득된 Point cloud 데이터도 Optimal point cloud data로 저장된다.

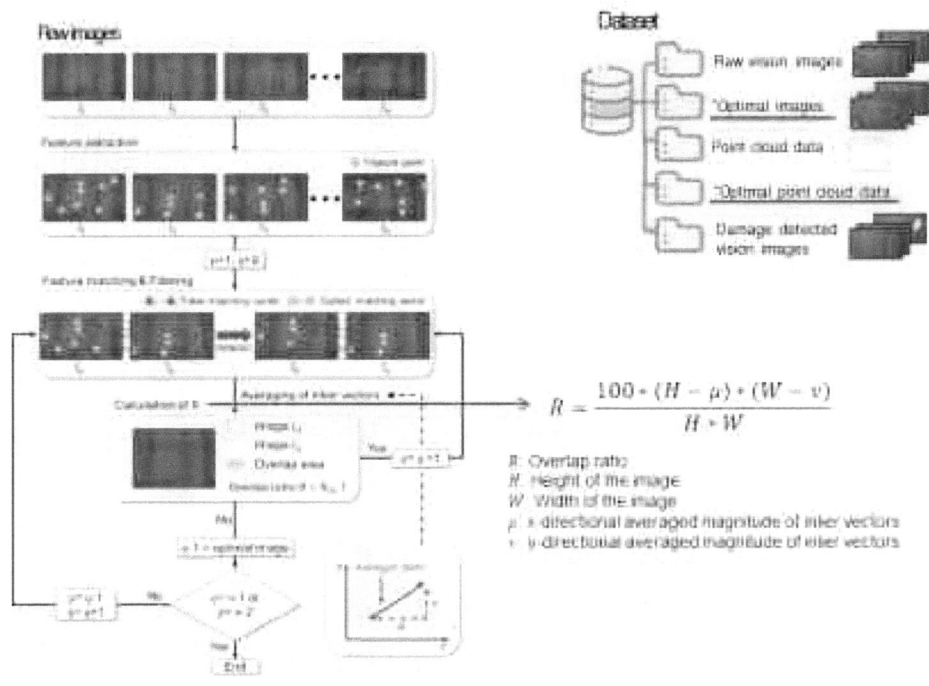

그림 2.96 Optimal image selection 알고리즘

- 제안 알고리즘을 광주 지하철 공항역 테스트베드 검증을 통해 풍도의 한 면 기준 총 4,965개 이미지 중 최적 프레임 선정 알고리즘을 통해 361개로 축소하여 Computational cost 대폭 감소
- 제안 알고리즘은 feature matching vector의 x축 변위의 Constraint를 설정하여 흔들림이 과도한 프레임의 경우 건너뛰고 최대한 수직으로 이동한 Frame을 선정하므로, 스캐닝 시스템 하드웨어의 흔들림 최소화 방안뿐만 아니라 소프트웨어로도 추가적인 제어가 가능

2.6.2 평면전개 알고리즘의 테스트베드 적용 및 검증을 통한 알

고리즘 최적화 및 고도화 수행

○ 2차년도 시제품 스캐닝 시스템의 평면전개 알고리즘 적용을 위한 Lab scale 테스트 수행
 - 2차년도 시제품스캐닝 시스템 취득 데이터의 평면전개를 위한 기구축 2D 이미지 전용 평면전개 알고리즘 적용성 검증

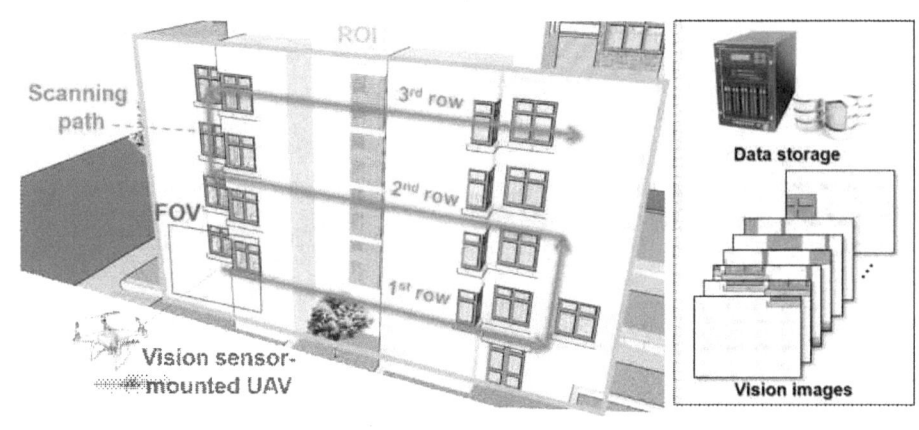

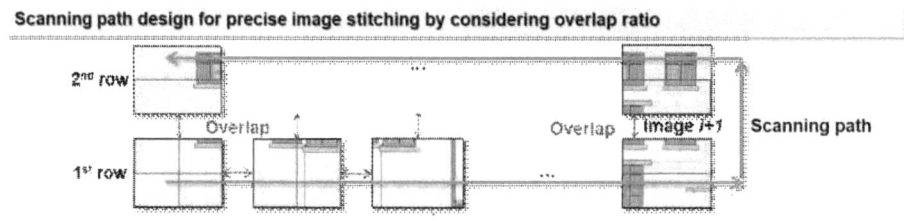

그림 2.97 구조물의 특성을 고려한 스티칭 기법 개요

 - 구조물 표면의 스티칭을 위한 연쇄적인 이미지들의 연결은 누적되는 에러로 인해 결과 이미지 품질을 저해하므로, 이미지 간 Overlap ratio를 기반으로 1:多 매칭을 구성하여 Scanning path가 길어짐에 따라 발생하는 오차를 최소화
 - 특히, 표면에 반복적인 특징을 가지는 구조물의 특성을 고려한 Outlier analysis를 적용하여 스티칭 결과의 정밀도 향상

제 2장 과업 수행 내용

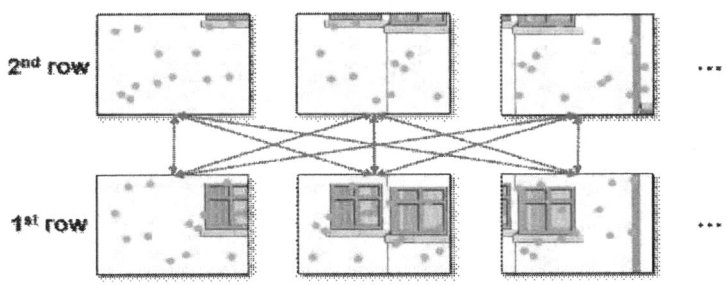

그림 2.98 SIFT 기법을 이용한 특징점 추출 및 매칭

- 각 이미지들은 SIFT(Scale-invariant feature transform) 기법에 의하여 특징점들을 추출하고, 서로 다른 이미지들간 특징점을 매칭한 후, 다음과 같이 Outlier analysis를 수행

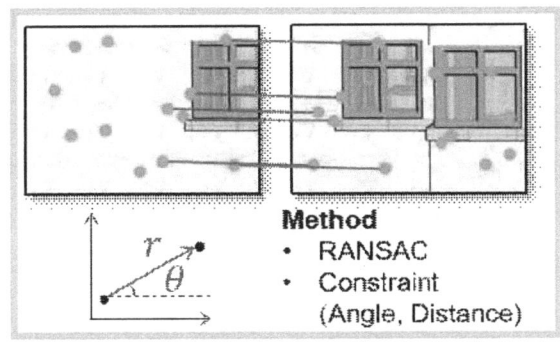

그림 2.99 Outlier analysis

- 구조물은 콘크리트 표면 및 반복되는 구조적 특징으로 인해 RANSAC (Random sample consensus) 만으로 모든 특징점 간의 매칭 에러를 제거하는 것에는 한계가 있으며, 이는 스티칭 결과의 국부적인 왜곡을 유발

- 정밀한 스티칭 결과를 위해 추가적으로 특징점 간 매칭의 각도와 매칭된 특징점 간의 거리에 대한 제한 조건을 설정하여 필터링 수행

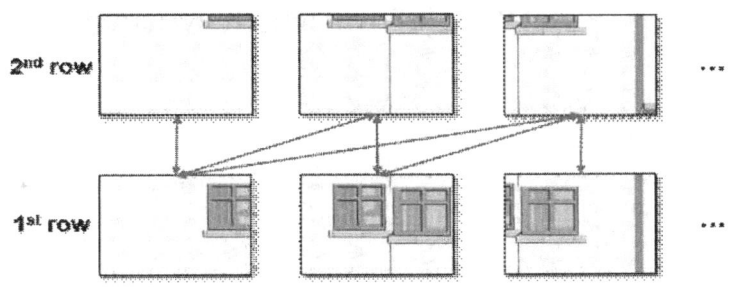

그림 2.100 Image pair matching

- 앞서 필터링 된 매칭쌍을 기반으로 확률 모델을 설정하고, 이를 통해 서로 Overlap 되

어 있는 이미지 매칭을 산출, 확률 모델은 Brown and Lowe. 2007로부터 인용

$$n_i > \alpha + \beta n_f \qquad (1)$$

- n_i와 n_f는 Outlier analysis를 통한 필터링 뒤 남은 특징점 간 매칭쌍의 개수 (Inlier) 와 전체 매칭쌍의 개수이며, α와 β는 실험적으로 도출된 파라미터로 각각 8, 0.3 으로 설정

- 최적 이미지 매칭이 결정된 후 매칭 이미지 I_i 와 I_j에 대하여 필터링된 Inlier 매칭을 이용하여 Global homography matrix H 를 추정

$$p \sim H_q = K_n R_n R_{n+1}^T K_2^{-1} q \qquad (2)$$

- p와 q 는 각각 이미지 I_i, I_j에서 매칭된 특징점의 Homogeneous 좌표 $(x,y,1)$, $(u,v,1)$이며, K와 R은 각각 Focal length, Rotation matrix

- Global homography matrix는 Scanning path를 따라 연쇄적으로 연산되는데 이러한 Homography matrix의 연결은 에러를 누적하게 되고, 이미지의 구조적 제한 조건을 무시하여 최종적인 결과의 품질을 크게 저해

- 따라서 다음과 같이 이미지를 연결해나갈 때마다 Focal length와 Rotation 파라미터를 업데이트하기 위한 Bundle adjustment 과정을 수행

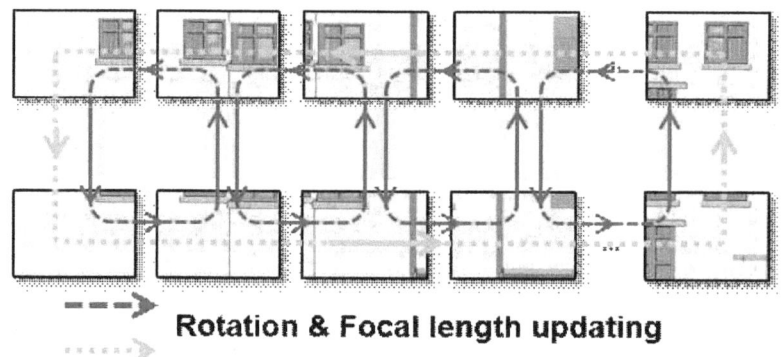

그림 2.101 Bundle adjustment를 통한 Rotation 및 Focal length 업데이트

- 이미지 매칭 쌍 I_i, I_j 에 대하여 Global homography matrix로부터 초기 Rotation 및 Focal length를 다음과 같이 추정

$$R_i = \min_R \| R - K_i^{-1} H_{ij} K_j R_j \|^2 , \quad K = \begin{pmatrix} f & 0 & 0 \\ 0 & f & 0 \\ 0 & 0 & 1 \end{pmatrix} \qquad (3)$$

- Rotation과 Focal length의 에러를 최소화하기 위한 Error function 설정

$$\theta^* = \min_{\theta} \sum |x_i - P_{ij}|^2 \tag{4}$$

- x_i는 I_i의 특징점 p의 집합이며, P_{ij}는 I_j의 특징점 q에서 p로 R_i, K_i 을 이용해 2D projection 한 점의 집합 x_j

- 이때, I_j는 앞서 산출한 I_i와 매칭되는 모든 이미지이며, 매칭 이미지가 많을수록 에러가 최소화되어 스티칭 결과의 정확도 향상에 기여

- 파라미터 θ^* 은 Nonlinear least square method 중 하나인 Levenberg-Marquardt algorithm을 사용하여 최적화 수행

- 결과적으로, 스티칭에 사용되는 모든 이미지는 한 장씩 Bundle adjustment에 입력되고, 선행되어 입력된 이미지와 가장 Overlap ratio가 높은, 즉 Inlier 매칭쌍의 개수가 가장 많은 이미지가 다음 이미지로 입력

- 입력된 이미지가 m개 일 때 $m-1$번의 최적화 과정이 수행되며 이에 따라 Rotation 및 Focal length를 업데이트

- 정밀한 이미지 스티칭을 위해 다음과 같이 각 이미지를 Mesh로 분할 한 뒤 산출된 Rotation 및 Focal length를 이용하여 각 셀마다 Local homography를 계산

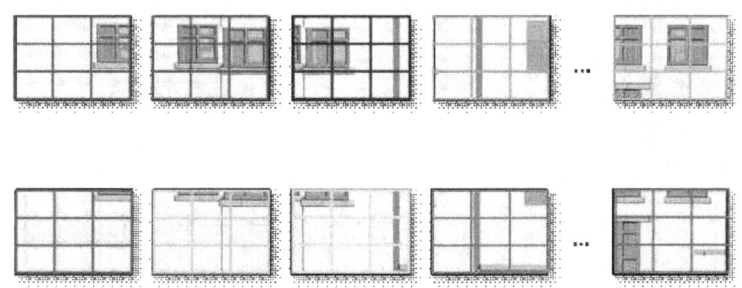

그림 2.102 이미지의 Mesh 분할

$$H_* = \min_{H} \sum_{a=1}^{N} \| w_*^a C_a H \|^2 , \quad C_a = \begin{bmatrix} -x & -y & -1 & 0 & 0 & 0 & xu^{'} & yu^{'} & u^{'} \\ 0 & 0 & 0 & -x & -y & -1 & xv^{'} & yv^{'} & v^{'} \end{bmatrix} \tag{5}$$

$$w_*^a = \exp(-\| x_* - x_a \|^2 / \sigma^2)$$

- H는 Global homography matrix, x_*는 이미지 I 내의 특징점이 아닌 나머지 점의 좌표, σ는 스케일 파라미터로 설정

- Local homography의 요소는 특이값 분해를 통해 구할 수 있으며, 각 셀마다 Local homography를 계산한 후 이를 기반으로 이미지 스티칭을 수행

- 실제 구조물의 Vision image 특성을 기반으로 한 Outlier analysis를 통해 정밀 Stitching 기법 고도화 완료

그림 2.103 SIFT 기법을 이용한 특징점 추출 및 매칭 결과

그림 2.104 RANSAC을 이용한 필터링과 Outlier analysis를 이용한 필터링 결과 비교

(a)

(b)

(c)

그림 2.105 기존의 Stitching 기법과 제안된 기법의 결과 비교: (a) Brown and Lowe (Autostitch) 결과, (b) Chen and Chaung (NISwGSP 알고리즘 결과), (c) 제안 알고리즘 (Chen and Chaung 알고리즘 w/ outlier analysis)

- 실험실 내 환경에서 2차년도 시제품 스캐닝 시스템의 데이터 취득 환경을 모사한 뒤, 데이터를 취득하여 테스트베드 실험 수행 전 개선점 도출 및 개선 수행

- 최적 프레임 선정 알고리즘을 고려하여 등간격 스캐닝을 가정하여 데이터를 취득하였으며, 개선 스캐닝 시스템의 다중 카메라를 고려하여 2개의 카메라를 병렬로 설치하여 데이터를 취득

- 기존 스캐닝 시스템인 360도 카메라 기반 알고리즘에서, 다중 카메라를 한 개의 모듈로

고려하여 모듈 단위 정합을 선수행한 뒤 스캐닝 방향 정합을 수행하는 알고리즘으로 개선

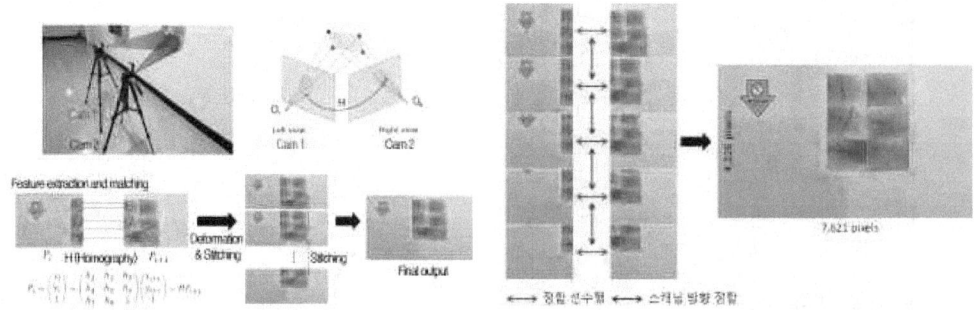

그림 2.106 평면전개 알고리즘의 Lab scale 테스트

○ 테스트베드 데이터를 활용한 평면전개 알고리즘 최적화 및 고도화

- (21.05.26) 서울 숙대입구 테스트베드 진단 데이터를 활용한 알고리즘 검증 및 최적화 수행

- Optimal frame selection 알고리즘을 활용하여 선정한 이미지를 대상으로 개선 시스템 기준 알고리즘 검증을 수행하였으며, 10 m 이상의 수직구 평면전개를 위해 조인트 기준의 섹션 별 스티칭을 수행하여 누적 왜곡을 최소화

- LiDAR 데이터를 활용하여 거리데이터에 기반한 풍도 전면부와 풍도 헌치부를 분할하여 카메라 번들 별 스티칭 후 이미지 내 4 point를 선정하여 Projective 변환 후 스티칭 결과 정렬 수행

- LiDAR 데이터를 활용한 4 point 자동 선정 알고리즘을 구축하기 위한 알고리즘 고도화 진행 중

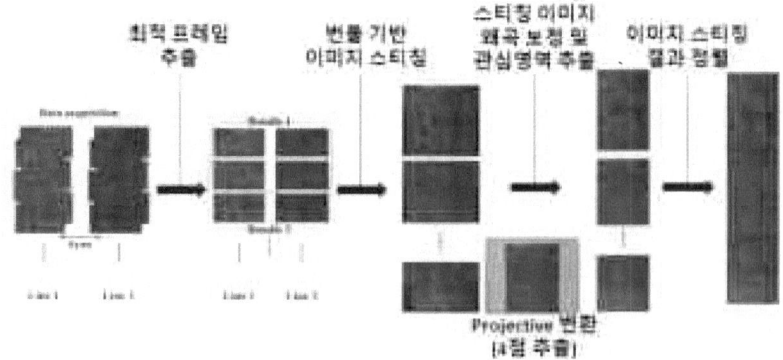

그림 2.107 평면전개 알고리즘 테스트베드 검증 및 최적화

- 서울 숙대입구 지하철역 테스트베드 및 광주 공항역 지하철 테스트베드를 활용한 성능

검증 수행

- LiDAR를 활용한 풍도 전면부와 헌치부의 단면 분할을 통해 평면전개 수행 시 발생하는 왜곡을 최소화
- 수직구 단면 형상에 기반한 Projective 변환을 통해 왜곡 최소화
- 도면에 작성된 수직구 섹션 별 크기에 기반하여 스케일링을 통해 규격화하여 도면과 동일하게 평면전개 결과 생성
- 서울 숙대입구 테스트베드와 달리 왜곡보정 및 스케일링 알고리즘 구축을 통해 광주 지하철의 경우 도면에 기반하여 평면전개를 수행하여 기존 알고리즘보다 정밀하며 도면과 같은 결과를 취득
- 실측 데이터와의 비교를 통해 평면전개 왜곡도 및 정밀도 평가 지표 산출 수행 중

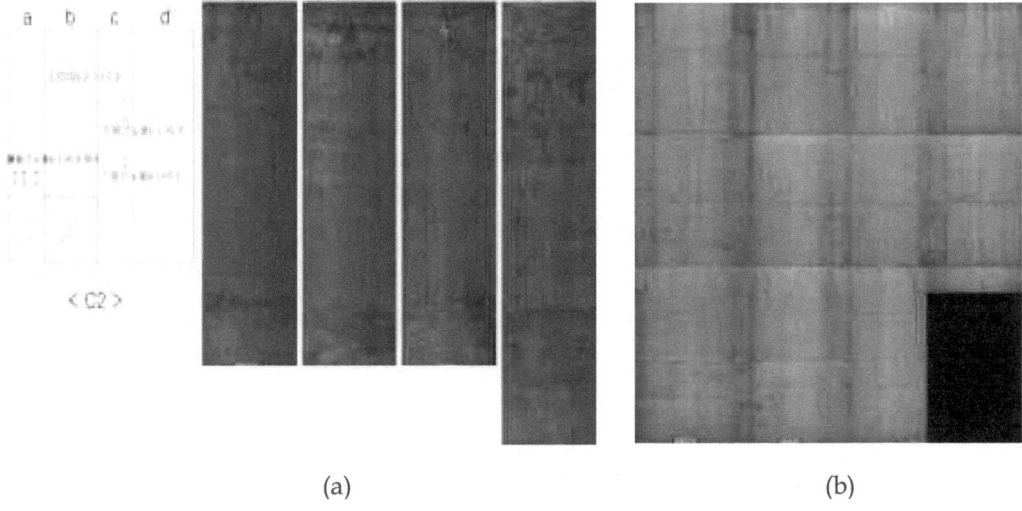

그림 2.108 테스트베드를 활용한 평면전개 알고리즘 검증 : (a) 숙대입구 지하철, (b) 광주 지하철

○ LiDAR 데이터를 활용한 정량화 알고리즘 Pretest
   - 취득 LiDAR 데이터를 카메라 별로 보정하여 거리 데이터를 산출하여, 픽셀 당 mm를 계산 후 균열 및 면적형 손상에 대해 정량정보 산출 Pretest 수행
   - 본 연구에 활용한 균열 정량화 알고리즘은 다음과 같다.

해당 알고리즘은 RGB 이미지로부터 이진처리 (Binarization)를 수행한 뒤,

(a). Euclidean distance transform (EDT)에 기반하여 균열 두께 계산

(b). Skeletonization을 통한 균열 형상 추출

(c). Scale factor 산출

3단계로 구성된다.

첫째로, EDT에 기반하여 균열 두께를 계산하기 위해 이진화 이미지의 두 픽셀 p와 q 간 거리를 계산하면 다음과 같다.

$$d(p,q) = \sqrt{(x_p - x_q)^2 + (y_p - y_q)^2} \quad (p \in A,\ q \in A^c) \tag{1}$$

여기서 A는 이진화 이미지의 값이 있는 픽셀 (1인 픽셀)이며 A^c는 A의 여집합이다. 계산된 값 중 최솟값을 찾아 기준점인 픽셀 p에 맵핑하면 C^E image를 얻을 수 있다. 이를 수식으로 표현하면 다음과 같다.

$$C^E(p) = \min\{\{d(p,q) \mid C^B(q) \in A^c\} \tag{2}$$

다음으로, Skeletonization을 수행하여 균열의 형상을 추출한다. 이를 위해 다음 수식과 같이 Thinning 알고리즘에 기반하여 수행된다.

$$C^B \otimes B = C^B \setminus (C^B \odot B) \tag{3}$$

여기서 B는 structural element이며, \는 여집합, ⊙는 적중 및 비적중 변환 (Hit-or-miss transformation)을 나타낸다. 여기서 B는 아래 나타낸 두 가지를 90°, 180°, 270° 회전하여 총 8개로 구성된다.

$$B_1 = \begin{bmatrix} 1 & 1 & 1 \\ * & 1 & * \\ 0 & 0 & 0 \end{bmatrix},\ B_2 = \begin{bmatrix} * & 1 & * \\ 0 & 1 & 1 \\ 0 & 0 & * \end{bmatrix} \tag{4}$$

이진화 이미지에 *B*와 동일한 형상이 존재하면 그 중심 픽셀에 1을 부여하여 C^S image를 정의할 수 있으며, 더 이상 변화가 없을 때까지 수식 (3)에 나타낸 과정을 반복한다. 이때, 오일러수는 그대로 유지하여 균열의 형상이 사라지지 않도록 한다.

$$C^S = \left[C^B \otimes \{B_i\} \right]^n = \left[C^B \setminus \left(\left(C^B \odot B_1 \right) \cdots \odot B_i \right) \right]^n \quad (5)$$
$$(i = 1, \cdots, 8; \; n = 1, 2, 3, \cdots)$$

마지막으로, 다음 수식을 통해 실제 균열의 크기를 적용하기 위한 Scale factor (*s*)를 구한다.

$$s = \frac{d_w l}{Pf} \quad (6)$$

여기서, d_w는 working distance, *l*은 카메라 센서의 크기, *P*는 이미지의 픽셀 레졸루션이고 *f*는 카메라의 focal length이다.

이어서, C^E image와 C^S image의 각 픽셀값을 곱한 뒤, 카메라의 Scale factor를 곱하여주면 정밀한 균열 정량화 결과를 얻는다.

$$F(p,q) = s \cdot C^E(p,q) \cdot C^S(p,q) \quad (7)$$

- 면적형 손상 정량화 알고리즘은 손상의 외곽선의 길이를 산정하여 LiDAR를 통해 취득한 스케일팩터를 활용해 정량적 수치를 산정
- 광주 공항역 테스트베드를 활용하여 실험적 검증 수행 완료

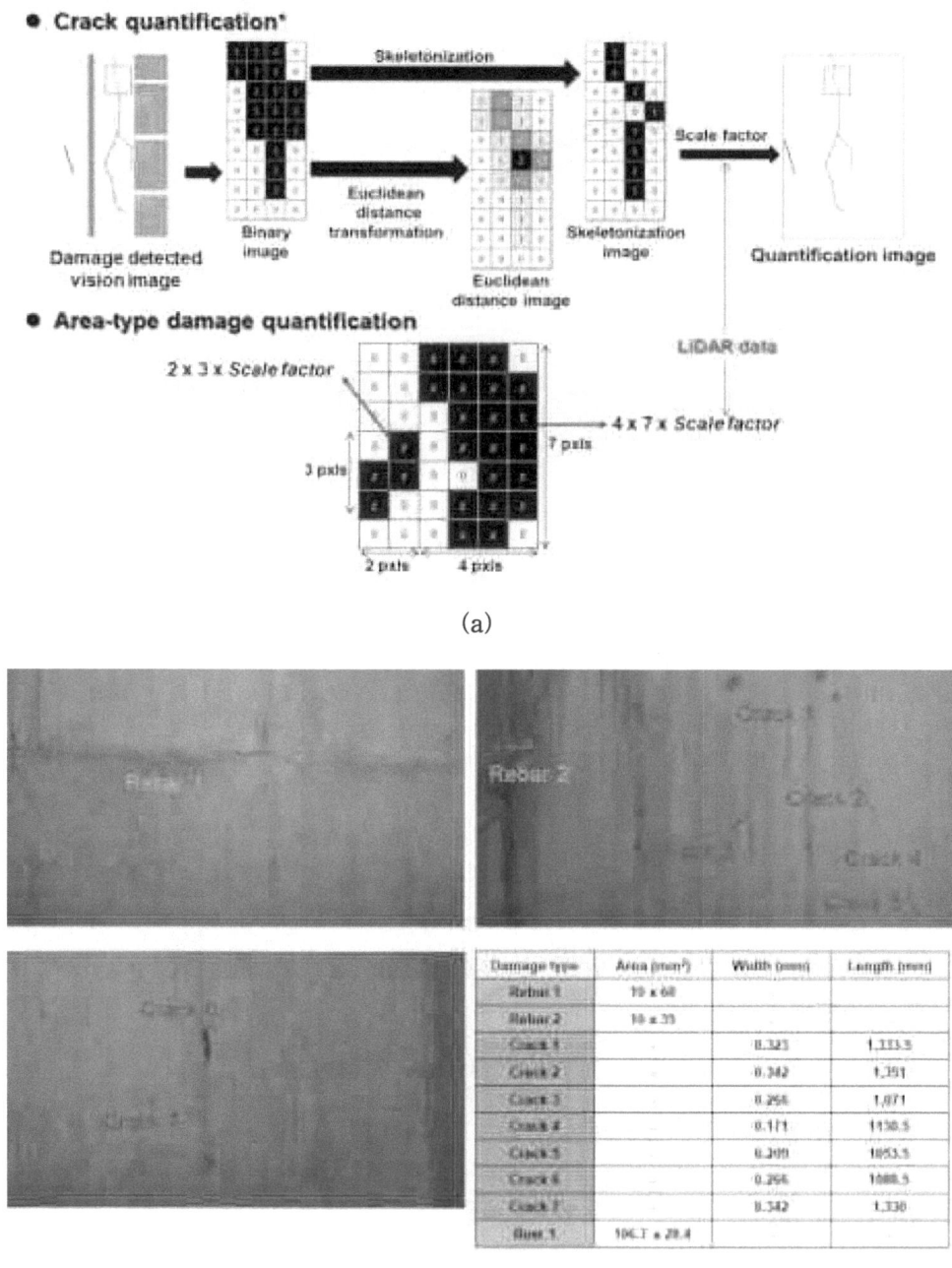

그림 2.109 광주 공항역 테스트베드를 활용한 정량화 Pretest 결과: (a) 알고리즘, (b) 정량정보 산출 결과

2.6.3 결함검출용 네트워크 학습을 위한 데이터 수집

○ 다중손상 검출을 위한 네트워크 구축

- Semantic segmentation model에 기반하여 네트워크를 구축하였으며, 균열, 철근노출, 박리박락, 부식, 백화 등의 손상이 포함된 총 2,633장의 이미지를 학습하여 네트워크를 구축

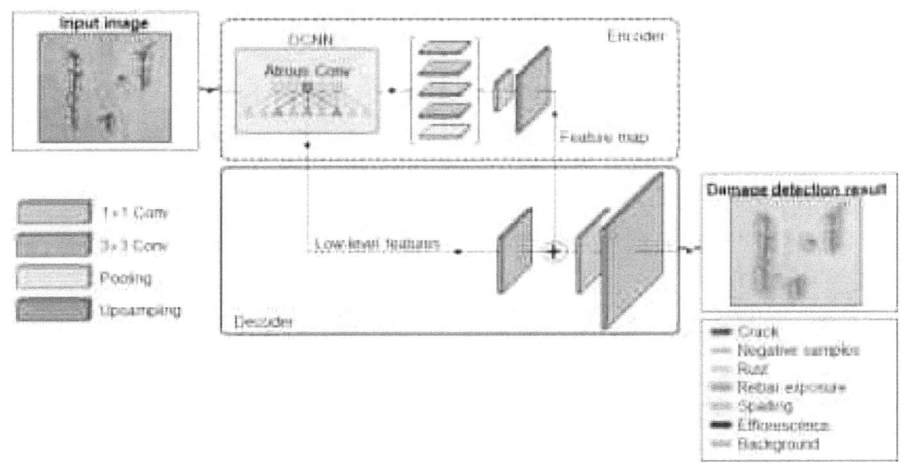

그림 2.110 Semantic segmentation network

○ 결함(손상)에 대한 다수의 학습 데이터 수집

- Web scrapping을 통해 균열, 철근노출, 박리박락, 부식, 백화 등의 손상이 포함된 2,633장 이미지 수집

- 2,633장의 이미지 내 각 클래스 별 라벨 총 3,026개 Annotation 수행

표 2.38 The number of training dataset

Images	Crack / NS	Area damage	Total
Train	1,477	814	2,633
Validation	282	90	

표 2.39 The number of training labels

Labels	Crack	Negative sample	Rebar	Rust	Spalling	Efflorescence	Total
Train	883	655	270	318	300	253	2,618
Val	250	100	32	17	33	44	408

그림 2.111 Training dataset

- 1차년도 미금역 풍도 데이터와 서울 숙대입구 풍도에서 취득한 데이터를 활용하여 학습데이터 보강

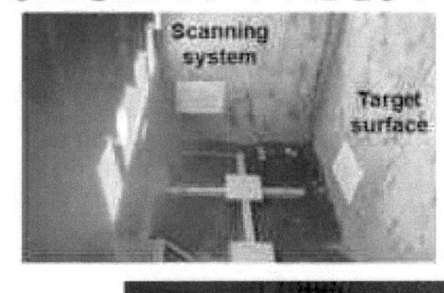

그림 2.112 Testbed를 활용한 Training dataset 보강

○ 학습 데이터의 정밀 Annotation을 위한 Annotation tool 개발

- Image processing toolbox와 Manual toolbox로 구성되며, Image processing을 통해 균열, 백화 등 프로세싱으로 구별 가능한 데이터의 경우 Image processing toolbox를 통해 자동으로 Annotation할 수 있으며, 특수한 경우 Manual toolbox를 병행 활용하여 Annotation label을 수정할 수 있음
- 이외의 바운더리가 명확하지 않은 박리박락과 같은 손상의 경우 Manual toolbox를 통해

Annotation하며, Assist freehand tool을 사용할 경우, 외곽선의 추세를 자동으로 추정 가능

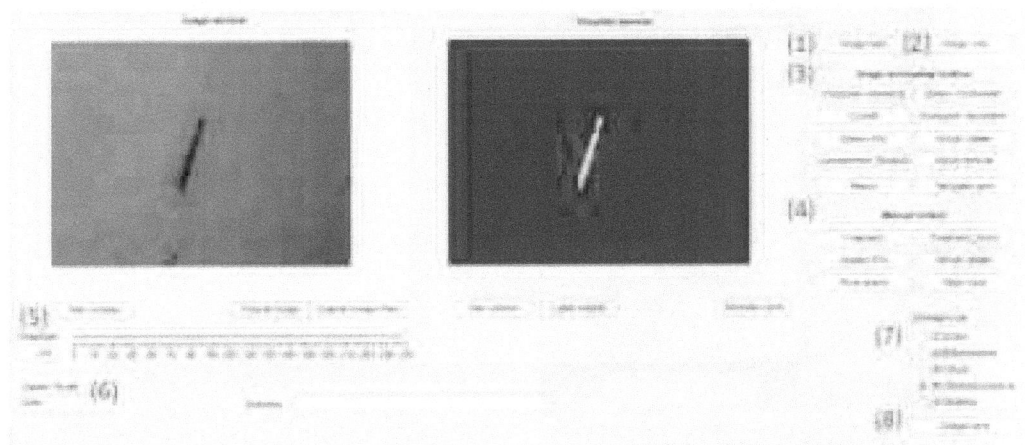

그림 2.113 Annotation toolbox

(1) Image load: Annotation할 이미지 불러오기

(2) Image crop: 불러온 이미지 내 Annotation할 특정 영역 Crop

(3) Image processing toolbox: 불러온 이미지 또는 Crop된 영역에 대해 이미지 프로세싱을 통해 배경과 객체 간 분리

(4) Manual toolbox: polygon 작업을 통해 관심 영역 Annotation (Assist 포함)

(5) Threshold: 스크롤바 조정을 통해 Threshold value 지정

(6) Noise removal: option에서 pixel값 조정을 통해 noise 제거

(7) Damage type: Damage type을 선택하여 라벨 지정

(8) Output save: 최종 Annotation label 저장

○ 네트워크 학습을 위한 서버 성능 개선

- 기존에 구축하였던 2080ti 시스템에서 3090 시스템으로 업그레이드하여 학습속도 개선

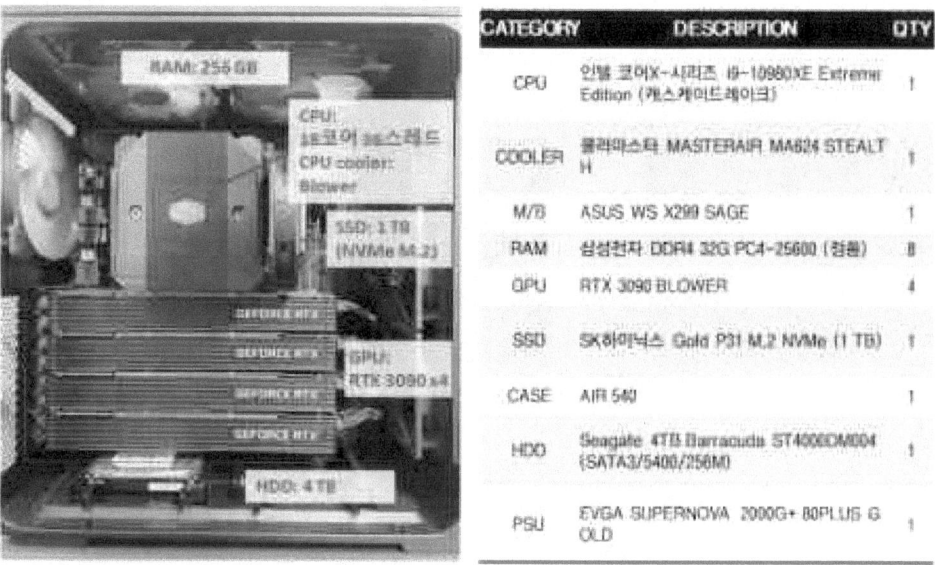

그림 2.114 네트워크 시스템

○ 테스트베드를 활용한 네트워크 성능 검증

- 테스트베드를 활용해 취득한 데이터를 활용하여 인공지능 기반 다중손상 검출 네트워크 적용성 검증 수행

- 네트워크 성능평가 인덱스인 Precision, Recall, F1-score를 계산하여 구축 네트워크의 성능평가 수행

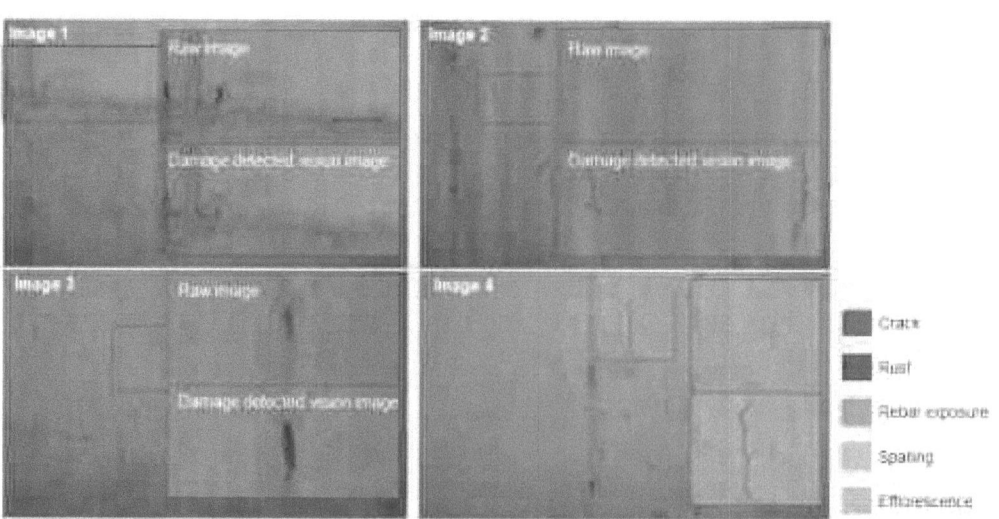

그림 2.115 광주 공항역 데이터를 활용한 네트워크 검증 수행

표 2.40 Network performance validation

Test image Value	Image 1	Image 2	Image 3	Image 4	Average
Precision	61.2	78.3	75.1	82.1	74.2
Recall	81.1	91.0	78.5	89.4	85.0
F1-score	69.8	84.2	76.8	85.6	79.1

○ 검출한 손상데이터 맵핑 수행

- 평면전개도 구축을 위한 평면전개 알고리즘의 이미지 별 Homograhpy를 활용하여 데미지 정보를 warping하여 맵핑하는 정밀 맵핑 알고리즘 구축

- 구축 알고리즘의 광주 공항역 테스트베드 검증을 통해 외관손상망도 구축 검증

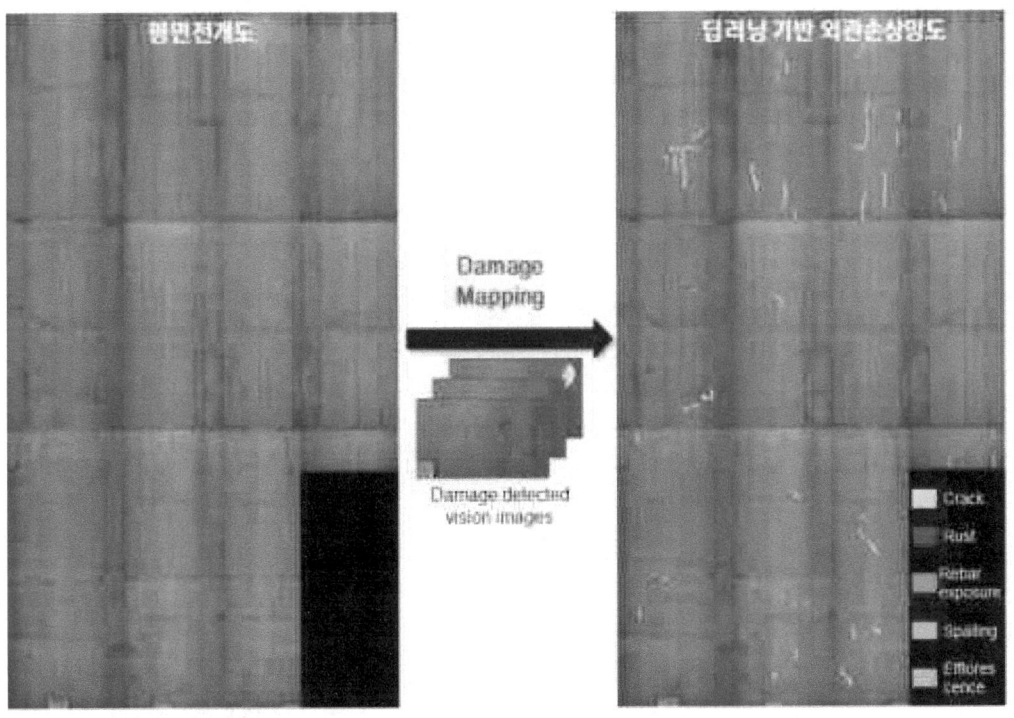

그림 2.116 손상 데이터 맵핑을 통한 딥러닝 기반 외관손상망도 구축

2.7 수직형 스캐닝 시스템 기술 고도화

2.7.1 수직형 스캐닝 시스템 개선 시제품 설계

가. 개요

○ 수직형 스캐닝 시스템 상용화 시제품의 기술 고도화 및 개선사항을 반영하여 정밀영상 취득을 위한 회전, 흔들림, 시스템 안정성과 사용성 등 <표 2.41>와 같이 개선 시제품에 대한 고도화를 수행하였으며, 그림 2.118는 개선 시제품의 설계 항목을 보여주고 있다.

<표 2.41> 수직형 스캐닝 시스템 개선 시제품의 설계 방향

구 분	상용화 시제품(2차년도)	시제품 개선설계(3차년도)	비고
영상획득장치 (카메라+렌즈)	산업용 머신비전 카메라+ 저왜곡렌즈(f=6mm) 3sets	산업용 머신비전 카메라+ 저왜곡렌즈(f=6mm) 3sets	화각확보 및 중첩률 향상
광보상장치 (LED조명)	카메라 동기화(Strobo type) 평면형 LED조명	카메라 동기화(Strobo type) 평면형 LED조명	영상조도확보
레이저스캐너	LiDAR센서(RPLIDAR)	LiDAR센서(RPLIDAR)	360° 포인트 클라우드
와이어변위계	-	실시간 연직거리 측정	촬영이미지 연직거리 정보저장
조사장비 안정화	가이드와이어+장력유지장치	- 가이드와이어+장력유지장치 - 가이드와이어 Hole축소(21→13mm) - 조사장비 균형 조정 추 설치	조사장비회전, 흔들림 최소화
영상처리 및 저장 장치	-	HDD 256GB→1TB upgrade	시스템 안정성 확보
조사장비 구동 S/W	-	S/W Device Status Display 개선	사용성 확보

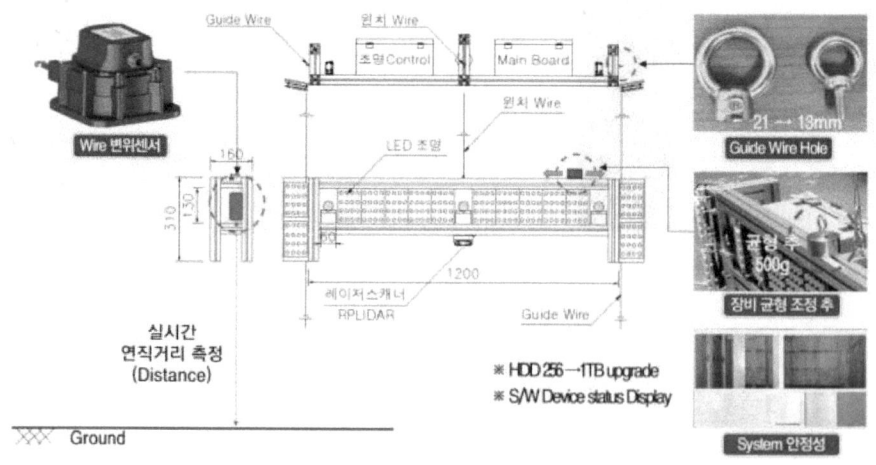

그림 2.118 수직형 스캐닝 시스템 개선 시제품

나. 시스템 구성

(1) 시스템 개요

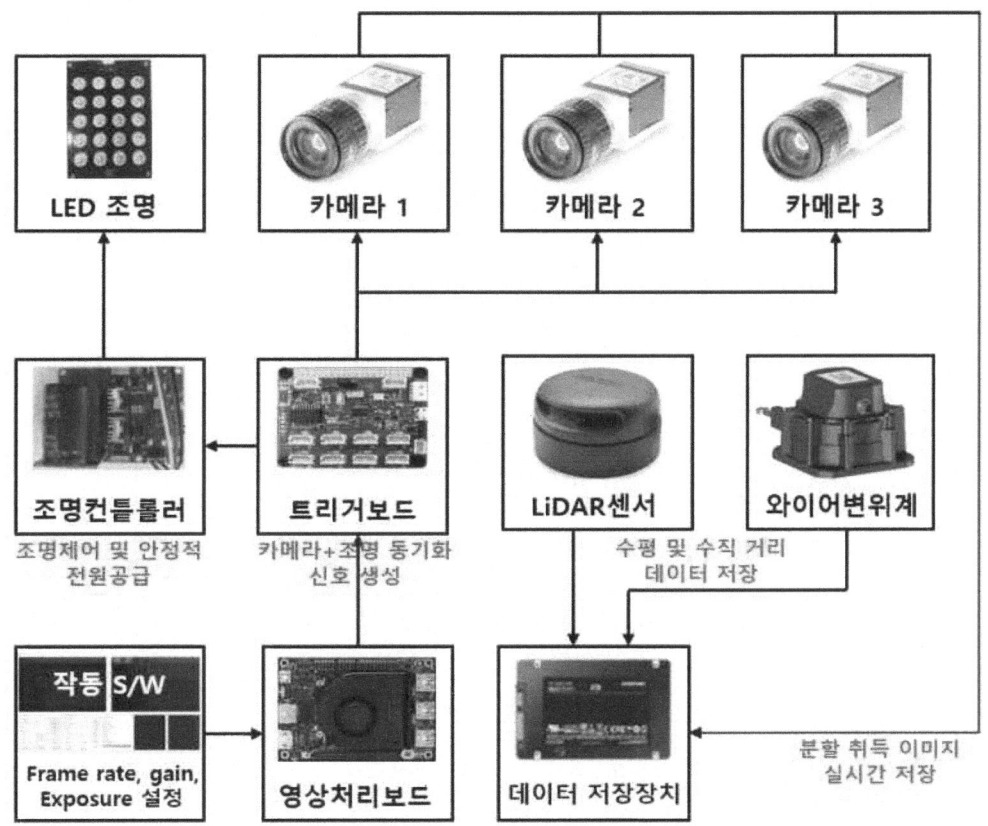

그림 2.119 수직형 스캐닝 시스템 개선 시제품 및 시스템 구성도

○ 수직형 스캐닝 시스템 개선 시제품은 상용화 시제품 대비 가이드와이어 통과를 위한 Hole규격을 현장 적용성을 고려하여 기존 21mm에서 13mm로 최적화하여 회전 및 흔들림을 최소화하였다. 또한 스캐닝 장비의 균형 조정을 위해 프로파일 상단에 500g 추를 설치하여 좌, 우 이동으로 수평조정이 가능하도록 하였다. 그림 2.119에서는 수직형 스캐닝 시스템 개선 시제품의 시스템 구성도를 보여주고 있다.

○ 수직형 스캐닝 시스템으로 취득한 이미지의 왜곡보정 및 정밀 정합을 위해 연직거리 (Distance)를 측정할 수 있는 와이어변위계(Cable Extension Transducer)를 적용하였으며, 개선 시제품 현장 적용시 조사장비의 실시간 위치 변화를 모니터링 할 수 있도록 제어 S/W를 수정하여 개발·적용 하였다.

○ 실시간 영상취득 이미지를 저장하고 처리하는 데이터 저장장치의 HDD 용량을 기존 256GB에서 1TB로 향상시키고 와이어변위계의 연직 및 LiDAR장비의 수평거리 데이터를 안정적으로 저장할 수 있도록 시스템의 안정성을 확보하였다. 그림 2.119에서는 수직형 스캐닝 시스템 개선 시제품의 시스템 구성도를 보여주고 있다.

○ 수직형 스캐닝 시스템은 수직형 시설물의 정밀영상 취득을 위한 머신비전 카메라, 촬영 대상면의 조도확보를 위한 LED Strobo type 조명, 카메라와 조명의 동기화 신호제어를 위한 제어모듈 등으로 구성되어 있으며, 실시간 이미지 모니터링을 위한 영상처리보드와 취득영상 이미지 및 위치정보를 저장할 수 있는 데이터 저장장치로 시스템을 구성하였다. <표 2.42>에서는 시제품 개선 설계 항목별 모듈을 보여주고 있다.

<표 2.42> 수직형 스캐닝 시스템 개선 시제품 설계 내용 및 수량

NO.	항 목		내 용	수량(ea)			비고
				시제품	상용화 시제품	개선 시제품	
1	카메라 모듈	카메라 (영상획득 장치)	조사대상 시설물 표면 분할촬영에 의한 정밀영상획득	2	3	3	동일제품 및 사양 적용
		렌즈	이격거리(0.5~1.0m)에서 카메라의 화각 및 획득영상 정밀도 확보	2	3	3	
2	조명 모듈	LED 조명	영상 촬영시 조도확보를 위한 고조도 LED모듈 적용	4 720소자	10대	10대	Strobo type 조명 방식적용
		조명 컨트롤러	LED조명 제어 및 안정적 전원공급	-	2	2	
3	제어 모듈	트리거 보드	카메라와 조명의 동기화 신호 생성으로 설정된 Frame Rate에 따른 영상획득	-	1	1	-
		영상처리보드	조사장비 제어 및 조사영상 모니터링을 위한 저전력 소형 PC 적용	-	1	1	-
		데이터 저장장치	영상데이터의 실시간 저장을 위한 대용량 데이터 저장장치	1	1	1	SSD 1TB
4	이미지 위치 정보	LiDAR	카메라와 촬영대상면과의 거리 데이터획득	-	1	1	Depth Estimation
		와이어변위계	카메라의 연직방향 거리 및 실시간 조사장비 위치 모니터링	-	-	1	최대 12.5m
5	AL프레임		모듈의 통합탑재를 위한 경량 고강도 알루미늄 프레임	1	1	1	Hi-Box (모듈설치)

제 2장 과업 수행 내용

(2) 와이어변위계

○ 조사장비의 상, 하 이동에 따라 영상 촬영시 연직거리(Distance)를 측정하고 실시간 위치 정보를 모니터링 하기 위해 와이어변위계(Cable Extension Transducer)를 탑재하였으며, 획득된 정보는 영상데이터의 왜곡보정 및 정밀 정합에 이용될 수 있도록 설계하였다. <표 2.43>에서는 와이어변위계의 기술적 사양 및 도면을 보여주고 있다.

<표 2.43> 연직거리 측정을 위한 와이어변위계의 기술적 사양

구 분	항 목	사양(규격)	비 고(사진)
와이어 변위계	모델명	CET12-A	
	제작사	Italy	
	측정범위	0~12.5m(Linear)	
	측정와이어	steel wire and nylon coated	
	방수성능	IP67	
	작동온도	-40 to +85℃	
	무게	1.0kg	
	입력전압	9~30V DC	
	출력전압	4~20mA	
도 면			
이미지			

(3) 수직형 스캐닝 조사장비 안정화 장치

○ 수직형 스캐닝 시스템의 좌, 우 균형 조절이 가능하도록 Frame 상단에 500g 무게추를 설치하고, 조사장비를 통과하는 가이드와이어 Hole의 아이볼트 규격을 최소화 (기존 21mm →변경 13mm)하여 정밀 영상 취득을 위한 흔들림 및 회전 등을 최소화 하기 위해 그림 2.47과 같이 개선하여 설계하였다.

그림 2.47 수직형 스캐닝 시스템 균형조정 무게 추 및 가이드와이어 통과부 규격 최소화

다. 수직형 스캐닝 시스템 개선 시제품 설계

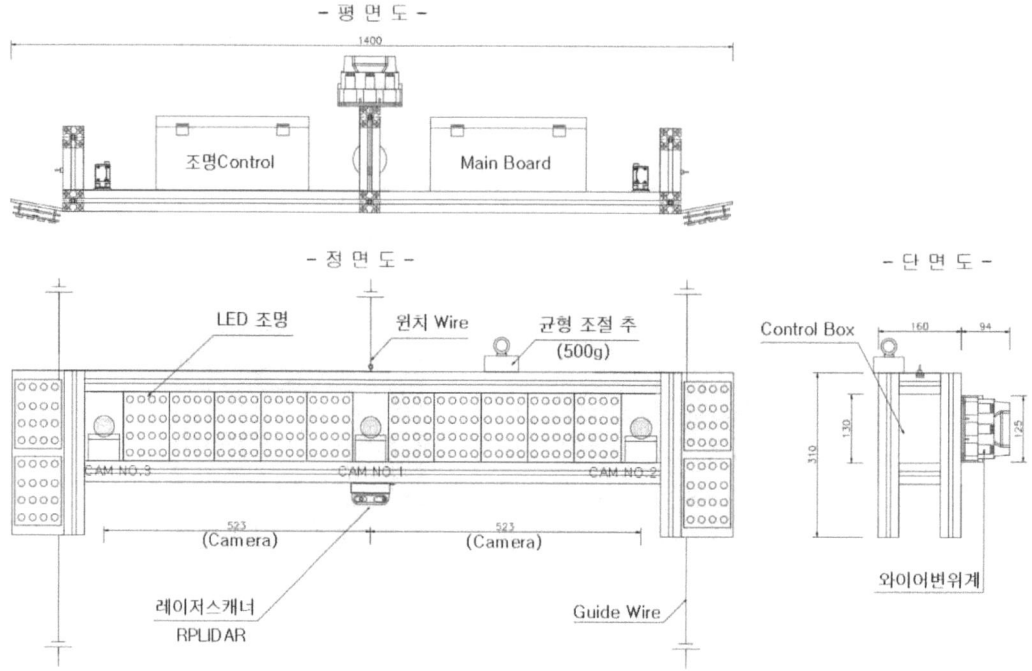

그림 2.120 수직형 스캐닝 시스템 개선 시제품 설계

제 2장 과업 수행 내용

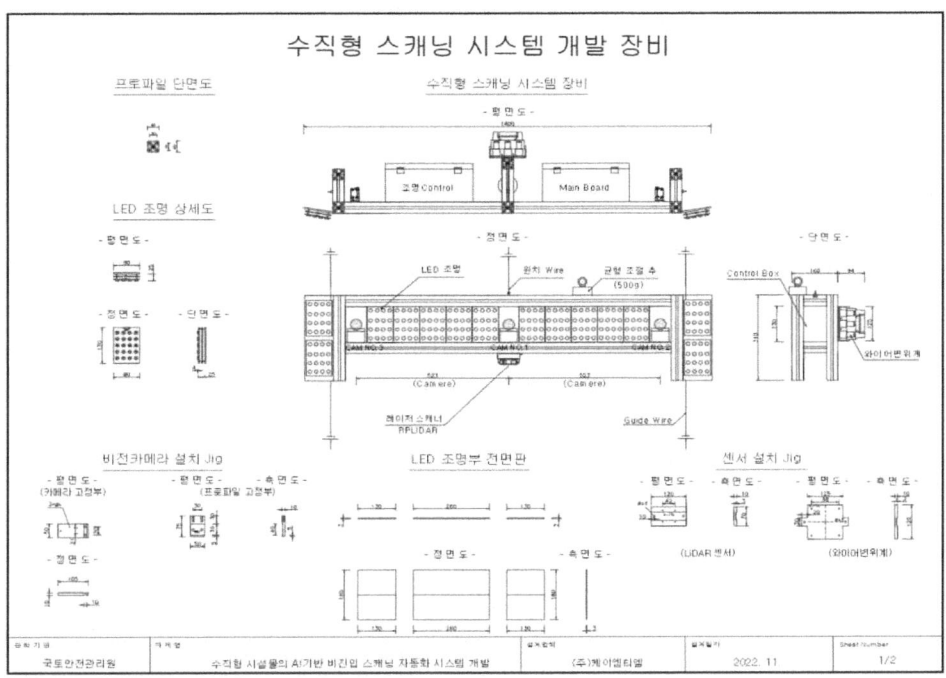

그림 2.121 수직형 스캐닝 시스템 개선 시제품 설계 도면

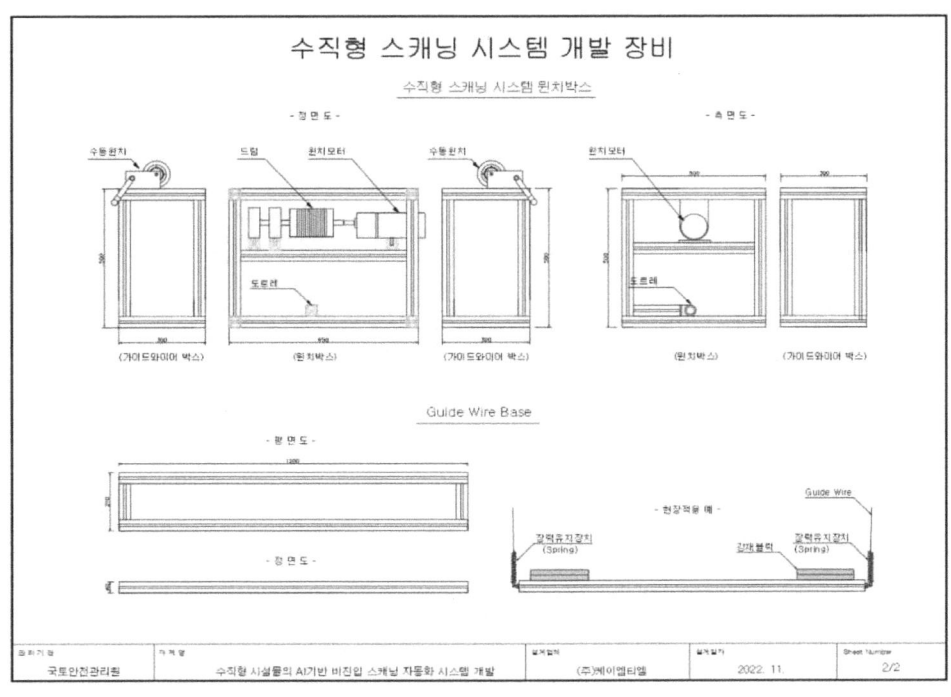

그림 2.122 수직형 스캐닝 시스템 개선 시제품의 윈치박스 및 가이드와이어 베이스 도면

○ 수직형 스캐닝 시스템 개선 시제품의 설계는 상용화 시제품의 진동 및 흔들림 등의 개선 사항을 도출하여 가이드와이어 아이볼트 규격 최적화와 수평 균형 조정이 가능하도록 개선하여 설계하였으며, 추가로 조사장비 배면에 와이어변위계 설치로 영상 취득데이터의 왜곡보정 및 접합에 필요한 연직거리 정보를 제공할 수 있는 시스템으로 설계하였다. 그림 2.120에서는 수직형 스캐닝 시스템 개선 시제품의 설계도면을 보여주고 있으며, 그림 2.121~2.122는 설계 도면과 윈치박스 및 가이드와이어 베이스 등을 보여주고 있다.

라. GSD 및 화각분석

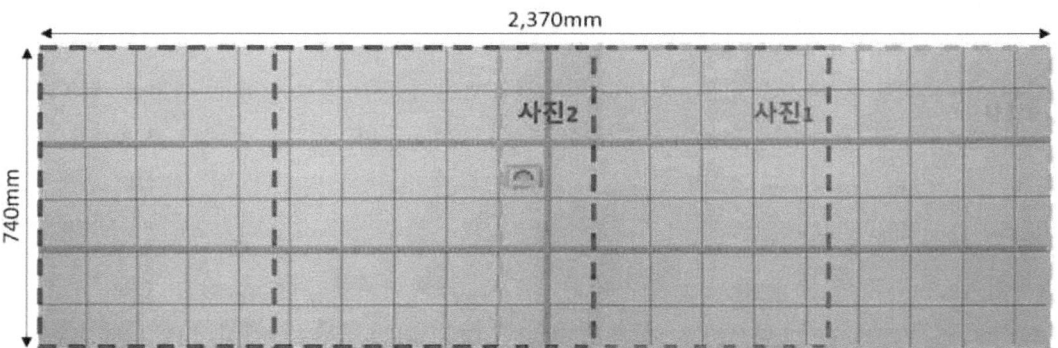

그림 2.123 촬영거리 1m일 경우 카메라 3대 화각 정합에 의한 수평 및 수직 FOV 크기

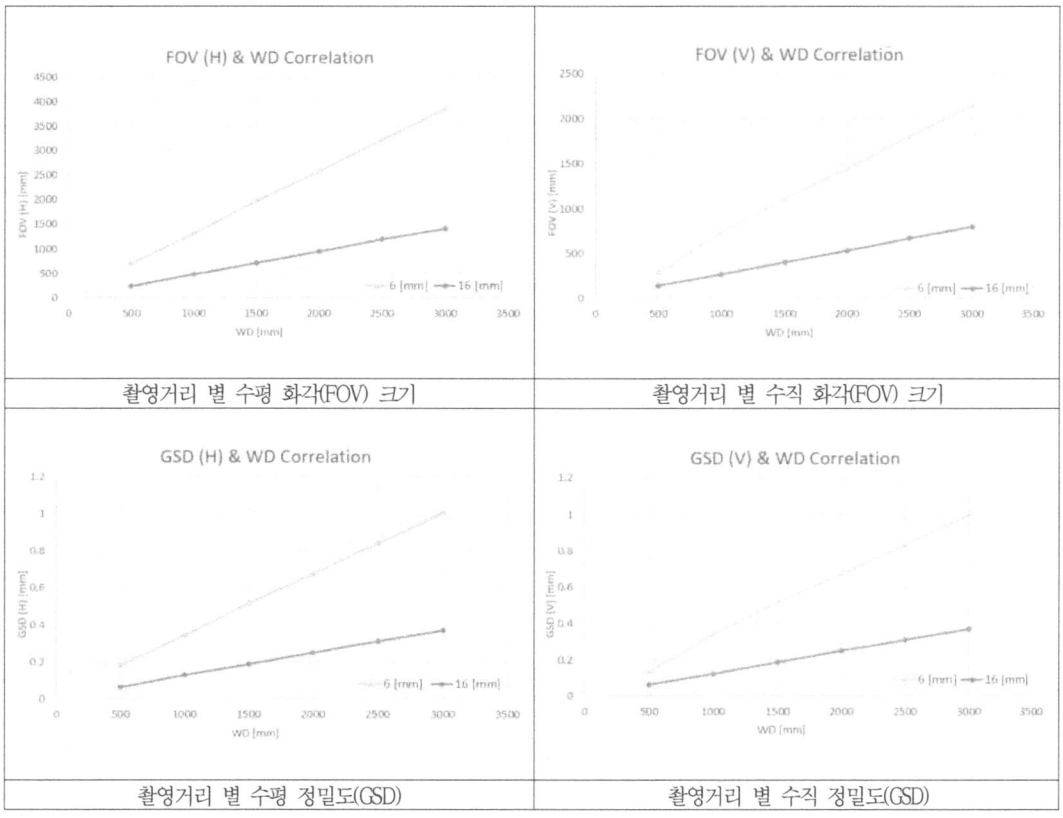

그림 2.124 카메라 렌즈 6mm, 16mm 촬영거리(Work Distance)별 수평 및 수직 FOV 및 GSD 분석

○ 수직형 스캐닝 시스템 시제품 개선을 위해 촬영거리별 화각실험을 실내에서 수행하였으며, 중첩율과 화각(FOV(Field of View)) 및 지상표본거리(GSD(Ground Sample Distance))를 산정하고 균열검출 성능을 추정하였다.

○ 조사장비에 적용된 해상도 3,840×2,160 Pixel의 머신비전 카메라와 6mm렌즈로 촬영거리 1m일 경우 수평 FOV는 1,318mm, 수직 FOV는 740mm이며, 3대의 카메라 정합 후 수평 FOV는 2,370mm 나타났다. 그림 2.123은 카메라 화각 정합에 의한 FOV 크기를 보여주고 있다.

○ 촬영거리 1m기준 카메라 영상간 중첩율은 60%로, 영상처리를 위한 특징점 검출 요구 중첩율 30%를 2배 이상 확보하고 있으며, 수평 해상도를 수평 촬영길이로 나눈 GSD는 0.343mm/pixel로 정밀한 균열폭을 파악할 수 있는 정밀도를 확보하고 있는 것으로 나타났다. 그림 2.124에서는 렌즈 종류(6mm, 16mm)에 따른 촬영거리별 수평 및 수직 FOV와 GSD의 경향성을 분석하여 보여주고 있으며, <표 2.44>는 정략적인 분석결과를 정리하여 나타내고 있다. 그림 2.125~2.126에서는 카메라 렌즈 6mm와 16mm에 의한 촬영거리별 원본 및 균열자 확대 이미지를 보여주고 있다.

○ 조사장비에 설치되어 있는 6mm렌즈는 촬영거리 0.5~1.0m로 설정하고 최적의 화각을 가지는 초점길이(focal length)를 산정하여 적용하였으며, 초점이 맞는 거리의 범위가 16mm 렌즈 보다 비교적 넓고 카메라간 충분한 중첩율을 가지고 있다.

<표 2.44> 촬영거리에 따른 중첩율, 수평, 수직 FOV 및 GSD분석결과

Focal Length (mm)	촬영거리 (W.D), (mm)	카메라별 수평 FOV (mm)	카메라별 수직 FOV (mm)	정합후 수평 FOV (mm)	중첩율(%)	GSD (mm/pixel)	균열검출 (mm)
6	500	698	290	중첩없음		0.182	0.09
	600	728	436	1870	30	0.190	0.10
	700	849	508	1999	41	0.220	0.11
	800	970	581	2127	49	0.253	0.13
	900	1091	653	2256	56	0.284	0.14
	1000	1318	740	2370	60	0.343	0.17
	1500	1983	1111	3028	74	0.516	0.25
	2000	2580	1450	3625	80	0.336	0.67
	2500	3230	1800	4275	84	0.421	0.84
	3000	3850	2150	4895	86	0.501	1.00
16	500	232	142	중첩없음		0.060	0.03
	1000	484	267			0.126	0.06
	1500	721	406	1766	28	0.188	0.09
	2000	956	538	2001	45	0.249	0.12
	2500	1191	669	2236	56	0.310	0.16
	3000	1419	796	2464	63	0.370	0.18

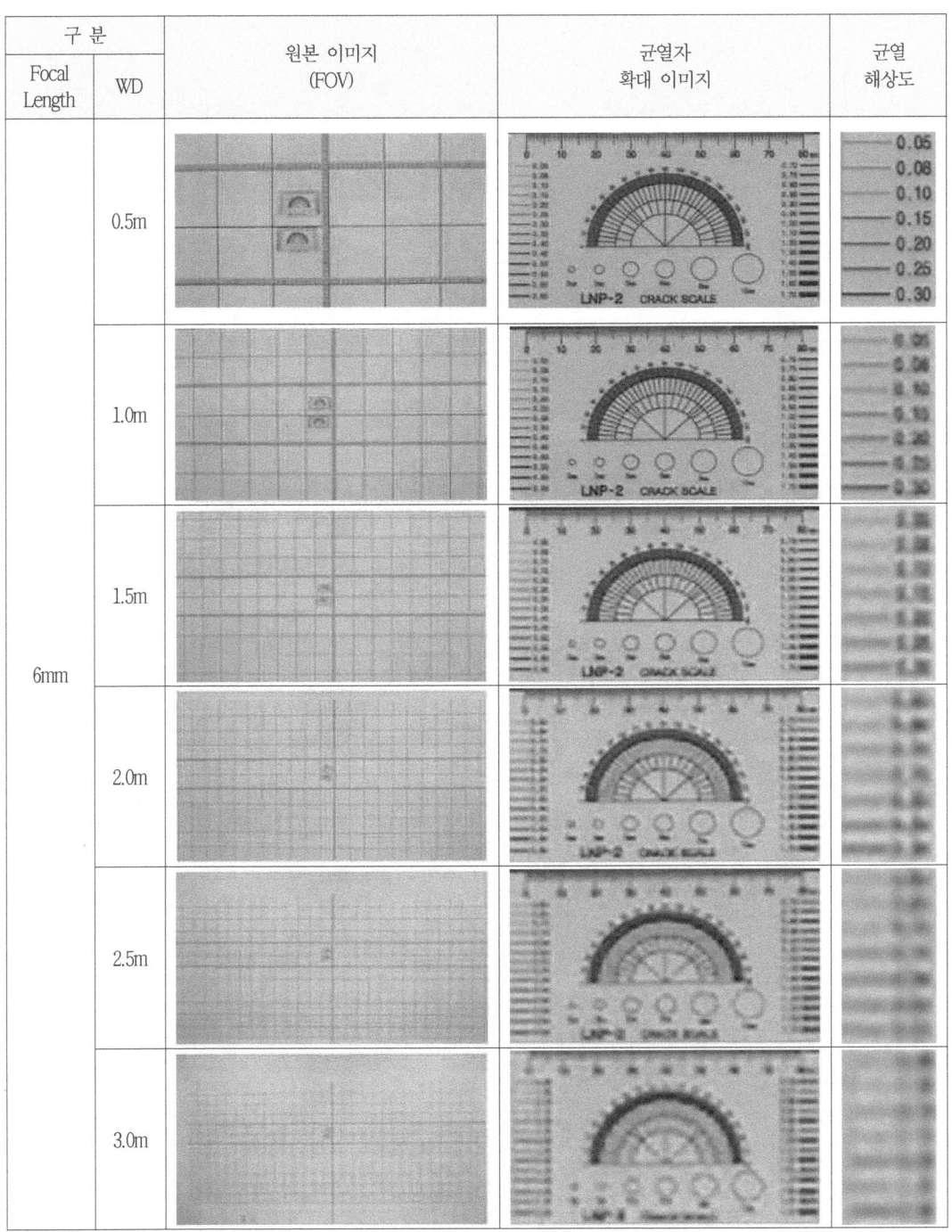

그림 2.125 카메라 렌즈 6mm 촬영거리 별 이미지 해상도

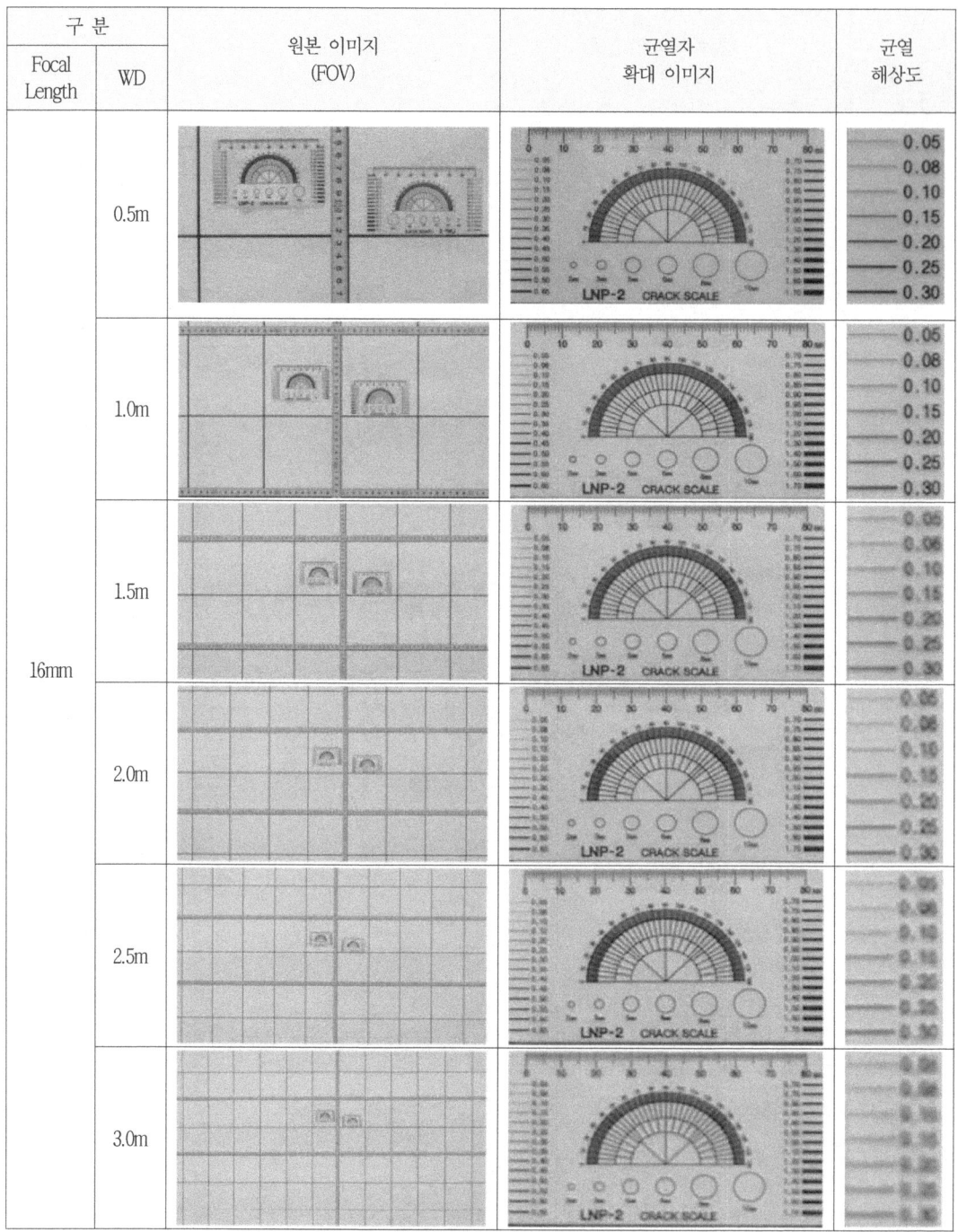

그림 2.126 카메라 렌즈 16mm 촬영거리 별 이미지 해상도

2.7.2 수직형 스캐닝 시스템 개선 시제품 제작

가. 스캐닝 시스템

○ 수직형 스캐닝 시스템의 상단에 설치되는 케이블 윈치 구동부는 조사장비의 상, 하 이동을 컨트롤러를 이용하여 제어하는 윈치 케이블과 흔들림과 균형을 조정하는 좌, 우 수동 윈치의 가이드와이어 케이블로 구분되어지며, 그림 2.127에서는 상용화 시제품의 케이블 윈치 구동부의 모습을 보여주고 있다.

○ 조사장비의 정밀영상 취득을 위한 좌, 우 흔들림에 의한 진동 및 편심에 의한 균형상실 등을 최소화 하기 위해 조사장비를 통과하는 가이드와이어 Hole규격을 기존21mm에서 현장 설치성을 고려하여 13mm로 최적화 하여 제작하였으며, 균형조정을 위한 500g 무게추를 설치하였다. 그림 2.128에서와 같이 와이어변위계 설치 및 영상처리장치 성능향상 (기존256GB→신규1TB) 등을 하였으며, 화각분석과 제어성능을 실험하였다.

그림 2.127 수직형 스캐닝 시스템 개선 시제품 윈치박스 설치 전경

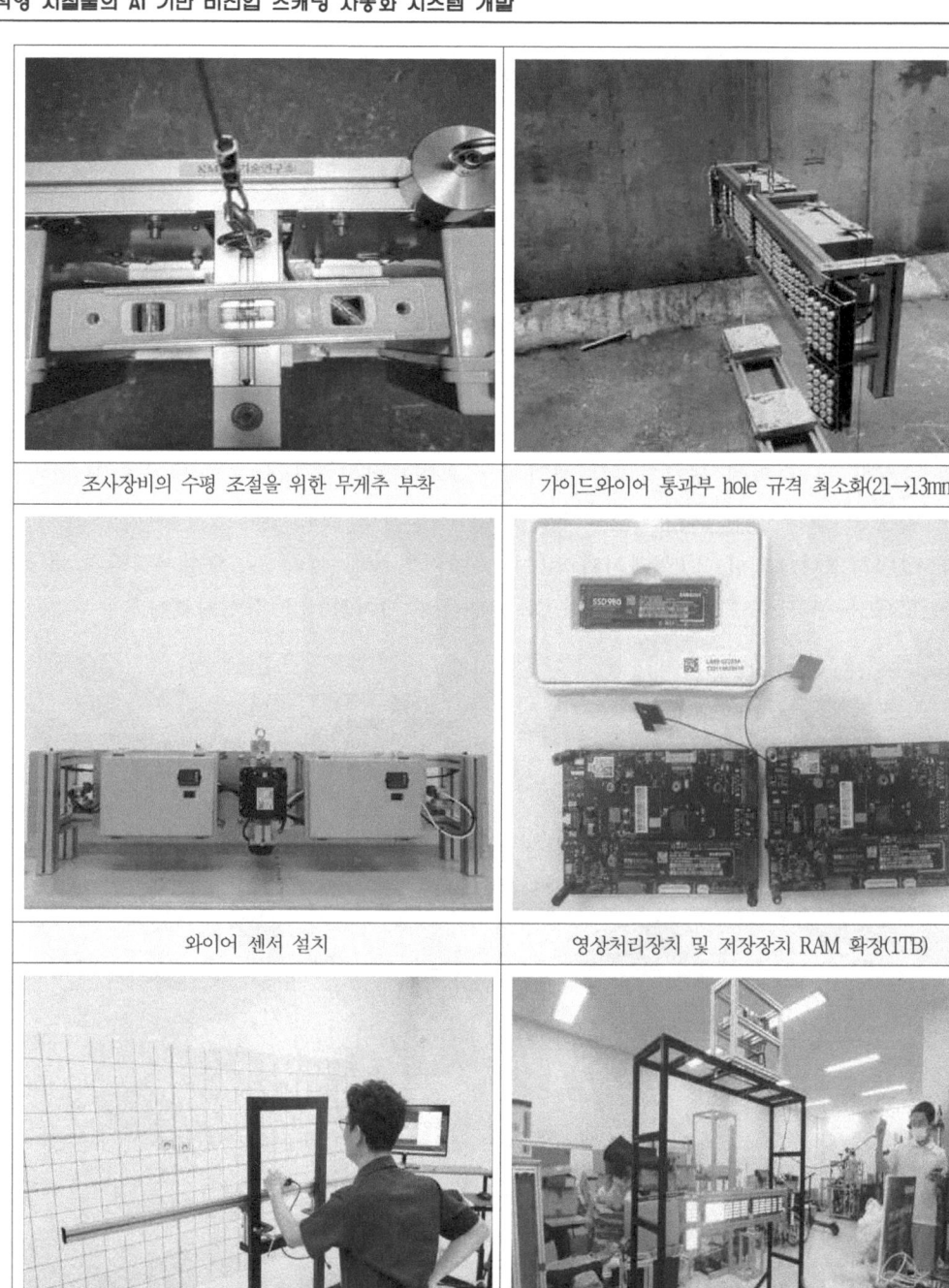

그림 2.128 수직형 스캐닝 시스템 개선 시제품 제작 및 제어성능 실험 전경

2.7.3 수직형 스캐닝 시스템 개선 시제품 테스트베드 적용

가. 테스트베드 구축개요

○ 수직형 스캐닝 시스템 개선 시제품의 현장 적용성의 검증 및 성능평가와 AI기반의 결함 손상 검출 기술개발을 위한 조사 데이터 확보를 위해 대전지하철 월평역~갑천역 환기구 (114S, 14k426.8)를 테스트베드로 선정하여 성능검증 시험을 수행하였다. <표 2.45>에서는 대전지하철 월평역 환기구 제원을 보여주고 있으며, 그림 2.129에서는 환기구 도면과 외부전경을 보여주고 있다.

<표 2.45> 대전지하철 환기구 제원

환기구 NO.	폭(mm)	단면형태	높이	촬영풍도	조사일시
114S	3련	2200×2000	사각형 단면	10.0m	2(2, 3련)	2022년 7월 4일

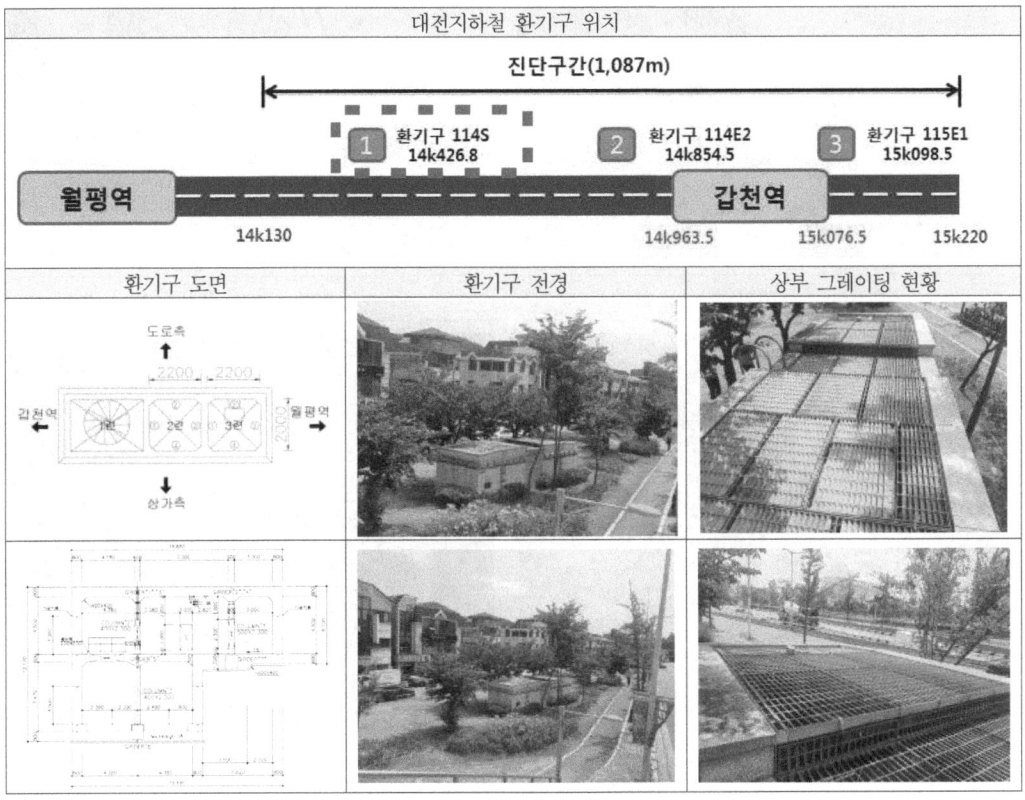

그림 2.129 대전지하철 환기구 도면 및 상부전경

그림 2.130 대전지하철 환기구 수직형 스캐닝 시스템 개선 시제품의 작업 순서 및 전경

나. 테스트베드 영상획득

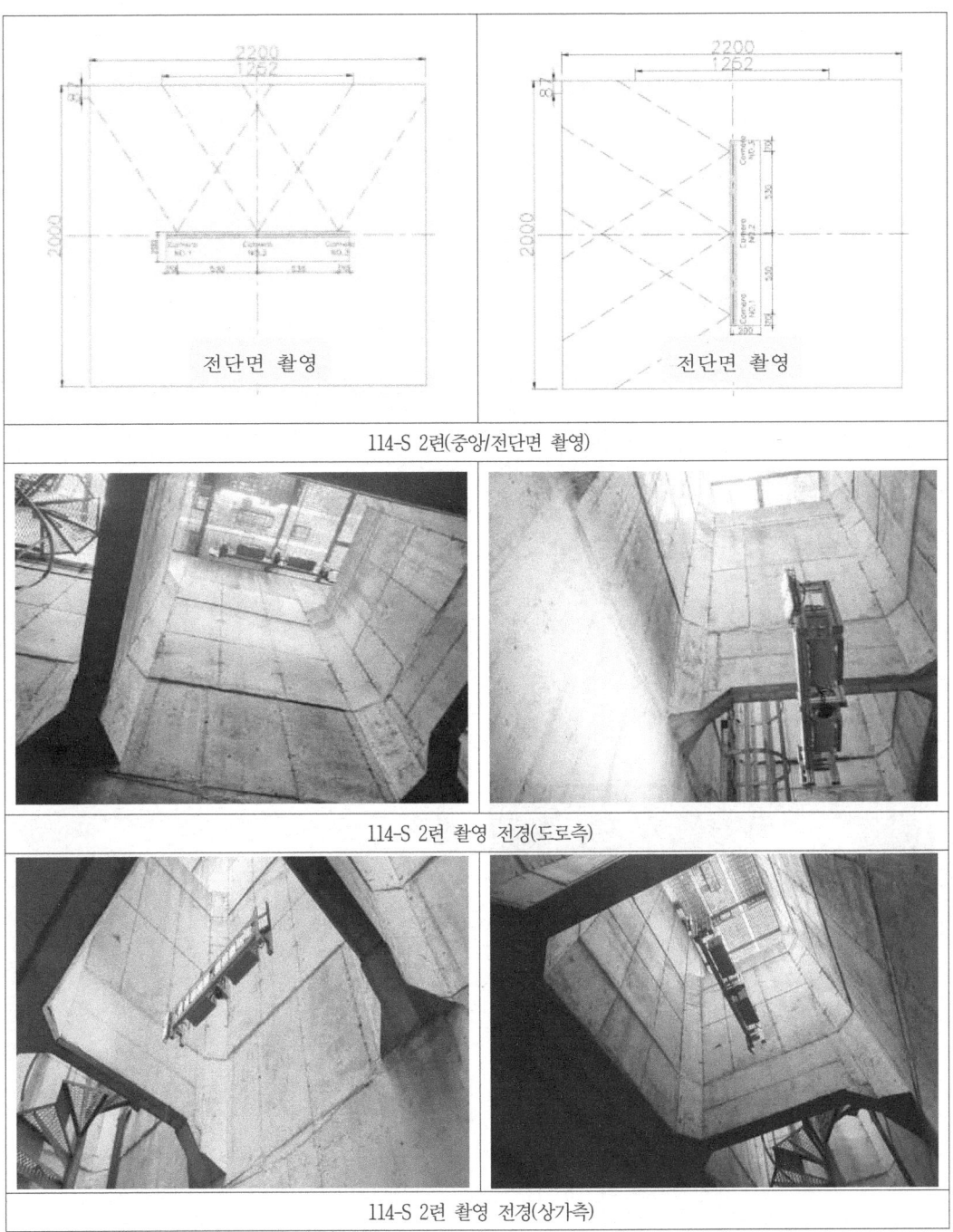

그림 2.131 대전지하철 환기구 114S 2련(중앙단면) 촬영방법 및 전경

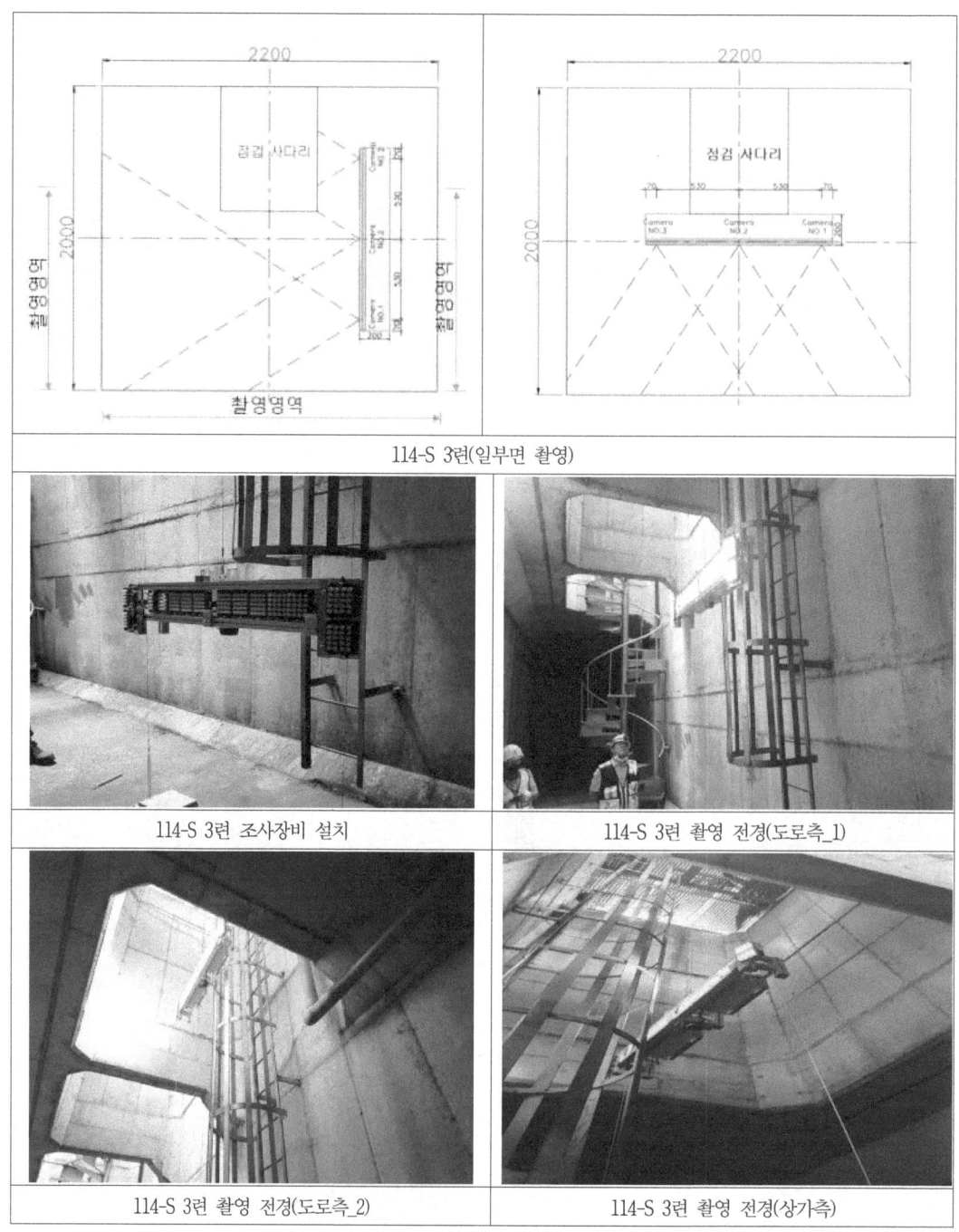

그림 2.132 대전지하철 환기구 114S 3련(점검사다리 단면) 촬영방법 및 전경

제 2장 과업 수행 내용

다. 조사결과 분석

○ 수직형 스캐닝 시스템 개선 시제품의 현장 적용시험 결과, 획득한 이미지 데이터를 기반으로 평면전개 이미지망도, 외관조사망도 및 물량산출표를 작성하였으다. 대표적으로 환기구 114S 2련 풍도에 대한 결과를 제시하였다. 전체 풍도에 대한 조사결과는 본 보고서의 부록에 수록하였다.

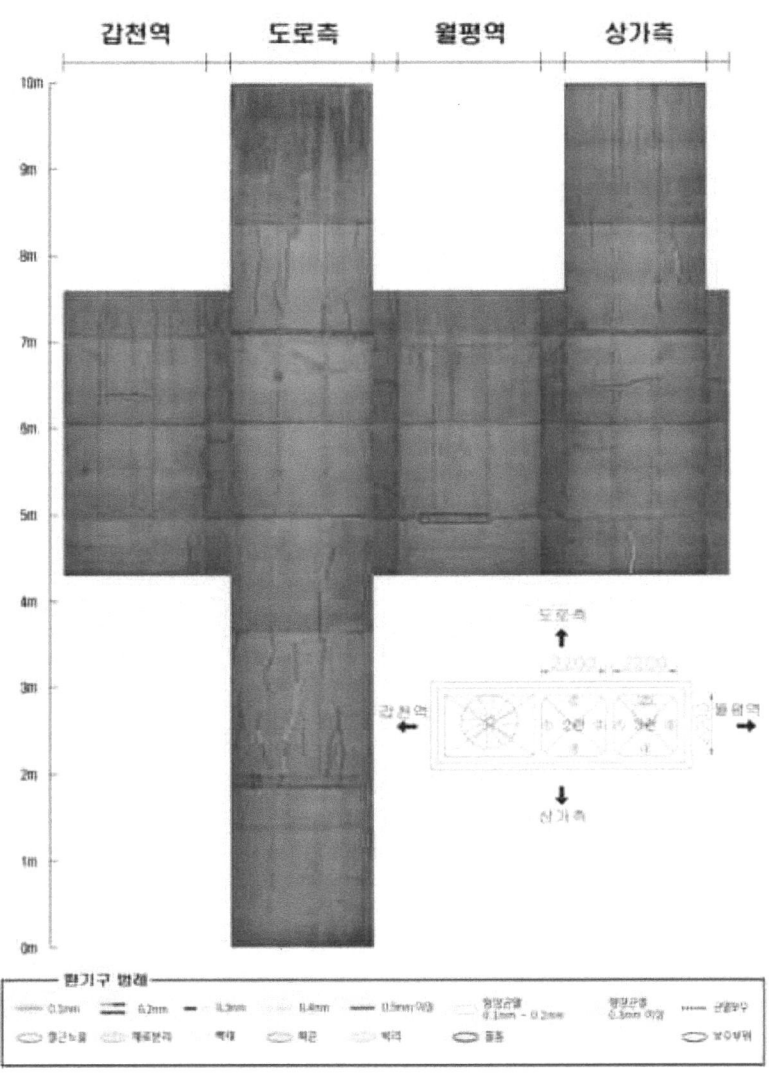

그림 2.133 대전지하철 환기구 114S 2련(중앙단면) 이미지망도

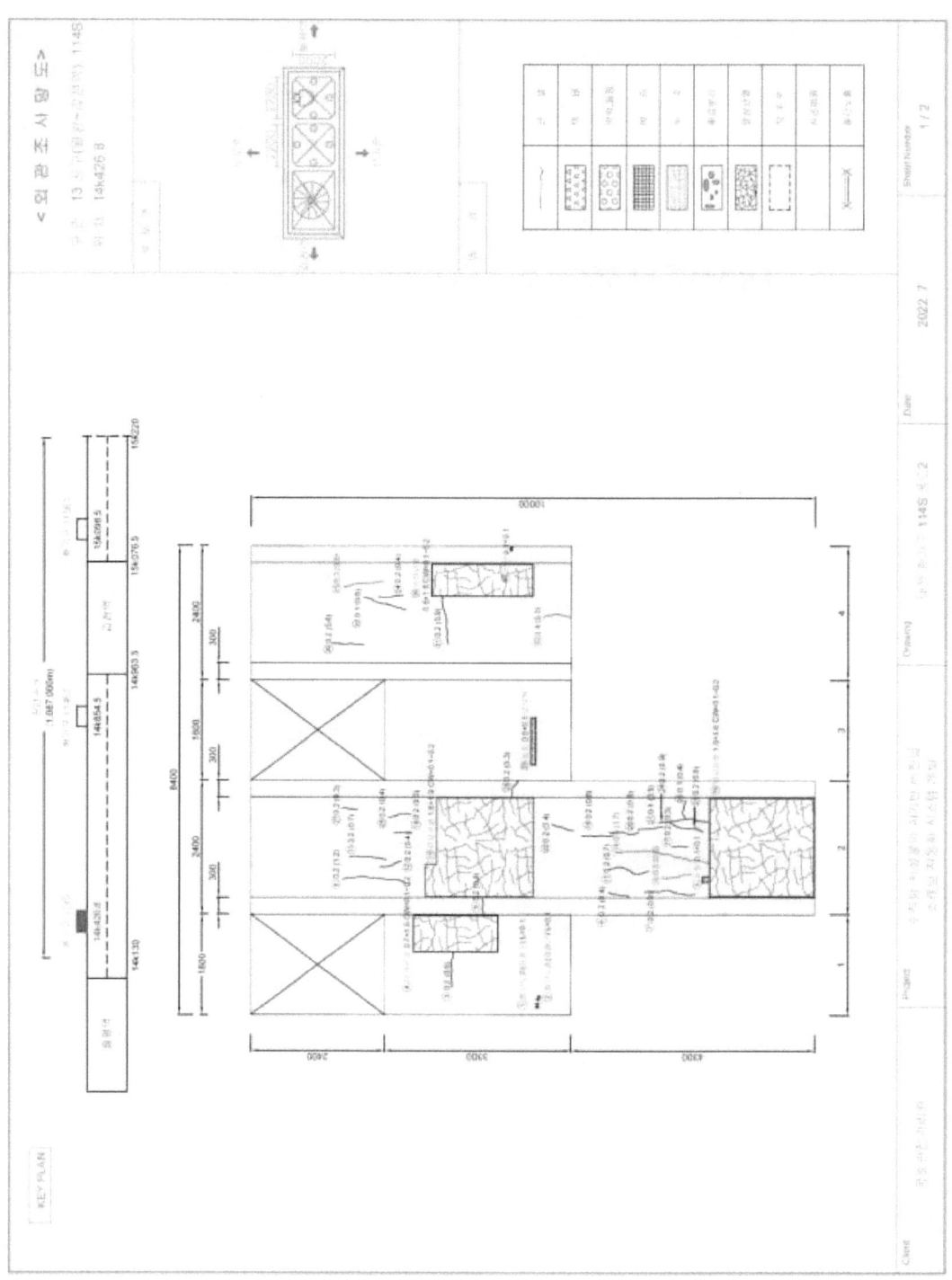

그림 2.134 대전지하철 환기구 114S 2련(중앙단면) 외관조사망도(CAD)

<표 2.46> 대전지하철 월평역~갑천역 환기구 114S 2련(중앙단면) 물량집계표

대전도시철도 1호선 환기구 114S 풍도02 물량집계표

번호	선별	위치	변상	등급	방향	폭(mm)	너비(m)	길이(m)	개소(EA)	단위	물량(m,㎡)	비고
1	풍도01-1	5m	철근노출	b				0.1	1	m	0.10	
2	풍도01-1	5m	철근노출	b				0.1	1	m	0.10	
3	풍도01-1	7m	균열		종	0.2		0.6	1	m	0.60	
4	풍도01-1	7m	망상균열	b			0.7	1.5	1	㎡	1.05	0.1~0.2
5	풍도01-2	6m	균열		종	0.2		0.3	1	m	0.30	
6	풍도01-2	4m	균열		횡	0.2		0.4	1	m	0.40	
7	풍도01-2	3m	균열		횡	0.2		0.9	1	m	0.90	
8	풍도01-2	8m	균열		횡	0.2		1.2	1	m	1.20	
9	풍도01-2	2m	들뜸	b			0.1	0.1	1	㎡	0.01	보수부
10	풍도01-2	3m	균열		횡	0.3		0.6	1	m	0.60	
11	풍도01-2	4m	균열		횡	0.2		0.7	1	m	0.70	
12	풍도01-2	8m	균열		횡	0.2		0.4	1	m	0.40	
13	풍도01-2	8m	균열		횡	0.2		0.7	1	m	0.70	
14	풍도01-2	3m	균열		횡	0.3		1.7	1	m	1.70	
15	풍도01-2	6m	망상균열	b			1.8	1.9	1	㎡	3.42	0.1~0.2
16	풍도01-2	1m	망상균열	b			1.8	1.8	1	㎡	3.24	0.1~0.2
17	풍도01-2	3m	균열		횡	0.2		0.3	1	m	0.30	
18	풍도01-2	4m	균열		횡	0.2		0.6	1	m	0.60	
19	풍도01-2	8m	균열		횡	0.2		0.3	1	m	0.30	
20	풍도01-2	4m	균열		횡	0.2		0.5	1	m	0.50	
21	풍도01-2	3m	균열		횡	0.1		0.5	1	m	0.50	
22	풍도01-2	5m	균열		횡	0.2		0.4	1	m	0.40	
23	풍도01-2	3m	균열		횡	0.2		0.6	1	m	0.60	
24	풍도01-2	3m	균열		횡	0.2		0.9	1	m	0.90	
25	풍도01-2	8m	균열		횡	0.2		0.4	1	m	0.40	
26	풍도01-2	3m	균열		종	0.1		0.4	1	m	0.40	
27	풍도01-2	9m	균열		횡	0.2		0.3	1	m	0.30	
28	풍도01-2	6m	균열		종	0.2		0.3	1	m	0.30	
29	풍도01-3	5m	들뜸	b			0.8	0.1	1	㎡	0.08	보수부
30	풍도01-4	9m	균열		횡	0.2		0.6	1	m	0.60	
31	풍도01-4	7m	균열		종	0.2		0.9	1	m	0.90	
32	풍도01-4	5m	균열		횡	0.4		0.5	1	m	0.50	
33	풍도01-4	8m	균열		횡	0.1		0.8	1	m	0.80	
34	풍도01-4	8m	균열		횡	0.2		0.4	1	m	0.40	
35	풍도01-4	8m	균열		횡	0.3		0.8	1	m	0.80	
36	풍도01-4	6m	망상균열	b			0.6	1.8	1	㎡	1.08	0.1~0.2
37	풍도01-4	6m	박락	b			0.1	0.1	1	㎡	0.01	

2.7.4 수직형 스캐닝 시스템 터널 외 시설물 적용 방안 마련

(1) 터널 외 시설물 최적 촬영기법 적용 방안

가. 시설물 유형별 최적 촬영기법

○ 본 연구의 수직형 스캐닝 시스템 기술은 머신비전 카메라와 LED Strobo Light Type의 조명이 탑재된 임베디드 컴퓨터 시스템이다. 시스템 구성으로는 영상처리장치에서 카메라와 조명의 동기화 신호생성으로 영상을 취득하고 실시간 영상과 LiDAR 및 와이어 변위 센서로부터 수집영상 Frame의 위치정보를 저장할 수 있는 데이터 저장장치로 구성되어 있다. <표 2.47>에서는 터널 외 시설물 등 수직형 스캐닝 시스템의 적용 가능한 시설물 유형과 고려사항 및 적용방안을 보여주고 있다.

○ 지하철 환기구의 경우 일반적으로 규격 폭 1,800mm(2,000)×1,800mm(2,000)정도이고 깊이는 8~12m이며, 상부 구조 형태는 외부 그레이팅 발판 구조로 시공되어있다. 사각 및 원형단면 형태의 환기구 경우 촬영거리 0.9~1m기준 사방향으로 영상을 수집 할 수 있으며, 카메라의 프레임속도를 2~4/sec 정도로 설정하여 조사대상 표면의 분할촬영에 의한 정밀영상을 획득할 수 있다. 주간 영상 취득시 햇빛에 의한 조도 영향으로 부분적인 백화현상이 발생 할 수 있어 환기구 상부 햇빛 가림막을 설치하고 영상 데이터를 취득해야 한다.

○ 도로 및 철도 터널 수직갱의 경우 심도가 약 100~150m로 조사장비의 흔들림과 회전 등을 최소화 하고 대상면과 0.9~1m 정도의 일정거리 F.O.V(Field of View)를 유지하기 위해 상, 하 가이드와이어의 동일 위치 선정과 인장력에 의한 장력조절이 필요하다. 도로 및 철도 수직갱, 댐의 취수탑 시설물 적용을 위해 상부 조사장비의 윈치케이블 구동부 설치와 작업에 의한 안정성을 고려하여 별도의 안전난간과 발판 설치가 필요하다.

○ 교량 시설물의 경우 중공교각 및 주탑 내부의 밀착조사가 불가능한 경우 적용될 수 있으며, 충분한 영상 획득을 위해 이동속도에 따른 적정 촬영간격(프레임속도)과 노출시간을 설정하고 대상면과 일정거리 F.O.V를 유지할 수 있도록 조사장비의 윈치 케이블과 가이드와이어가 제어되어야 영상의 품질을 확보할 수 있다.

제 2장 과업 수행 내용

<표 2.47> 수직형 스캐닝 시스템 터널 외 시설물 최적 촬영을 위한 적용방안

적용시설		사 진	적용방안(문제점)
지하철	환기구		<문 제 점> • 주간 영상 취득시 햇빛의 조도 영향으로 부분적인 이미지 백화현상 발생 • 조사장비 작동 시 흔들림 및 진동발생 <적용방안> • 주간 작업시 상부 햇빛 가림막 설치 후 적용 • 환기구 상, 하부 가이드와이어 장력 조정 및 지하철 이동시간 고려하여 진동, 흔들림 방지 후 적용
도로/ 철도	수직갱		<문 제 점> • 고심도(약150m)로 조사장비의 진동 및 흔들림 발생 • 수직갱 상부 작업 안정성 불안 요소 발생 <적용방안> • 일정한 촬영거리 확보를 위해 상, 하부 동일한 이격거리 가이드와이어 설치 후 적용 • 상부 원치 구동부 작업성 및 안전성 고려 안전난간 설치 후 적용
댐	취수탑		<문 제 점> • 상부 전 구간 그레이팅 시공으로 조사장비의 원치 구동부 설치 및 작업에 의한 위험요소 발생 <적용방안> • 상부 조사장비 거치공간 필요 • 대단면으로 화각검토 및 촬영위치선정 후 적용
'교량	중공교각 내부		<문 제 점> • 상부 케이블 원치 구동부 거치공간 필요 • 원형단면의 경우 촬영 방법 및 횟수 검토 필요 <적용방안> • 비계발판 및 안전시설 거치 후 장비 설치 및 적용 • 촬영거리에 의한 화각(FOV) 검토 후 적용
	주탑내부		<문 제 점> • 고심도의 경우 조사장비 회전 및 흔들림 발생우려 • 주탑 내부 변단면 구간 화각 및 초점 변동 발생 <적용방안> • 경사 구간 촬영면과 일정하게 상, 하 이동할 수 있도록 가이드 와이어 고정 설치 후 적용 • 실시간 모니터링으로 초점변동 시 카메라 환경 재설정 필요

2.7.5 촬영영상 최소 품질기준

가. 안전점검 및 정밀안전진단 대상시설

○ 부대 시설물 및 기타 시설물이 「영」 제4조에 따른 제1종·제2종시설물에 해당되는 경우에는 「법」 제11조 및 제12조에 따라 제1종시설물은 정밀안전점검 및 정밀안전진단을 실시하여야 하고, 제2종시설물은 정밀안전점검을 실시하여야 하며, <표 2.48>에서는 터널 시설물의 안전점검 및 정밀안전진단 대상시설 범위에 대해 보여주고 있다.

○ 수직형 스캐닝 시스템 현장적용성 및 성능평가를 위해 테스트베드 현장에 적용한 지하철 환기구는 부대시설물로서 정기안전점검과 정밀안전진단 대상시설이며, 스캐닝 시스템 기술 적용으로 작업자의 추락에 대한 안정성 확보와 객관적인 정밀 조사가 가능하였다.

<표 2.48> 터널 시설물의 안전점검 및 정밀안전진단 대상시설 범위

구 분	시설물명	점검 및 진단 실시범위			비 고
		정기안전점검	정밀안전점검	정밀안전진단	
기본 시설물	◦라이닝	○	○	○	
	◦갱문	○	○	○	
	◦개착터널	○	○	○	
	◦지하차도	○	○	○	
	◦지하역사1)	○	○	○	
부대 시설물	◦연직갱 및 경사갱	○	-	○	
	◦환기구2)	○	-	○	
	◦피난연락갱	○	-	○	
	◦연결터널(환기시설)	○	-	○	
	◦갱구부옹벽	○	-	○	
공중이 이용하는 부위	◦추락방지시설	○	○	○	
	◦도로포장	○	○	○	
	◦도로부 신축이음부	○	○	○	
	◦환기구 등의 덮개	○	○	○	

나. 부대시설물 상태평가 항목

○ "시설물의 안전 및 유지관리 실시 세부지침[안전점검·진단 편, 2021]"에서 제시하는 부대시설물에 대한 상태평가는 시설물의 중요도 및 규모 등이 상대적으로 큰 연직갱/경사갱, 환기구, 피난연락갱, 연결터널 등은 별도 평가 후 부대시설물 가중치를 적용하여 시설물을 평가하고 있으며, 부대시설물인 환기구의 상태 평가항목은 균열과 누수, 파손 및 손상, 재질열화 등이 있다. <표 2.49>에서는 부대시설물 상태평가항목을 보여주고 있다.

○ 수직형 스캐닝 시스템 기술로 지하철 환기구에 대한 테스트베드 현장 적용결과 CAD 외관망도 및 이미지망도의 결함손상 분석은 0.1~0.5mm 균열 외 철근노출, 재료분리, 누수, 백태, 박리, 박락, 들뜸 등을 주요 분석항목으로 하고 있다.

<표 2.49> 부대시설물 상태평가항목

구 분	평 가 항 목
부대시설물 상 태 평 가	◦균 열 ◦누 수 ◦파손 및 손상 ◦재질열화(박리, 층분리 및 박락, 백태, 재료분리, 철근노출, 탄산화, 염화물)

다. 부대시설물 상태평가기준

○ 부대시설물 상태평가 항목 및 기준으로는 "시설물의 안전 및 유지관리 실시 세부지침[안전점검·진단 편, 2021]"의 평가 기준에서 제시하는 최소 균열 폭 0.1mm이하 수준의 균열검출 정밀도가 요구되므로, 수직형 스캐닝 시스템의 주요 품질기준으로 설정하였으며, <표 2.50>에서는 부대시설물 균열손상에 대한 상태평가 기준을 보여주고 있다.

○ 수직형 스캐닝 시스템 기술로 취득한 영상데이터는 최소 0.1mm의 균열폭을 확인 할 수 있는 정밀도를 확보하고 있으며, 지하철 환기구에 대한 테스트베드 현장 적용을 통해 검증 완료하였다.

<표 2.50> 부대시설물 균열 손상에 대한 상태평가기준

평가기준 구 분	a	b	c	d	e
무근 콘크리트 라이닝	0.1mm 이하	0.1mm 초과 0.3mm 이하	0.3mm 초과 1.0mm 이하	1.0mm 초과 3.0mm 이하	3.0mm 초과
철근 콘크리트 라이닝	0.1mm 이하	0.1mm 초과 0.3mm 이하	0.3mm 초과 0.5mm 이하	0.5mm 초과 1.0mm 이하	1.0mm 초과
철근 콘크리트 구조물 (개착 구조물)	0.1mm 이하	0.1mm 초과 0.3mm 이하	0.3mm 초과 0.5mm 이하	0.5mm 초과 1.0mm 이하	1.0mm 초과

주) 진행성 균열의 경우 상태평가결과가 "d" 이하 또는 고정 균열의 경우 면적율 20% 이상으로 "e" 이면 2.1.4절의 중대한 결함으로 본다.

2.8 평면전개 영상생성, 결함검출 기술 개발

2.8.1 평면전개 영상, 형상 데이터 획득 및 균열 결함검출을 위한 데이터 처리기술 개발

가. 획득영상 평면전개 알고리즘 구축 및 최적화

○ 테스트베드 검증 수행 및 2차년도 구축한 평면전개 알고리즘의 고도화

- 2차년도 구축 알고리즘 기반 평면전개 작업을 위한 소프트웨어 개발
- 소프트웨어 패널 1: Exterior map establishment module

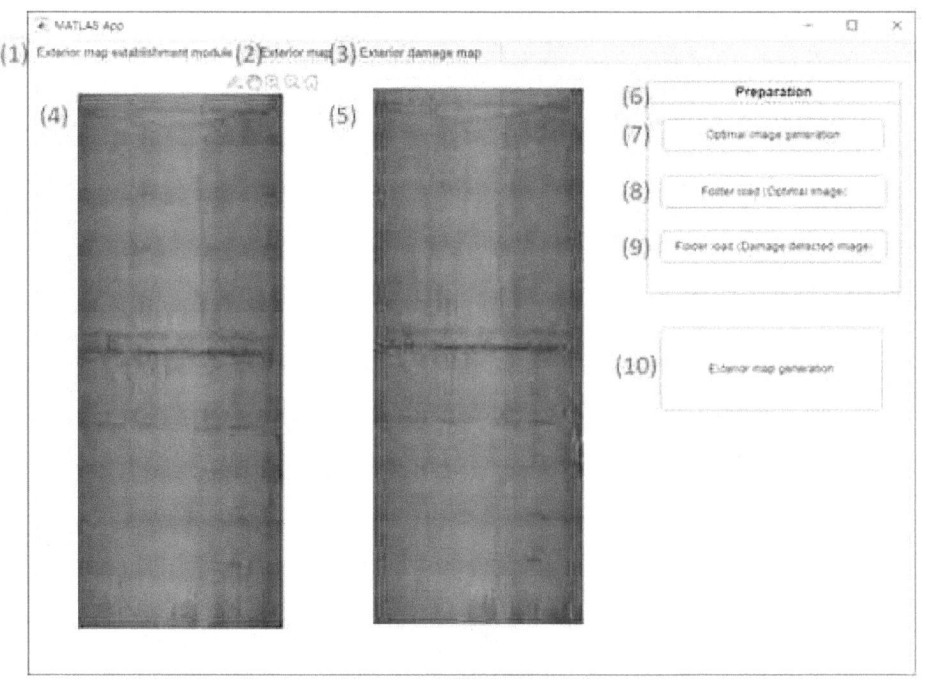

(1) Tab 1. Exterior map establishment module: 개별 Optimal image 생성 및 Exterior map 생성을 위한 프로세싱 모듈

(2) Tab 2. Exterior map: Exterior map 표출 및 Exterior map 디테일한 검토 및 저장을 위한 프로세싱 모듈

(3) Tab 3. Exterior damge map: Exterior damage map 표출 및 Exterior damage map 디테일한 검토, 저장 및 물량저장을 위한 프로세싱 모듈

(4) Exterior map (section): Optimal image를 활용하여 생성된 Exterior map 표출

(5) Exterior damage map (section): Damage detected image를 활용하여 생성된 Exterior damage map 표출

(6) Preparation 패널: Exterior map 생성을 위한 사전 준비 패널

(7) Optimal image generation 버튼: Optimal image generation algorithm을 통해 Raw image으로부터 Optimal image를 생성

(8) Folder load (Optimal image) 버튼: Exterior map 생성을 위한 대상 이미지 load 버튼 (Optimal image를 활용)

(9) Folder load (Damage detected image) 버튼: Exterior damage map 생성을 위한 대상 이미지 load 버튼 (Damage detected image를 활용)

(10) Exterior map generation 버튼: 사전 준비된 데이터를 활용하여 내장된 Image stitching algorithm을 통해 Exterior map 및 Exterior damage map 생성

사용법

1. Optimal image generation 버튼을 클릭하여 Raw image folder를 load하면 자동으로 Optimal image가 생성됨.

2. Web server를 활용하여 생성된 Optimal image로부터 손상을 검출하고, Detection folder에 손상 검출 데이터 (Damage detected image)가 생성됨.

3. Folder load 버튼을 클릭하여 Exterior map and exterior damage map을 구축하기 위해 각 folder를 지정한다.

4. 이어서, Exterior map generation 버튼을 클릭하여 Exterior map 및 Exterior damage map을 생성한다.

- 소프트웨어 패널 2: Exterior map

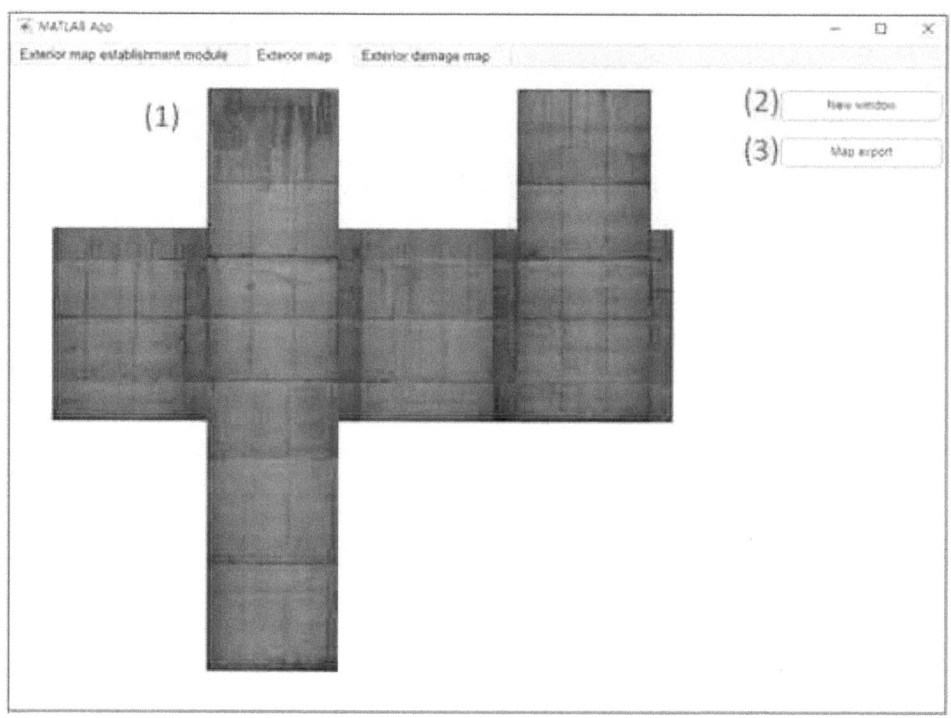

(1) Exterior map: Optimal image를 활용하여 생성된 Sectional exterior map을 병합하여 최종 표출

(2) New window 버튼: Exterior map의 디테일 검토를 위한 새 창 띄우기 기능

(3) Map export 버튼: Exterior map을 이미지 형식 파일로 저장

- 소프트웨어 패널 3: Exterior damage map

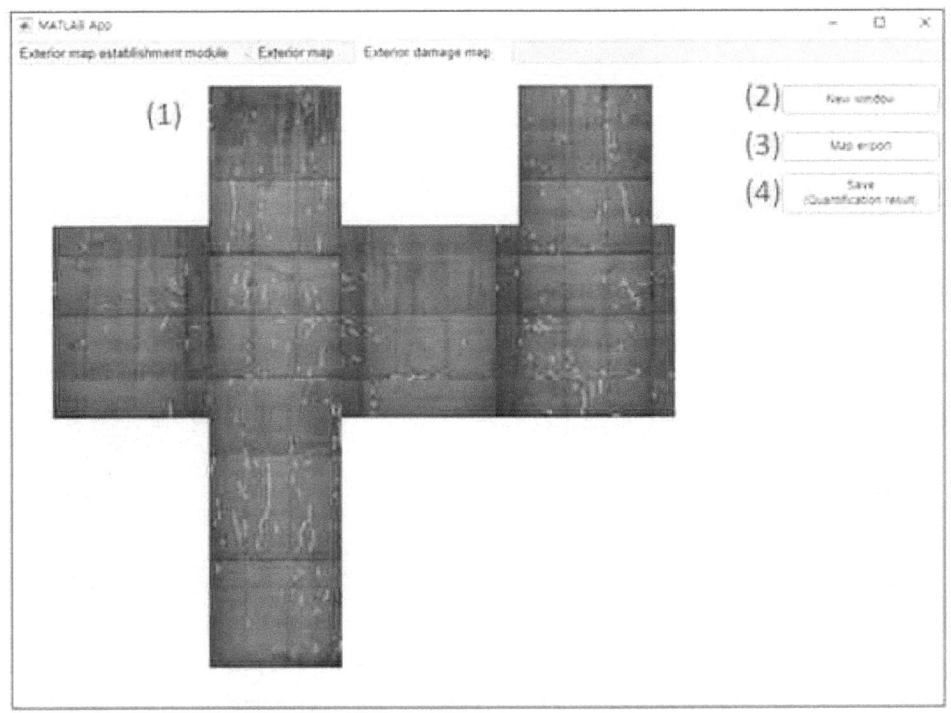

(1) Exterior damage map: Damage detected image를 활용하여 생성된 Sectional exterior damage map을 병합하여 최종 표출

(2) New window 버튼: Exterior damage map의 디테일 검토를 위한 새 창 띄우기 기능

(3) Map export 버튼: Exterior damage map을 이미지 형식 파일로 저장

(4) Save (Quantification result) 버튼: 검출된 손상의 물량을 Excel 파일로 생성

나. AI기반 균열 등 결함손상 검출 자동화 기술 개발

○ 테스트베드 데이터를 활용한 학습 데이터 보강 및 네트워크 성능 개선

- (2020.09.28.) 성남시 분당구 수인분당선 미금역 환기구 테스트베드에서 360도 카메라를 활용하여 취득한 데이터를 네트워크 학습 데이터 보강에 활용

- (2021.05.26.) 서울특별시 4호선 숙대입구역 환기구 테스트베드에서 제안 시스템에 탑재된 머신비전 카메라를 활용하여 취득한 데이터를 네트워크 학습 데이터 보강에 활용

- (2021.09.14.) 광주광역시 1호선 공항역 환기구 테스트베드에서 제안 시스템에 탑재된 머신비전 카메라를 활용하여 취득한 데이터를 네트워크 학습 데이터 보강에 활용

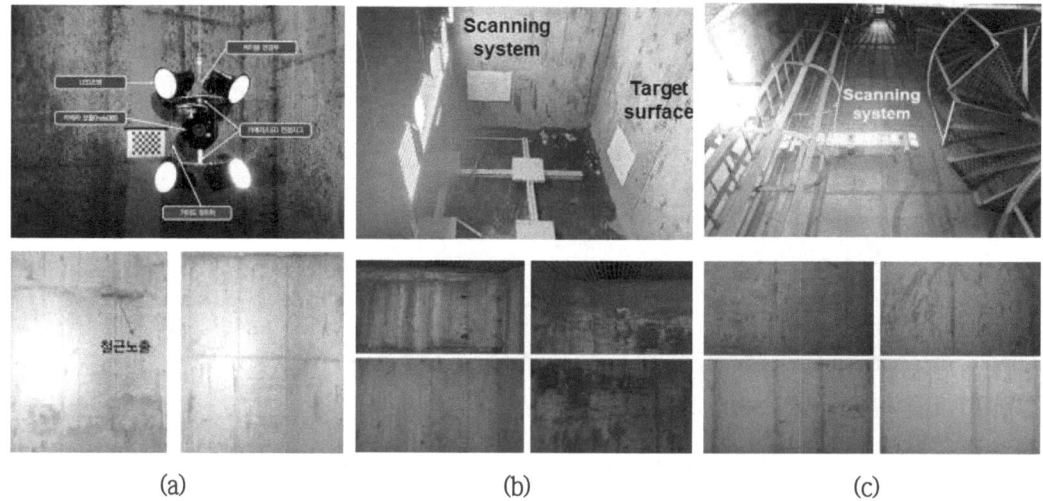

그림 2.135 네트워크 학습 데이터 보강: (a) 미금역, (b) 숙대입구, (c) 광주공항역 취득 시스템 및 데이터

○ 결함(손상)에 대한 테스트베드 취득 데이터를 활용한 학습데이터 보강

- Web scrapping 및 테스트베드를 활용하여 균열, 철근노출, 박리박락, 부식, 백화 등의 손상이 포함된 2,947장 이미지 수집

표 2.51 The number of training dataset

Images	Crack / NS	Area damage	Total
Train	1,477	1,053	2,947
Validation	282	135	

표 2.52 The number of images per class

Class	Crack	Negative sample	Rebar	Rust	Spalling	Efflorescence	Total
Images	883	729	385	347	357	290	2,991

○ 학습능 향상을 위해 다중 손상 검출용 단일 네트워크에서 균열용/면적형 손상용 네트워크 분리 학습 수행

- 수직형 시설물의 균열과 유사한 오염, 조인트 등이 포함된 표면 특성을 고려하여 Negative sample인 Crack-like와 Edge 두 클래스를 추가 학습하여 Crack damage 네트워크에 학습하여 첫 번째 네트워크 구축

- 면적형 손상의 클래스로 철근노출, 박리박락, 부식, 백화 등의 손상 이미지를 학습하여 두 번째 네트워크 구축

- 네트워크 Input 이미지인 V^O (Optimal vision) image에 대해 각각 네트워크를 활용하여 손상을 검출한 뒤, 최종 레이블을 합칠 때 손상의 위험성에 기반하여 V_C^D (Crack detected vision) image를 상위 위계로 지정하여 병합 및 V^D image를 구축

- 물량산출은 V_C^D image와 V_A^D (Area damage detected vision) image를 활용하여 손상 정량화 알고리즘에 기반하여 균열과 면적형 손상을 따로 평가

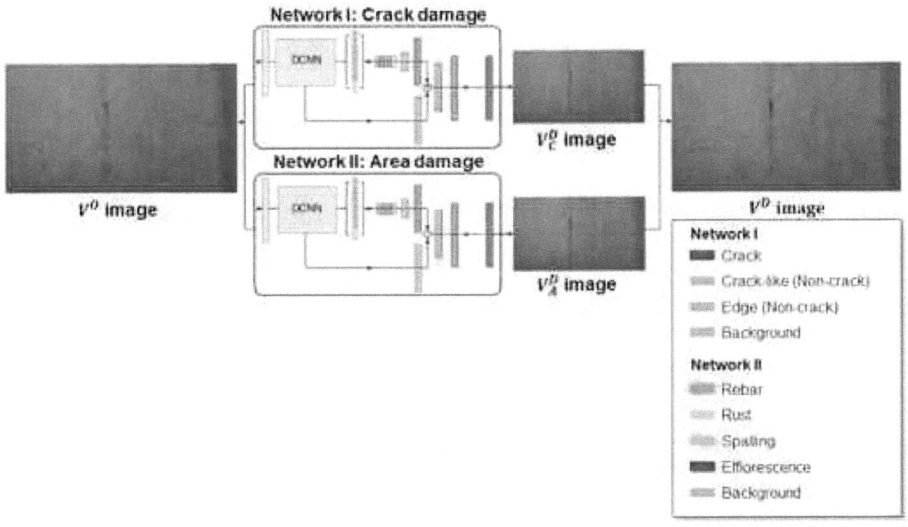

그림 2.136 Semantic segmentation network

○ 손상 검출능 향상을 위한 밝기변화 스터디

- 수직형 터널의 밝기(Intensity) 특성을 고려하여 손상 탐지 전 Pre-processing 모듈로 이미지 R, G, B를 구성하는 픽셀값에 상수를 곱하여 손상 탐지 결과를 향상하기 위한 밝기로 그 값을 최적화함

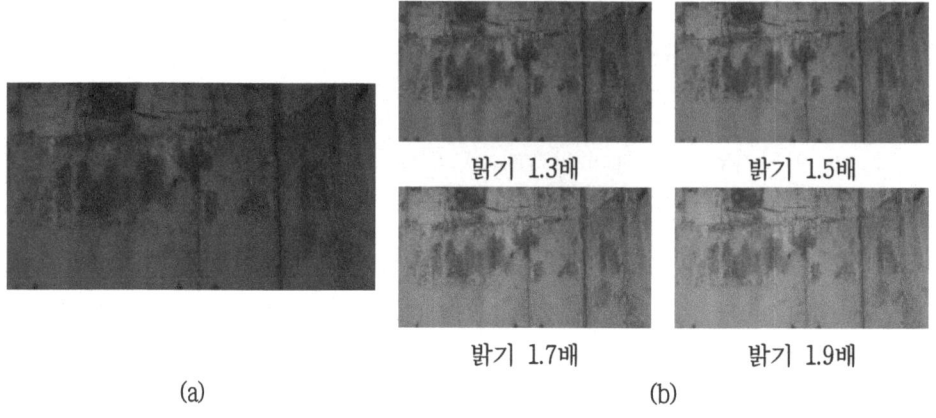

(a)　　　　　　　　　　　　　　(b)

그림 2.137 다중 손상 검출능 향상을 위한 이미지 전처리 결과: (a) 취득 원본 이미지, (b) 밝기조절 결과

- 밝기 최적화 후 딥러닝 기반의 다중 손상 탐지 네트워크를 기반으로 철근노출, 부식, 박리박락, 백화의 4 중 손상을 자동 탐지하고, Manual로 생성한 GT 이미지를 기준으로 Precision, Recall, F1-Score 값을 산출하여 네트워크 성능 검증 수행

(a)　　　　　　　　　　　　　　(b)

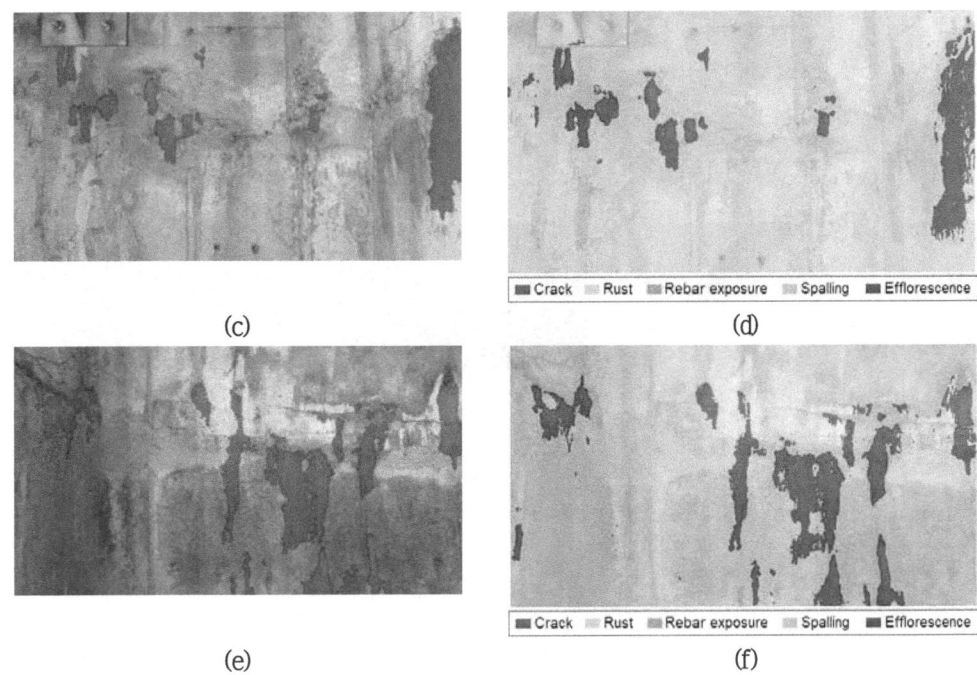

표 2.53 Network performance validation: Test image 1

Value \ Class	Crack	Rebar	Rust	Spalling	Efflorescence
Precision	-	96.52	48.81	100	-
Recall	-	89.91	100	55.20	-
F1-score	-	93.10	65.60	71.13	-

딥러닝 네트워크를 활용한 다중 손상 검출 결과: (a) Image 1의 GT, (b) Image 1의 검출 결과, (c) Image 2의 GT, (d)Image 2의 검출 결과, (e)Image 3의 GT, (f)Image 3의 검출 결과

표 2.54 Network performance validation: Test image 2

Value \ Class	Crack	Rebar	Rust	Spalling	Efflorescence
Precision	-	-	77.47	-	91.31
Recall	-	-	62.59	-	92.14
F1-score	-	-	69.24	-	91.72

표 2.55 Network performance validation: Test image 3

Value \ Class	Crack	Rebar	Rust	Spalling	Efflorescence
Precision	-	-	-	-	94.92
Recall	-	-	-	-	90.19
F1-score	-	-	-	-	92.50

○ 테스트베드를 활용한 네트워크 성능 검증

- 대전광역시 1호선 월평역 인근 환기구 테스트베드에서 제안 시스템에 활용해 취득한 데이터를 활용하여 구축 인공지능 기반 다중손상 검출 네트워크 및 평면전개 알고리즘의 적용성 검증 수행

그림 2.138 대전광역시 월평역 인근 환기구 테스트베드 (a) 취득 시스템, (b) 비전 이미지

- 취득한 Raw vision image로부터 Optimal image selection algorithm을 활용하여 V^o image를 산출하고, V^o image를 인풋데이터로 활용하여 네트워크 성능평가 인덱스인 Precision, Recall, F1-score를 계산하여 구축 네트워크의 성능평가 수행

- 연구개발 목표인 손상 검출에 대한 정밀도 (Precision) 및 재현율 (Recall) 90 % 이상인 96.71 %, 98.46 % 달성

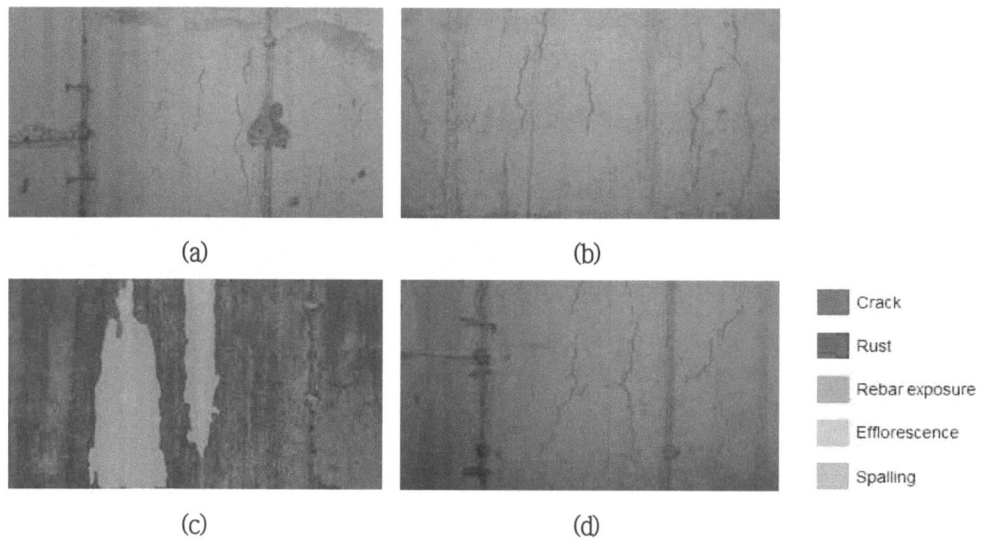

그림 2.139 대전역 데이터를 활용한 네트워크 검증 수행

표 2.56 Network performance validation

Value \ Test image	(a)	(b)	(c)	(d)	Average
Precision	92.5	97.68	98.82	97.82	96.71
Recall	98.15	98.3	98.12	99.28	98.46
F1-score	95.24	97.99	98.49	98.54	97.57

2.8.2 외관조사망도 작성 자동화 및 손상정보 정량화 시스템 구축

가. AI기반 자동영상처리를 통한 외관조사망도 자동화 구축 기술 개발

○ 2D exterior map 구축을 위한 Damage mapping algorithm 구축

- 2D exterior damage map 구축을 위해 V^o image를 활용하여 2차년도 구축한 Exterior map establishment algorithm을 통해 2D exterior map 구축에 사용된 이미지 간의 관계 규명을 위해 Homography matrix를 추정하고, 추정된 Homography matrix를 활용해 이미지를 Warping을 하여 2D exterior map을 구축

- 이어서, V^o image와 페어로 저장된 V^p image에 대해 위 과정에서 산출한 Homography matrix를 활용하여 V^p image를 Warping하여 딥러닝 네트워크를 통해 자동으로 검출된 손상을 정보 손실 없이 매핑하여 2D exterior damage map을 구축

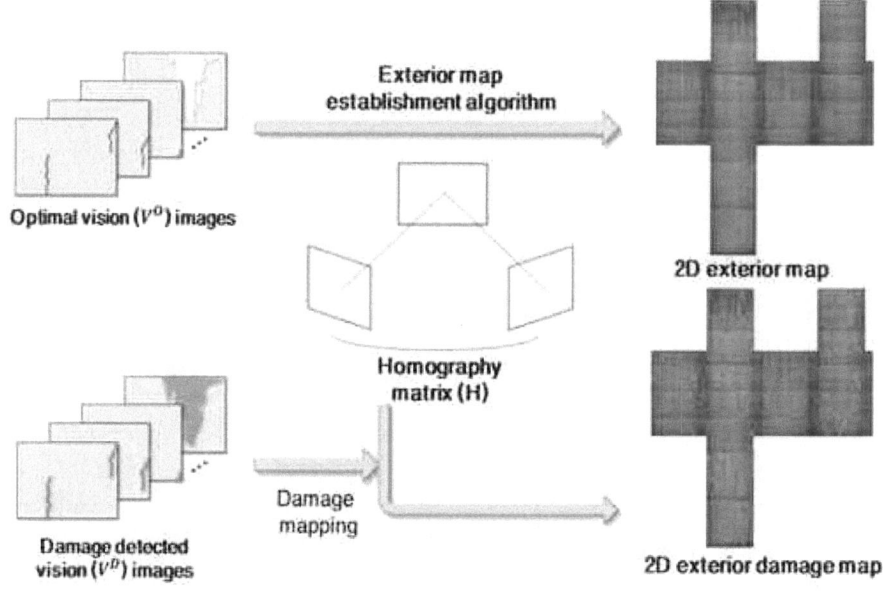

그림 2.140 2D exterior damage map 구축을 위한 Damage mapping 알고리즘

- 대전광역시 1호선 월평역 인근 환기구 테스트베드에서 제안 시스템에 활용해 취득한 데이터를 활용하여 2D exterior map 및 2D exterior damage map 구축을 위해 Exterior map establishment algorithm과 Damage mapping algorithm을 활용하여 이미지 별 Homograhpy를 추정하고 데미지 정보를 Warping하여 매핑하는 알고리즘 검증 수행

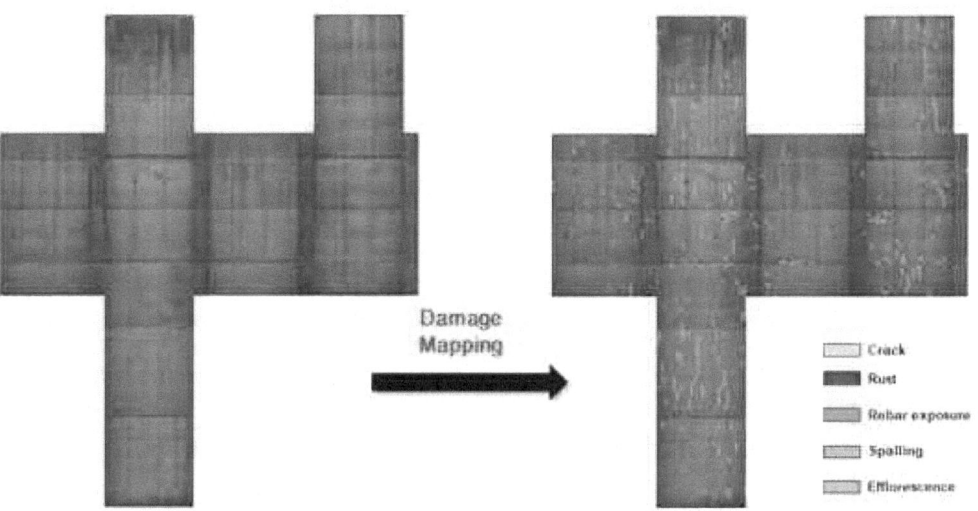

그림 2.141 Damage mapping algorithm을 활용한 2D exterior and 2D exterior damage map 구축

나. 수직형 시설물 결함정보 정량화 기술 개발

○ 테스트베드를 활용한 정량화 알고리즘 검증 수행 및 고도화 수행

- 손상 정밀 정량화를 위해 실측데이터인 2D Lidar 데이터를 활용하여 정밀 Working distance calculation 수행: 2D lidar에 기록된 Working distance는 구조물 표면과 Lidar 간 거리를 측정하므로, 각 카메라 모듈마다 데이터를 변환하여 Working distance를 새로 정의

$$s = \frac{d_w l}{Pf} \tag{1}$$

여기서, s는 정량화를 위한 스케일 팩터이며, d_w는 Working distance, l은 Camera sensor size, P는 Image resolution, f은 Focal length이다.

$$d_w = \begin{cases} \sqrt{d_l^2 - w^2} - h & (h > w) \\ \sqrt{d_l^2 - h^2} - w & (w > h) \end{cases} \tag{2}$$

d_l는 2D Lidar로부터 카메라와 수직인 Target surface까지의 거리이며, w와 h는 2D Lidar의 중심으로부터 카메라의 렌즈까지 가로 및 세로 거리이다.

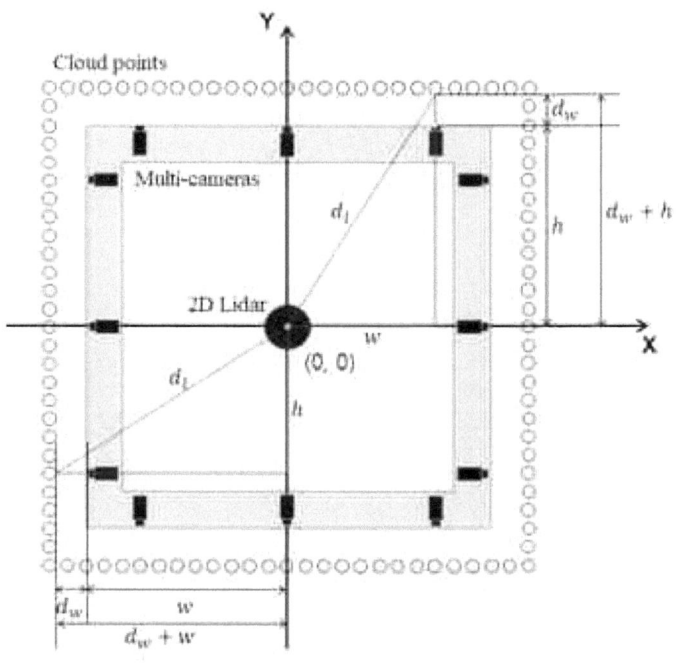

그림 2.142 Working distance calculation using Lidar scanning

- 대전광역시 1호선 월평역 인근 환기구 테스트베드에서 제안 시스템에 활용해 취득한 데이터를 활용하여 손상 검출 결과에 대한 정밀 정량화 수행 및 검증

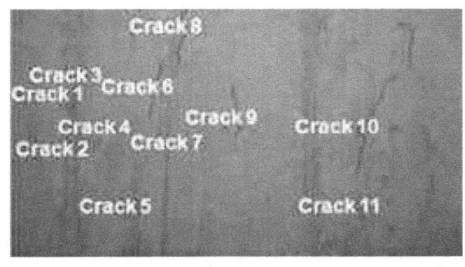 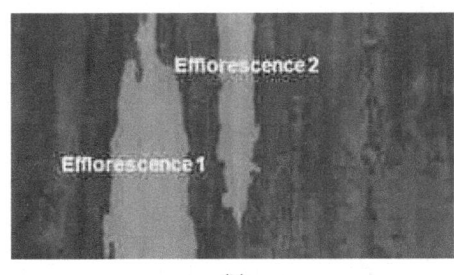

(a) (b)

그림 2.143 대전역 테스트베드를 활용한 구축 알고리즘의 정량화 결과 (a) 균열, (b) 백화

표 2.57 물량산출표

Damage type	Area (mm 2)	Width (mm)	Length (mm)
Crack 1	-	0.63	59.02
Crack 2	-	1.17	145.05
Crack 3	-	1.69	276.02
Crack 4	-	1.49	57.82
Crack 5	-	1.34	317.27
Crack 6	-	2.54	164.02
Crack 7	-	1.91	54.8
Crack 8	-	2.65	146.42
Crack 9	-	3.12	127.57
Crack 10	-	2.32	454.70
Crack 11	-	0.9	139.31
Efflorescence 1	600 x 72.5	-	-
Efflorescence 2	510.1 x 15.5	-	-

2.9 수직형 스캐닝 시스템 운용 매뉴얼

2.9.1 총칙

○ 본 연구의 목적은 도로터널, 철도터널, 지하철 등 터널 시설물 내 환기 및 방재의 목적으로 설치되는 수직갱, 환기구 등 수직형 시설물의 정기안전점검 및 정밀안전진단 시 외관조사 자동화 기술을 상용화 수준으로 개발하는 것이다.

○ 최종 시제품인 수직형 스캐닝 시스템의 현장 적용으로 작업자의 안전확보와 현장 수기에 의한 위치오차 최소화로 조사결과의 객관성과 신뢰성을 향상함으로써 해당 시설물의 안전성을 향상시키는 것을 주 목적으로 조사장비의 운용 매뉴얼을 작성하였다.

(1) 적용범위

○ 수직형 스캐닝 시스템의 운영 매뉴얼은 도로터널, 철도터널, 지하철 등 의 수직갱, 환기구 등 의 정기안전점검 및 정밀안전진단시 상태평가를 위한 자동화된 외관조사 기술이다. 조사대상 시설물 표면의 분할촬영에 의한 정밀영상을 획득하고 영상처리 기술을 이용하여 평면전개도 생성 및 딥러닝 기반 영상분석으로 외관조사망도를 작성하여 물량을 산출하는 수직형 시설물 스캐닝 업무의 절차와 수행방법을 규정한다.

(2) 대상시설물

<표 2.58> 수직형 스캐닝 시스템 현장적용 가능 대상시설물 및 범위

대 상	도로터널, 철도터널, 지하철터널 등의 수직갱 및 환기구와 교량 주탑과 중공교각 내부
범 위	조사대상 수직형 시설물의 콘크리트 벽체부
속 도	환기구 사각단면 폭 2.0×2.0m, 1면 10m기준 15~17m/min
정 밀 도	균열폭 정밀도 0.1mm 이상
검출내용	균열, 누수, 백태, 박리, 박락, 철근노출, 재료분리 등

(3) 상태평가항목

○ 도로터널, 철도터널, 지하철터널의 수직갱 및 환기구는 부대시설물로서 외관조사는 정기안전점검과 정밀안전진단시 상태평가하기 위한 항목으로 구분되며, 주로 균열, 누수, 파손 및 손상, 박리, 박락, 백태, 철근노출 등 결함 및 손상을 정성적·정량적으로 확인하고 있다.

○ "시설물의 안전 및 유지관리 실시 세부지침[안전점검·진단 편, 2021]"에서 제시하는 부대시설물인 환기구의 상태 평가항목은 균열과 누수, 파손 및 손상, 재질열화 등이 있으며, <표 2.59>에서는 부대시설물 상태평가항목을 보여주고 있다.

<표 2.59> 부대시설물 상태평가항목

구 분	평 가 항 목
부대시설물 상 태 평 가	○ 균 열 ○ 누 수 ○ 파손 및 손상 ○ 재질열화(박리, 층분리 및 박락, 백태, 재료분리, 철근노출, 탄산화, 염화물)

(4) 관련기준

○ "시설물의 안전 및 유지관리 실시 세부지침[안전점검·진단 편, 2021]"에서 제시하는 부대시설물에 대한 상태평가는 시설물의 중요도 및 규모 등이 상대적으로 큰 연직갱/경사갱, 환기구, 피난연락갱, 연결터널 등은 별도 평가 후 부대시설물 가중치를 적용하여 시설물을 평가하고 있으며, 부대시설물인 환기구의 상태 평가항목은 균열과 누수, 파손 및 손상, 재질열화 등이 있다. <표 2.60>에서는 부대시설물 균열손상에 대한 상태평가 기준을 보여주고 있다.

<표 2.60> 부대시설물 균열 손상에 대한 상태평가기준

평가기준 구 분	a	b	c	d	e
무근 콘크리트 라이닝	0.1mm 이하	0.1mm 초과 0.3mm 이하	0.3mm 초과 1.0mm 이하	1.0mm 초과 3.0mm 이하	3.0mm 초과
철근 콘크리트 라이닝	0.1mm 이하	0.1mm 초과 0.3mm 이하	0.3mm 초과 0.5mm 이하	0.5mm 초과 1.0mm 이하	1.0mm 초과
철근 콘크리트 구조물 (개착 구조물)	0.1mm 이하	0.1mm 초과 0.3mm 이하	0.3mm 초과 0.5mm 이하	0.5mm 초과 1.0mm 이하	1.0mm 초과

2.9.2 수직형 스캐닝 시스템 장비 구성

가. 수직형 스캐닝 시스템

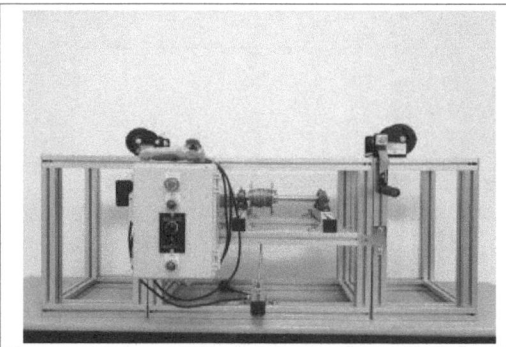
승강장치 윈치모터박스

윈치모터박스 환기구 상부 설치 전경

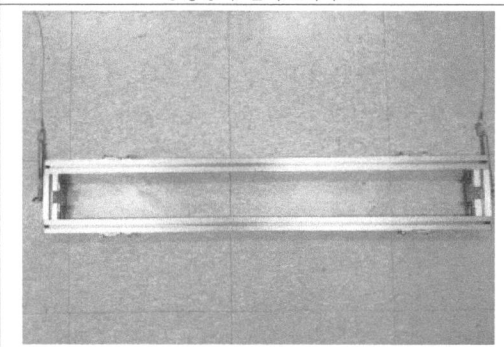
장력유지 및 가이드와이어 고정베이스

가이드와이어 고정 베이스 환기구 하부 설치 전경

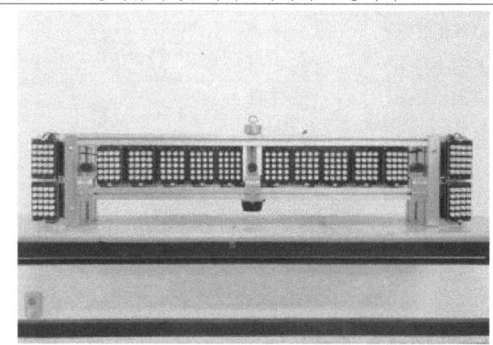
수직형 스캐닝 시스템 정면부 전경

수직형 스캐닝 시스템 환기구 내 설치완료 전경

그림 2.144 수직형 스캐닝 시스템 구성 및 설치 항목별 이미지

제 2장 과업 수행 내용

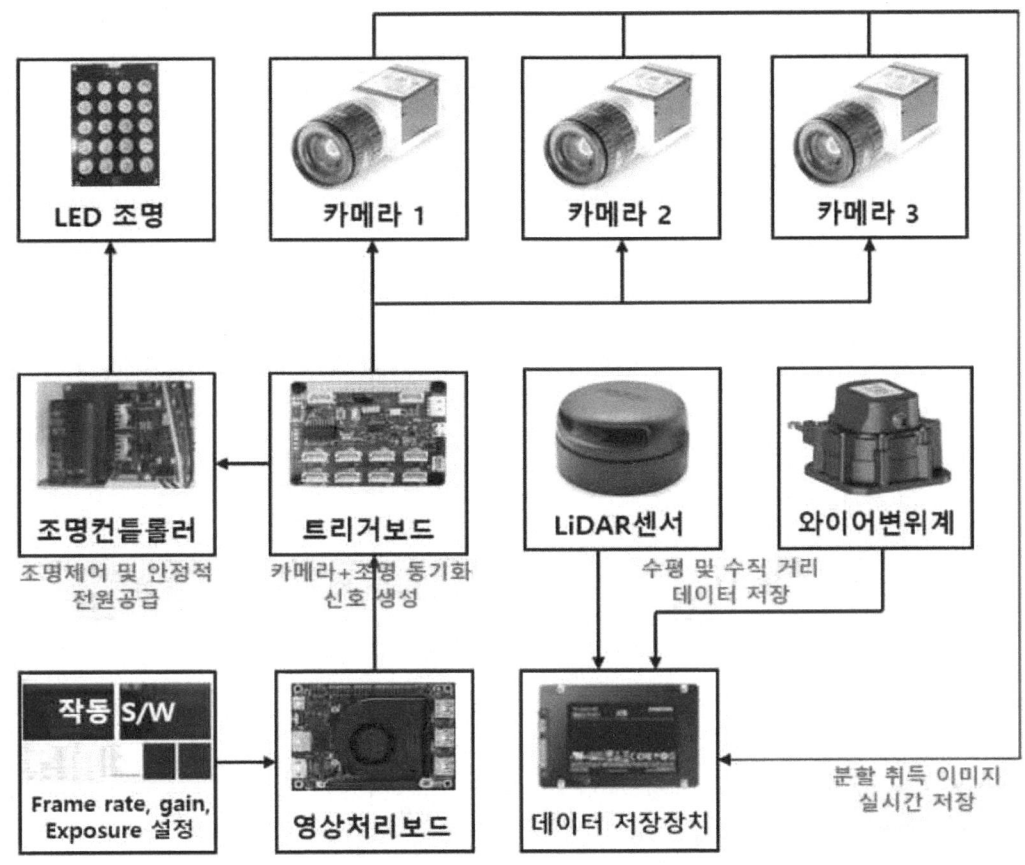

그림 2.145 수직형 스캐닝 시스템의 시스템 구성도

○ 수직형 스캐닝 시스템은 시설물 외부에 설치되어지는 승강장치 윈치모터박스와 가이드와 이어 수동원치로 구성되어있으며, 시설물 내부에 스캐닝 장비를 설치하기 위해 가이드와 이어 장력유지를 위한 고정베이스와 수직형 스캐닝 시스템으로 구성되어있다. 그림 2.144 에서는 제작완료 된 승강장치 윈치모터박스와 수동원치 박스 및 가이드와이어 고정베이스 와 수직형 스캐닝 시스템 조사장비의 모습을 보여주고 있다.

○ 수직형 스캐닝 시스템은 해상도 3,840×2,160픽셀의 머신비전 카메라와 Focal Length 6mm 렌즈를 적용하였으며, 시설물 내부 조도확도를 위해 고조도의 LED조명 탑재로조사대상 시 설물 표면의 분할촬영에 의한 연속촬영이 가능하다. 또한 영상데이터의 왜곡보정과 정밀 정합을 위해 카메라와 촬영대상면과의 실시간 수평거리 및 상, 하 이동에 따른 연직방향 위치정보를 측정할 수 있도록 하였으며, 그림 3.145에서는 수직형 스캐닝 시스템의 시스템 구성도를 보여주고 있다.

○ 조사장비 영상처리보드의 제어신호 및 카메라와 조명의 동기화 신호를 생성하는 트리거 보드 에 의해 획득된 각 카메라의 영상은 데이터 저장장치에 실시간 저장되는 시스템이며, <표 2.61>에서는 수직형 스캐닝 시스템의 장비구성 항목 및 수량을 보여주고 있다.

<표 2.61> 수직형 스캐닝 시스템의 구성항목 및 수량

구 분	항 목		내 용	수량(ea)	비고
수직형 스캐닝 시스템	카메라 모듈	카메라 (영상획득 장치)	조사대상 시설물 표면 분할촬영에 의한 정밀영상획득(해상도 3,840×2,160)	3	동일제품 및 사양 적용
		렌즈	이격거리(0.5~1.0m)에서 카메라의 화각 및 획득영상 정밀도 확보(focal length 6mm)	3	
	조명 모듈	LED 조명	영상 촬영시 조도확보를 위한 고조도 LED모듈 적용	10대	
		조명 컨트롤러	LED조명 제어 및 안정적 전원공급	2	Strobo type 조명 방식적용
	이미지 위치 정보	LiDAR	카메라와 촬영대상면과의 거리 데이터획득	1	Depth Estimation
		와이어변위계	카메라의 연직방향 거리 및 실시간 조사장비 위치 모니터링	1	최대 12.5m
	제어 모듈	트리거 보드	카메라와 조명의 동기화 신호 생성으로 설정된 Frame Rate에 따른 영상획득	1	-
		영상처리보드	조사장비 제어 및 조사영상 모니터링을 위한 저전력 소형 PC 적용	1	-
		데이터 저장장치	영상데이터의 실시간 저장을 위한 대용량 데이터 저장장치	1	SSD 1TB
승강장치 (윈치부)	조사장비 윈치박스		조사장비 상, 하 이동 수동 컨트롤	1	-
	조사장비 가이드와이어		조사장비 가이드와이어 수동윈치	2	-
베이스	가이드와이어 고정 베이스		조사장비 하단 가이드 와이어 장력유지 및 고정베이스	1	-
재질	AL프레임		모듈의 통합탑재를 위한 경량 고강도 알루미늄 프레임	1식	Hi-Box (모듈설치)

나. 수직형 스캐닝 시스템

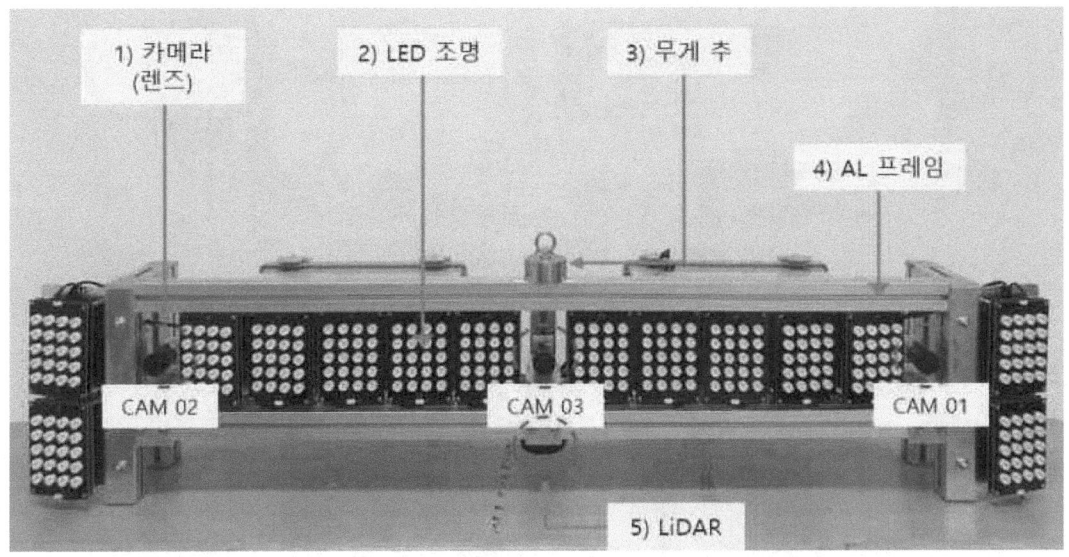

그림 2.146 수직형 스캐닝 시스템 전면부의 카메라 및 LED 조명과 설치 항목

1) 카메라(렌즈) : 산업용 머신비전 카메라의 해상도 3,840×2,610픽셀로 총 3대의 카메라 적용으로 조사대상 시설물 표면의 분할촬영에 의한 고정밀 영상획득이 가능하며, Forcal Length 6mm 렌즈 적용으로 촬영거리 0.9~1.0m에서 GSD는 0.284~0.343mm로 우수한 균열폭 정밀도를 확보하고 있다. 그림 2.146에서는 수직형 스캐닝 시스템 전면부 카메라 및 조명 모듈과 무게추, LiDAR의 설치 항목에 대해 보여주고 있다.

2) LED 조명 : 조도확보를 위한 고조도 LED 모듈을 적용하였으며, 카메라의 프레임 속도와 동기화되어 점등되는 Strobo type의 조명방식으로 짧은 시간에 더 밝은 빛을 발광한다.

3) 무게 추 : 설치에 의한 위치 및 이동 오차를 최소화 하기 위해 AL 프로파일 상단에 500g 무게 추를 좌, 우로 이동시키면서 균형을 평행하게 조정할 수 있다.

4) AL 프레임 : AL 프로파일 규격 40mm×40mm로 제작하였으며, 총 무게는 와이어변위계 포함 20kg이다.

5) LiDAR : 조사장비의 카메라와 촬영대상면과의 거리데이터를 측정하며, 영상획득과 동시에 360°회전하면서 실시간 데이터를 저장한다.

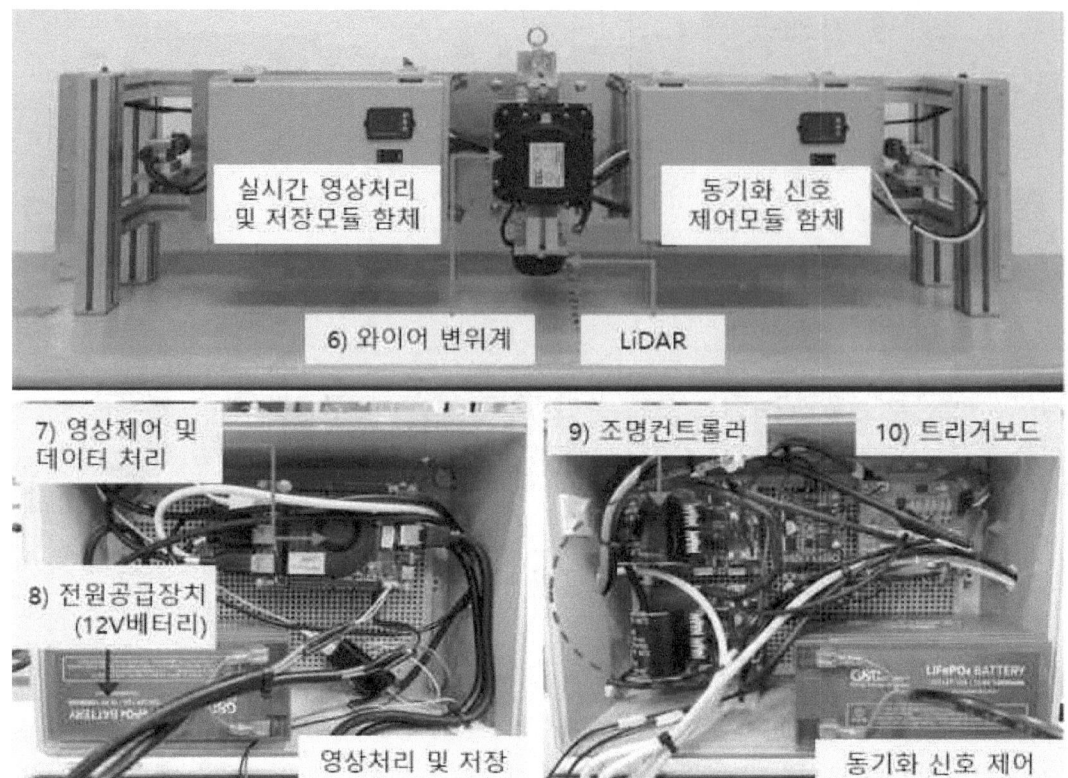

그림 2.147 수직형 스캐닝 시스템 후면부의 영상처리 및 저장장치 제어모듈 구성

6) 와이어변위계 : 센서의 와이어를 바닥면에 고정하여 조사장비의 상, 하 이동에 따라 최대 12.5m의 연직거리를 측정하고 실시간 위치정보를 모니터링 할 수 있으며, 획득된 정보는 영상데이터의 왜곡보정 및 정밀 정합에 이용 된다.

7) 영상제어 및 데이터 저장 : 영상제어 및 저장 장치의 운영체제(OS)는 Windows기반으로 운영되며, 카메라의 셔터스피드와 조리개값, Gain값, LiDAR 및 와이어변위계 구동 등을 설정할 수 있는 별도의 S/W로 작동된다. 실시간 영상처리 및 대용량 데이터의 저장을 안정적으로 할 수 있도록 SSD 1TB를 적용하였다. 그림 3.4에서는 스캐닝 시스템 후면부의 와이어 변위계와 영상처리 및 저장부, 동기화 신호제어 함체 내부 모듈구성을 보여주고 있다.

8) 전원공급장치 : 수직형 스캐닝 시스템은 영상처리와 저장부 및 조명제어부로 구분되며, 좌, 우에 설치된 HI-BOX에 DC-12V-12A 베터리에서 각각 전압을 인가하여 동작되는 시스템으로 구성된다.

9) 조명컨트롤러 : 카메라의 프레임속도와 노출시간이 동기화되어 Strobo Type으로 작동되어지는 LED 조명모듈을 컨트롤러에 연결하고 단기간에 고출력의 전기적인 신호를 제어하여 안정적인 전원공급을 해주는 조명컨트롤러는 인가전압 5V를 공급받아 작동된다.

10) 트리거 보드 : 영상처리보드에서 생성된 동기화 신호를 제어하고 카메라와 조명을 동기화하여 동작시기는 장치로 전원공급장치로부터 인가전압 12V를 공급받아 작동된다.

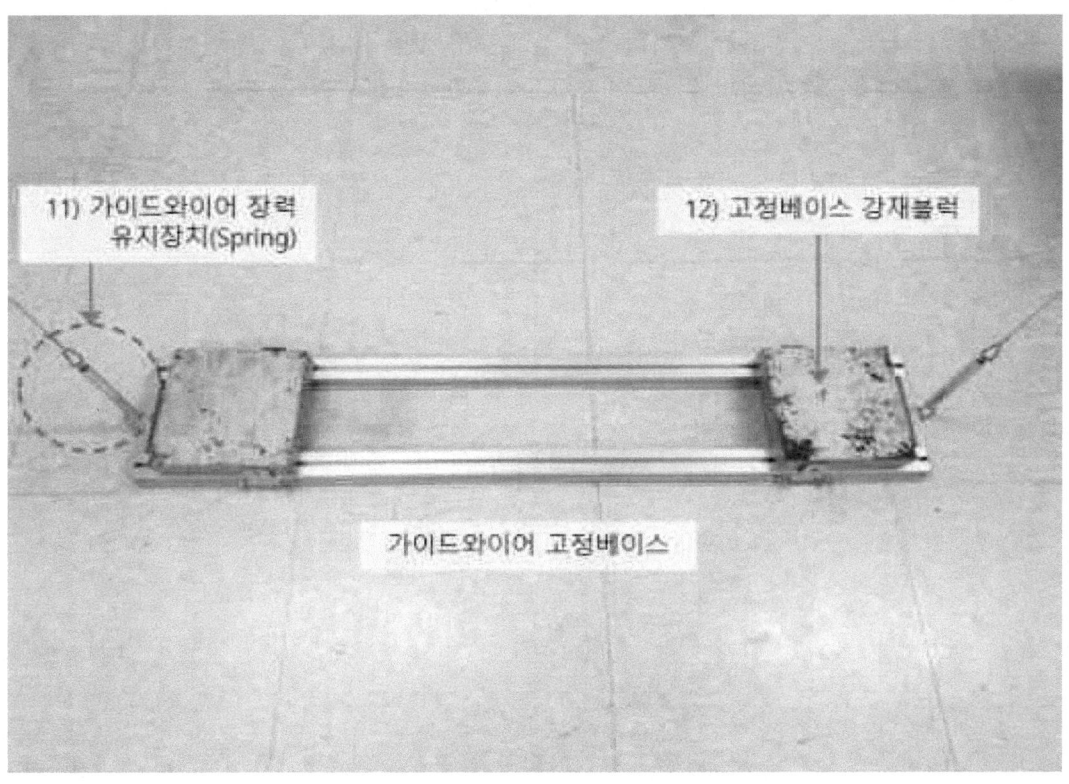

그림 2.148 수직형 스캐닝 시스템 가이드와이어 고정베이스 및 장력유지장치와 강재블럭 구성

11) 가이드와이어 장력유지장치 : 수직형 스캐닝 시스템 구동 중 발생 할 수 있는 흔들림, 회전 등을 최소화 하기 위해 가이드와이어는 조사장비의 측면을 통과하여 하단부 고정베이스에 장력유지장치(Spring)을 적용하여 안정성을 향상시킬 수 있다. 그림 2.148에서는 가이드와이어 고정베이스의 장력유지장치와 강재블럭을 보여주고 있다.

12) 가이드와이어 고정베이스 강재블럭 : 고정베이스 장력유지장치에 연결된 가이드와이어의 장력도입이 과도할 경우 고정베이스가 들뜰수 있어 강재블럭으로 하중을 증가시켜 장력도입으로 인한 움직임을 방지하도록 한다.

다. 승강장치(윈치부)

○ 수직형 스캐닝 시스템 승강장치는 조사장비 상단 외부에 설치되는 장치로 윈치케이블 구동을 위한 윈치모터박스와 가이드와이어의 장력을 유지할 수 있는 수동윈치박스로 구성되며, 그림 2.149에서는 조사장비의 윈치박스 및 수동윈치박스 구성 항목을 보여주고 있다.

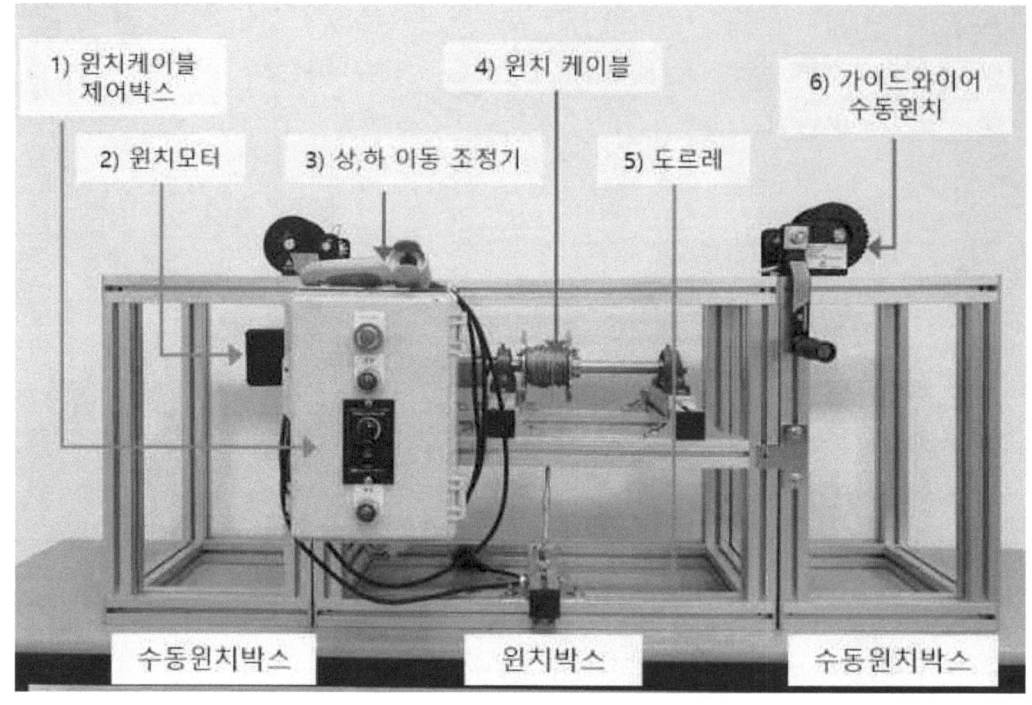

그림 2.149 수직형 스캐닝 시스템 승강장치 윈치박스 및 수동윈치박스 구성

1) 윈치케이블 제어박스 : 윈치 모터 구동을 위한 전원인입(220V)과 이동속도를 제어할 수 있으며, 비상시 긴급정지를 할 수 있는 버튼으로 구성되어 있다.

2) 윈치모터 : 조사장비 중앙부에 연결된 윈치케이블을 상, 하 이동시키기 위한 구동 모터이며, 성능평가 시험결과 하향의 경우 분당 약 15m로 측정되었으며, 하향의 경우 분당 약 17m(277mm/sec)로 분석되었다.

3) 상, 하 이동 조정기 : 수동제어 조정기로 버튼을 상부로 올리면 조사장비 하강, 하부로 내리면 상승 조정이 가능하다.

4) 윈치케이블 : 윈치모터 회전에 의해 강재 재질의 5mm 윈치케이블에 연결된 조사장비는 상, 하로 이동하면서 영상을 획득할 수 있으며, 윈치 케이블 시작부 끝단 스테인레스 후크에 조사장비를 연결하여 조사장비를 작동 하도록 해야한다.

5) 도르레 : 윈치모터 회전에 의해 윈치케이블에 연결된 조사장비 상, 하 구동시 드럼에 감긴

윈치케이블의 횡방향 위치 변화를 최소화하기 위해 윈치박스 Frame에 고정 설치하였다.

6) 가이드와이어 수동원치 : 조사장비의 양측면을 통과하여 하부 고정 베이스 장력유지장치 (Spring)에 가이드와이어를 연결하고 장력조정을 수동원치로 제어하여 유지할 수 있는 수동 원치 박스이다.

2.9.3 수직형 스캐닝 시스템 제어 S/W 네트워크 환경설정

가. 수직형 스캐닝 시스템 네트워크 설정

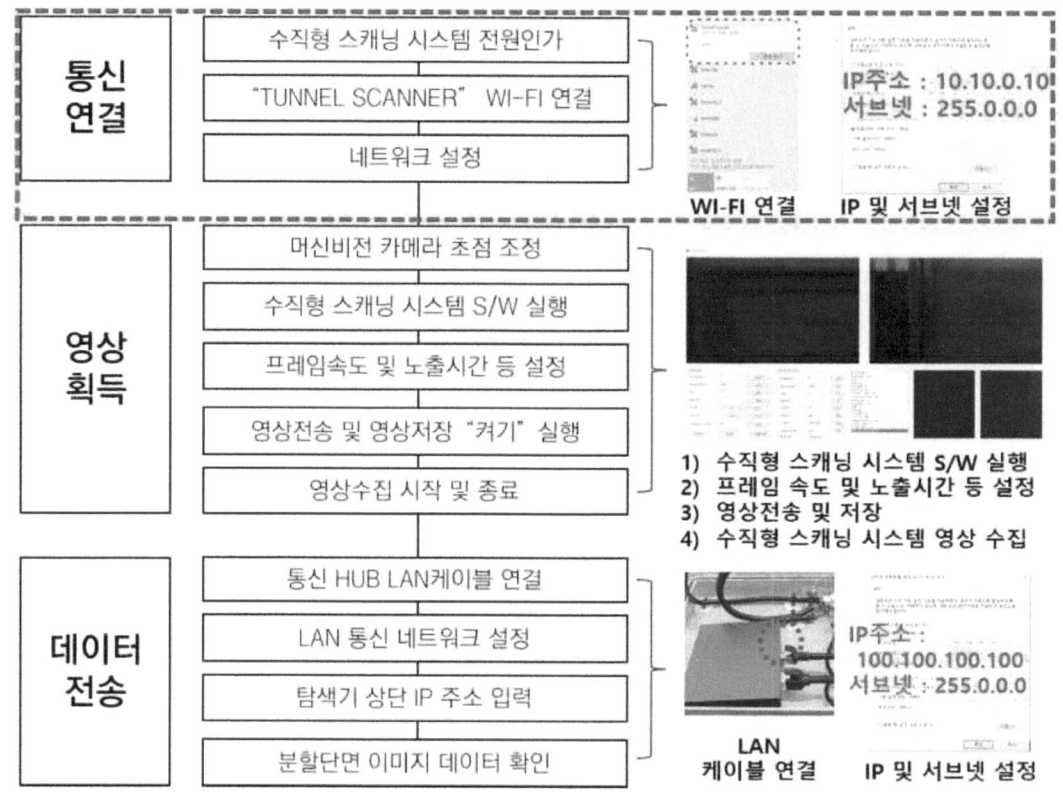

그림 2.150 수직형 스캐닝 시스템 네트워크 및 데이터 전송 설정 방법

○ 수직형 스캐닝 시스템은 무선통신(WI-FI)으로 영상처리장치에 접속하여 제어가 가능하도록 개발하였으며, 그림 2.150과 같이 간단한 네트워크 설정으로 통신연결 및 데이터 전송을 할 수 있다.

○ 조사장비의 구동을 위해서는 카메라가 연결된 영상처리시스템의 메인보드에 전원인가 후 "TUNNEL SCANNER" WI-FI접속을 해야하고 연결된 통신 네트워크의 설정은 IP:10.10.0.10, 서브넷마스크: 255.0.0.0로 입력한 후 조사장비와의 연결이 가능하다. 네트워크 설정 후 조사장비의 제어 S/W 실행으로 카메라 설정과 시스템 제어가 가능하고 그림 2.151에서는 수직형 스캐닝 시스템과 제어 PC와의 연결을 위한 네트워크 설정방법을 순차적으로 보여주고 있으며, <표 2.62>와 같이 단계별 설정을 통해 조사장비 제어 PC(노트북)와의 연결 방법을 보여주고 있다.

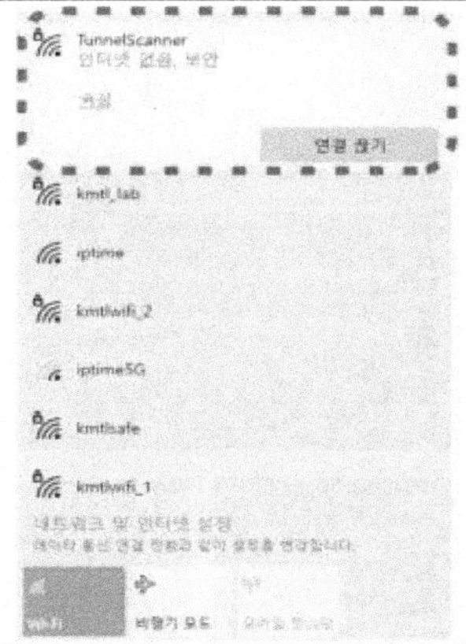

1) 조사장비 전원 인가 후 WI-FI연결(TUNNEL SCANNER)	2) 연결된 TUNNEL SCANNER 네트워크 TCP/IPv4 설정
3) IP주소 및 서브넷 마스크 설정 및 확인	4) 수직형 스캐닝 시스템 S/W 실행

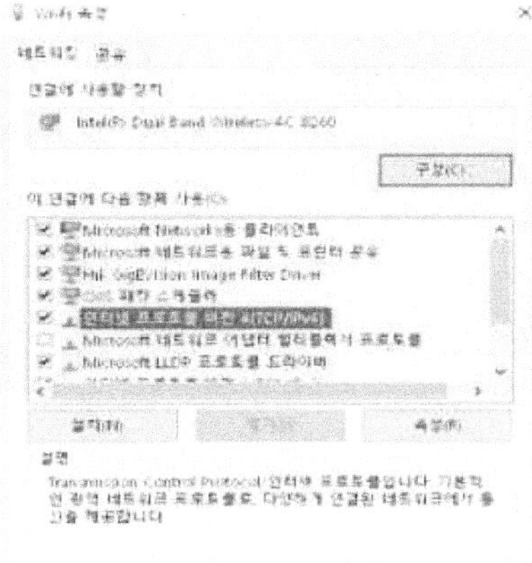

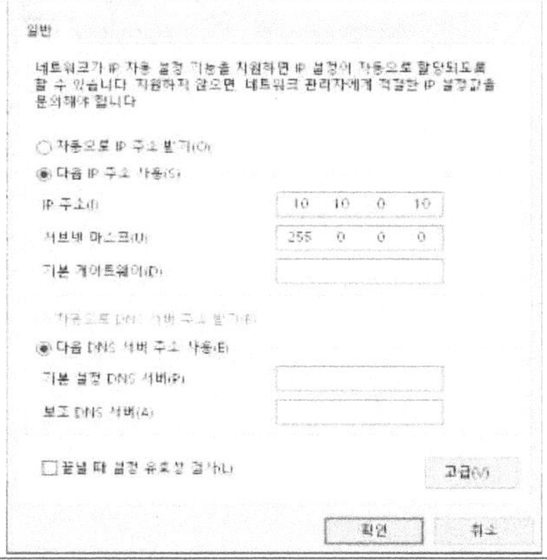

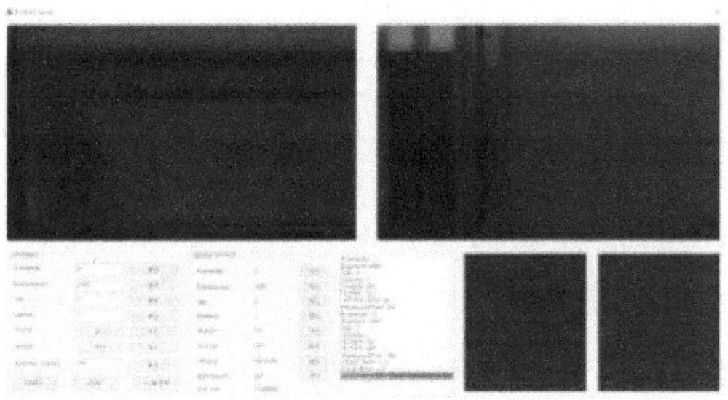

그림 2.151 수직형 스캐닝 시스템과 노트북 PC와의 연결을 위한 NETWORK 설정방법

<표 2.62> 수직형 스캐닝 시스템 단계별 네트워크 설정방법

NO.	항 목	설정 내용	위 치
1	영상처리모듈 함체	• 외부 전원버튼 "ON" 으로 장비 활성화	• 조사장비
2	조명모듈 함체	• 외부 전원버튼 "ON" 으로 장비 활성화	• 조사장비
3	WI-FI 통신연결	• WI-FI명 TUNNEL SCANNER 연결	• 노트북 PC
4	노트북 네트워크 설정	• 열결된 네트워크 TUNNEL SCANNER의 IPV4 속성 • IP : 10.10.0.10 / 서브넷마스크 : 255.0.0.0	• 노트북 PC
5	S/W 실행	• 카메라 설정 및 시스템 시작 및 정지	• 노트북 PC

나. 수직형 스캐닝 시스템 S/W

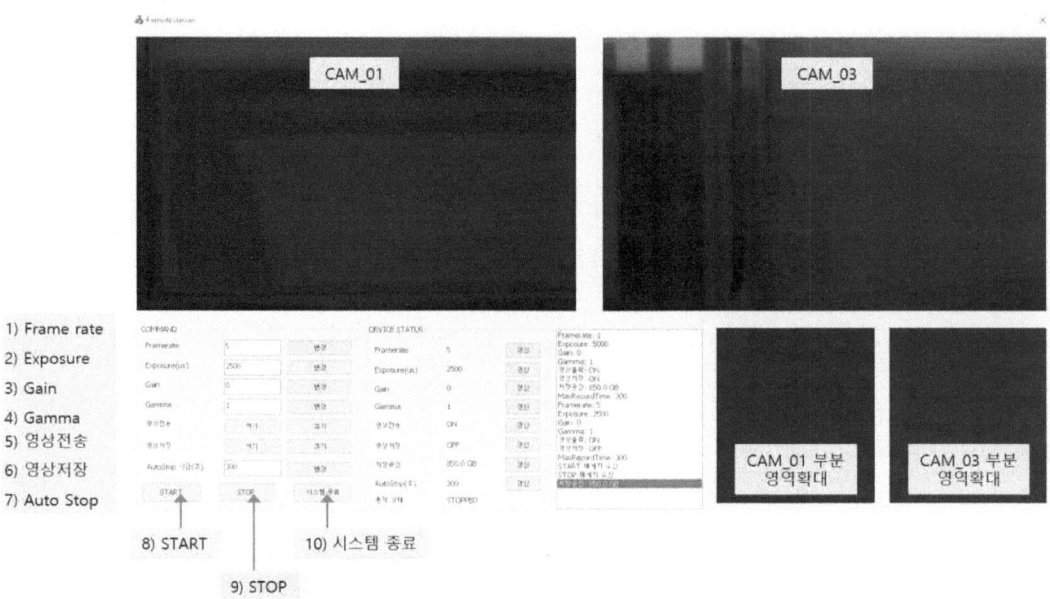

그림 2.152 수직형 스캐닝 시스템 S/W 화면 구성 및 Command 설정과 Device Status 상태

○ 수직형 스캐닝 시스템의 카메라 해상도 조정과 Frame rate 및 Exposure, Gain, Gamma 등을 설정하고 고정밀 영상을 취득하기 위해 조사장비의 제어 S/W를 개발하여 적용하였다. 또한 조사장비 제어를 위한 관리 PC의 네트워크 설정을 통해 무선으로 영상처리보드 및 저장장치에 접속해야 한다.

○ 수직형 스캐닝 시스템 S/W의 화면 구성은 CAM_01(좌), CAM_03(우)의 실시간 영상이 출력되고 카메라의 설정을 위한 COMMAND, 조사장비 설정 상태확인이 가능한 DEVICE STATUS로 구분되어 있으며, 우측 하단부는 카메라의 해상도 조정을 위한 CAM_01, CAM_03 중앙부의 영역을 확대해서 보여주고 있다. 그림 2.152에서는 수직형 스캐닝 시스템 제어 S/W의 화면 구성과 카메라 설정 및 장비설정 상태 등의 화면을 보여주고 있다.

○ 수직형 스캐닝 시스템의 최적설정 방법으로는 카메라와 LED조명과의 동기화 신호를 제어하는 프레임속도 3~5/sec, 조도확보를 위한 노출시간 5000μs, Gain 5, Gamma 1정도로 설정하여 어두운 환경에서 영상취득이 가능하도록 최적설정(안)을 제시하였으며, <표 2.63>에서는 수직형 스캐닝 시스템 S/W 구성 항목 별 최적설정(안)을 보여주고 있다.

<표 2.63> 수직형 스캐닝 시스템 S/W화면의 구성항목 및 최적설정 방법

NO.	구성 항목	기능 구현 내용	최적설정(안)
1	Frame rate (프레임속도)	카메라와 조명의 동기화 신호 설정으로 1~10회/sec 범위에서 조정이 가능하다.	3~5회/sec
2	Exposure(μs) (노출시간)	저조도 환경에서 결함 분석이 가능한 영상획득을 위해 노출시간 조절이 가능하다.	5000μs
3	Gain	노출시간의 한계상태에서 조도확보를 위해 조정 가능하며, 상향조정에 따라 노이즈가 발생 할 수 있다.	5
4	Gamma	빛의 강도를 비선형적으로 조정할 수 있다.	1
5	영상전송	조사장비 S/W화면 상단 CAM_01 및 CAM_03의 실시간 모니터링이 가능하다.	"켜기"
6	영상저장	측정 영상의 저장이 가능하다.	"켜기"
7	AutoStop(초)	통신상태 불안정으로 조사장비와의 연결이 끊어진 상태에서 설정한 시간만큼 작동 후 시스템이 종료 된다.	300초
8	START	수직형 스캐닝 시스템 구동 S/W 시작	-
9	STOP	수직형 스캐닝 시스템 구동 S/W 종료	-
10	시스템 종료	수직형 스캐닝 시스템 종료	-

다. 데이터 확인 및 전송

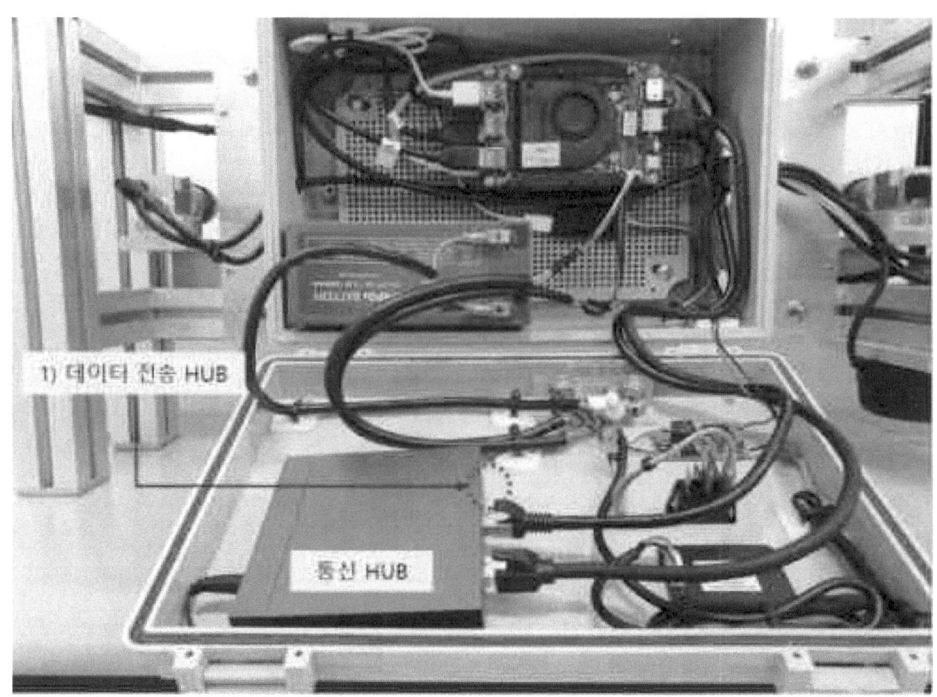

그림 2.153 영상취득 데이터 확인을 위한 통신HUB 연결방법

<표 2.64> 수직형 스캐닝 시스템 영상취득 데이터 확인을 위한 단계별 설정방법

NO.	항목		설정 내용	위치
1	데이터 전송 HUB		• 통신 HUB PORT에 LAN케이블 연결	• 조사장비 HUB
			↓	
2	LAN 통신 네트워크 설정 - IP 주소 - 서브넷마스크(U)		• LAN설정 네트워크(TCP/IPv4) • 100.100.100.100 • 255.0.0.0	• 노트북 PC
			↓	
3	폴더 상단 IP주소 입력 - Cam_01, 02 영상데이터 - Cam_03 영상데이터		• 데이터 전송 폴더 접속(폴더상단 IP 입력) • ₩₩100.100.100.1(ID : root,　PW : 1q2w3e4r) • ₩₩100.100.100.2(ID : admin, PW : 1q2w3e4r)	• 노트북 PC
			↓	
4	영상데이터 확인	Cam_01, 02	• 분할단면 이미지 데이터 확인	• 노트북 PC
		Cam_03	• 분할단면 이미지 및 LiDAR데이터 확인	

제 2장 과업 수행 내용

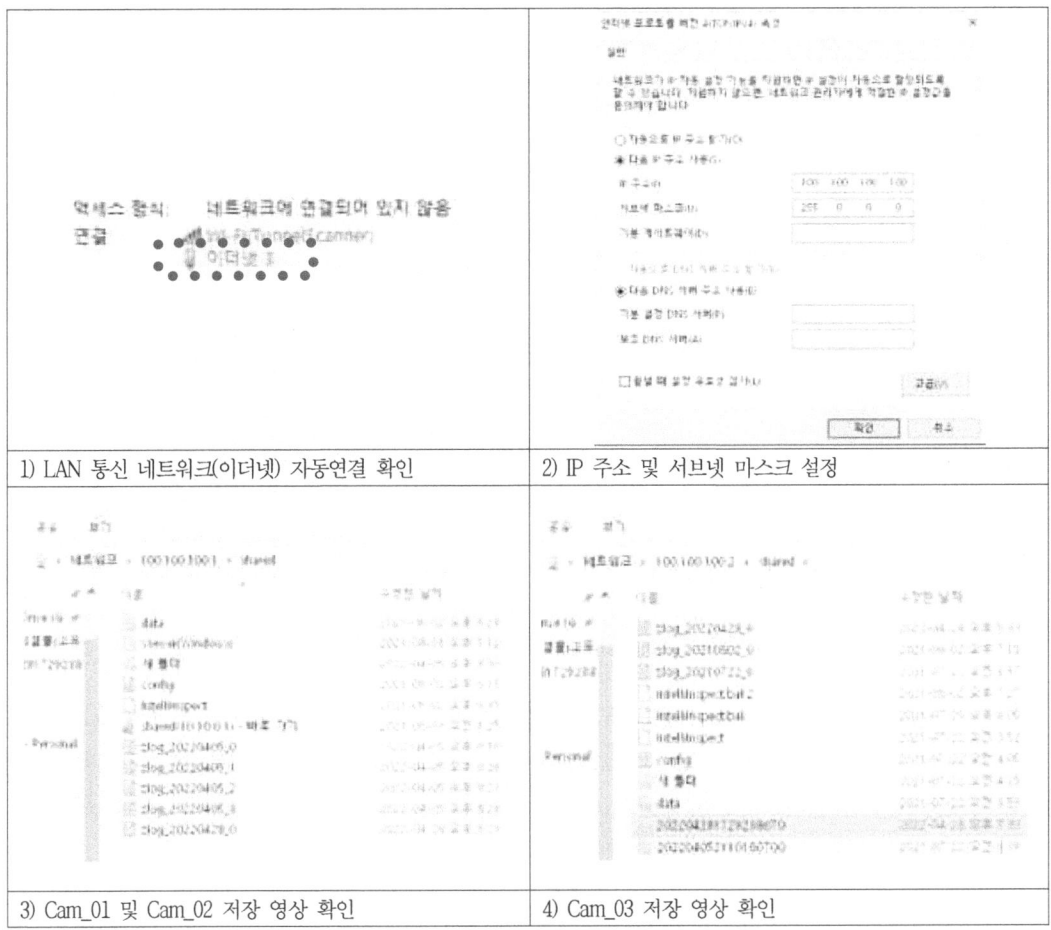

그림 2.154 수직형 스캐닝 시스템의 영상저장데이터 전송을 위한 네트워크 설정방법

○ 수직형 스캐닝 시스템으로 취득한 영상데이터는 영상처리모듈과 영상저장장치에 실시간 저장되어지며, HI-BOX 함체 내부에 설치되어있는 통신 HUB에 LAN통신으로 이미지를 전송할 수 있는 시스템으로 구성 되어있다. 그림 2.153에서는 영상처리모듈 내부에 설치되어 있는 통신허브를 통한 PORT 연결방법을 보여주고 있다.

○ 조사장비와 관리 PC(노트북)와의 LAN 통신 네트워크(이더넷) 연결 확인 후 네트워크 설정을 위해 인터넷 프로토콜 4(TCP/IPv4)에서 IP:100.100.100.100, 서브넷마스크 255.0.0.0 값을 입력해야 한다. 또한 영상취득 데이터확인을 위해 탐색기 창 상단에 카메라 Cam_01, 02 영상확인은 "￦￦100.100.100.1"(ID:root, PW:1q2w3e4r), Cam_ 03 영상은 " ￦￦100.100.100.2"(ID:admin, PW:1q2w3e4r) IP입력으로 접속할 수 있으며, <표 2.64>와 그림 154에서는 영상취득 데이터의 확인을 위한 단계별 설정 방법을 보여주고 있다.

2.9.4 화각 및 정밀도

○ 수직형 스캐닝 시스템 카메라 시스템의 촬영거리별 화각실험을 실내에서 수행하였으며, 중첩율과 화각(FOV(Field of View)) 및 지상표본거리(GSD(Ground Sample Distance))를 산정하고 균열검출 성능을 추정하였다. 그림 2.155에서는 카메라 화각분석을 위해 별도의 실내 벽면에 격자타일과 화각 측정을 위한 줄자 설치와 실험 전경을 보여주고 있다.

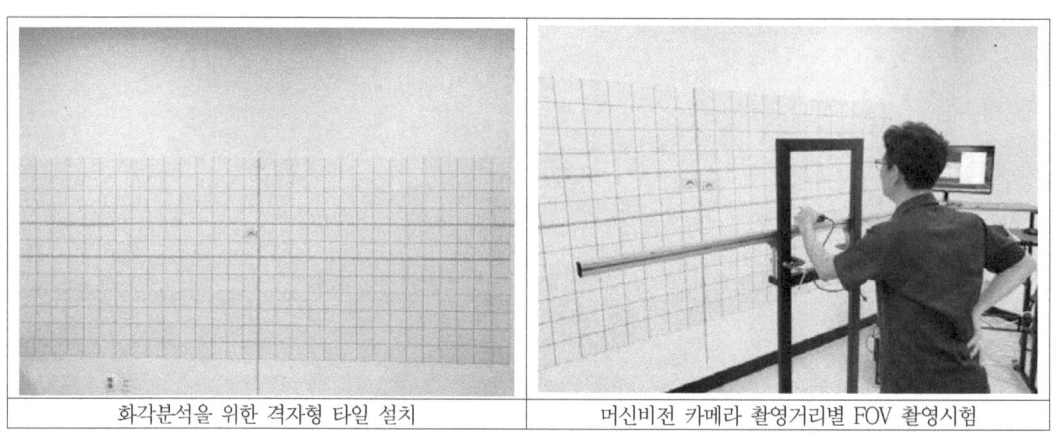

그림 2.155 카메라 화각분석을 위한 격자 타일과 줄자 설치 및 실험 전경

○ 수직형 스캐닝 시스템에 적용된 해상도 3,840×2,160Pixel의 머신비전 카메라와 6mm렌즈로 촬영거리 1m일 경우 수평 FOV는 1,318mm, 수직 FOV는 740mm이며, 3대의 카메라 정합 후 수평 FOV는 2,370mm 나타났다. 그림 2.156은 카메라 3대의 화각 정합에 의한 전체적인 FOV 크기를 보여주고 있다.

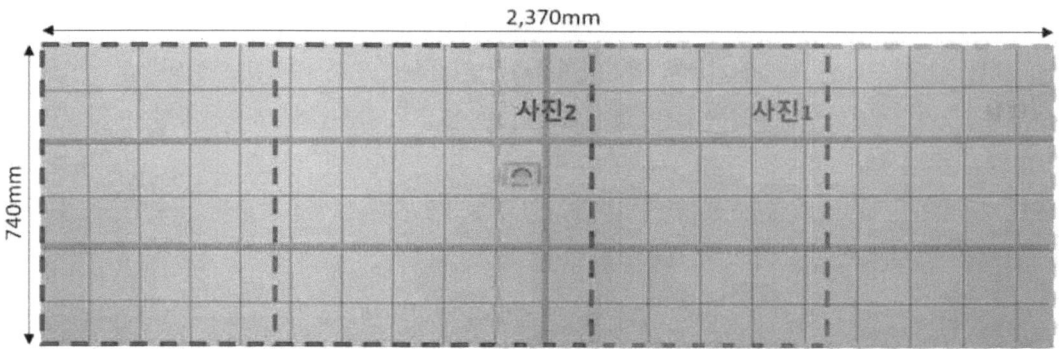

그림 2.156 촬영거리 1m일 경우 카메라 3대 화각 정합에 의한 수평 및 수직 FOV 크기

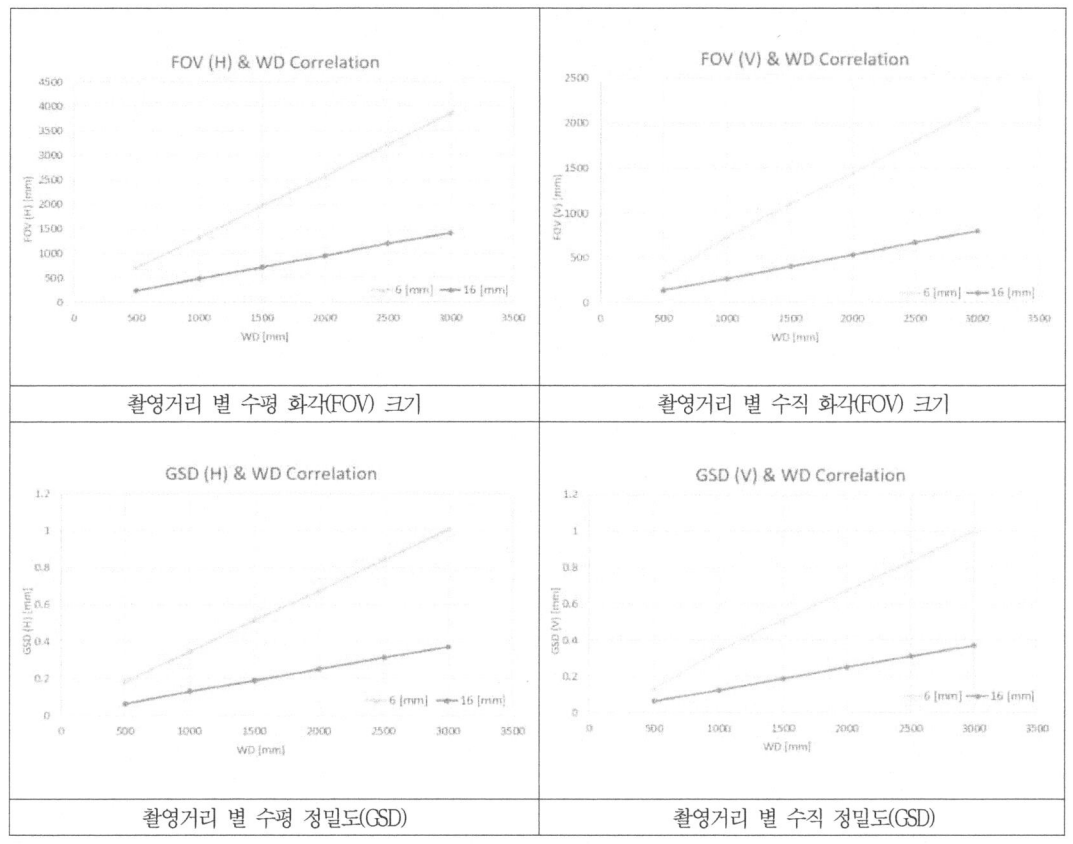

그림 2.157 카메라 렌즈 6mm, 16mm 촬영거리(Work Distance)별 수평 및 수직 FOV 및 GSD 분석

○ 수직형 스캐닝 시스템의 촬영거리 1m에서 카메라 영상간 중첩율은 60%로, 영상처리를 위한 특징점 검출 요구 중첩율 30%를 2배 이상 확보하고 있으며, 수평 해상도를 수평 촬영 길이로 나눈 GSD는 0.343mm로 정밀한 균열폭을 파악할 수 있는 정밀도를 확보하고 있는 것으로 나타났다. 그림 2.157에서는 카메라 렌즈에 따른 촬영거리 별 FOV 및 GSD분석 그래프를 보여주고 있다.

○ 조사장비에 설치되어 있는 6mm렌즈는 촬영거리 0.5~1.0m로 설정하고 최적의 화각을 가지는 초점길이(focal length)를 산정하여 적용하였으며, 초점이 맞는 거리의 범위가 16mm 렌즈 보다 비교적 넓고 카메라간 충분한 중첩율을 가지고 있다. <표 2.65>에서는 촬영거리(Work Distance)별 중첩율과 수직 및 수평 FOV와 GSD를 분석하여 보여주고 있다.

<표 2.65> 촬영거리에 따른 중첩율, 수평, 수직 FOV 및 GSD분석결과

Focal Length (mm)	촬영거리 (W.D), (mm)	카메라별 수평 FOV (mm)	카메라별 수직 FOV (mm)	정합후 수평 FOV (mm)	중첩율(%)	GSD (mm/pixel)	균열검출 (mm)
6	500	698	290	중첩없음		0.182	0.09
	600	728	436	1870	30	0.190	0.10
	700	849	508	1999	41	0.220	0.11
	800	970	581	2127	49	0.253	0.13
	900	1091	653	2256	56	0.284	0.14
	1000	1318	740	2370	60	0.343	0.17
	1500	1983	1111	3028	74	0.516	0.25
	2000	2580	1450	3625	80	0.336	0.67
	2500	3230	1800	4275	84	0.421	0.84
	3000	3850	2150	4895	86	0.501	1.00
16	500	232	142	중첩없음		0.060	0.03
	1000	484	267			0.126	0.06
	1500	721	406	1766	28	0.188	0.09
	2000	956	538	2001	45	0.249	0.12
	2500	1191	669	2236	56	0.310	0.16
	3000	1419	796	2464	63	0.370	0.18

2.9.5 수직형 스캐닝 시스템 현장 조사절차

(1) 개 요

○ 수직형 스캐닝 시스템의 조사절차는 크게 (1) 사전조사 : 대상시설물의 제원 및 화각검토, (2) 현장답사 : 촬영계획 수립, (3) 장비점검 : 현장 설치 전 이상 유무 확인, (4) 현장촬영 : 수직형 스캐닝 시스템 설치 및 영상취득, (5) 영상전송 : 데이터 확인 및 전송의 과정을 통해 스캐닝을 수행하게 된다. 그림 2.158 에서는 수직형 스캐닝 시스템의 영상획득을 위한 현장촬영 절차를 요약하여 보여주고 있다.

그림 2.158 수직형 스캐닝 시스템 단계별 현장 조사절차

가. 사전조사

○ 사전조사는 대상 시설물의 현장의 수직형 스캐닝 시스템에 필요한 설계 및 환경 정보를 현장촬영 전 수집 분석하는 것으로 시설물의 단면형식, 폭, 높이 등 설계자료를 취합하여 촬영거리에 의한 화각 검토와 촬영계획을 수행한다. 그림 2.159에서는 지하철 환기구 단면 형태 및 촬영거리에 의한 화각검토와 촬영계획 수립의 예를 보여주고 있다.

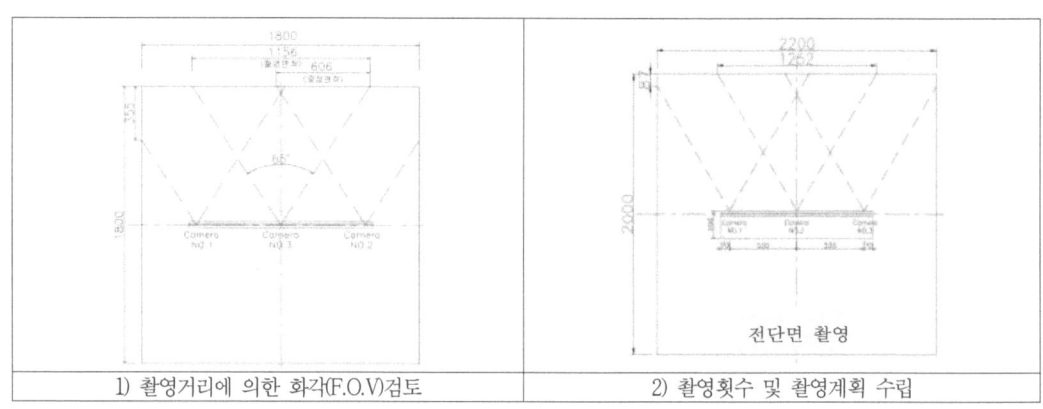

| 1) 촬영거리에 의한 화각(F.O.V)검토 | 2) 촬영횟수 및 촬영계획 수립 |

그림 2.159 촬영거리에 의한 화각검토 및 촬영계획 수립

나. 현장답사

○ 사전조사 결과, 설계 및 도면자료를 근거로 단면변화 및 장애물 구간을 현장에서 직접 확인한다. 또한 윈치케이블 박스 설치가 가능한 시설물 상부 현황과 하부 작업공간확보를 위해 물고임 여부 등을 확인하여 수직형 스캐닝 시스템의 설치 가능 여부를 파악하고 촬영계획을 수립한다. 그림 2.160에서는 수직형 스캐닝 시스템 현장적용을 위한 사전 현장답사 모습을 보여주고 있다.

| 1) 환기구 상부 그레이팅 시공 현황 | 2) 작업 및 설치 공간 확보 |
| 3) 지장물 현황 | 4) 점검사다리 설치 여부 |

그림 2.160 수직형 스캐닝 시스템 촬영계획 수립을 위한 현장답사

다. 장비점검

○ 수직형 스캐닝 시스템 현장 적용 전에 현장 촬영을 위한 전원부 충전 상태 및 통신연결 상태, 저장 메모리 확인 등을 운용 매뉴얼에 따라 작동 이상을 최종 확인한다.

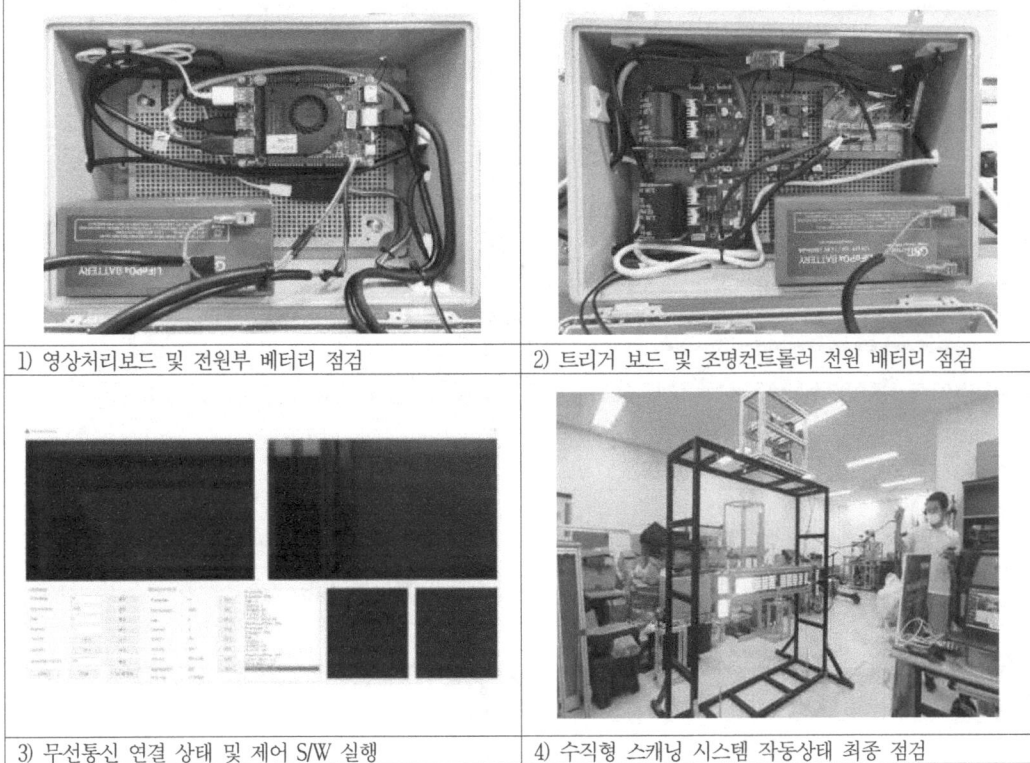

1) 영상처리보드 및 전원부 베터리 점검   2) 트리거 보드 및 조명컨트롤러 전원 배터리 점검

3) 무선통신 연결 상태 및 제어 S/W 실행   4) 수직형 스캐닝 시스템 작동상태 최종 점검

그림 2.161 촬영거리에 의한 화각검토 및 촬영계획 수립

라. 현장촬영

○ 환기구의 경우 윈치 및 가이드케이블 박스를 하부의 가이드와이어 베이스와 동일선상에 이동 후 윈치케이블을 조사장비에 연결한다. 상부에서 가이드와이어를 하강시켜 조사장비의 양측면을 통과하고 가이드와이어 베이스에 연결한 후 윈치박스 모터를 구동시켜 조사장비를 정속으로 이동시키면서 설치상태를 확인한다. 그림 2.162에서는 현장설치 및 촬영을 위한 단계별 설치 순서를 보여주고 있다.

○ 수직형 스캐닝 시스템 전원 인가 후 무선통신으로 영상처리장치와 연결하고 제어S/W를 실행하여 프레임속도 및 노출시간, 영상전송과 저장 기능 등을 설정한 후 수립된 촬영계획에 따라 영상을 취득한다. <표 2.66>에서는 조사장비와의 무선연결 및 제어S/W 실행을 위한 단계별 설정방법을 보여주고 있다.

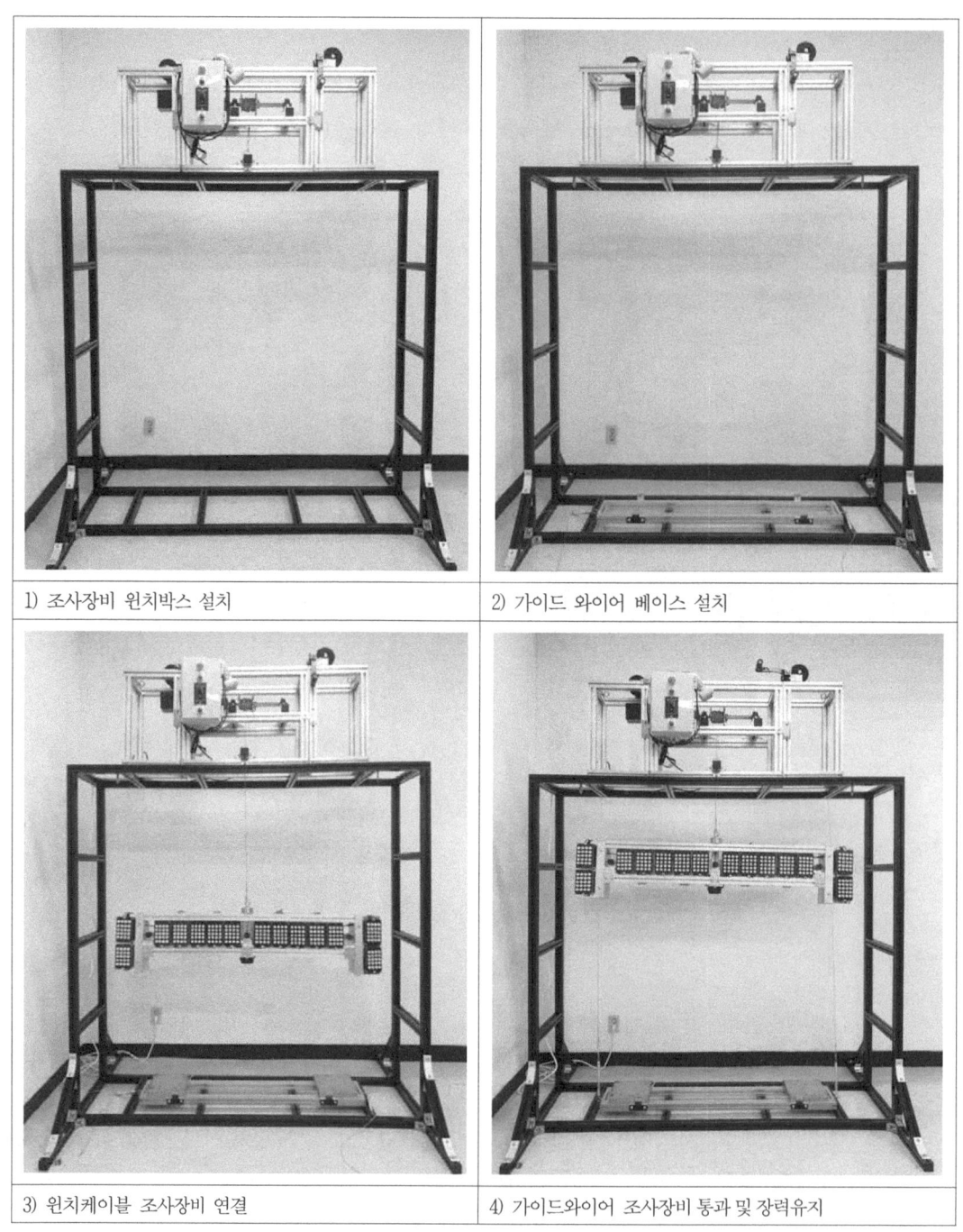

그림 2.162 수직형 스캐닝 시스템 조립순서 및 설치방법

<표 2.66> 수직형 스캐닝 시스템 무선통신 및 S/W실행을 위한 단계별 네트워크 설정방법

NO.	항목	설정 내용	위치
1	영상처리모듈 함체	• 외부 전원버튼 "ON" 으로 장비 활성화	• 조사장비
2	조명모듈 함체	• 외부 전원버튼 "ON" 으로 장비 활성화	• 조사장비
3	WI-FI 통신연결	• WI-FI명 TUNNEL SCANNER 연결	• 노트북 PC
4	노트북 네트워크 설정	• 열결된 네트워크 TUNNEL SCANNER의 IPV4 속성 • IP : 10.10.0.10 / 서브넷마스크 : 255.0.0.0	• 노트북 PC
5	S/W 실행	• 카메라 설정 및 시스템 시작 및 정지	• 노트북 PC

마. 영상전송

○ 수직형 스캐닝 시스템의 실시간 저장된 영상데이터는 영상처리장치 HI-BOX 내 설치되어 있는 통신HUB와의 LAN통신으로 영상취득 데이터를 확인한다. <표 2.67>에서는 데이터 확인 및 전송을 위한 단계별 설정방법을 보여주고 있다.

<표 2.67> 수직형 스캐닝 시스템 영상취득 데이터 확인을 위한 단계별 설정방법

NO.	항목		설정 내용	위치
1	데이터 전송 HUB		• 통신 HUB PORT에 LAN케이블 연결	• 조사장비 HUB
2	LAN 통신 네트워크 설정 - IP 주소 - 서브넷마스크(U)		• LAN설정 네트워크(TCP/IPv4) • 100.100.100.100 • 255.0.0.0	• 노트북 PC
3	폴더 상단 IP주소 입력 - Cam_01, 02 영상데이터 - Cam_03 영상데이터		• 데이터 전송 폴더 접속(폴더상단 IP 입력) • ₩₩100.100.100.1(ID : root, PW : 1q2w3e4r) • ₩₩100.100.100.2(ID : admin, PW : 1q2w3e4r)	• 노트북 PC
4	영상데이터 확인	Cam_01, 02	• 분할단면 이미지 데이터 확인	• 노트북 PC
		Cam_03	• 분할단면 이미지 및 LiDAR데이터 확인	

2.9.6 수직형 스캐닝 시스템 현장 작업인원 및 소요시간

<표 2.68> 수직형 스캐닝 시스템 현장적용 시 단계별 설치순서에 의한 작업인원 및 소요시간

NO.	작업절차	작업내용	작업위치	작업인원	소요시간	비고
1	환기구 상단 안전 발판 설치	• 현장진입 전 시설물의 제원 고려하여 비계 PIPE 및 발판 설치 • 윈치박스는 외부 그레이팅 상단중앙으로 이동하고 윈치모터 제어 인원은 안전발판 위에서만 작업	외부	2인 고정	3분	현장 진입 전 설치완료
2	환기구 내부 고정 베이스 설치	• 윈치박스 위치와 동일 선상에 가이드 와이어 고정 베이스 설치	내부	2인 고정	1분	-
3	조사장비 거치	• 윈치케이블 하강 • 윈치케이블 조사장비 거치 • 가이드와이어 고정 베이스 위치보정	외부 내부	-	1분	동시작업
4	가이드와이어 연결	• 상부 수동윈치로부터 가이드 와이어 하강 • 조사장비 양측면 아이볼트 통과 • 하부 베이스 장력유지장치에 연결	외부 내부	-	1분	동시작업
5	장력조정	• 수동윈치로 가이드 와이어 장력도입 • 환기구 11m기준 스프링 신장율 25cm 까지 확인 후 장력도입 중지 및 유지	외부 내부	-	1분	동시작업
6	제어S/W	• 네트워크 설정 및 무선통신연결 • 제어 S/W 실행 및 설정	내부	-	2분	-
7	영상촬영	• 상부 윈치케이블 상, 하 이동 제어 • 1면 촬영 종료 후 촬영 종료	외부 내부	-	2분	-
8	이동설치	• 장력해제 • 가이드와이어 해체 • 조사장비 180°도 회전 • 가이드 와이어 연결 • 장력도입	외부 내부 내부 내부 외부	- - - - -	2분	동시작업
9	영상촬영	• 제어 S/W 실행 및 설정 • 상부 윈치케이블 상, 하 이동 제어 • 1면 촬영 종료 후 촬영 종료	내부 외부 내부	- - -	2분	동시작업
	총 작업 소요시간(남, 북 방향 총 2면 촬영 기준)			4인	15분	-

※[1] 설치 인원의 숙련도 및 현장 특성에 따라 설치 시간은 변경될 수 있음.
※[2] 환기구 심도 10m, 폭 2.0×2.0m의 시설물을 기준으로 수직형 스캐닝 시스템 설치인원 및 소요시간 산정

2.9.7 수직형 스캐닝 시스템 점검항목 및 유지관리

<표 2.69> 수직형 스캐닝 시스템 점검항목 및 유지관리 방안

구 분		점검항목	유지관리 방안
윈치박스		• 전원 220V 인가 및 모터 작동 상태 • 모터 제어 컨트롤러 작동 여부 • 비상정지 버튼 작동 여부 • 윈치케이블 변형 및 파손, 부식 여부	• 정기점검 및 이상 발생시 수리 및 복구 • 전원케이블 확인 및 수리 • 윈치케이블 연결부 파손 확인 및 교체
가이드와이어 박스		• 가이드와이어 변형 및 파손 여부 • 수동윈치 체결 상태	• 정기점검 및 이상 발생시 수리 및 복구 • 가이드와이어 확인 및 교체
가이드와이어 고정베이스		• 장력유지장치 변형 및 파손 여부 • 아이볼트 위치 변경 여부	• 장력유지장치(스피링) 이상시 교체 • 상시 예비품 확보
수직형 스캐닝 시스템 장비	카메라 (렌즈)	• 화각 및 해상도 상태 • 렌즈 손상 여부 • 영상 전송 및 트리거 신호 케이블 연결상태 • 카메라 설치 지그 체결 및 풀림 여부	• 정기점검 및 조사장비 구동TEST / 이상 여부 확인 및 복구 • 렌즈 파손시 교체 • 케이블 재연결 및 교체 • 설치 지그 볼트 파손시 교체
	조명	• 조명 렌즈 이상 및 발광 여부 • 조명 렌즈 파손 여부 • 전원케이블 핀 및 케이블 파손 여부	• 조명 렌즈 교환 및 상시 예비품 확보 • 케이블 연결부 부식제거 및 교환
	LiDAR	• 영상취득시 LiDAR 작동상태 • 데이터 저장 이상 여부 • 전원(5V) 및 통신 케이블 상태 연결상태	• 조사장비 이동 및 작동시 LiDAR 파손주의 • 케이블 수리 및 복구
	영상처리 모듈	• 영상처리장치 및 전원장치 전원 인가 상태 • 영상취득 데이터 실시간 저장 여부 • 영상취득시 데이터 저장용량 • 12V 베터리 충전 상태	• 정기점검 및 이상 발생시 수리 및 복구 • 현장적용 전 사전TEST로 이상점검 및 수리 • 영상취득시 기존 데이터 이동 및 삭제 • 베터리 충전상태 및 여부에 따라 교체
	조명제어 모듈	• 트리거 모듈 조명 및 카메라 통신 케이블 연결 상태 • 조명제어보드 LED케이블 연결 상태 • 12V 베터리 충전 상태	• 작동여부 확인 및 연결케이블 상태확인 및 재연결 • 베터리 충전상태 및 여부에 따라 교체
통신상태		• 제어PC를 통한 영상처리장치 무선 연결 여부 • 데이터 전송을 위한 통신HUB 작동여부 • 데이터 확인 및 전송 가능 여부	• 무선통신장치 결속부 재고정 • 통신HUB PORT 재고정 • 현장적용 전 사전 TEST로 데이터 저장 확인 및 삭제
제어 S/W		• 제어 S/W로 조사장비 제어 및 연결 가능 여부 • 카메라 촬영시간 및 노출시간 설정여부 • 조사장비 제어 여부	• 제어 S/W 재설치 및 재실행 • 이상확인시 관리PC 재부팅
AL 프로파일		• 체결상태 및 볼트 풀림 여부 • 체결부 부식 여부	• 고정지그 및 볼트 교체

2.9.8 수직형 스캐닝 시스템 현장촬영

가. 수직형 스캐닝 시스템 현장 적용을 위한 단계별 수립 절차

<표 2.70> 수직형 스캐닝 시스템 현장 적용을 위한 단계별 절차

단계	세부 절차	내용
사전조사	도면 및 보고서검토	• 촬영대상 시설물의 규격 및 제원 검토 • 화각검토 및 촬영 방법과 횟수 등 계획 수립
현장답사	설치 가능 제반 사항 확인	• 상부 윈치박스 설치공간 확인(그레이팅 설치여부) • 가이드와이어 하부 베이스 설치여부 확인(물고임 및 규격 외)
수직형 스캐닝 시스템 설치순서 및 방법	윈치박스 설치	• 외부 그레이팅 상단 비계발판 설치로 작업 안정성 확보 • 환기구(2m×2m)의 경우 윈치케이블 및 가이드 와이어 박스 환기구 단면 중앙 설치
	하부 베이스 설치	• 윈치박스와 동일위치에 하부 가이드와이어 베이스 설치
	조사장비 거치	• 윈치박스에서 내려오는 윈치케이블 조사장비 연결
	가이드와이어 연결	• 조사장비를 통과하여 하부 가이드와이어 베이스 연결
	장력조절 및 유지	• 가이드와이어 수동원치부에서 장력조절 - 심도 10m의 경우 장력유지장치 길이 약 250mm 유지
영상취득	영상제어 SYS. 무선접속	• WI-FI 네트워크 "TUNNEL SCANNER" 연결
	네트워크 설정	• "TUNNEL SCANNER" 네트워크 설정 • IP : 10.10.0.10 / 서브넷 : 255.0.0.0 입력 및 확인
	제어 S/W 실행	• 수직형 스캐닝 시스템 S/W 실행
	카메라 환경 설정	• Frame rate 및 노출시간 등 최적설정 후 갱신
	영상취득	• S/W 시작 버튼 선택 후 윈치케이블 상,하 이동제어로 영상취득 후 촬영 종료 • 환기구 풍도 1개소 촬영시간 약30분 소요
영상취득 종료 후 데이터 전송	LAN통신 연결	• 데이터 외부 전송을 위해 LAN케이블을 통신HUB PORT 와 외부저장장치(노트북)에 연결
	네트워크 설정	• LAN통신 네트워크(이더넷) 설정 • IP : 100.100.100.100 / 서브넷 : 255.0.0.0 입력 및 확인
	데이터 확인 Cam_01, 02 Cam_03	• 탐색기 주소 창에 IP입력으로 영상취득 데이터 확인 • ₩₩100.100.100.1(ID : root, PW : 1q2w3e4r) • ₩₩100.100.100.2(ID : admin, PW : 1q2w3e4r)

나. 환기구 상단 안전발판 설치 및 작업 안정성 확보

○ 현장 환기구 외부 그레이팅은 별도의 지지대 없이 콘크리트 마감재에 L형 앵글로 걸쳐저 있고 그레이팅 중앙부는 Steel Tie로만 결속되어 있어 상부 작업시 추락 위험성이 발생할 수 있으므로 <표 2.71>에서 보여주는 바와 같이 환기구 크기에 맞는 발판 구조물을 별도로 제작 및 임대하여 설치하였다. 또한 그림 2.163에서와 같이 환기구 상부에서의 작업은 작업안정성을 확보한 상태에서 수행하여야 한다.

<표 2.71> 환기구 상단 외부 공정작업을 위한 안전발판 설치도

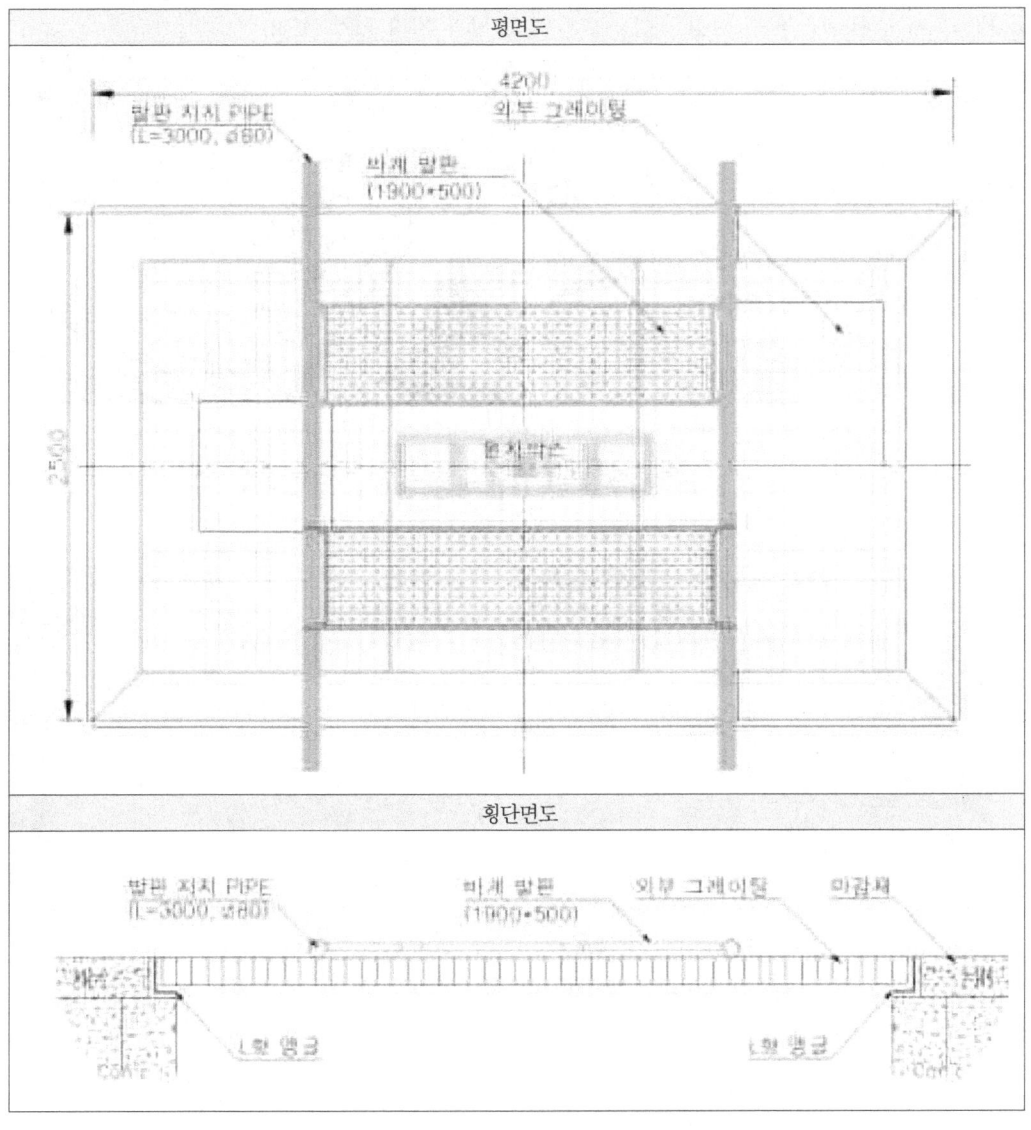

그림 3.20 환기구 외부 안전 발판 단계별 설치 순서

그림 2.163 테스트베드 별 환기구 외부 안전발판 설치 및 작업 전경

다. 수직형 스캐닝 시스템 단계별 현장설치 방법

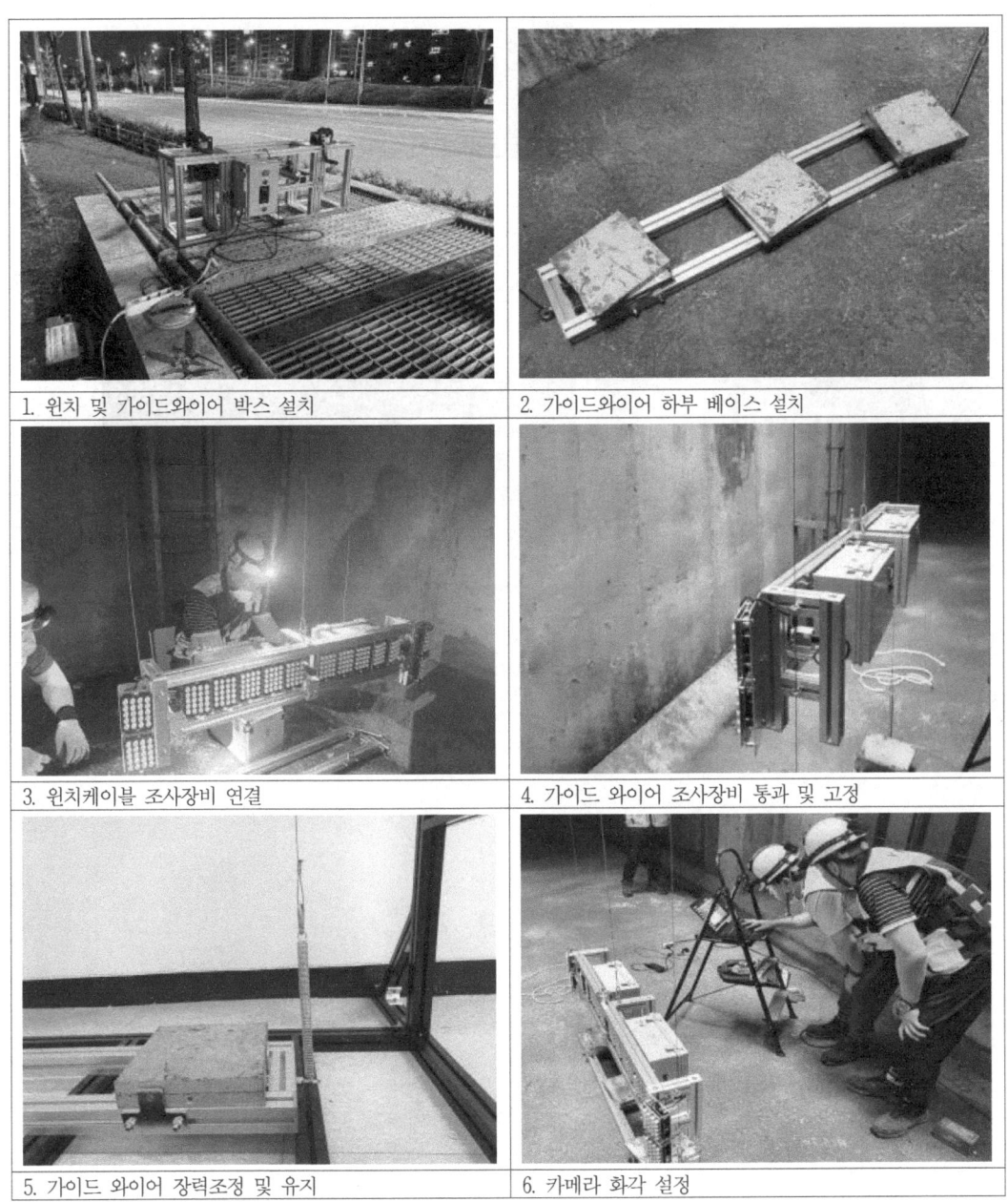

그림 2.164 수직형 스캐닝 시스템 테스트베드 현장 적용 설치순서(계속)

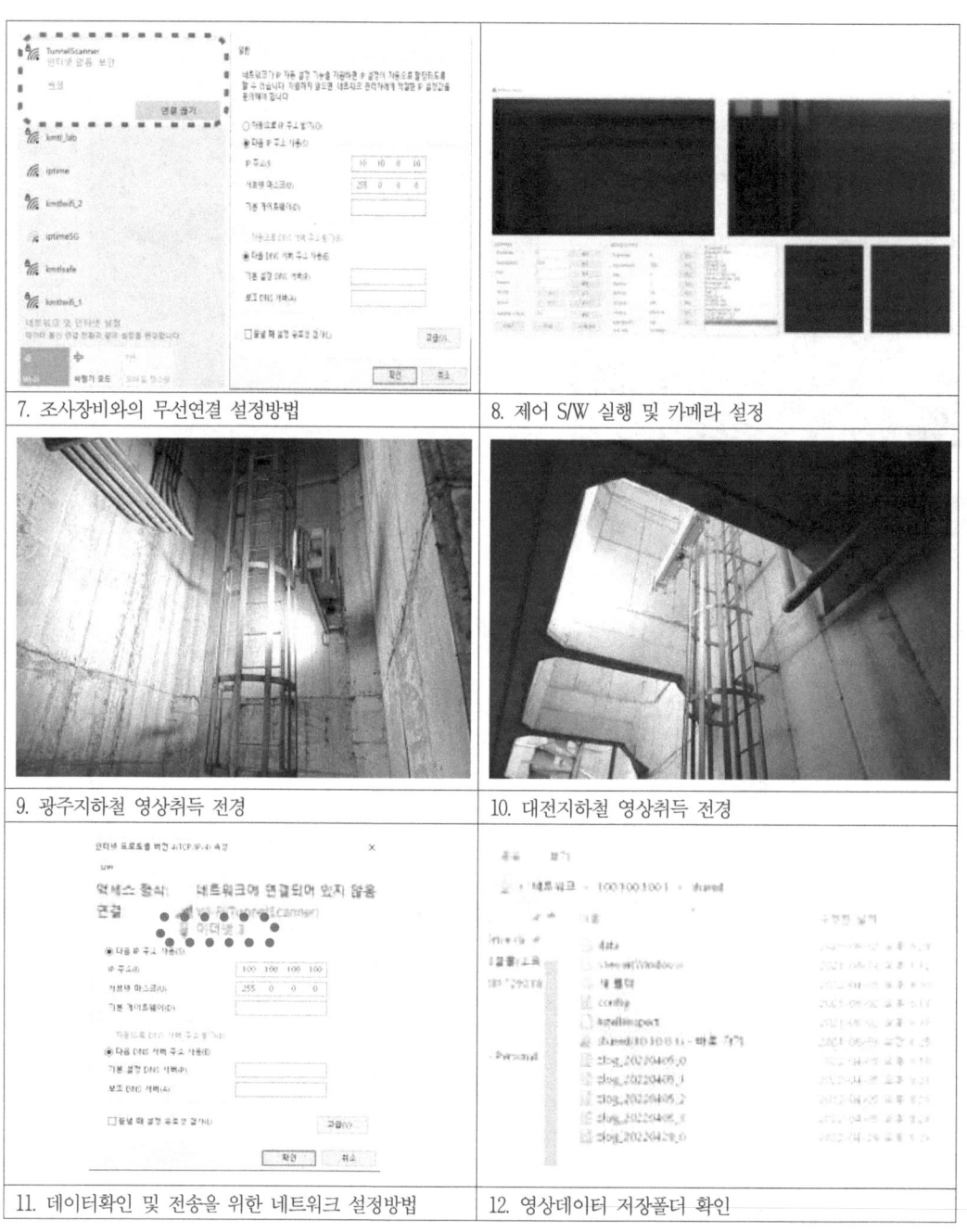

그림 2.164 수직형 스캐닝 시스템 테스트베드 현장 적용 설치순서

2.9.9 평면전개 이미지 생성을 위한 영상처리

가. 평면전개 소프트웨어 운용을 위한 시스템 사양

○ 고용량인 다수의 취득 영상을 활용하는 소프트웨어 특성 상 고사양의 서버가 요구되며, 데이터 저장을 위한 고용량 스토리지 확보 필요

<표 2.72> 평면전개 소프트웨어 운용을 위한 시스템 권장 및 최소 사양

부품	권장사양	최소사양
CPU	20코어 40스레드 이상	6코어 12스레드 이상
RAM	64GB 이상	32GB 이상
GPU	RTX 2080ti, RTX 3070 급	GTX 1080ti, RTX 2070, RTX 3060
SSD	PCIe 3.0 x4 (NVMe) M.2 SSD	PCIe 3.0 x4 (NVMe) M.2 SSD
HDD	4TB 이상	2TB 이상
Power supply	1300W Gold급 이상	750W Bronze급 이상

나. 소프트웨어 패널 설명

- 소프트웨어 패널 1: Exterior map establishment module

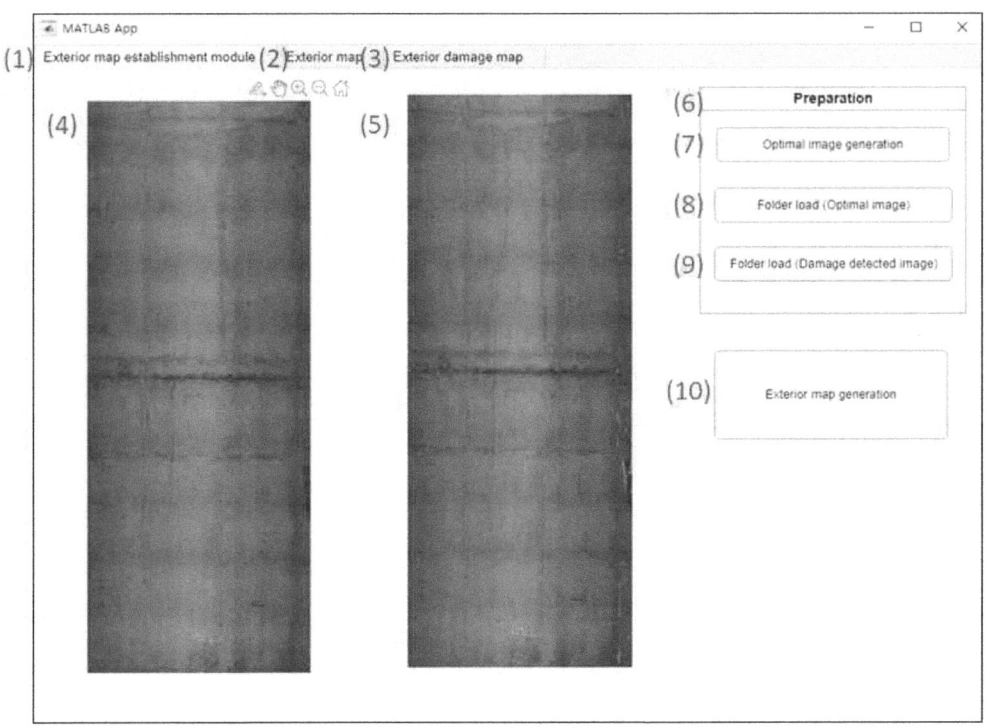

(1) Tab 1. Exterior map establishment module: 개별 Optimal image 생성 및 Exterior map 생성을 위한 프로세싱 모듈

(2) Tab 2. Exterior map: Exterior map 표출 및 Exterior map 디테일한 검토 및 저장을 위한 프로세싱 모듈

(3) Tab 3. Exterior damge map: Exterior damage map 표출 및 Exterior damage map 디테일한 검토, 저장 및 물량저장을 위한 프로세싱 모듈

(4) Exterior map (section): Optimal image를 활용하여 생성된 Exterior map 표출

(5) Exterior damage map (section): Damage detected image를 활용하여 생성된 Exterior damage map 표출

(6) Preparation 패널: Exterior map 생성을 위한 사전 준비 패널

(7) Optimal image generation 버튼: Optimal image generation algorithm을 통해 Raw image으로부터 Optimal image를 생성

(8) Folder load (Optimal image) 버튼: Exterior map 생성을 위한 대상 이미지 load 버튼 (Optimal image를 활용)

(9) Folder load (Damage detected image) 버튼: Exterior damage map 생성을 위한 대상 이미지 load 버튼 (Damage detected image를 활용)

(10) Exterior map generation 버튼: 사전 준비된 데이터를 활용하여 내장된 Image stitching algorithm을 통해 Exterior map 및 Exterior damage map 생성

다. Optimal image selection algorithm

○ 평면전개 이미지 생성을 위해 스캐닝 시스템을 활용해 취득한 Raw image로부터 Optimal image를 선정

- 스캐닝 시스템을 통해 취득한 Raw image를 각 스캐닝에 따라 Section 1, Section 2, Section 3, ...로 분류하여 폴더를 준비한다.

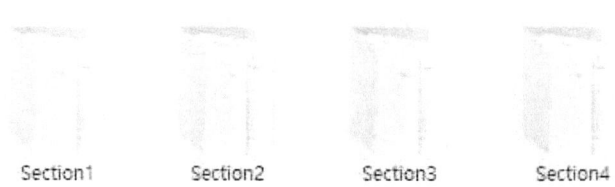

그림 2.165. Raw image folders

- 소프트웨어 패널의 (7) Optimal image generation 버튼을 클릭하여 Raw image의 각 Section 폴더를 선택하면 Optimal 폴더 내 각 폴더가 생성된다.

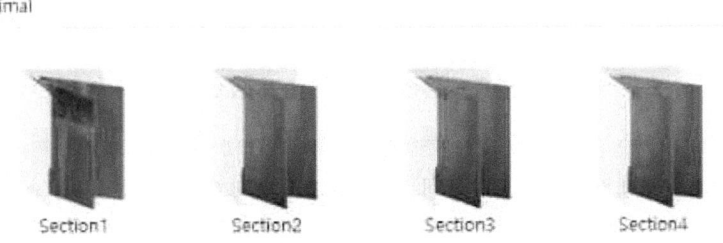

그림 2.166. Optimal image folders

라. Exterior map (평면전개 이미지) generation algorithm

○ Optimal image 및 Damage detected image를 활용하여 평면전개 이미지 생성

- Web server를 통해 Optimal image로부터 인공지능 다중손상 결함검출을 수행하여 Detection folder 내에 각 Section 별로 Damage detected image를 생성한다.

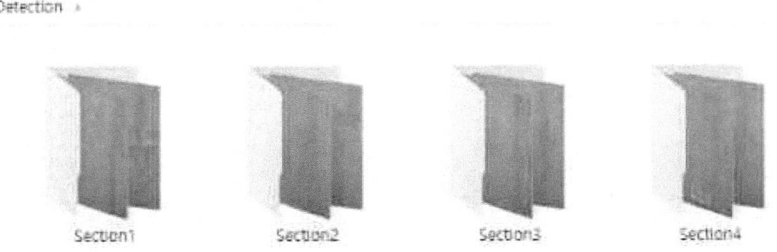

그림 2.167. Damage detected image folders

- 이어서, 소프트웨어 패널의 (8) Folder load (Optimal image) 버튼을 클릭하여 Exterior map 생성을 위한 대상 이미지 load하며, (9) Folder load (Damage detected image) 버튼을 클릭하여 Exterior damage map 생성을 위한 대상 이미지 load한다.

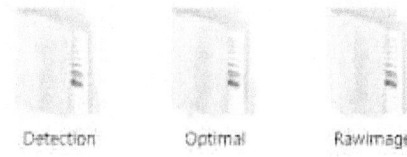

그림 2.168. 평면전개용 이미지 폴더

- 마지막으로, Exterior map generation 버튼: 사전 준비된 데이터를 활용하여 내장된 Image stitching algorithm을 통해 Exterior map 및 Exterior damage map 생성

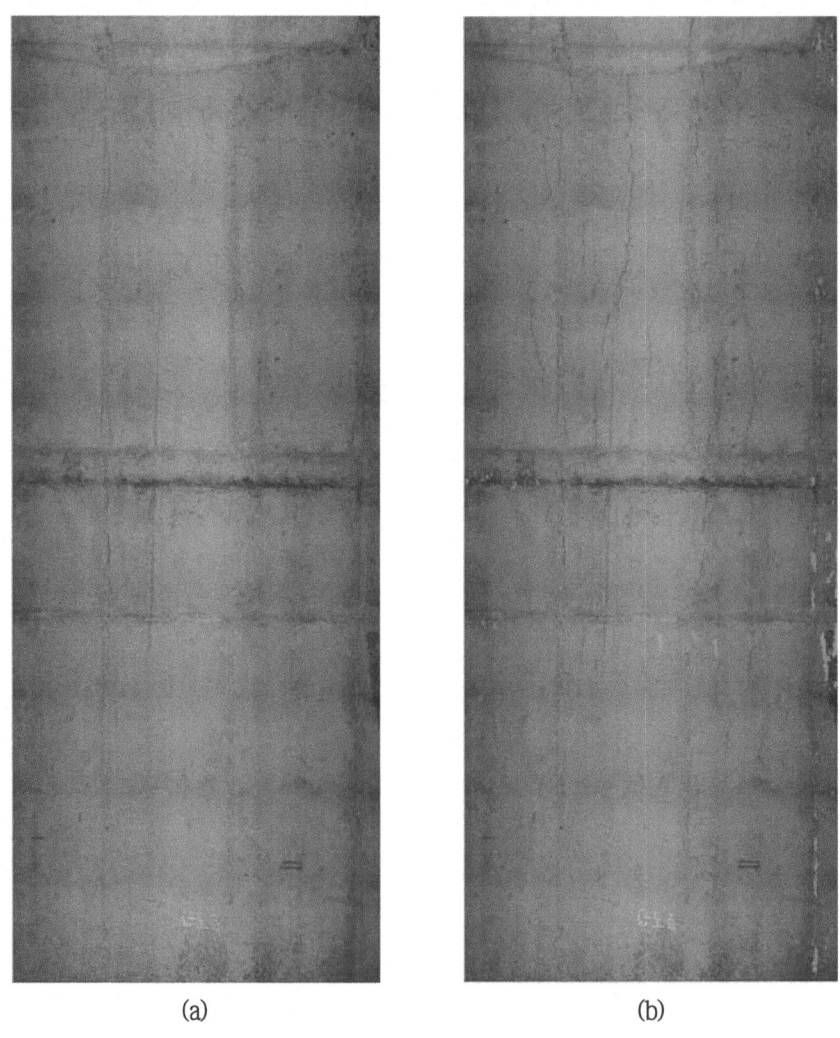

(a)　　　　　　　　　(b)

그림 2.169. Exterior map generation results: (a) exterior map (section), (b) exterior damage map (section)

2.9.10 AI기반 결함검출 및 손상정보 영상분석

(1) 결함검출 네트워크

○ 균열 및 면적형 손상이 분할 학습된 네트워크를 활용하여 다중손상 검출 수행

- 테스트베드 데이터를 활용하여 학습한 네트워크를 활용하며, 수직형 시설물의 균열과 유사한 오염, 조인트 등이 포함된 표면 특성을 고려하여 Negative sample인 Crack-like와 Edge 두 클래스를 추가 학습하여 Crack damage 네트워크에 학습하여 첫 번째 네트워크 구축

- 면적형 손상의 클래스로 철근노출, 박리박락, 부식, 백화 등의 손상 이미지를 학습하여 두 번째 네트워크 구축, 두 네트워크의 최종 결과가 병합되어 결과 송출

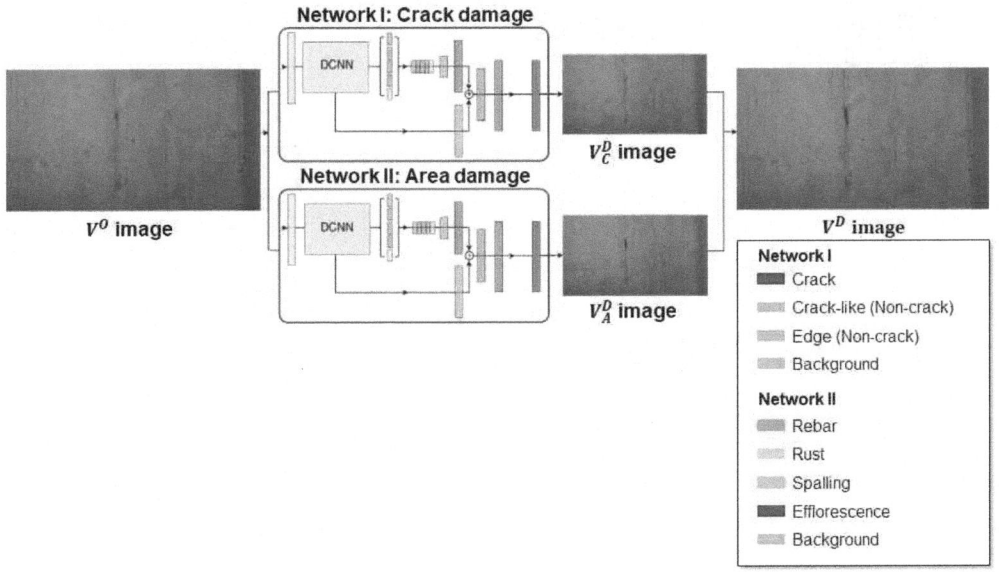

그림 2.170 Semantic segmentation network

(2) Web server 기반 인공지능 다중손상 결함검출

○ 인공지능 네트워크 활용을 위한 Web server 구성

- 인공지능을 활용한 자동 손상 검출 수행을 위한 인공지능 서버 시설 리소스 사용
- 인터넷으로 접속하여 Web 서비스 서버 (Server 1)으로 접속한 뒤, 데이터를 업로드하여 인공지능 전용 서버 (Server 2)의 해석 결과를 다운로드

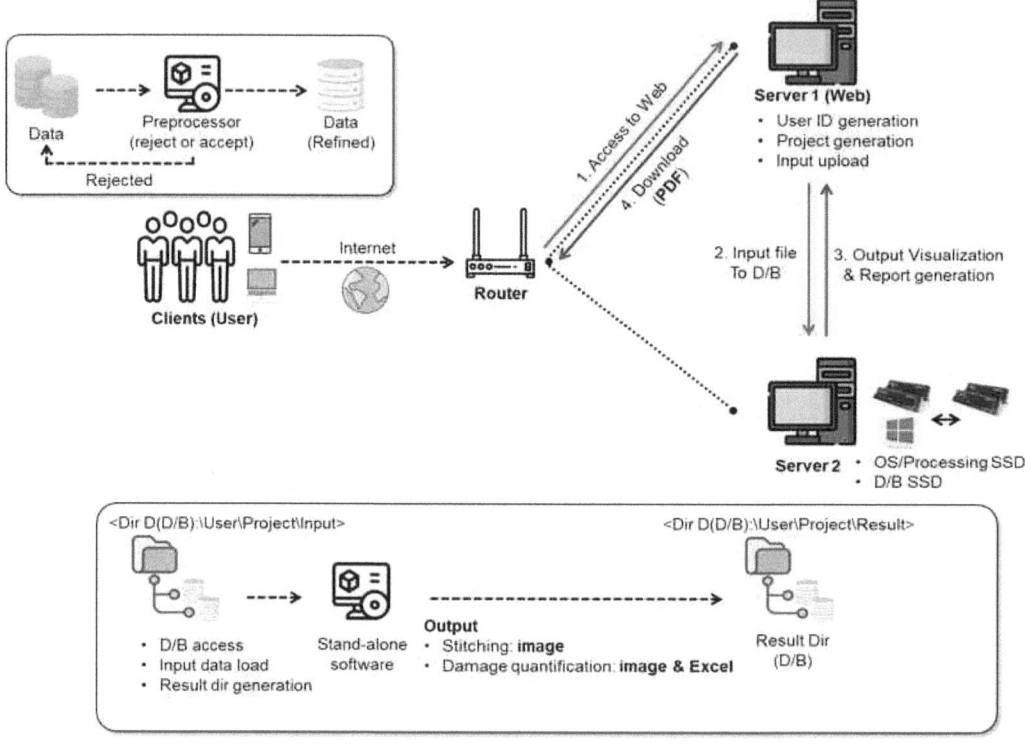

그림 2.171 Web server 기반 인공지능 다중손상 결함검출

○ Web server 활용 Manual

- 인터넷으로 접속하여 Web 서비스 서버 (Server 1)으로 접속한 뒤, 회원가입하여 계정 생성 후 로그인 진행

(1) 회원가입 절차

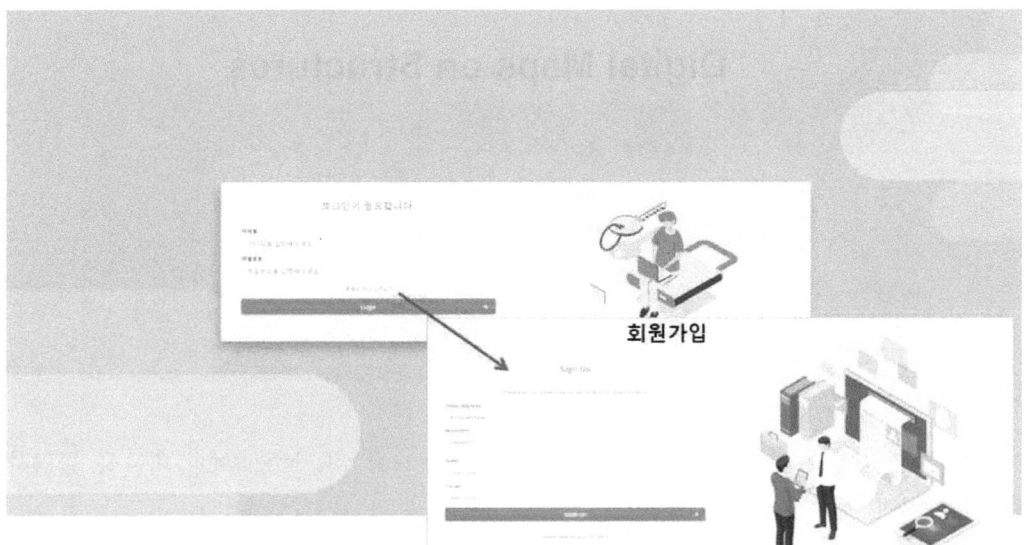

(2) 계정 생성 후, 로그인 진행

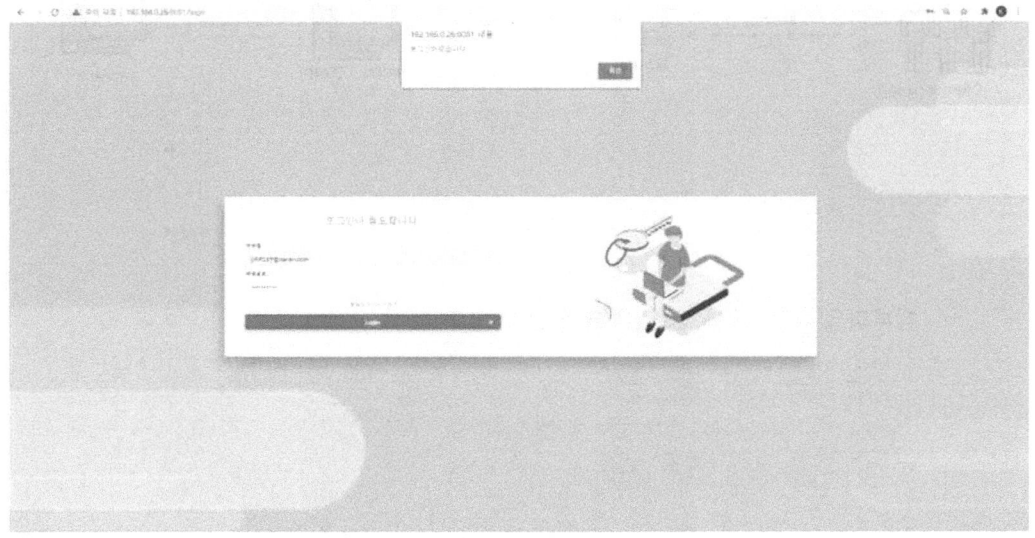

(3) 메인 페이지 접속

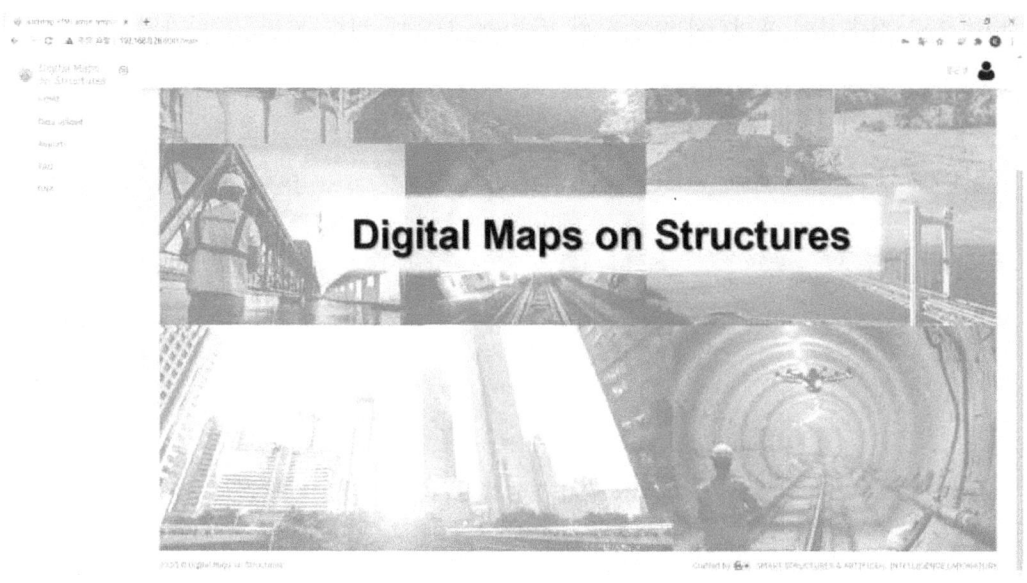

- 이어서, 손상 검출하고자 하는 이미지를 Web에 업로드한 뒤, Processing 버튼을 클릭하여 인공지능 기반 자동손상검출 수행

(4) 이미지 업로드

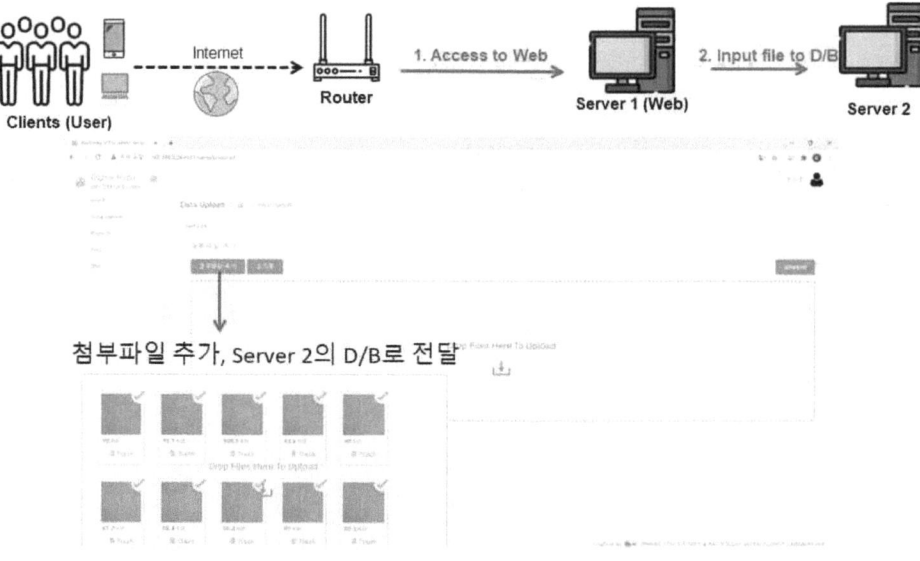

(5) Processing 수행

- 프로세싱이 마무리되면, 최종결과가 송출되며 결과 이미지를 저장

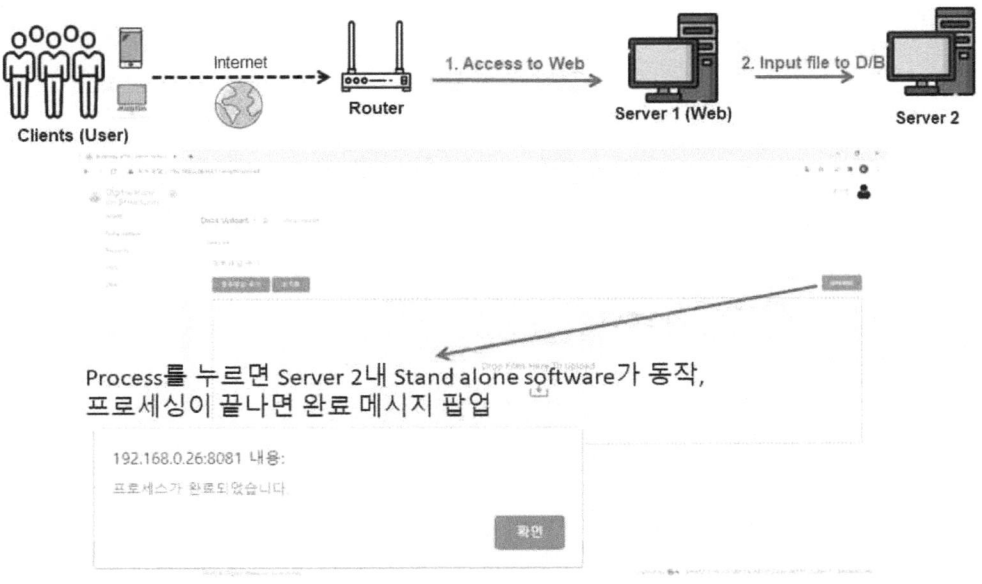

(6) 최종결과 송출

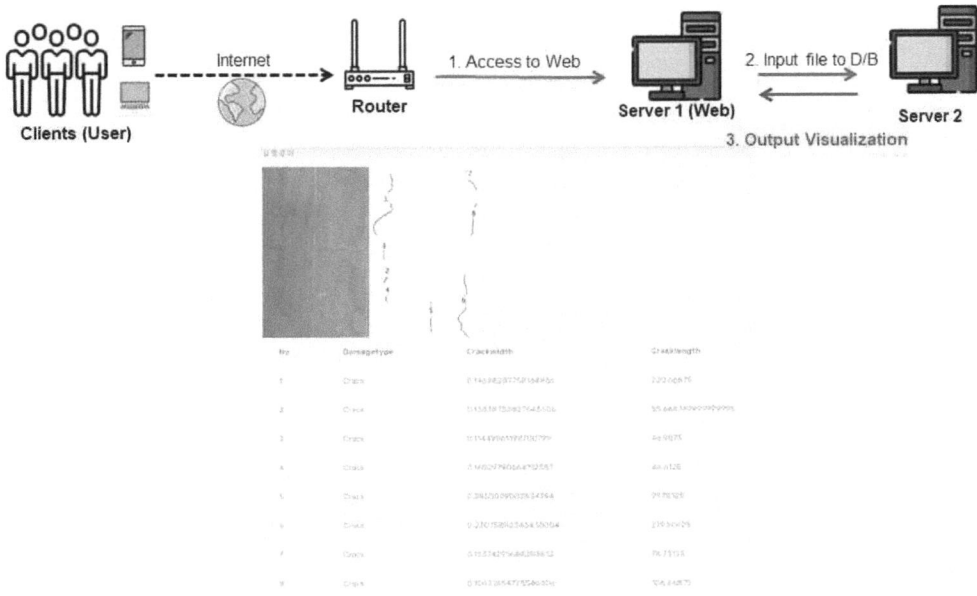

(7) 결과 다운로드

수직형 시설물의 AI 기반 비진입 스캐닝 자동화 시스템 개발

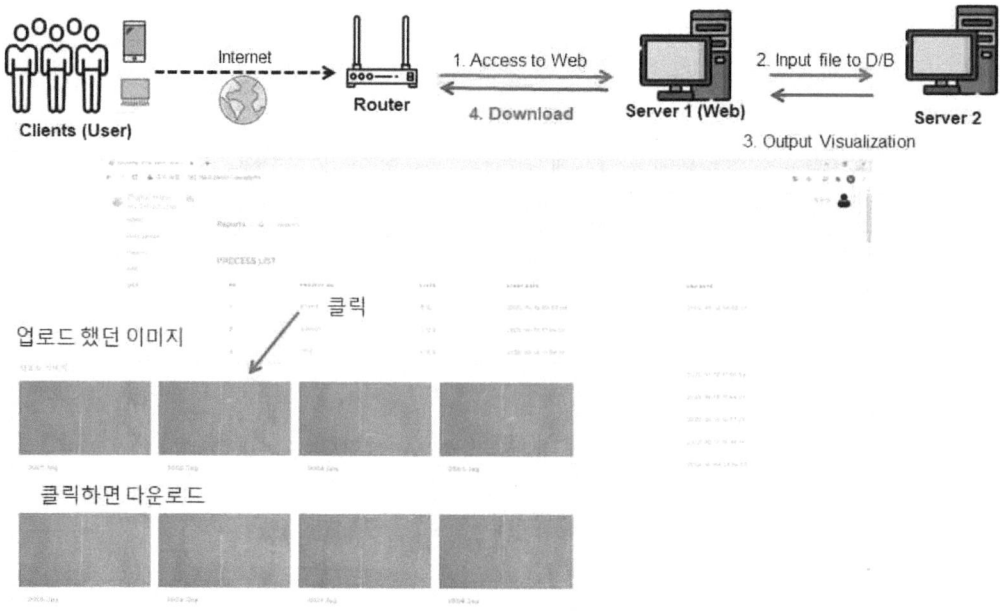

2.9.11 외관조사망도 및 물량 산출 집계표 생성

○ 각 평면전개 영상을 병합하여 최종 결과물인 외관조사망도 및 물량 산출 집계표를 생성
- 소프트웨어 패널 2: Exterior map

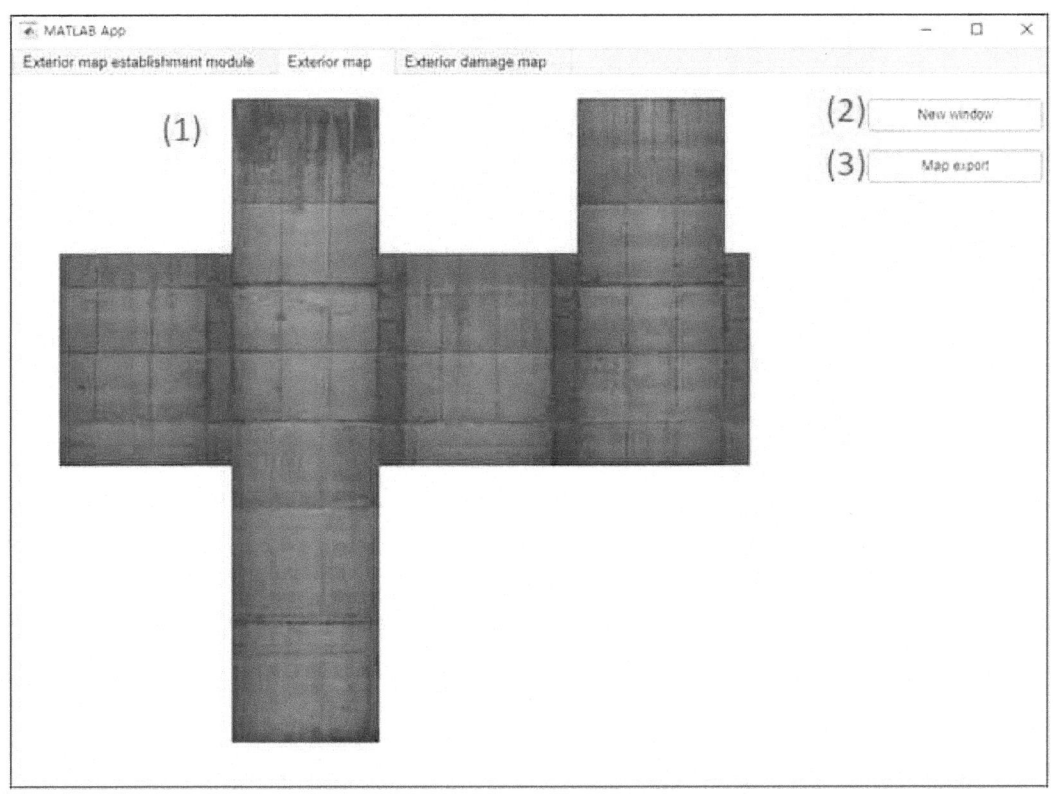

(1) Exterior map: Optimal image를 활용하여 생성된 Sectional exterior map을 병합하여 최종 표출
(2) New window 버튼: Exterior map의 디테일 검토를 위한 새 창 띄우기 기능
(3) Map export 버튼: Exterior map을 이미지 형식 파일로 저장

- 소프트웨어 패널 3: Exterior damage map

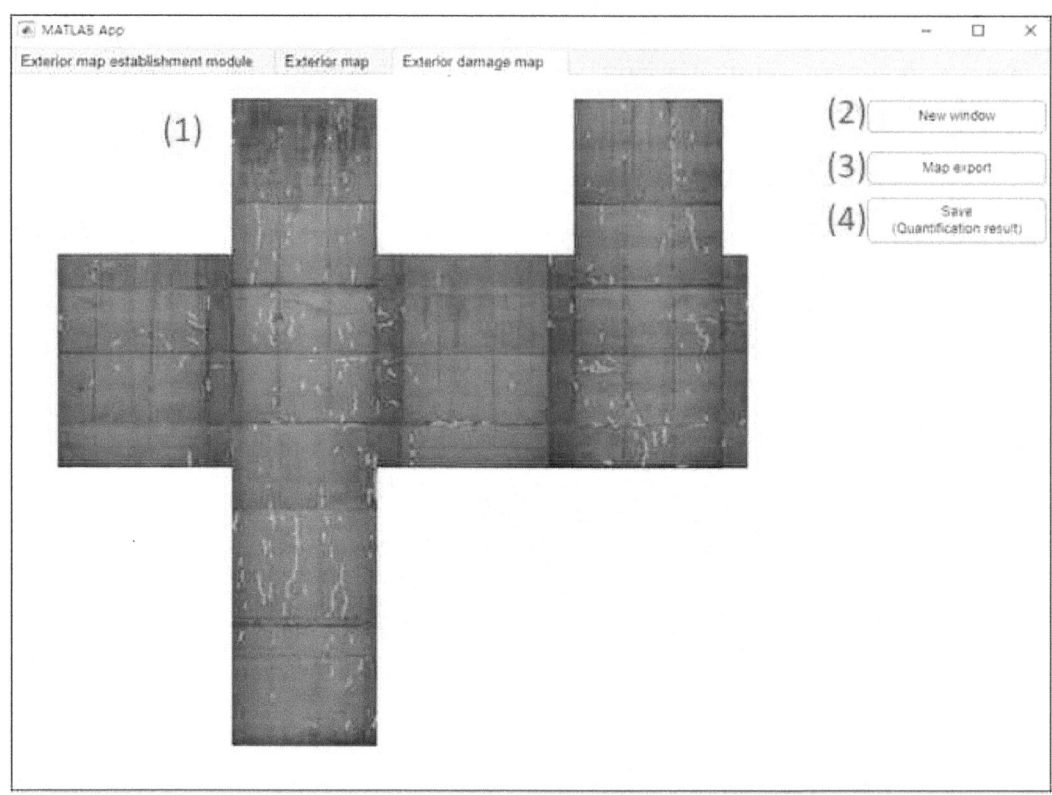

(1) Exterior damage map: Damage detected image를 활용하여 생성된 Sectional exterior damage map을 병합하여 최종 표출

(2) New window 버튼: Exterior damage map의 디테일 검토를 위한 새 창 띄우기 기능

(3) Map export 버튼: Exterior damage map을 이미지 형식 파일로 저장

(4) Save (Quantification result) 버튼: 검출된 손상의 물량을 Excel 파일로 생성

- 소프트웨어 패널 2 및 3의 결과를 확인하고, Map export 및 Save를 통해 결과물을 저장

- 소프트웨어 패널 2 및 3의 (3) Map export 버튼을 클릭하여 각 이미지를 export하면 Output 폴더에 Exterior map 및 Exterior damage map이 저장되며, 소프트웨어 패널 3의 Save (Quantification result) 버튼을 클릭하여 저장하면 검출된 손상의 물량이 Excel 파일로 생성

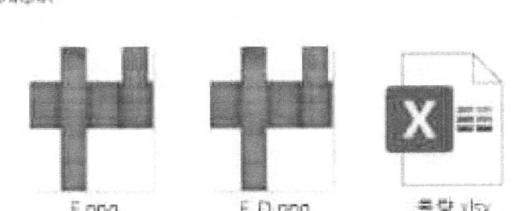

그림 2.172 Output 폴더 내 결과물

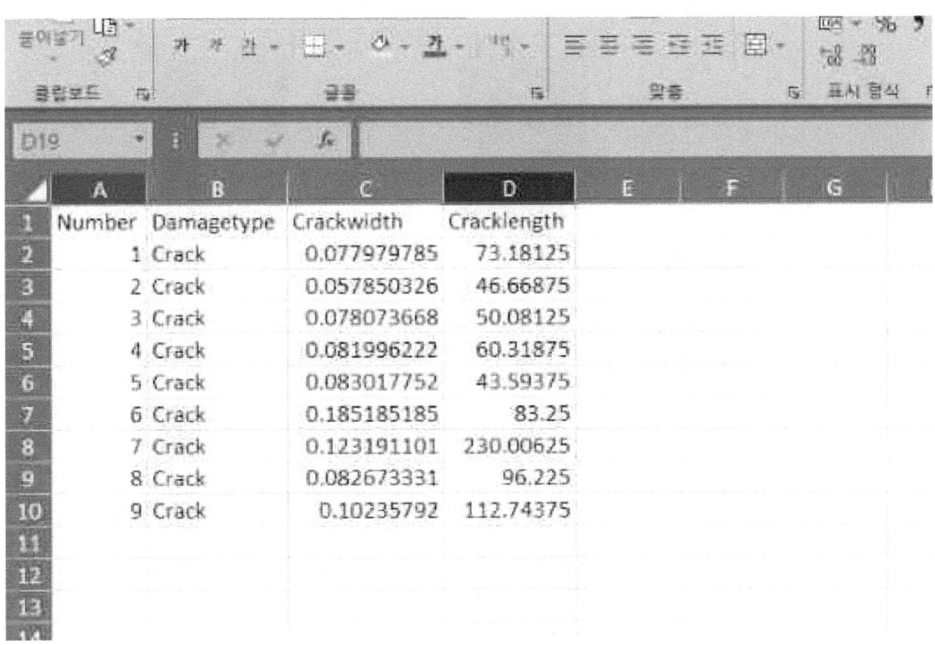

그림 2.173 소프트웨어를 통해 산출된 손상 물량

2.9.12 보고서 양식

가. 이미지망도

○ 조사대상 구간의 이미지망도 상에 결함손상 유형 및 위치, 크기, 균열폭이 명확하게 기록되어야 하며, 그 정보를 구분하여 표시하고 대표적인 결함손상 부위에 대한 현장 확인조사를 수행해야 한다. 그림 2.174에서는 평면전개 이미지 망도를 보여주고 있다.

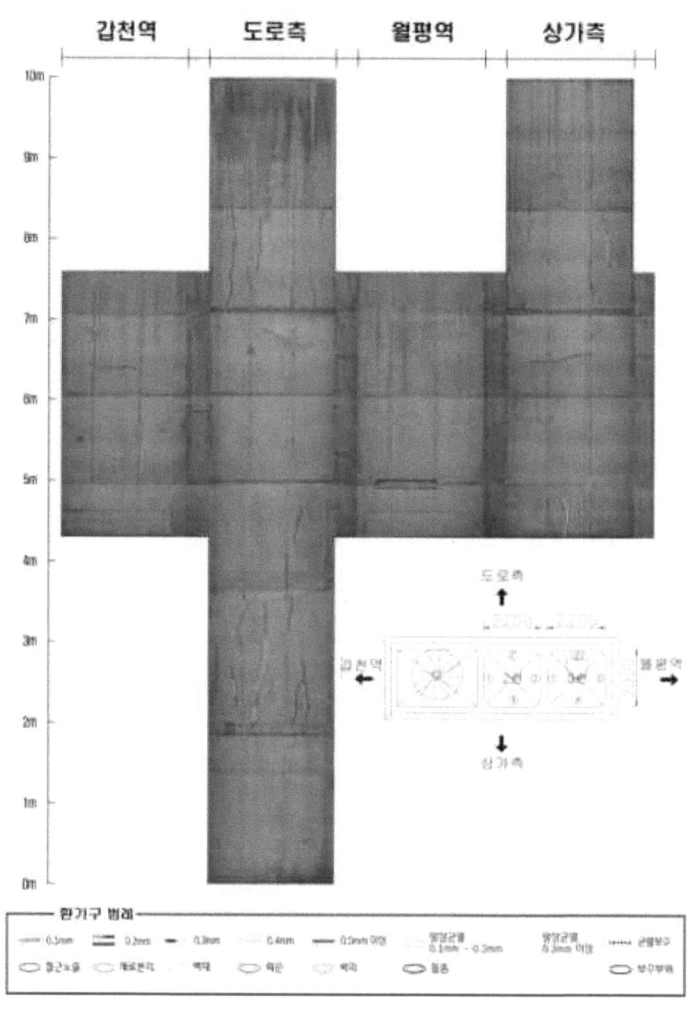

그림 2.174 평면전개 이미지망도 조사양식

나. 외관조사망도

○ 대표적 결함손상 부위에 대한 현장 확인조사 결과를 기반으로 외관 조사망도를 작성하며, 일반적으로 환기구 1개 풍도에 대해 작성한다. 표준화된 형식으로 균열 등 결함손상 정보가 빠짐없이 표시되도록 하고 원칙적으로 CAD형식의 도면으로 작성해야하며, 그림 2.175에서는 외관조사망도(CAD) 조사양식을 보여주고 있다.

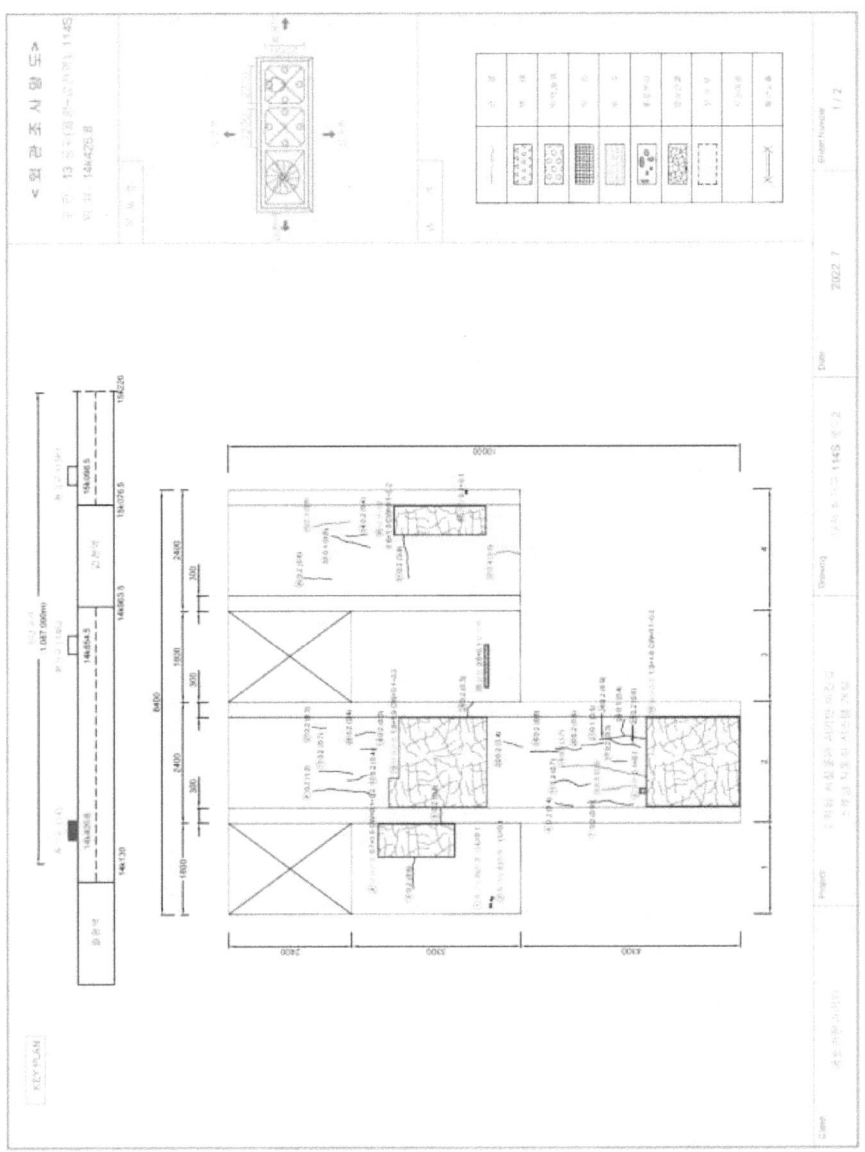

그림 2.175 외관조사망도(CAD) 조사양식

다. 물량산출표

○ 조사단면의 외관망도의 결함손상 표시정보를 이용하여 균열폭, 균열길이, 개소 및 물량 등 이를 수치화하여 물량산출표를 최종작성하고 <표 2.73>에서는 환기구에 1개 풍도에 대한 물량집계표 조사양식을 보여주고 있다.

<표 2.73> 환기구 물량집계표 조사양식

대전도시철도 1호선 환기구 114S 풍도02 물량집계표

번호	선별	위치	변상	등급	방향	폭(mm)	너비(m)	길이(m)	개소(EA)	단위	물량(m,㎡)	비고
1	풍도01-1	5m	철근노출	b				0.1	1	m	0.10	
2	풍도01-1	5m	철근노출	b				0.1	1	m	0.10	
3	풍도01-1	7m	균열		종	0.2		0.6	1	m	0.60	
4	풍도01-1	7m	망상균열	b			0.7	1.5	1	㎡	1.05	0.1~0.2
5	풍도01-2	6m	균열		종	0.2		0.3	1	m	0.30	
6	풍도01-2	4m	균열		횡	0.2		0.4	1	m	0.40	
7	풍도01-2	3m	균열		횡	0.2		0.9	1	m	0.90	
8	풍도01-2	8m	균열		횡	0.2		1.2	1	m	1.20	
9	풍도01-2	2m	들뜸	b			0.1	0.1	1	㎡	0.01	보수부
10	풍도01-2	3m	균열		횡	0.3		0.6	1	m	0.60	
11	풍도01-2	4m	균열		횡	0.2		0.7	1	m	0.70	
12	풍도01-2	8m	균열		횡	0.2		0.4	1	m	0.40	
13	풍도01-2	8m	균열		횡	0.2		0.7	1	m	0.70	
14	풍도01-2	3m	균열		횡	0.3		1.7	1	m	1.70	
15	풍도01-2	6m	망상균열	b			1.8	1.9	1	㎡	3.42	0.1~0.2
16	풍도01-2	1m	망상균열	b			1.8	1.8	1	㎡	3.24	0.1~0.2
17	풍도01-2	3m	균열		횡	0.2		0.3	1	m	0.30	
18	풍도01-2	4m	균열		횡	0.2		0.6	1	m	0.60	
19	풍도01-2	8m	균열		횡	0.2		0.3	1	m	0.30	
20	풍도01-2	4m	균열		횡	0.2		0.5	1	m	0.50	
21	풍도01-2	3m	균열		횡	0.1		0.5	1	m	0.50	
22	풍도01-2	5m	균열		횡	0.2		0.4	1	m	0.40	
23	풍도01-2	3m	균열		횡	0.2		0.6	1	m	0.60	
24	풍도01-2	3m	균열		횡	0.2		0.9	1	m	0.90	
25	풍도01-2	8m	균열		횡	0.2		0.4	1	m	0.40	
26	풍도01-2	3m	균열		종	0.1		0.4	1	m	0.40	
27	풍도01-2	9m	균열		횡	0.2		0.3	1	m	0.30	
28	풍도01-2	6m	균열		종	0.2		0.3	1	m	0.30	
29	풍도01-3	5m	들뜸	b			0.8	0.1	1	㎡	0.08	보수부
30	풍도01-4	9m	균열		횡	0.2		0.6	1	m	0.60	
31	풍도01-4	7m	균열		종	0.2		0.9	1	m	0.90	
32	풍도01-4	5m	균열		횡	0.4		0.5	1	m	0.50	
33	풍도01-4	8m	균열		횡	0.1		0.8	1	m	0.80	
34	풍도01-4	8m	균열		횡	0.2		0.4	1	m	0.40	
35	풍도01-4	8m	균열		횡	0.3		0.8	1	m	0.80	
36	풍도01-4	6m	망상균열	b			0.6	1.8	1	㎡	1.08	0.1~0.2
37	풍도01-4	6m	박락	b			0.1	0.1	1	㎡	0.01	

제 3 장

결 론

제3장 결론

본 연구는 도로터널, 철도터널, 지하철 등 터널 시설물 내 환기 및 방재의 목적으로 설치되는 수직갱, 환기구 등 수직형 시설물의 정밀점검 및 정밀안전진단시 외관조사 자동화를 위해 조사심도 30m, 조사속도 초당 10cm 및 균열검출 정확도 90% 이상의 성능을 가지는 AI기반 3D 외관조사망도 자동 스캐닝 시스템(이하, 수직형 스캐닝 시스템)을 개발하기 위한 것으로, 구체적으로는 (1) 시설물 내부 정밀영상 획득을 위한 다중 카메라 및 레이저 센서 기반의 비진입 스캐닝 자동화 장비; (2) 평면전개 이미지와 3차원 데이터 생성을 위한 스캐닝 데이터 처리기술; (3) AI기반 결함 검출, 손상정보 정량화와 외관조사망도 생성기술을 개발하였다. 본 연구의 수직형 스캐닝 시스템 개발을 통해 도출된 결론은 다음과 같다.

(1) 360도 카메라의 다중 촬영 영상을 기반으로 하는 수직형 스캐닝 시스템 시작품을 설계, 제작하고 분당터널 환기구 테스트베드에 대한 현장 적용성 평가를 수행하였다. 360도 카메라 기반의 수직형 스캐닝 시스템 시작품은 전단면 영상을 동시에 획득하는 장점이 있으나 영상 왜곡, 낮은 해상도 등 조사품질이 떨어지고, 전단면의 균일한 조도 확보가 어려우며, 조사장비의 흔들림, 회전, 진동 등의 안정성 확보가 어려운 것으로 평가되었다.

(2) 수직형 스캐닝 시스템 시제품은 영상의 왜곡을 최소화하고, 균열 해상도를 향상시키기 위해 다수의 산업용 머신 비전 카메라와 LED 조명으로 구성된 평면형 촬영 장치로 개발되었으며, 장력유지장치를 적용한 가이드와이어를 고안, 적용하여 조사장비의 구동 안정성을 개선하였다. 또한, 조사장비 하단에 360도 라이다(LiDAR) 센서를 탑재하여 영상획득시 촬영면의 거리와 형상 데이터를 얻을 수 있도록 하였다. 개발된 수직형 스캐닝 시스템 시제품은 서울메트로 4호선 환기구 테스트베드에 시험 적용하였다.

(3) 개발된 수직형 스캐닝 시스템 시제품을 개선하여 상용화 수준으로 개발하기 위해 카메라와 렌즈의 수량을 늘리고, 스트로브 타입의 고조도 LED 조명을 적용한 수직형 스캐닝 시스템 상용화 시제품을 개발하였다. 상용화 시제품은 카메라간 충분한 중첩률과 조합 화각을 확보하고 어두운 조사환경에서 영상조도를 개선하고 저전력 구동이 가능한 무선제어 시스템으로 개발되었으며, 광주지하철 1호선(공항역) 및 대전지하철(월평~갑천) 환기구 테스트베드에 시험 적용하였다. 조사장비의 설치, 영상획득 및 이동에 소요된 시간을 포함하는 깊이 10m의 환기구 풍도당 조사시간은 최소 30분으로 평가되었다.

(4) 수직형 스캐닝 시스템 상용화 시제품에 대한 현장 성능평가를 통해 조사속도는 상향 구동시 24.3cm/sec, 하양 구동시 27.7cm/hr로 성능목표인 10cm/sec 대비 우수한 조사속도를 가지는 것으로 평가되었다. 이때 상하 영상간 중첩률은 초당 1프레임의 촬영속도에서 53% 이상의 중첩률을 확보하고 노출시간(Exposure Time)은 5,000㎲에서 대비가 우수한

영상을 확보할 수 있는 것으로 평가되었다. 개발된 상용화 시제품의 일부 개선을 통해 조사장비 통신 및 제어를 위한 소프트웨어를 보완하였으며, 조사장비의 연직거리 실시간 측정 및 모니터링을 위한 와이어센서를 탑재할 수 있도록 하였다.

(5) 수직형 스캐닝 시스템 상용화 시제품의 핵심모듈인 카메라/렌즈의 조합화각과 균열폭 식별성능 시험분석 결과 촬영거리 1.0m의 경우 수평화각(Horizontal FOV)는 2,370mm이며, 이때 픽셀 정밀도(GSD)는 0.343mm/pixel로 균열폭 0.17mm 이상이 식별가능한 수준의 해상도를 확보하는 것으로 평가되었다.

(6) 2차년도에 구축한 Optimal image selection algorithm 및 평면전개 알고리즘의 고도화 수행 후 소프트웨어 개발을 통해 활용성을 높였으며, 2차년도 테스트베드를 통해 취득한 데이터를 활용하여 인공지능 네트워크 학습 데이터 보강 및 네트워크 손상 검출능 향상을 위해 분리학습을 수행하여 성능을 고도화하였다. 추가 테스트베드 검증 이전에 이미지 밝기에 대한 파라미터 스터디를 통해 인공지능 기반 손상검출 시, 검출능을 향상 시킬 수 있는 밝기조절 파라미터를 선정하는 알고리즘을 추가로 개발하였다.

(7) 정밀한 물량 산출을 위해 2D Lidar에 기록된 Working distance를 카메라와 구조물 표면 간 거리로 변환하는 알고리즘을 개발하여 정밀한 물량 산출이 가능하도록 하였으며, 2D mapping 알고리즘을 통해 인공지능 기반 손상검출 결과와 산출된 물량 정보를 정밀하게 매핑하였다.

(8) 개발된 알고리즘 및 소프트웨어는 대전 월평역 인근 환기구 테스트베드에서 검증을 수행하였으며, 네트워크 성능은 연구개발 목표인 손상 검출에 대한 정밀도 (Precision) 및 재현율 (Recall) 90 % 이상인 96.71 %, 98.46 % 달성하였으며, 소프트웨어 및 고도화된 알고리즘의 성능의 활용성 또한 검증하였다.

(9) 본 연구의 수직형 스캐닝 시스템은 심도가 깊고 대단면을 가지는 도로터널, 철도터널 수직갱, 댐 시설물의 취수탑, 교량 주탑 및 중공 교각 내부 등 적용 시설물의 확장에 따른 상부 구동장치(케이블 윈치)와 하부 가이드 와이어 베이스의 설치 구조의 변경이 요구되며, 충분한 화각과 촬영품질을 확보하기 위한 조사장비의 모듈화 등 현장 적용을 통한 지속적인 개선이 요구된다.

(10) 본 연구의 수직형 스캐닝 시스템은 도로터널, 철도터널의 수직갱, 지하철 환기구 등 수직형 터널의 정밀점검 및 정밀안전진단시 기존 진단기술자의 직접 진입에 의한 육안조사 기술을 대체하여 조사환경 개선 및 조사자 안전 확보에 기여할 뿐만 아니라 영상 데이터와 AI 기반의 균열손상 검출 자동화로 정확도 및 정밀도를 향상시킴과 동시에 조사결과의 객관성과 신뢰성을 확보하여 데이터 기반의 선제적 유지관리에 적극 활용될 수 있을 것으로 기대된다.

참 고 문 헌

[1] 시설물 안전 및 유지관리 실시 세부지침 [안점점검·진단편], 국토교통부, 한국시설안전공단, 2019.

[2] 건축물 환기구 설계·시공·유지관리 가이드라인, 국토교통부, 2018.

[3] 공공시설 환기구 설치 및 관리기준, 서울시 안전총괄본부, 2015.

[4] Zhang Z. A flexible new technique for camera calibration. IEEE T Pattern Anal Mach Intell 2010; 22: 1330-1334.

[5] Brown, M., &Lowe, D. G. (2007). Automatic Panoramic Image Stitching Automatic 2D Stitching. International Journal of Computer Vision, 74(1), 59—73. https://doi.org/10.1007/s11263-006-0002-3

[6] Gao, J., Kim, S. J., &Brown, M. S. (2011). Constructing image panoramas using dual-homography warping. Proceedings of the IEEE Computer Society Conference on Computer Vision and Pattern Recognition, 49-56. https://doi.org/10.1109/CVPR.2011.5995433

[7] Zaragoza, J., Chin, T. J., Brown, M. S., &Suter, D. (2013). As-projective-as-possible image stitching with moving DLT. Proceedings of the IEEE Computer Society Conference on Computer Vision and Pattern Recognition, 2339-2346. https://doi.org/10.1109/CVPR.2013.303

[8] Chang, C. H., Sato, Y., &Chuang, Y. Y. (2014). Shape-preserving half-projective warps for image stitching. Proceedings of the IEEE Computer Society Conference on Computer Vision and Pattern Recognition, 1, 3254-3261. https://doi.org/10.1109/CVPR.2014.422

[9] He, K., Chang, H., &Sun, J. (2013). Rectangling panoramic images via warping. ACM Transactions on Graphics, 32(4). https://doi.org/10.1145/2461912.2462004.

[10] Lin, C. C., Pankanti, S. U., Ramamurthy, K. N., &Aravkin, A. Y. (2015). Adaptive as-natural-as-possible image stitching. Proceedings of the IEEE Computer Society Conference on Computer Vision and Pattern Recognition, 07-12-June, 1155-1163. https://doi.org/10.1109/CVPR.2015.7298719

[11] Chen, Y. S., &Chuang, Y. Y. (2016). Natural image stitching with the global similarity prior. Lecture Notes in Computer Science (Including Subseries Lecture Notes in Artificial Intelligence and Lecture Notes in Bioinformatics), 9909 LNCS(February), 186-201. https://doi.org/10.1007/978-3-319-46454-1_12

[12] Lin, K., Jiang, N., Cheong, L. F., Do, M., &Lu, J. (2016). SEAGULL: Seam-guided local

alignment for parallax-tolerant image stitching. Lecture Notes in Computer Science (Including Subseries Lecture Notes in Artificial Intelligence and Lecture Notes in Bioinformatics), 9907 LNCS, 370–385. https://doi.org/10.1007/978-3-319-46487-9_23

[13] Meng, X., Wang, W., &Leong, B. (2015). SkyStitch: A cooperative multi-UAV-based real-Time video surveillance system with stitching. MM 2015 - Proceedings of the 2015 ACM Multimedia Conference, 261–270. https://doi.org/10.1145/2733373.2806225

[14] Li, J., Wang, Z., Lai, S., Zhai, Y., &Zhang, M. (2018). Parallax-Tolerant Image Stitching Based on Robust Elastic Warping. IEEE Transactions on Multimedia, 20(7), 1672–1687. https://doi.org/10.1109/TMM.2017.2777461

[15] Zhang, Y., Lai, Y.-K., &Zhang, F.-L. (2020). Content-Preserving Image Stitching with Piecewise Rectangular Boundary Constraints. IEEE Transactions on Visualization and Computer Graphics, 1–1. https://doi.org/10.1109/tvcg.2020.2965097

[16] Dubrofsky, E. (2009). Homography Estimation. Optical Engineering, 15(March), 977. https://doi.org/10.1117/1.3364071

[17] Shum, H., &Szeliski, R. (1997). Panoramic Image Mosaics Heung-Yeung Shum and Richard Szeliski. Techniques.

[18] Lee, S. Y., Chwa, K. Y., Hahn, J., &Shin, S. Y. (1996). Image morphing using deformation techniques. Journal of Visualization and Computer Animation, 7(1), 3–23. https://doi.org/10.1002/(SICI)1099-1778(199601)7:1<3::AID-VIS131>3.0.CO;2-U

[19] Jacob, G. M., &Das, S. (2019). GreenWarps: A two-stage warping model for stitching images using diffeomorphic meshes and green coordinates. Lecture Notes in Computer Science (Including Subseries Lecture Notes in Artificial Intelligence and Lecture Notes in Bioinformatics), 11132 LNCS, 740–744. https://doi.org/10.1007/978-3-030-11018-5_67

[20] Redmon, J., Divvala, S., Girshick, R., &Farhadi, A. (2016). You only look once: Unified, real-time object detection. Proceedings of the IEEE Computer Society Conference on Computer Vision and Pattern Recognition, 2016-Decem, 779–788. https://doi.org/10.1109/CVPR.2016.91

[21] Badrinarayanan, V., Kendall, A., &Cipolla, R. (2017). SegNet: A Deep Convolutional Encoder-Decoder Architecture for Image Segmentation. IEEE Transactions on Pattern Analysis and Machine Intelligence, 39(12), 2481–2495. https://doi.org/10.1109/TPAMI.2016.2644615

[22] Simonyan, K., &Zisserman, A. (2015). Very deep convolutional networks for large-scale image recognition. 3rd International Conference on Learning Representations, ICLR 2015 - Conference Track Proceedings, 1–14.

[23] Cipolla, R., Gal, Y., &Kendall, A. (2018). Multi-task Learning Using Uncertainty to Weigh Losses for Scene Geometry and Semantics. Proceedings of the IEEE Computer Society Conference on Computer Vision and Pattern Recognition, 7482–7491. https://doi.org/10.1109/CVPR.2018.00781

[24] Abdulla, M. N., &Steer, M. B. (1998). Partitioning approach to large scale electromagnetic problems applied to an array of microstrip coupled slot antennas. IEEE MTT-S International Microwave Symposium Digest, 3, 1783–1786. https://doi.org/10.1109/mwsym.1998.700820

[25] Ren, S., He, K., Girshick, R., &Sun, J. (2017). Faster R-CNN: Towards Real-Time Object Detection with Region Proposal Networks. IEEE Transactions on Pattern Analysis and Machine Intelligence, 39(6), 1137–1149. https://doi.org/10.1109/TPAMI.2016.2577031

[26] Ronneberger, O., Fischer, P., &Brox, T. (2015). U-net: Convolutional networks for biomedical image segmentation. Lecture Notes in Computer Science (Including Subseries Lecture Notes in Artificial Intelligence and Lecture Notes in Bioinformatics), 9351, 234–241. https://doi.org/10.1007/978-3-319-24574-4_28

[27] Liu, S., Qi, L., Qin, H., Shi, J., &Jia, J. (2018). Path Aggregation Network for Instance Segmentation. Proceedings of the IEEE Computer Society Conference on Computer Vision and Pattern Recognition, 8759–8768. https://doi.org/10.1109/CVPR.2018.00913

[28] Girshick, R., Donahue, J., Darrell, T., &Malik, J. (2014). Rich feature hierarchies for accurate object detection and semantic segmentation. Proceedings of the IEEE Computer Society Conference on Computer Vision and Pattern Recognition, 580–587. https://doi.org/10.1109/CVPR.2014.81

[29] Szegedy, C., Vanhoucke, V., Ioffe, S., Shlens, J., &Wojna, Z. (2016). Rethinking the Inception Architecture for Computer Vision. Proceedings of the IEEE Computer Society Conference on Computer Vision and Pattern Recognition, 2016-Decem, 2818–2826. https://doi.org/10.1109/CVPR.2016.308

[30] Zhang, Y., Li, K., Li, K., Wang, L., Zhong, B., &Fu, Y. (2018). Image super-resolution using very deep residual channel attention networks. Lecture Notes in Computer Science

(Including Subseries Lecture Notes in Artificial Intelligence and Lecture Notes in Bioinformatics), 11211 LNCS, 294–310. https://doi.org/10.1007/978-3-030-01234-2_18

[31] Shelhamer, E., Long, J., &Darrell, T. (2017). Fully Convolutional Networks for Semantic Segmentation. IEEE Transactions on Pattern Analysis and Machine Intelligence, 39(4), 640–651. https://doi.org/10.1109/TPAMI.2016.2572683

[32] Szegedy, C., Vanhoucke, V., Ioffe, S., Shlens, J., &Wojna, Z. (2016). Rethinking the Inception Architecture for Computer Vision. Proceedings of the IEEE Computer Society Conference on Computer Vision and Pattern Recognition, 2016-Decem, 2818–2826. https://doi.org/10.1109/CVPR.2016.308

[33] Krizhevsky, A., Sutskever, I., &Hinton, G. E. (2012). ImageNet Classification with Deep Convolutional Neural Networks. Advances In Neural Information Processing Systems, 1–9. https://doi.org/http://dx.doi.org/10.1016/j.protcy.2014.09.007

[34] Szegedy, C., Liu, W., Jia, Y., Sermanet, P., Reed, S., Anguelov, D., Erhan, D., Vanhoucke, V., &Rabinovich, A. (2015). Going deeper with convolutions. Proceedings of the IEEE Computer Society Conference on Computer Vision and Pattern Recognition, 07-12-June, 1–9. https://doi.org/10.1109/CVPR.2015.7298594

[35] Shelhamer, E., Long, J., &Darrell, T. (2017). Fully Convolutional Networks for Semantic Segmentation. IEEE Transactions on Pattern Analysis and Machine Intelligence, 39(4), 640–651. https://doi.org/10.1109/TPAMI.2016.2572683

[36] Tan, M., &Le, Q. V. (2019). EfficientNet: Rethinking model scaling for convolutional neural networks. 36th International Conference on Machine Learning, ICML 2019, 2019-June, 10691–10700.

[37] Girshick, R. (2015). Fast R-CNN. Proceedings of the IEEE International Conference on Computer Vision, 2015 International Conference on Computer Vision, ICCV 2015, 1440–1448. https://doi.org/10.1109/ICCV.2015.169

[38] Liu, W., Anguelov, D., Erhan, D., Szegedy, C., Reed, S., Fu, C., &Berg, A. C. (n.d.). SSD : Single Shot MultiBox Detector.

[39] Guerrero-Ros, I., &Valdor, R. (2018). Image Super-Resolution Using Very Deep Residual Channel Attention Networks. Encyclopedia of Signaling Molecules, 4537–4546. https://doi.org/10.1007/978-3-319-67199-4_101514

[40] He, K., Zhang, X., Ren, S., &Sun, J. (2016). Deep residual learning for image recognition.

Proceedings of the IEEE Computer Society Conference on Computer Vision and Pattern Recognition, 2016-Decem, 770–778. https://doi.org/10.1109/CVPR.2016.90

[41] He, K., Zhang, X., Ren, S., &Sun, J. (2016). Deep residual learning for image recognition. Proceedings of the IEEE Computer Society Conference on Computer Vision and Pattern Recognition, 2016-Decem, 770–778. https://doi.org/10.1109/CVPR.2016.90

[42] Kim, B., &Cho, S. (2018). Automated vision-based detection of cracks on concrete surfaces using a deep learning technique. Sensors (Switzerland), 18(10). https://doi.org/10.3390/s18103452

[43] Yokoyama, S., &Matsumoto, T. (2017). Development of an Automatic Detector of Cracks in Concrete Using Machine Learning. Procedia Engineering, 171, 1250–1255. https://doi.org/10.1016/j.proeng.2017.01.418

[44] Ni, F. T., Zhang, J., &Chen, Z. Q. (2019). Zernike-moment measurement of thin-crack width in images enabled by dual-scale deep learning. Computer-Aided Civil and Infrastructure Engineering, 34(5), 367–384. https://doi.org/10.1111/mice.12421

[45] Gibb, S., La, H. M., &Louis, S. (2018). A Genetic Algorithm for Convolutional Network Structure Optimization for Concrete Crack Detection. 2018 IEEE Congress on Evolutionary Computation, CEC 2018 - Proceedings, 1–8. https://doi.org/10.1109/CEC.2018.8477790

[46] Kang, D., &Cha, Y. J. (2018). Autonomous UAVs for Structural Health Monitoring Using Deep Learning and an Ultrasonic Beacon System with Geo-Tagging. Computer-Aided Civil and Infrastructure Engineering, 33(10), 885–902. https://doi.org/10.1111/mice.12375

[47] Li, S., &Zhao, X. (2019). Image-Based Concrete Crack Detection Using Convolutional Neural Network and Exhaustive Search Technique. Advances in Civil Engineering, 2019(Ml). https://doi.org/10.1155/2019/6520620

[48] Wang, X., &Hu, Z. (2017). Grid-based pavement crack analysis using deep learning. 2017 4th International Conference on Transportation Information and Safety, ICTIS 2017 - Proceedings, 917–924. https://doi.org/10.1109/ICTIS.2017.8047878

[49] Alipour, M., &Harris, D. K. (2020). Increasing the robustness of material-specific deep learning models for crack detection across different materials. Engineering Structures, 206(February 2019), 110157. https://doi.org/10.1016/j.engstruct.2019.110157

[50] Kim, H., Ahn, E., Shin, M., &Sim, S. H. (2019). Crack and Noncrack Classification from Concrete Surface Images Using Machine Learning. Structural Health Monitoring, 18(3), 725

-738. https://doi.org/10.1177/1475921718768747

[51] Jang, K., Kim, N., &An, Y. (2019). Deep learning -based autonomous concrete crack evaluation through hybrid image scanning. Structural Health Monitoring. https://doi.org/10.1177/1475921718821719

[52] Kang, D., &Cha, Y. J. (2018). Autonomous UAVs for Structural Health Monitoring Using Deep Learning and an Ultrasonic Beacon System with Geo-Tagging. Computer-Aided Civil and Infrastructure Engineering, 33(10), 885–902. https://doi.org/10.1111/mice.12375

[53] Jang, K., Kim, N., &An, Y.-K. (2019). Deep learning-based autonomous concrete crack evaluation through hybrid image scanning. Structural Health Monitoring, 18(5-6). https://doi.org/10.1177/1475921718821719

[54] Cha, Y.-J., Choi, W., &Büyüköztürk, O. (2017). Deep Learning-Based Crack Damage Detection Using Convolutional Neural Networks. Computer-Aided Civil and Infrastructure Engineering, 32(5), 361–378. https://doi.org/10.1111/mice.12263

[55] Deng, J., Lu, Y., &Lee, V. C. S. (2020). Imaging-based crack detection on concrete surfaces using You Only Look Once network. Structural Health Monitoring. https://doi.org/10.1177/1475921720938486

[56] Park, S. E., Eem, S. H., &Jeon, H. (2020). Concrete crack detection and quantification using deep learning and structured light. Construction and Building Materials, 252, 119096. https://doi.org/10.1016/j.conbuildmat.2020.119096

[57] Kim, I. H., Jeon, H., Baek, S. C., Hong, W. H., &Jung, H. J. (2018). Application of crack identification techniques for an aging concrete bridge inspection using an unmanned aerial vehicle. Sensors (Switzerland), 18(6), 1–14. https://doi.org/10.3390/s18061881

[58] Deng, J., Lu, Y., &Lee, V. C. S. (2020). Concrete crack detection with handwriting script interferences using faster region-based convolutional neural network. Computer-Aided Civil and Infrastructure Engineering, 35(4), 373–388. https://doi.org/10.1111/mice.12497

[59] Cha, Y. J., Choi, W., Suh, G., Mahmoudkhani, S., &Büyüköztürk, O. (2018). Autonomous Structural Visual Inspection Using Region-Based Deep Learning for Detecting Multiple Damage Types. Computer-Aided Civil and Infrastructure Engineering, 33(9), 731–747. https://doi.org/10.1111/mice.12334

[60] Deng, J., Lu, Y., &Lee, V. C. S. (2020). Concrete crack detection with handwriting script interferences using faster region-based convolutional neural network. Computer-Aided

Civil and Infrastructure Engineering, 35(4), 373–388. https://doi.org/10.1111/mice.12497

[61] Dung, C. V., & Anh, L. D. (2019). Autonomous concrete crack detection using deep fully convolutional neural network. Automation in Construction, 99(November 2018), 52–58. https://doi.org/10.1016/j.autcon.2018.11.028

[62] Jang, K., An, Y. K., Kim, B., & Cho, S. (2020). Automated crack evaluation of a high-rise bridge pier using a ring-type climbing robot. Computer-Aided Civil and Infrastructure Engineering, 1–16. https://doi.org/10.1111/mice.12550

[63] Dung, C. V., & Anh, L. D. (2019). Autonomous concrete crack detection using deep fully convolutional neural network. Automation in Construction, 99(December 2018), 52–58. https://doi.org/10.1016/j.autcon.2018.11.028

[64] Yang, X., Li, H., Yu, Y., Luo, X., Huang, T., & Yang, X. (2018). Automatic Pixel-Level Crack Detection and Measurement Using Fully Convolutional Network. Computer-Aided Civil and Infrastructure Engineering, 33(12), 1090–1109. https://doi.org/10.1111/mice.12412

[65] Using, S., & Convolutional, D. (2020). Surface Using Deep Convolutional Network.

[66] Lee, D., Kim, J., & Lee, D. (2019). Robust Concrete Crack Detection Using Deep Learning-Based Semantic Segmentation. International Journal of Aeronautical and Space Sciences. https://doi.org/10.1007/s42405-018-0120-5

[67] Li, S., Zhao, X., & Zhou, G. (2019). Automatic pixel-level multiple damage detection of concrete structure using fully convolutional network. Computer-Aided Civil and Infrastructure Engineering, 34(7), 616–634. https://doi.org/10.1111/mice.12433

[68] Zhang, X., Rajan, D., & Story, B. (2019). Concrete crack detection using context-aware deep semantic segmentation network. Computer-Aided Civil and Infrastructure Engineering, 34(11), 951–971. https://doi.org/10.1111/mice.12477

[69] Li, S., Zhao, X., & Zhou, G. (2019). Automatic pixel-level multiple damage detection of concrete structure using fully convolutional network. Computer-Aided Civil and Infrastructure Engineering, 34(7), 616–634. https://doi.org/10.1111/mice.12433

[70] Dung, C. V., & Anh, L. D. (2019). Autonomous concrete crack detection using deep fully convolutional neural network. Automation in Construction, 99(November 2018), 52–58. https://doi.org/10.1016/j.autcon.2018.11.028

[71] Ren, Y., Huang, J., Hong, Z., Lu, W., Yin, J., Zou, L., & Shen, X. (2020). Image-based concrete crack detection in tunnels using deep fully convolutional networks. Construction

and Building Materials, 234, 117367. https://doi.org/10.1016/j.conbuildmat.2019.117367

[72] Billah, U. H., La, H. M., &Tavakkoli, A. (2020). Deep learning-based feature silencing for accurate concrete crack detection. Sensors (Switzerland), 20(16), 1-26. https://doi.org/10.3390/s20164403

[73] Pan, Y., Zhang, G., &Zhang, L. (2020). A spatial-channel hierarchical deep learning network for pixel-level automated crack detection. Automation in Construction, 119(December 2019), 103357. https://doi.org/10.1016/j.autcon.2020.103357

[74] Bae, H., Jang, K., &An, Y. K. (2020). Deep super resolution crack network (SrcNet) for improving computer vision-based automated crack detectability in in situ bridges. Structural Health Monitoring. https://doi.org/10.1177/1475921720917227

[75] Ji, A., Xue, X., Wang, Y., Luo, X., &Xue, W. (2020). An integrated approach to automatic pixel-level crack detection and quantification of asphalt pavement. Automation in Construction, 114(July 2019), 103176. https://doi.org/10.1016/j.autcon.2020.103176

[76] Kang, D., Benipal, S. S., Gopal, D. L., &Cha, Y. J. (2020). Hybrid pixel-level concrete crack segmentation and quantification across complex backgrounds using deep learning. Automation in Construction, 118(January), 103291. https://doi.org/10.1016/j.autcon.2020.103291

[77] Saleem, M. R., Park, J. W., Lee, J. H., Jung, H. J., &Sarwar, M. Z. (2020). Instant bridge visual inspection using an unmanned aerial vehicle by image capturing and geo-tagging system and deep convolutional neural network. Structural Health Monitoring. https://doi.org/10.1177/1475921720932384

[78] Choi, W., &Cha, Y. J. (2020). SDDNet: Real-Time Crack Segmentation. IEEE Transactions on Industrial Electronics, 67(9), 8016-8025. https://doi.org/10.1109/TIE.2019.2945265

[79] Liu, Z., Cao, Y., Wang, Y., &Wang, W. (2019). Computer vision-based concrete crack detection using U-net fully convolutional networks. Automation in Construction, 104(January), 129-139. https://doi.org/10.1016/j.autcon.2019.04.005

[80] Li, S., Zhao, X., &Zhou, G. (2019). Automatic pixel-level multiple damage detection of concrete structure using fully convolutional network. Computer-Aided Civil and Infrastructure Engineering, 34(7), 616-634. https://doi.org/10.1111/mice.12433

[81] Zhang, X., Rajan, D., &Story, B. (2019). Concrete crack detection using context-aware deep semantic segmentation network. Computer-Aided Civil and Infrastructure

Engineering, 34(11), 951-971. https://doi.org/10.1111/mice.12477

[82] Xie, R., Li, L., Lu, X., Yao, J., &Liu, Y. (2019). DeepCrack: A Deep Hierarchical Feature Learning Architecture for Crack Segmentation. Neurocomputing, xxxx, 1-15. https://doi.org/10.1016/j.neucom.2019.01.036

부록. 1
테스트베드 적용결과

1. 분당터널 환기구

2. 서울지하철 4호선 환기구

3. 광주지하철 1호선 환기구

4. 대전지하철 1호선 환기구

1. 분당터널 환기구

　(1) 사진대지

　(2) 조사결과

　　가. 이미지망도

　　나. 외관조사망도

　　다. 물량집계표

(1) 사진대지

분당터널 환기구 외부 전경

분당터널 환기구 내부 전경

1. 분당터널 환기구 현장시험 결과

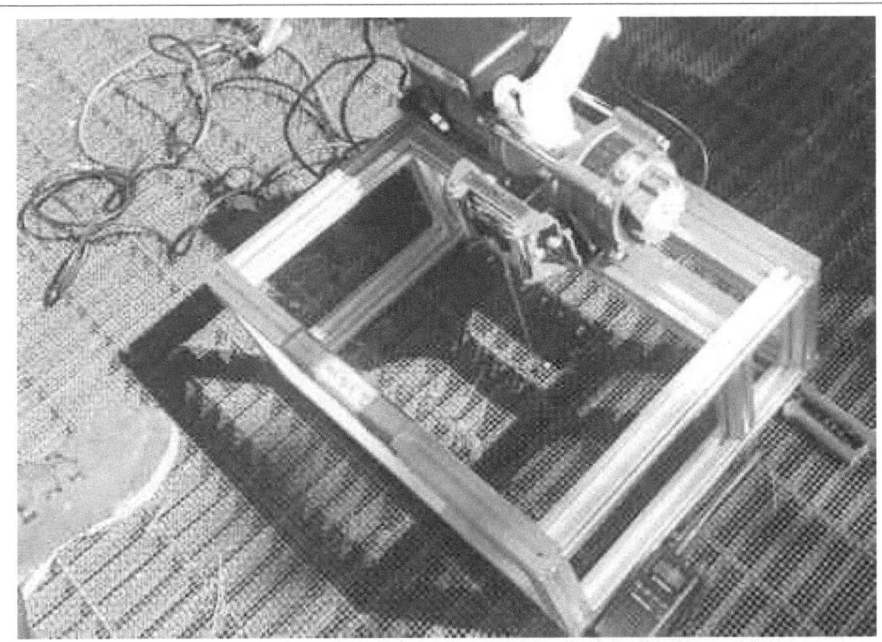

환기구 외부그레이팅 상단 윈치박스 설치 및 작업 전경

환기구 내부 수직형 스캐닝 시스템 시작품 설치완료 및 영상취득 전경

(2) 조사결과

가. 이미지망도

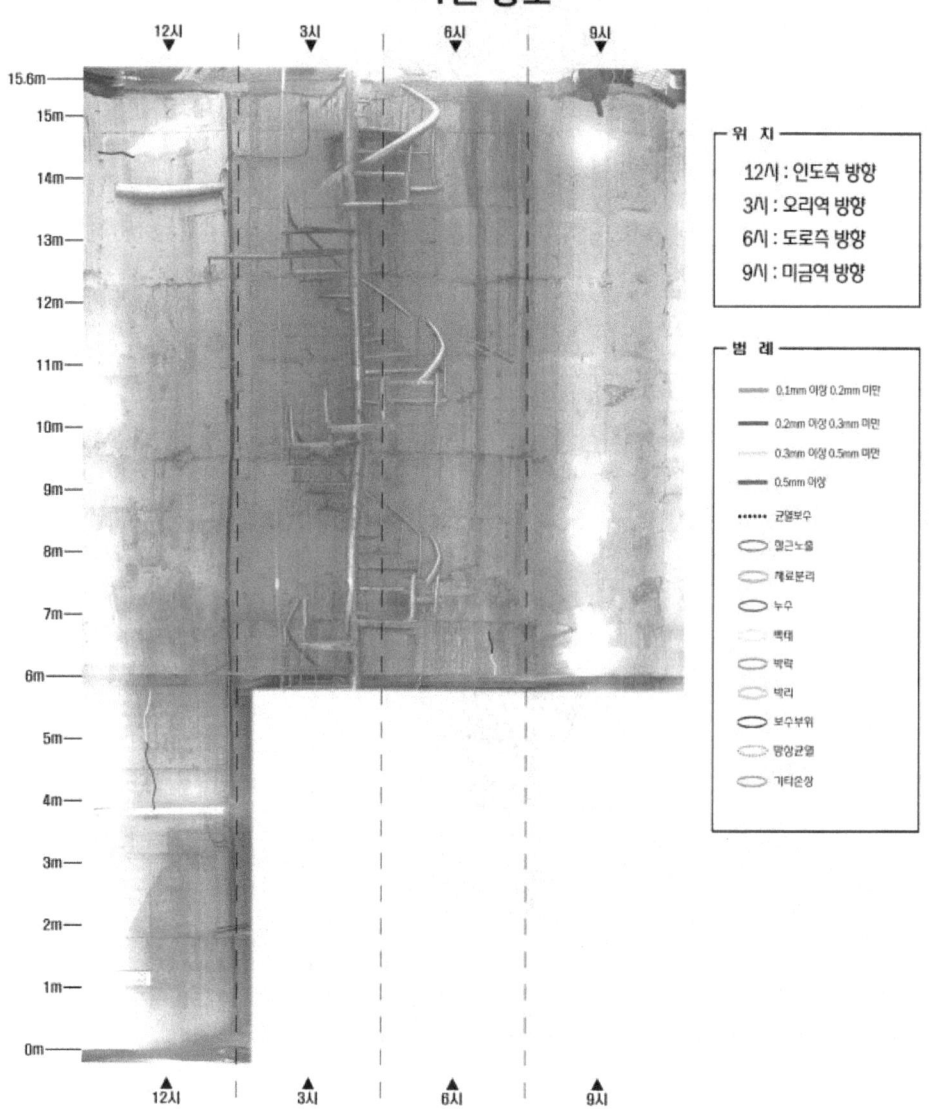

1. 분당터널 환기구 현장시험 결과

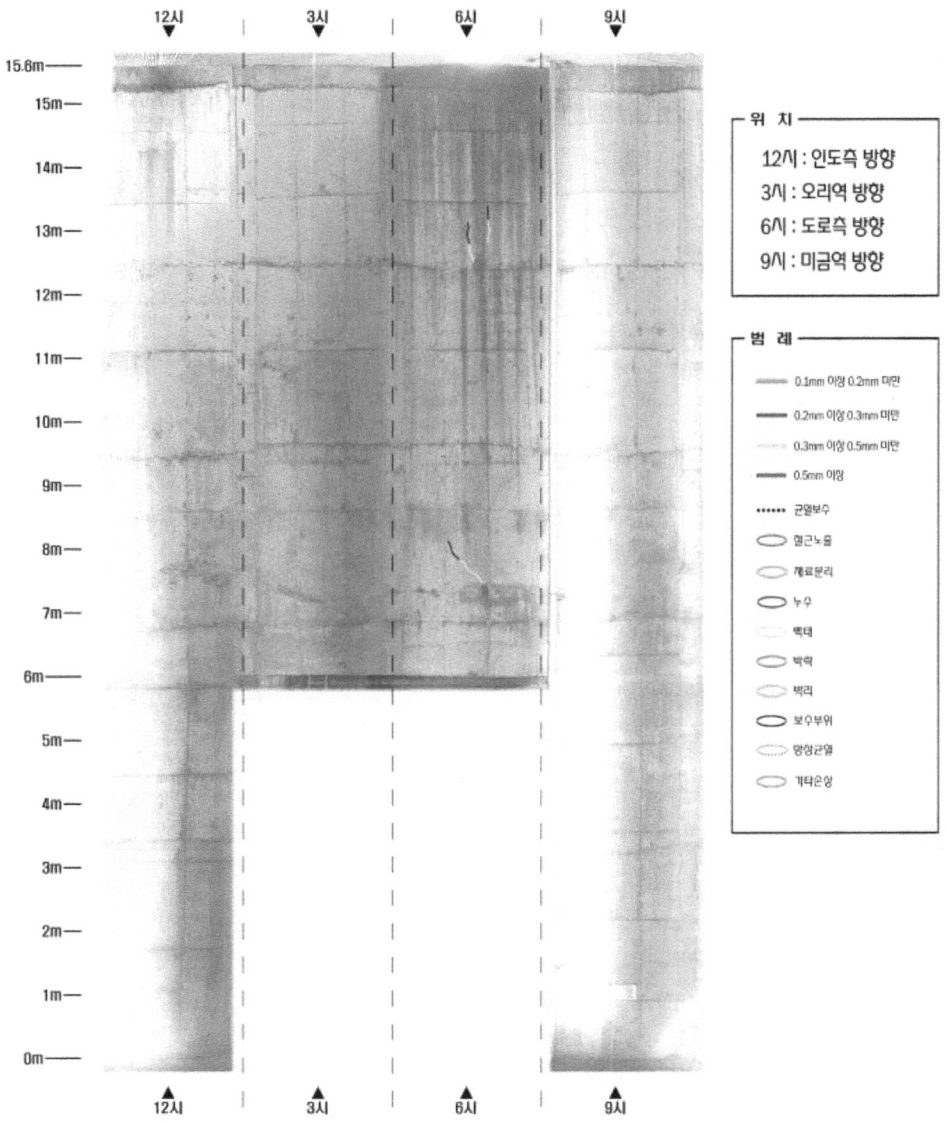

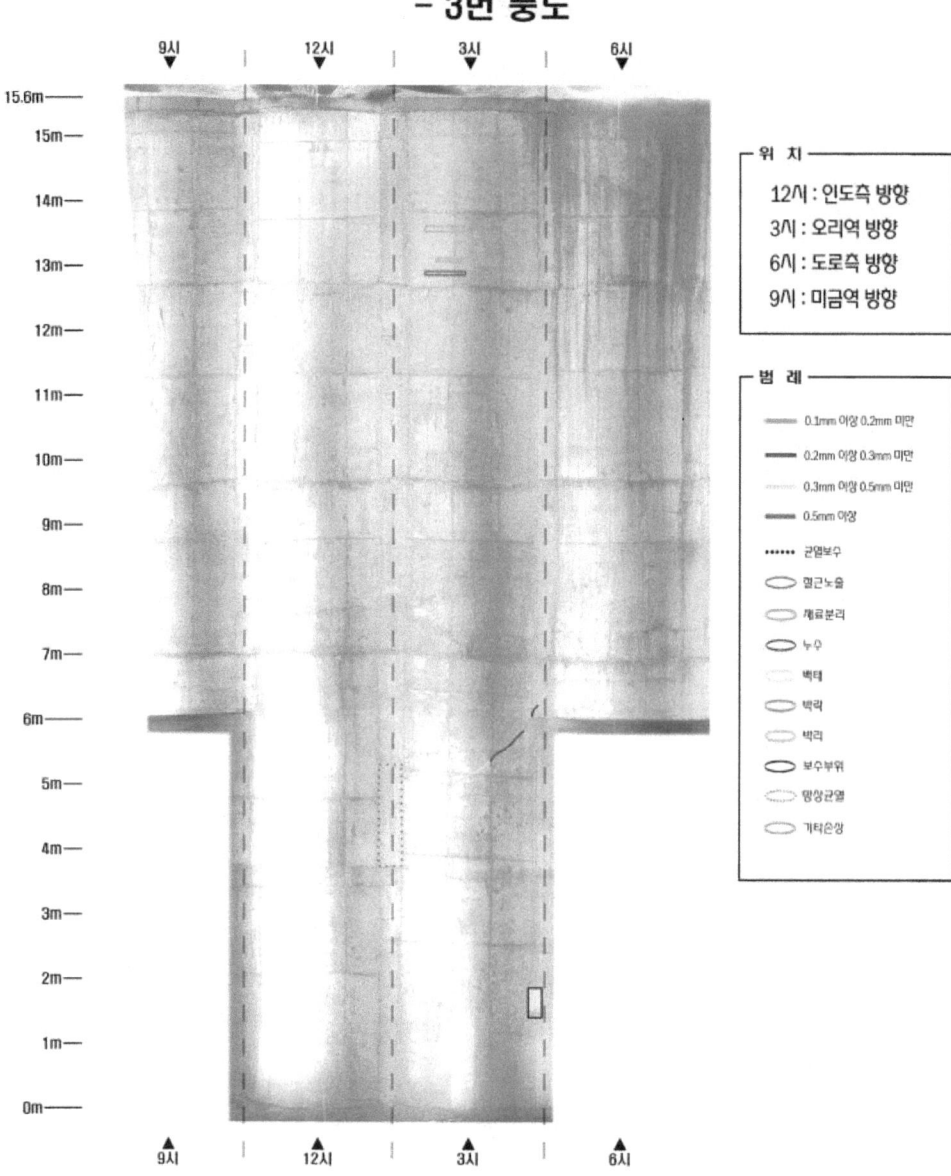

1. 분당터널 환기구 현장시험 결과

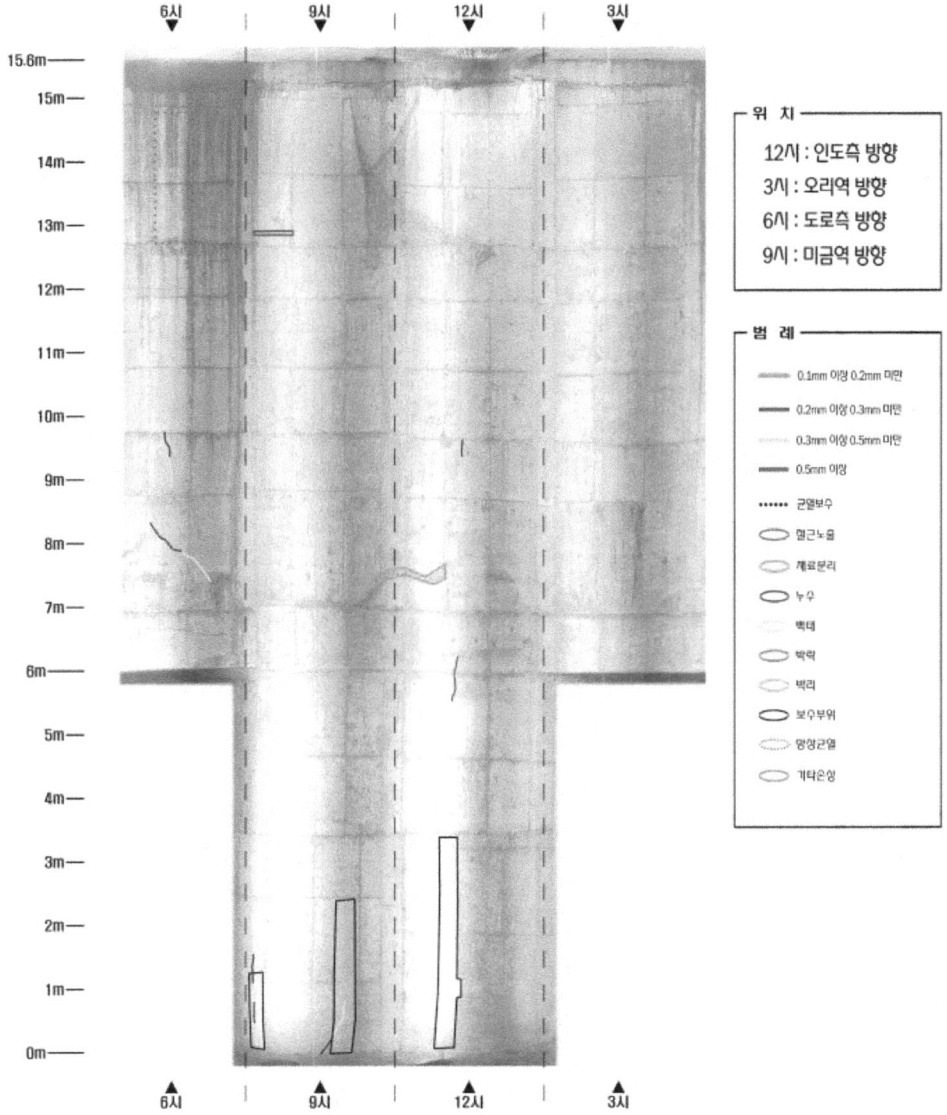

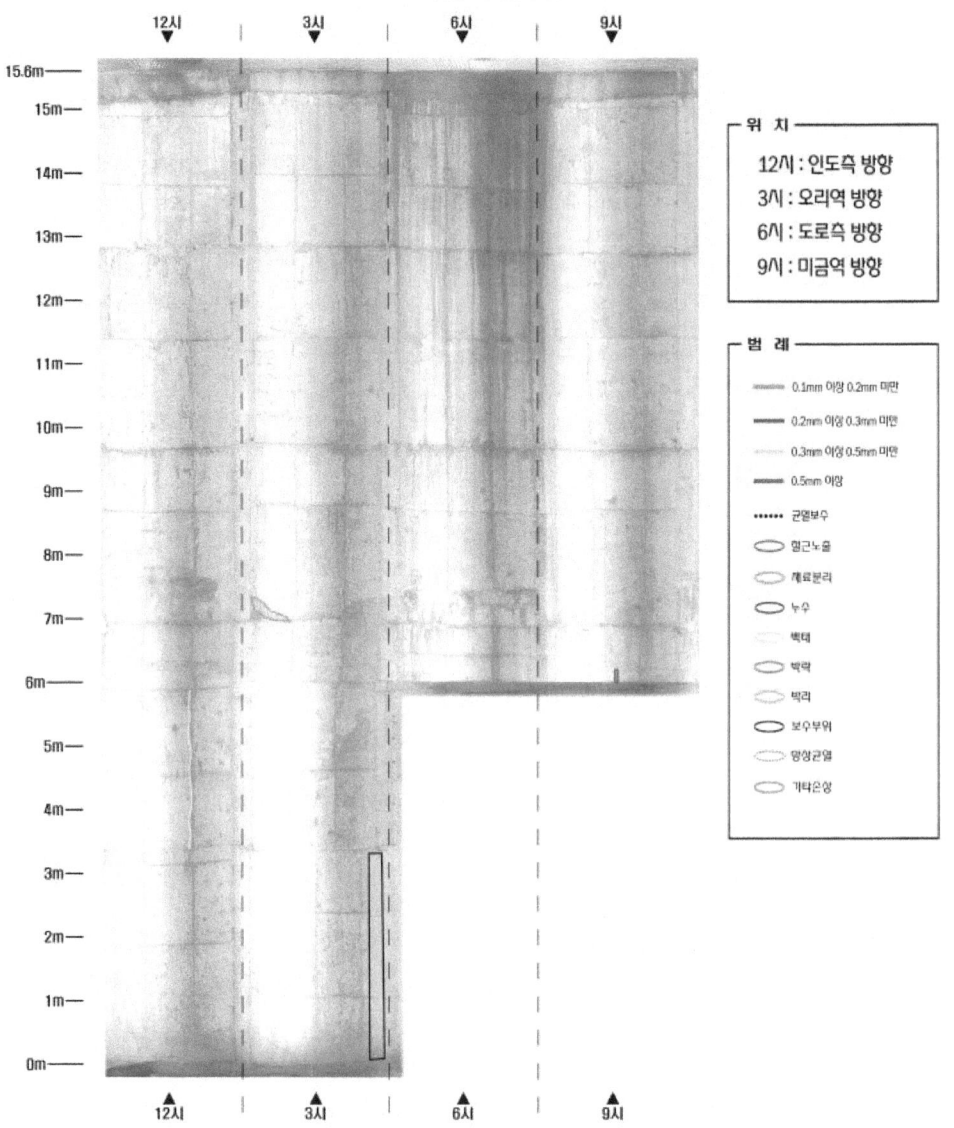

1. 분당터널 환기구 현장시험 결과

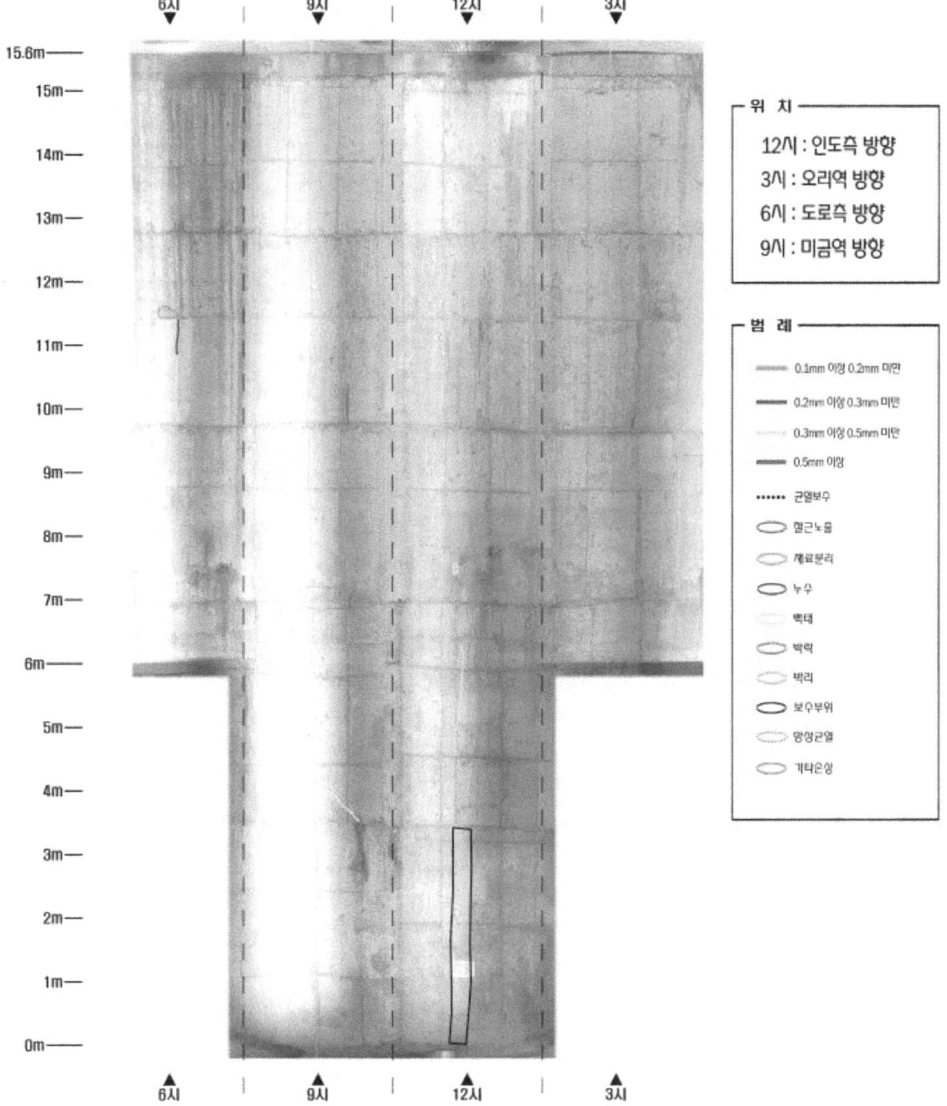

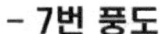

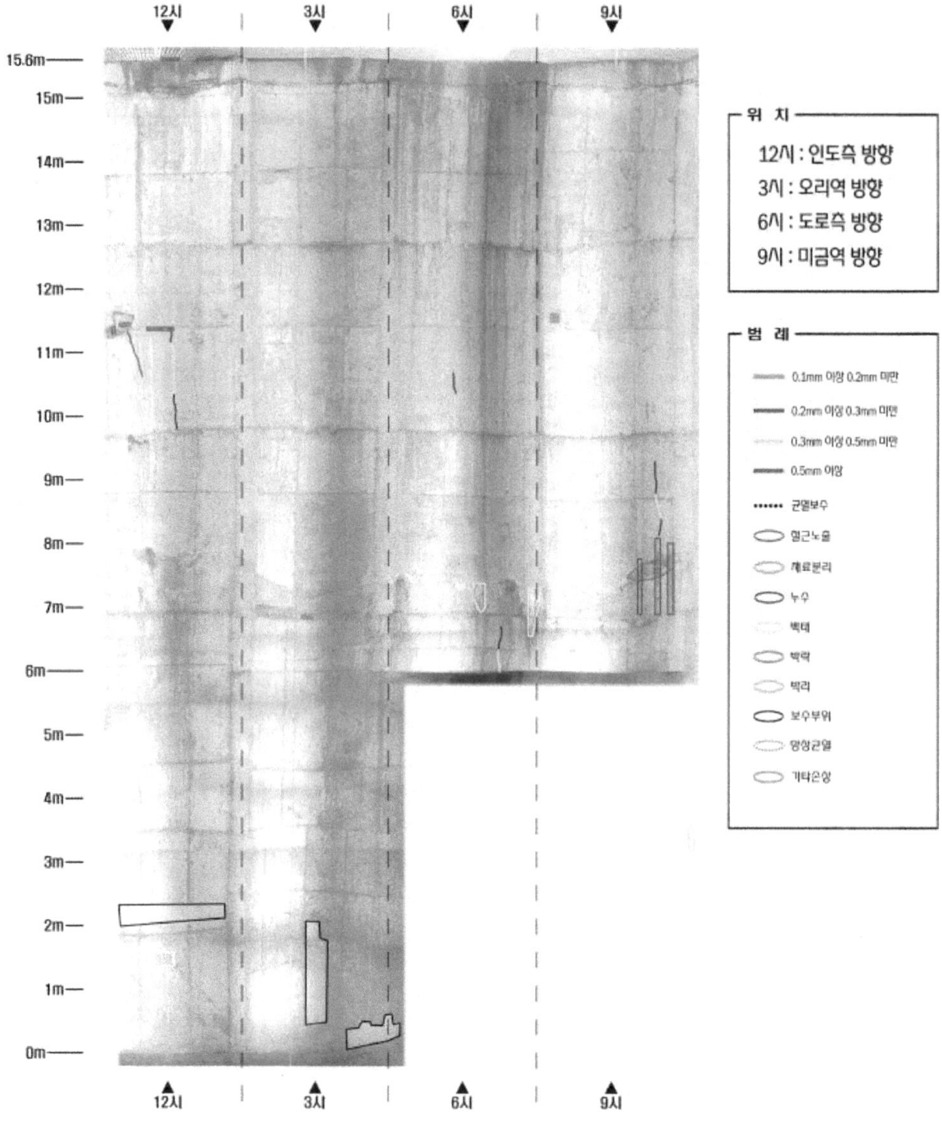

1. 분당터널 환기구 현장시험 결과

분당터널 환기구 #6
- 8번 풍도

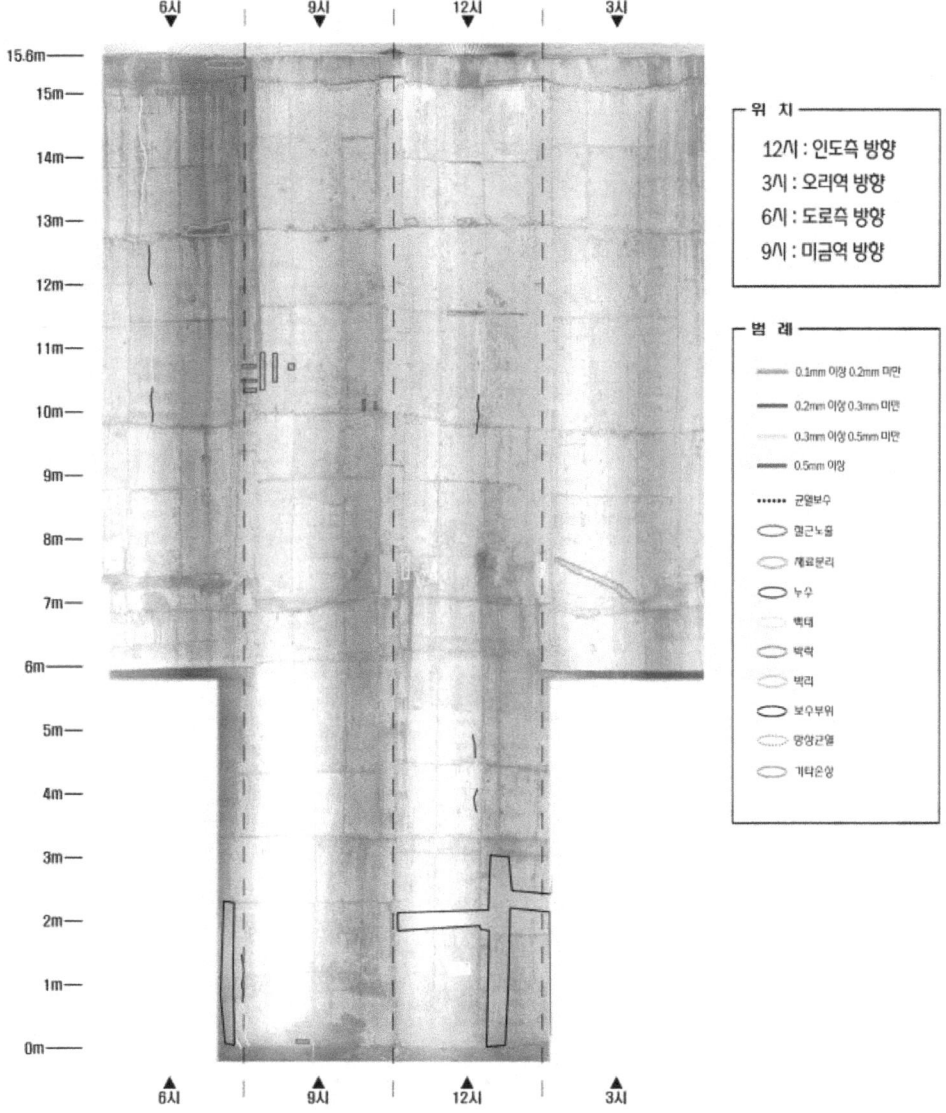

분당터널 환기구 #6
- 9번 풍도

1. 분당터널 환기구 현장시험 결과

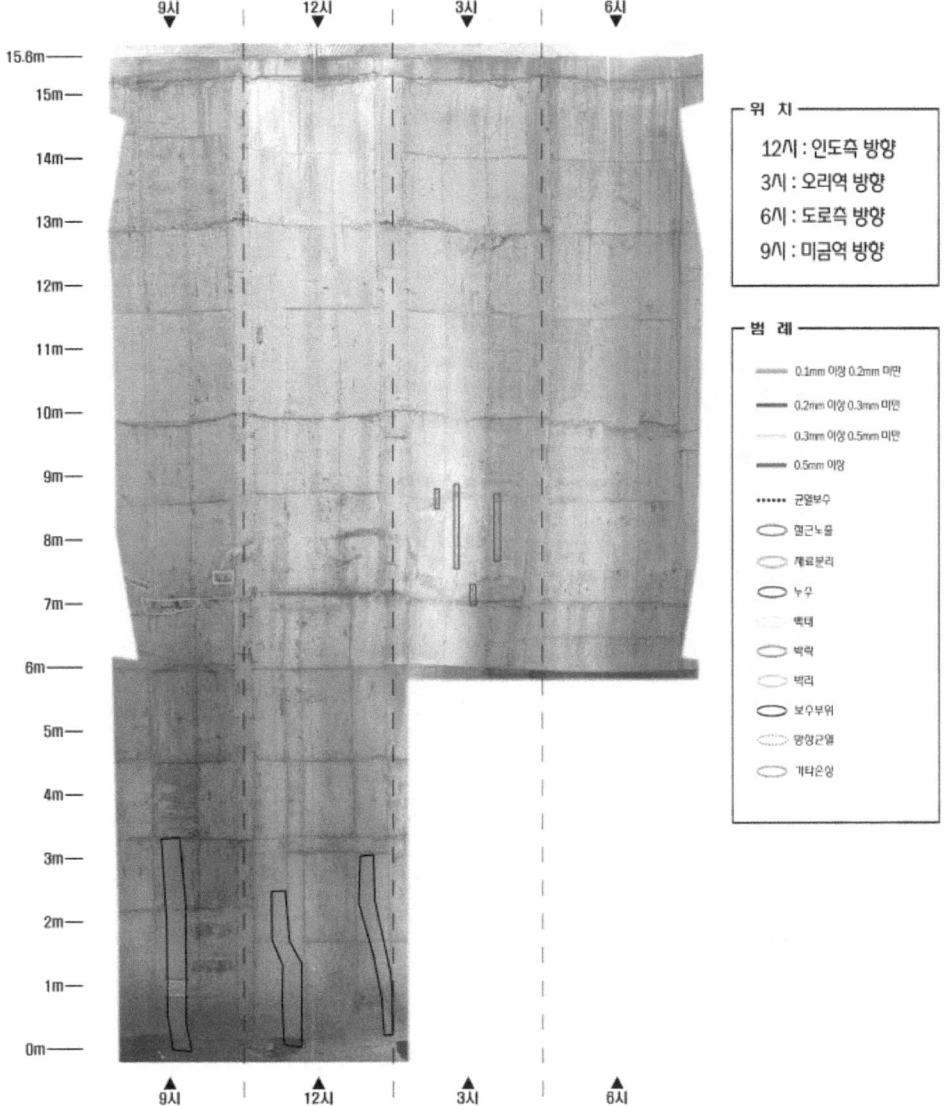

분당터널 환기구 #6
- 11번 풍도

1. 분당터널 환기구 현장시험 결과

분당터널 환기구 #6
- 12번 풍도

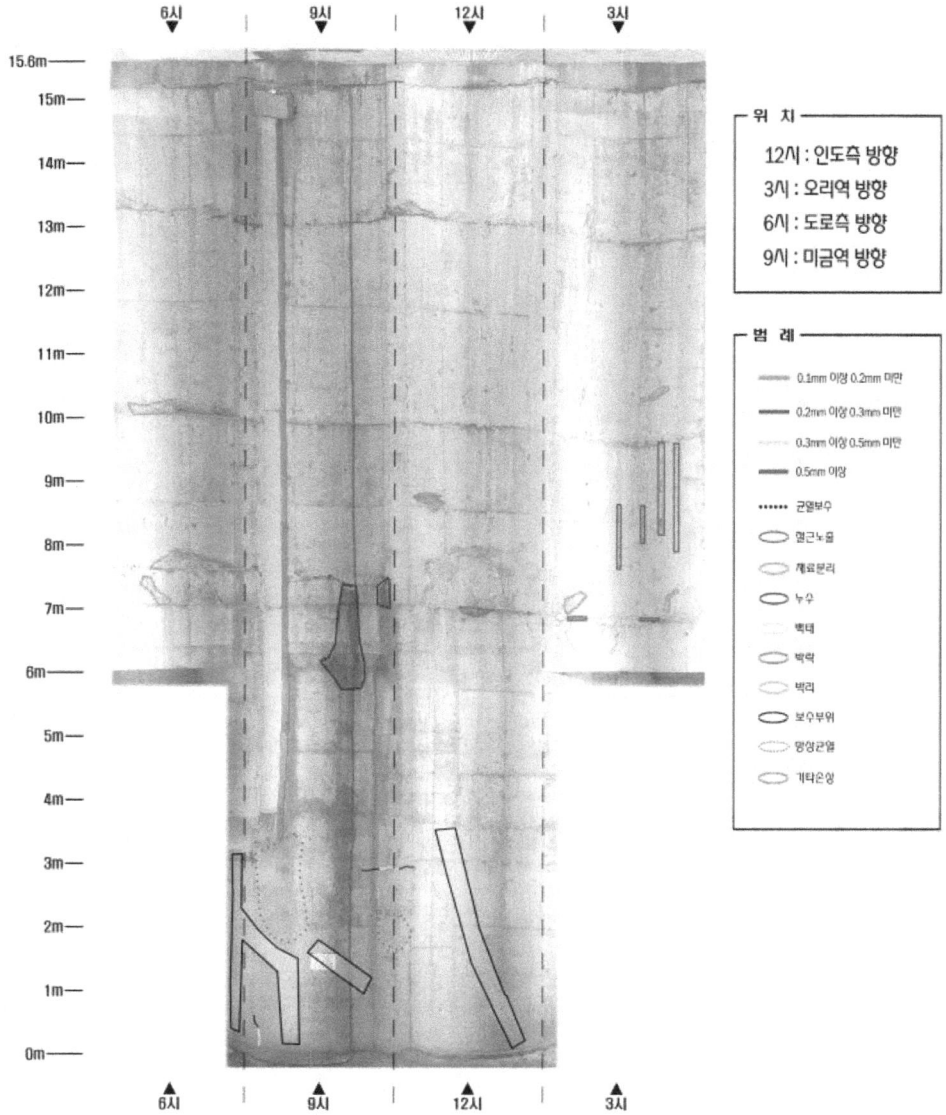

나. 외관조사망도(CAD망도)

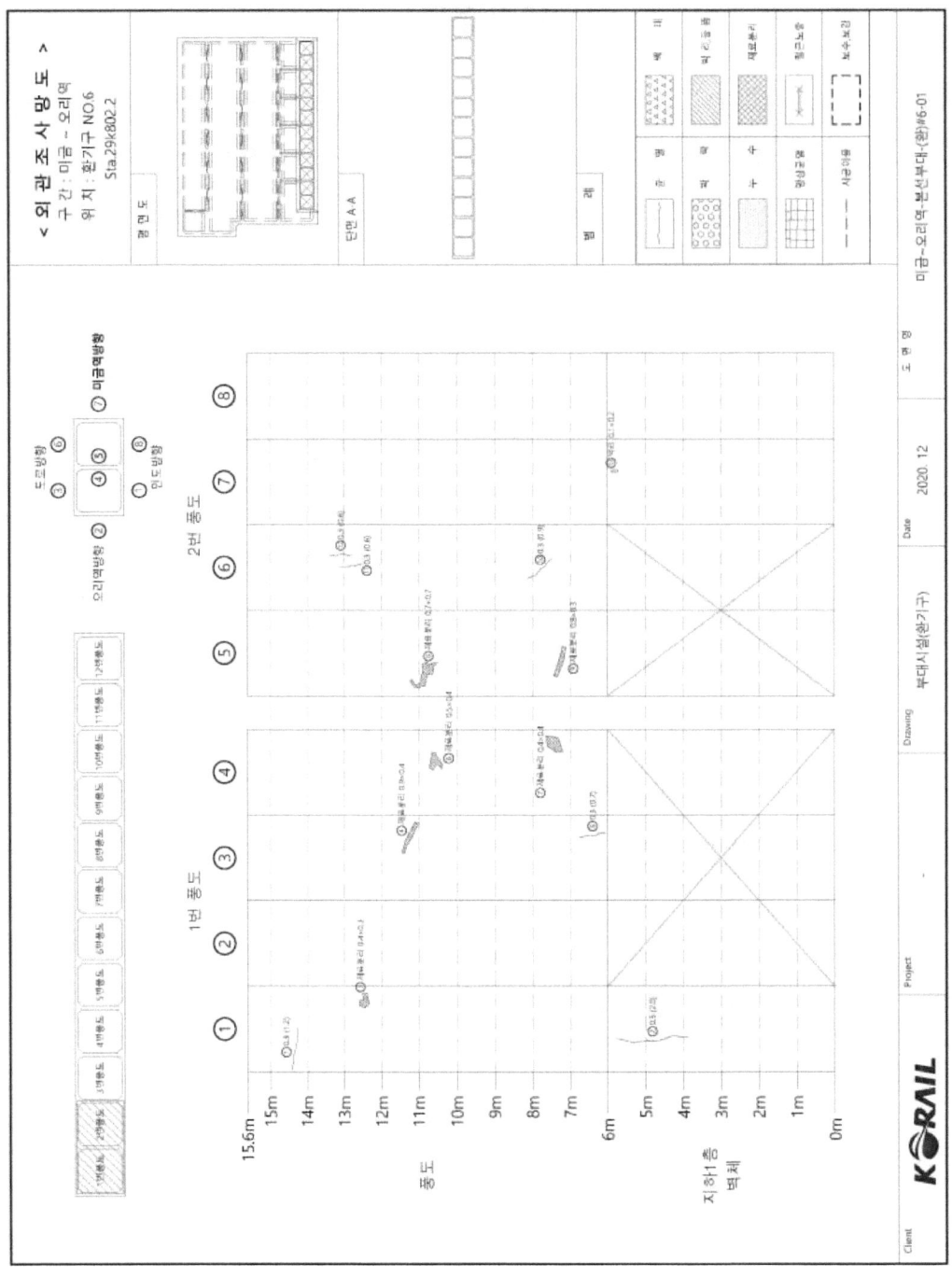

1. 분당터널 환기구 현장시험 결과

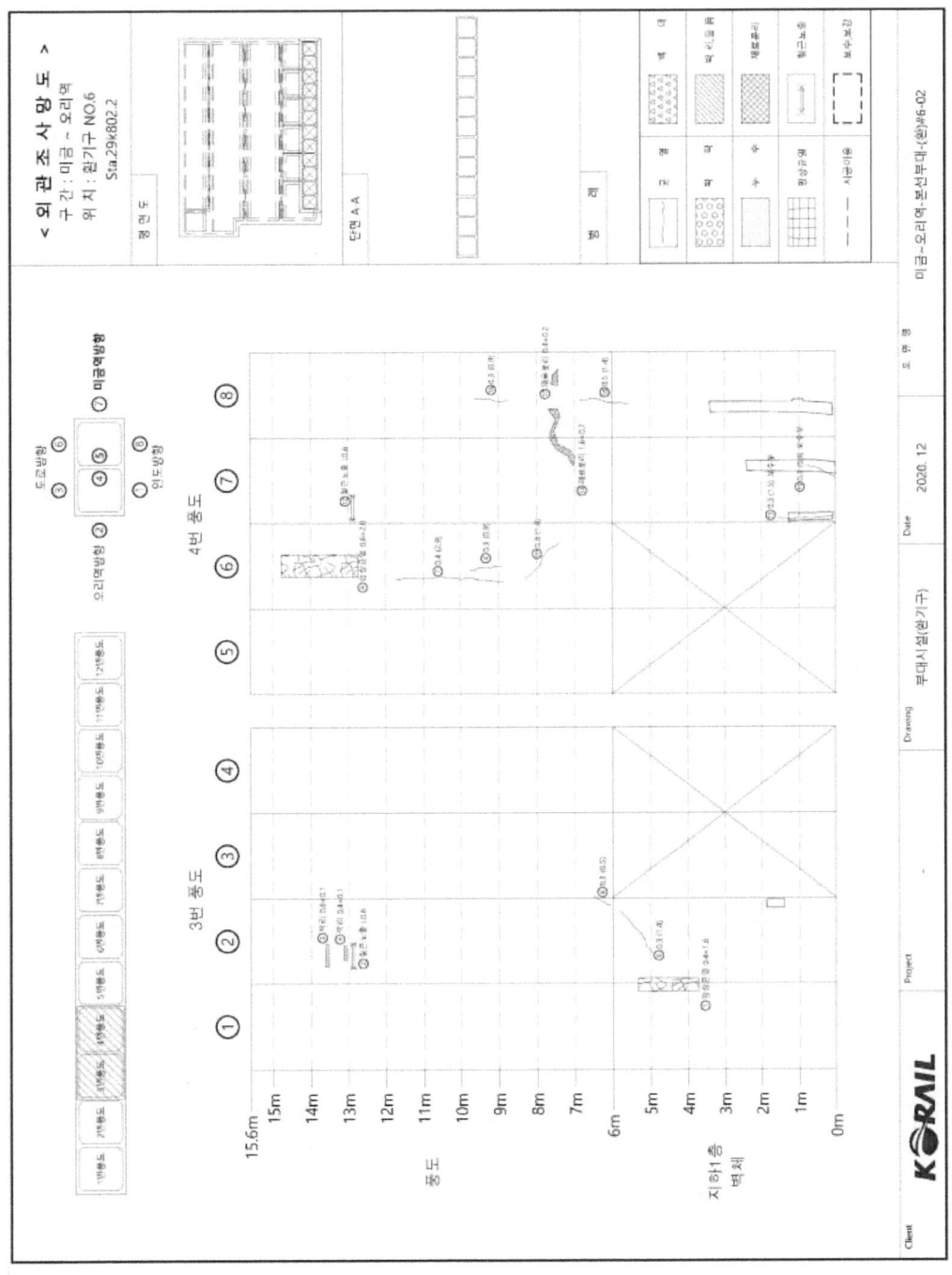

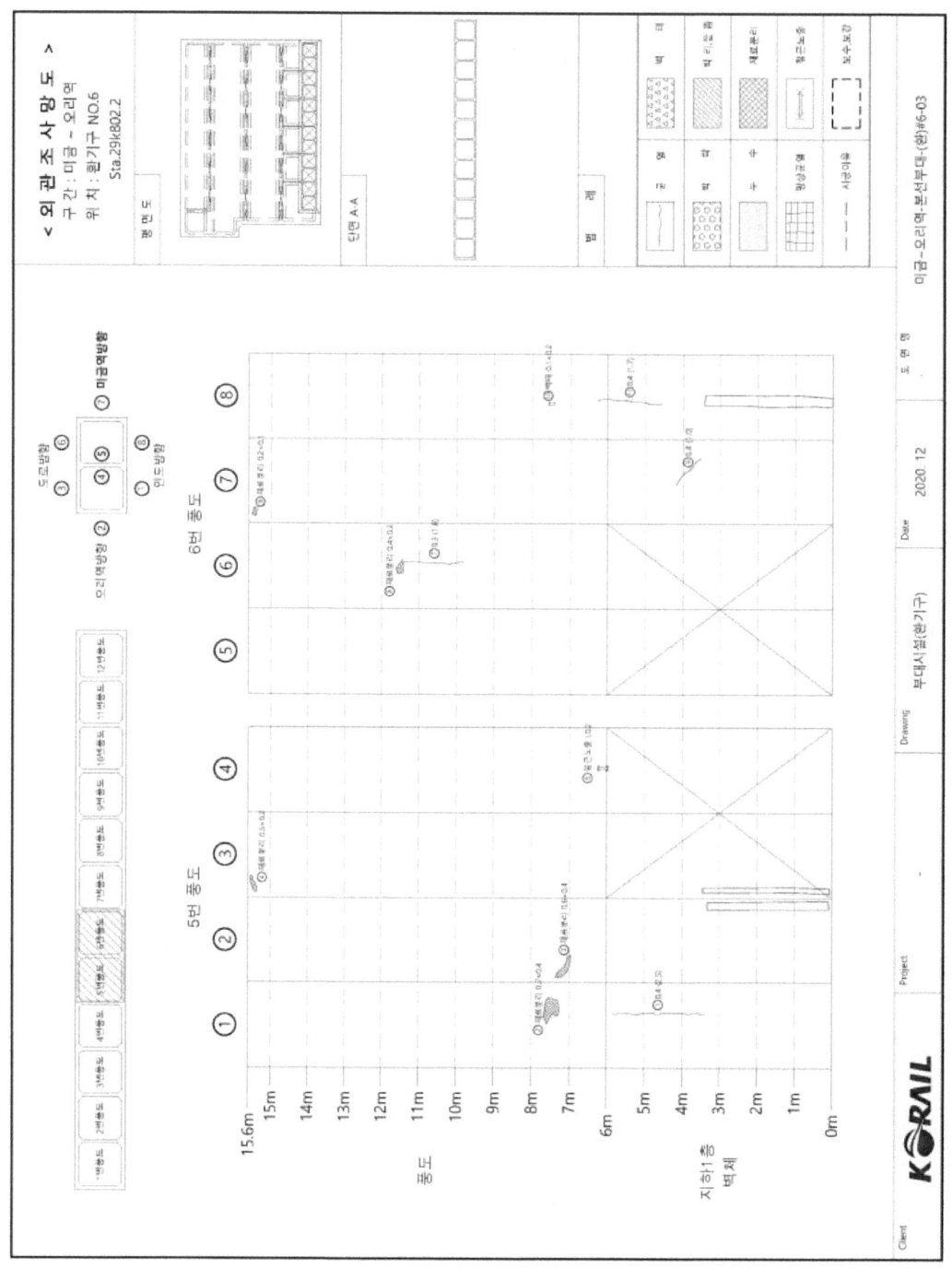

1. 분당터널 환기구 현장시험 결과

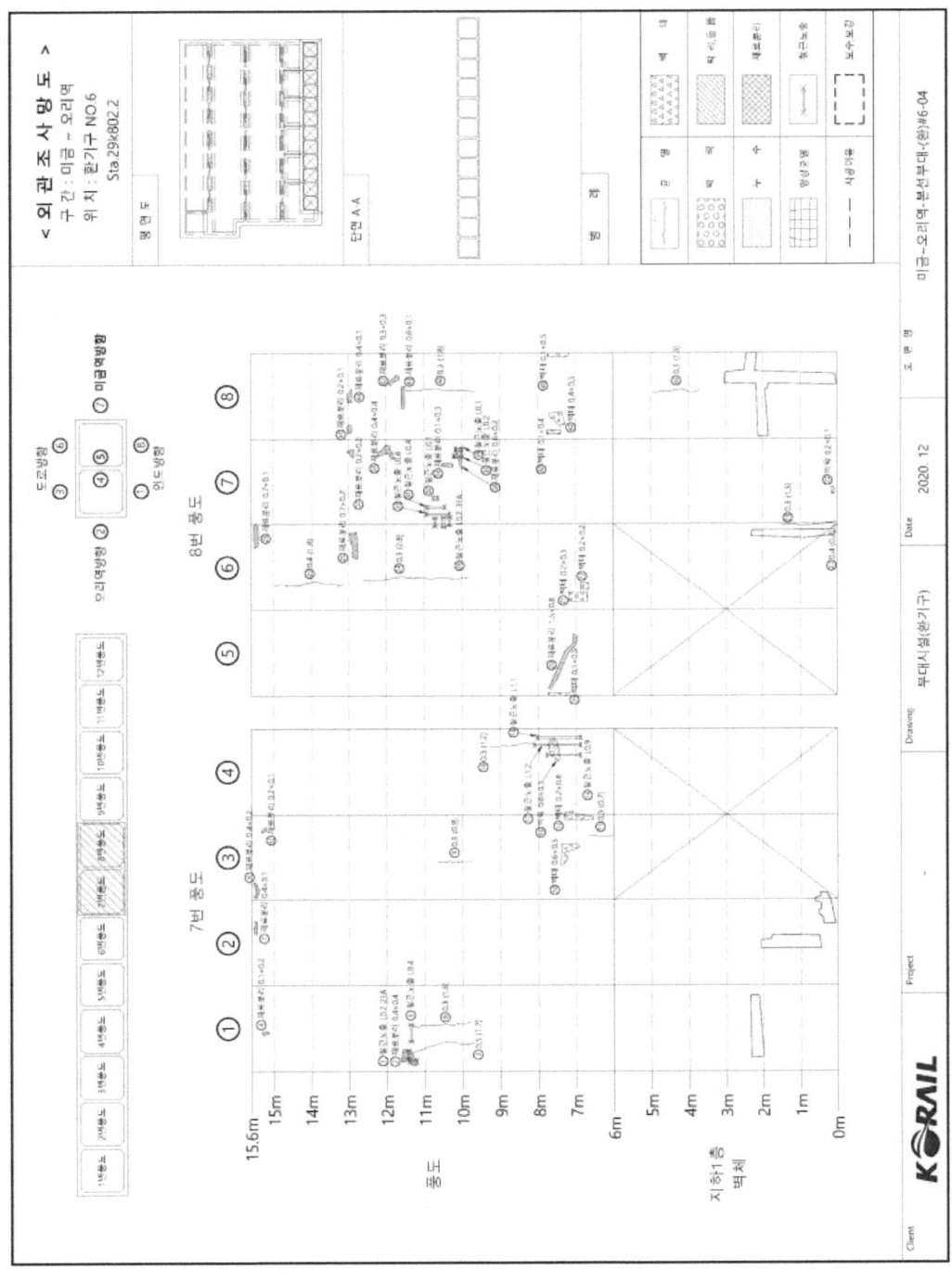

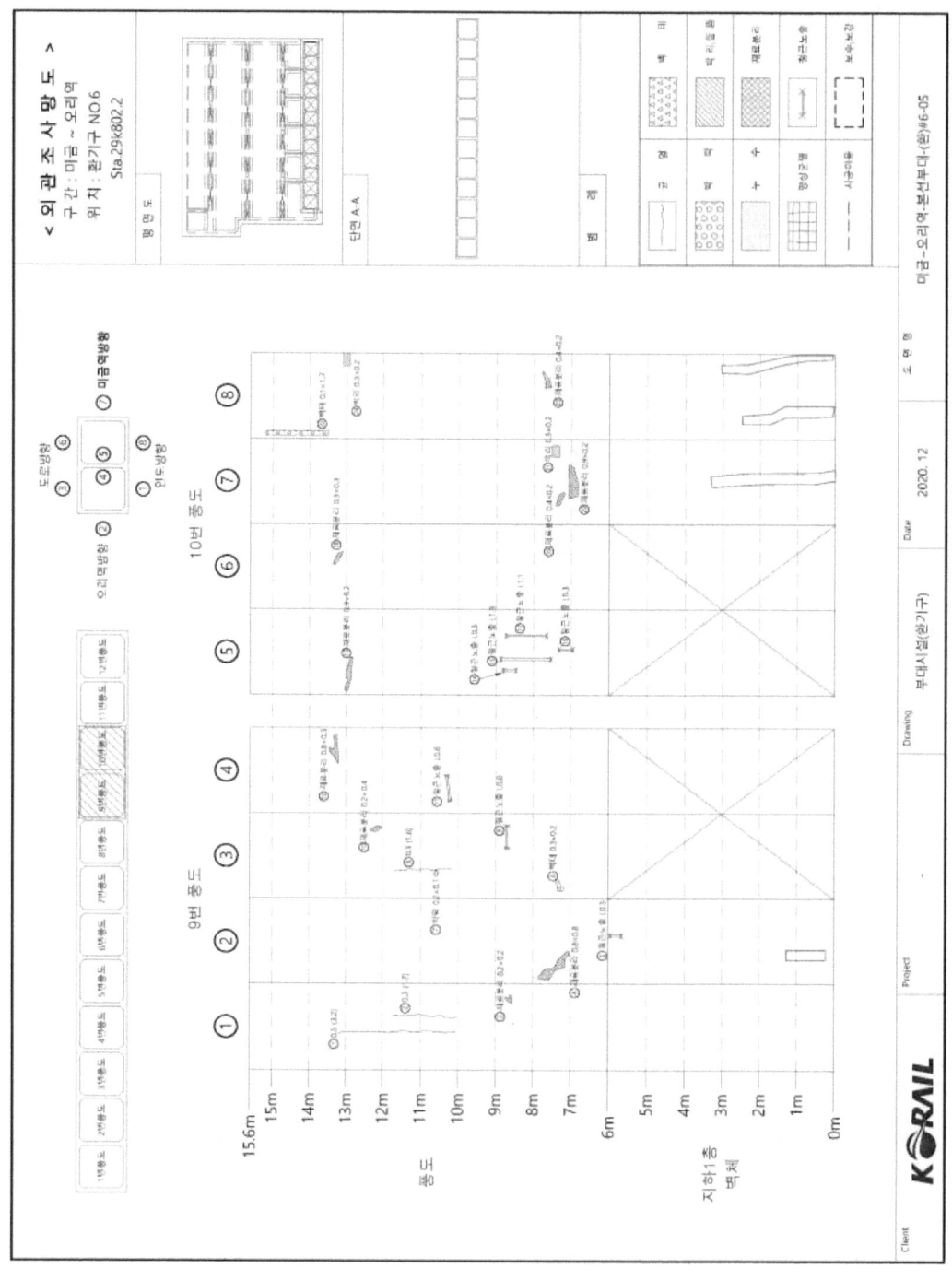

1. 분당터널 환기구 현장시험 결과

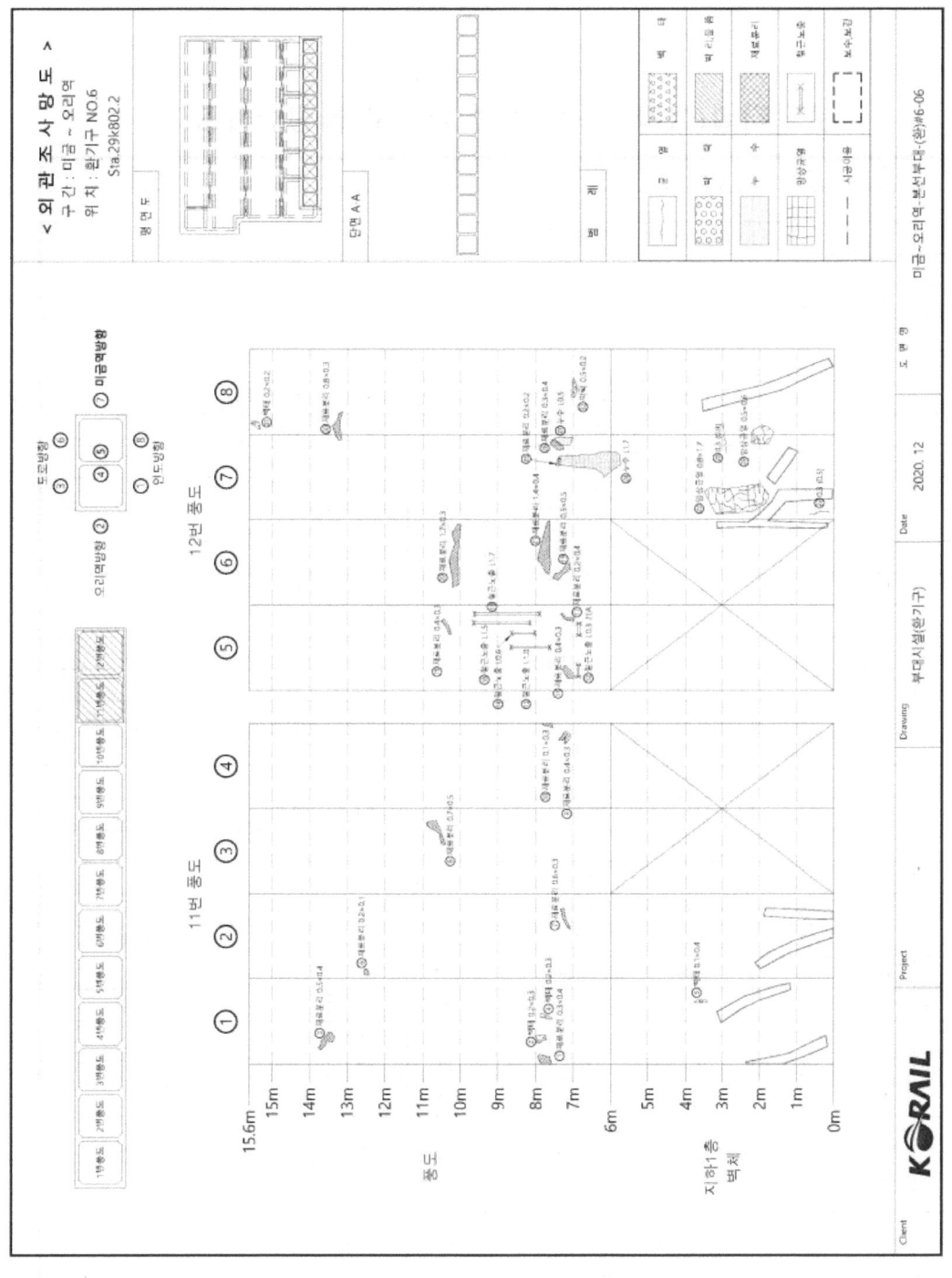

다. 물량집계표

분당터널(정자~죽전) 6번 환기구 물량집계표

NO.	-	ID	위치	높이	변상	등급	방향	폭	길이	내용
1	-	1	1	15m	균열		종	0.3	1.2	
1	-	2	1	5m	균열		횡	0.5	2.0	
1	-	3	1	13m	재료분리			0.4	0.3	
1	-	4	3	12m	재료분리			0.9	0.4	
1	-	5	3	7m	균열		횡	0.3	0.7	
1	-	6	4	8m	재료분리			0.5	0.4	
1	-	7	4	11m	재료분리			0.4	0.4	
1	-	8	5	11m	재료분리			0.7	0.7	
1	-	9	5	8m	재료분리			0.8	0.3	
1	-	10	6	8m	균열		사	0.3	0.9	
1	-	11	6	13m	균열		횡	0.3	0.6	
1	-	12	6	14m	균열		횡	0.3	0.6	
1	-	13	7	6m	박리			0.1	0.2	
2	-	1	1	5m	망상균열			0.4	1.6	
2	-	2	2	13m	철근노출				0.6	
2	-	3	2	14m	박리			0.6	0.1	
2	-	4	2	14m	박리			0.4	0.1	
2	-	5	2	6m	균열		사	0.3	1.4	
2	-	6	2	7m	균열		사	0.3	0.5	
2	-	7	6	11m	균열		횡	0.4	2.9	
2	-	8	6	10m	균열		횡	0.3	0.9	
2	-	9	6	14m	망상균열			0.6	2.0	
2	-	10	6	8m	균열		사	0.3	1.4	
2	-	11	7	1m	균열		횡	0.3	1.5	보수부
2	-	12	7	13m	철근노출				0.6	
2	-	13	7	1m	균열		사	0.3	0.9	보수부
2	-	14	7	8m	재료분리			1.6	0.7	
2	-	15	8	7m	균열		횡	0.5	1.4	
2	-	16	8	10m	균열		횡	0.3	0.9	
2	-	17	8	8m	재료분리			0.4	0.2	
3	-	1	1	5m	균열		횡	0.4	2.5	
3	-	2	1	8m	재료분리			0.7	0.4	
3	-	3	2	8m	재료분리			0.6	0.4	
3	-	4	3	15.6m	재료분리			0.5	0.2	
3	-	5	4	7m	철근노출				0.2	
3	-	6	6	12m	재료분리			0.4	0.2	

1. 분당터널 환기구 현장시험 결과

NO.	-	ID	위치	높이	변상	등급	방향	폭	길이	내용
3	-	7	6	11m	균열		횡	0.3	1.6	
3	-	8	7	15.6m	재료분리			0.2	0.1	
3	-	9	7	4m	균열		사	0.4	1.0	
3	-	10	8	8m	백태			0.1	0.2	
3	-	11	8	6m	균열		횡	0.4	1.7	
4	-	1	1	12m	철근노출			0.2	2.0	
4	-	2	1	12m	재료분리			0.4	0.4	
4	-	3	1	11m	균열		횡	0.5	1.7	
4	-	4	1	15.6m	재료분리			0.1	0.2	
4	-	5	1	12m	철근노출				0.4	
4	-	6	1	11m	균열		횡	0.3	1.6	
4	-	7	2	15.6m	재료분리			0.4	0.1	
4	-	8	3	15.6m	재료분리			0.4	0.2	
4	-	9	3	11m	균열		횡	0.3	0.9	
4	-	10	3	8m	백태			0.6	0.5	
4	-	11	3	7m	균열		횡	0.3	0.7	
4	-	12	3	15.6m	재료분리			0.2	0.1	
4	-	13	3	7m	백태			0.2	0.8	
4	-	14	4	8m	철근노출				0.9	
4	-	15	4	8m	박락			0.6	0.3	
4	-	16	4	9m	균열		횡	0.3	1.2	
4	-	17	4	8m	철근노출				1.2	
4	-	18	4	8m	철근노출				1.1	
4	-	19	5	8m	백태			0.1	0.5	
4	-	20	5	8m	재료분리			1.5	0.8	
4	-	21	6	7m	백태			0.2	0.5	
4	-	22	6	7m	백태			0.2	0.2	
4	-	23	6	14m	균열		횡	0.4	1.8	
4	-	24	6	12m	균열		횡	0.3	2.8	
4	-	25	6	13m	재료분리			0.7	0.2	
4	-	26	6	15.6m	재료분리			0.7	0.1	
4	-	27	6	1m	균열		사	0.4	0.2	
4	-	28	6	1m	균열		횡	0.3	1.5	
4	-	29	7	11m	철근노출			0.2	3.0	
4	-	30	7	11m	철근노출				0.6	
4	-	31	7	11m	철근노출				0.4	
4	-	32	7	11m	철근노출				0.1	
4	-	33	7	1m	박락			0.2	0.1	

수직형 시설물의 AI 기반 비진입 스캐닝 자동화 시스템 개발

NO.	-	ID	위치	높이	변상	등급	방향	폭	길이	내용
4	-	34	7	11m	재료분리			0.1	0.3	
4	-	35	7	11m	철근노출				0.2	
4	-	36	7	11m	재료분리			0.6	0.2	
4	-	37	7	13m	재료분리			0.2	0.2	
4	-	38	7	12m	재료분리			0.4	0.4	
4	-	39	7	11m	철근노출				0.1	
4	-	40	8	8m	백태			0.1	0.4	
4	-	41	8	13m	재료분리			0.2	0.1	
4	-	42	8	8m	백태			0.4	0.5	
4	-	43	8	12m	재료분리			0.6	0.1	
4	-	44	8	13m	재료분리			0.4	0.1	
4	-	45	8	5m	균열		횡	0.3	1.3	
4	-	46	8	11m	균열		횡	0.3	1.8	
4	-	47	8	12m	재료분리			0.3	0.3	
4	-	48	8	8m	백태			0.1	0.5	
5	-	1	1	12m	균열		횡	0.5	3.2	
5	-	2	1	11m	균열		횡	0.3	1.7	
5	-	3	1	9m	재료분리			0.2	0.2	
5	-	4	2	8m	재료분리			0.8	0.8	
5	-	5	2	6m	철근노출				0.3	
5	-	6	3	8m	백태			0.3	0.2	
5	-	7	3	11m	박락			0.2	0.1	
5	-	8	3	11m	균열		횡	0.3	1.6	
5	-	9	3	9m	철근노출				0.6	
5	-	10	3	13m	재료분리			0.2	0.4	
5	-	11	4	11m	철근노출				0.6	
5	-	12	4	14m	재료분리			0.8	0.3	
5	-	13	5	13m	재료분리			0.9	0.2	
5	-	14	5	9m	철근노출				0.3	
5	-	15	5	9m	철근노출				1.3	
5	-	16	5	8m	철근노출				0.3	
5	-	17	5	9m	철근노출				1.1	
5	-	18	6	14m	재료분리			0.3	0.3	
5	-	19	7	8m	재료분리			0.4	0.2	
5	-	20	7	7m	재료분리			0.9	0.2	
5	-	21	7	8m	박리			0.3	0.2	
5	-	22	8	15m	백태			0.1	1.7	
5	-	23	8	8m	재료분리			0.4	0.2	

NO.	-	ID	위치	높이	변상	등급	방향	폭	길이	내용
5	-	24	8	13m	박리			0.3	0.2	
6	-	1	1	8m	재료분리			0.3	0.4	
6	-	2	1	8m	백태			0.2	0.3	
6	-	3	1	14m	재료분리			0.5	0.4	
6	-	4	1	8m	백태			0.2	0.3	
6	-	5	1	4m	백태			0.1	0.4	
6	-	6	2	13m	재료분리			0.2	0.1	
6	-	7	2	8m	재료분리			0.6	0.3	
6	-	8	3	11m	재료분리			0.7	0.5	
6	-	9	4	8m	재료분리			0.4	0.3	
6	-	10	4	8m	재료분리			0.1	0.3	
6	-	11	5	8m	재료분리			0.4	0.3	
6	-	12	5	7m	철근노출			0.3	2.0	
6	-	13	5	9m	철근노출				1.0	
6	-	14	5	9m	철근노출				0.6	
6	-	15	5	11m	재료분리			0.4	0.3	
6	-	16	5	9m	철근노출				1.5	
6	-	17	5	8m	재료분리			0.2	0.4	
6	-	18	5	9m	철근노출				1.7	
6	-	19	6	8m	재료분리			0.5	0.5	
6	-	20	6	11m	재료분리			1.7	0.3	
6	-	21	6	8m	재료분리			1.4	0.4	
6	-	22	7	1m	균열		횡	0.3	0.5	
6	-	23	7	3m	망상균열			0.8	1.7	
6	-	24	7	7m	누수				1.7	
6	-	25	7	8m	재료분리			0.2	0.2	
6	-	26	7	8m	재료분리			0.3	0.4	
6	-	27	7	8m	누수				0.5	
6	-	28	7	3m	균열		종	0.3	0.9	
6	-	29	7	2m	망상균열			0.5	0.6	
6	-	30	8	14m	재료분리			0.8	0.3	
6	-	31	8	15.6m	백태			0.2	0.2	
6	-	32	8	7m	박락			0.5	0.2	

2. 서울지하철 4호선 환기구

(1) 사진대지

(2) 조사결과

  가. 이미지망도

  나. 외관조사망도

  다. 물량집계표

2. 서울지하철 4호선 환기구 현장시험 결과

(1) 사진대지

서울지하철 4호선 환기구 #119 외부 전경

서울지하철 4호선 환기구 #119 내부 전경

환기구 외부그레이팅 상단 윈치박스 설치 및 작업 전경

환기구 내부 수직형 스캐닝 시스템 시제품 설치완료 전경

2. 서울지하철 4호선 환기구 현장시험 결과

수직형 스캐닝 시스템 시제품 무선통신연결 및 제어 S/W 영상설정

환기구 내부 수직형 스캐닝 시스템 시제품 설치완료 전경

(2) 조사결과

가. 이미지망도

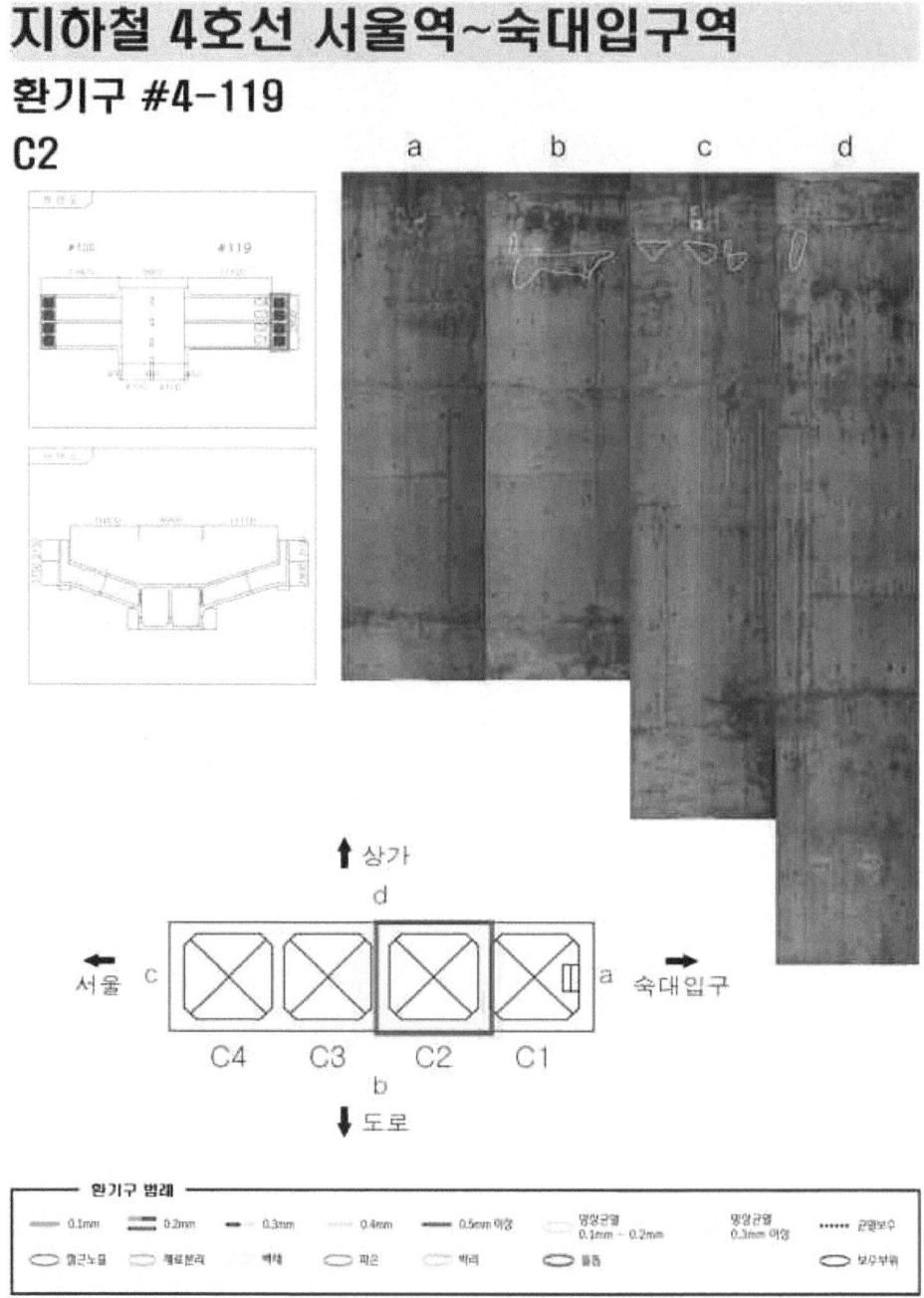

2. 서울지하철 4호선 환기구 현장시험 결과

지하철 4호선 서울역~숙대입구역
환기구 #4-119
C3

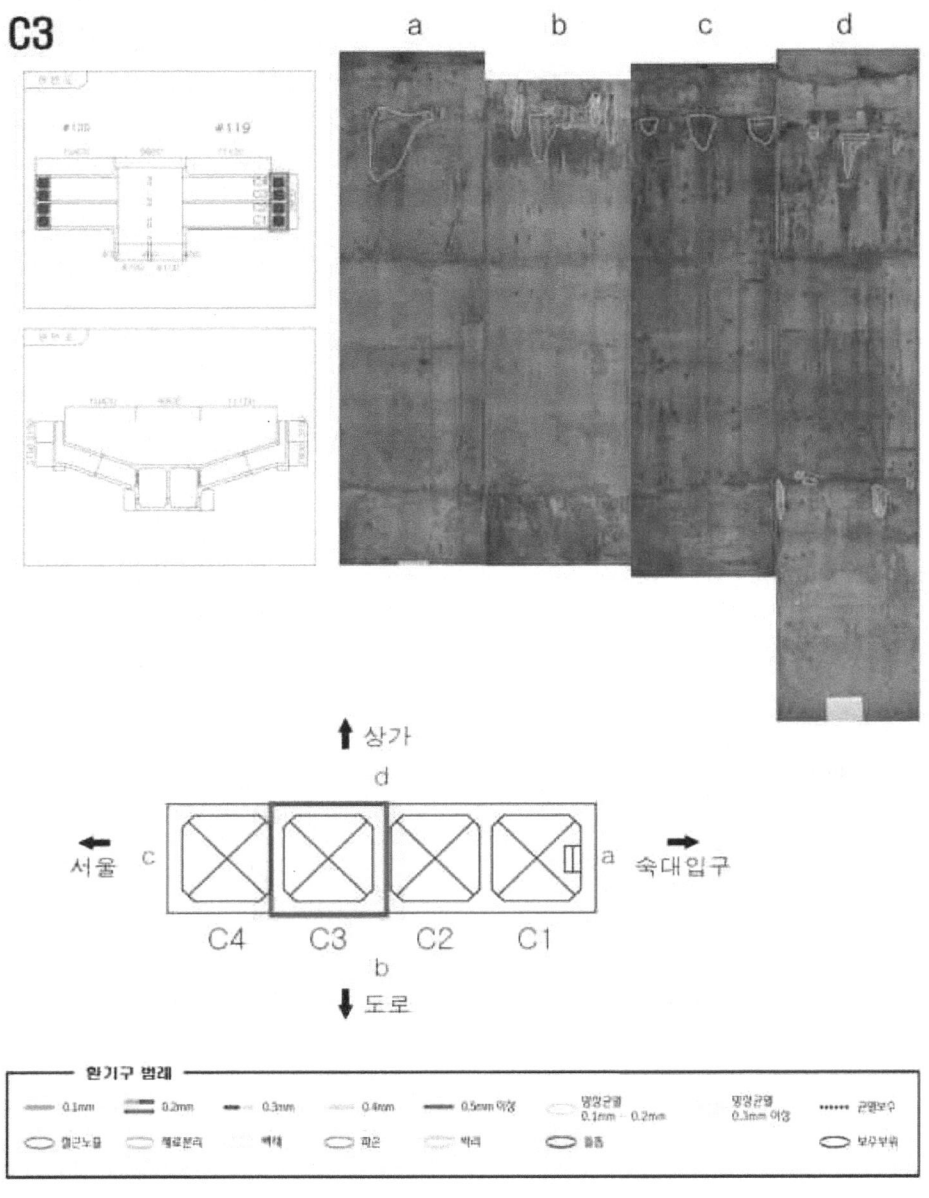

지하철 4호선 서울역~숙대입구역
환기구 #4-119
C4

2. 서울지하철 4호선 환기구 현장시험 결과

지하철 4호선 서울역~숙대입구역
환기구 #4-120

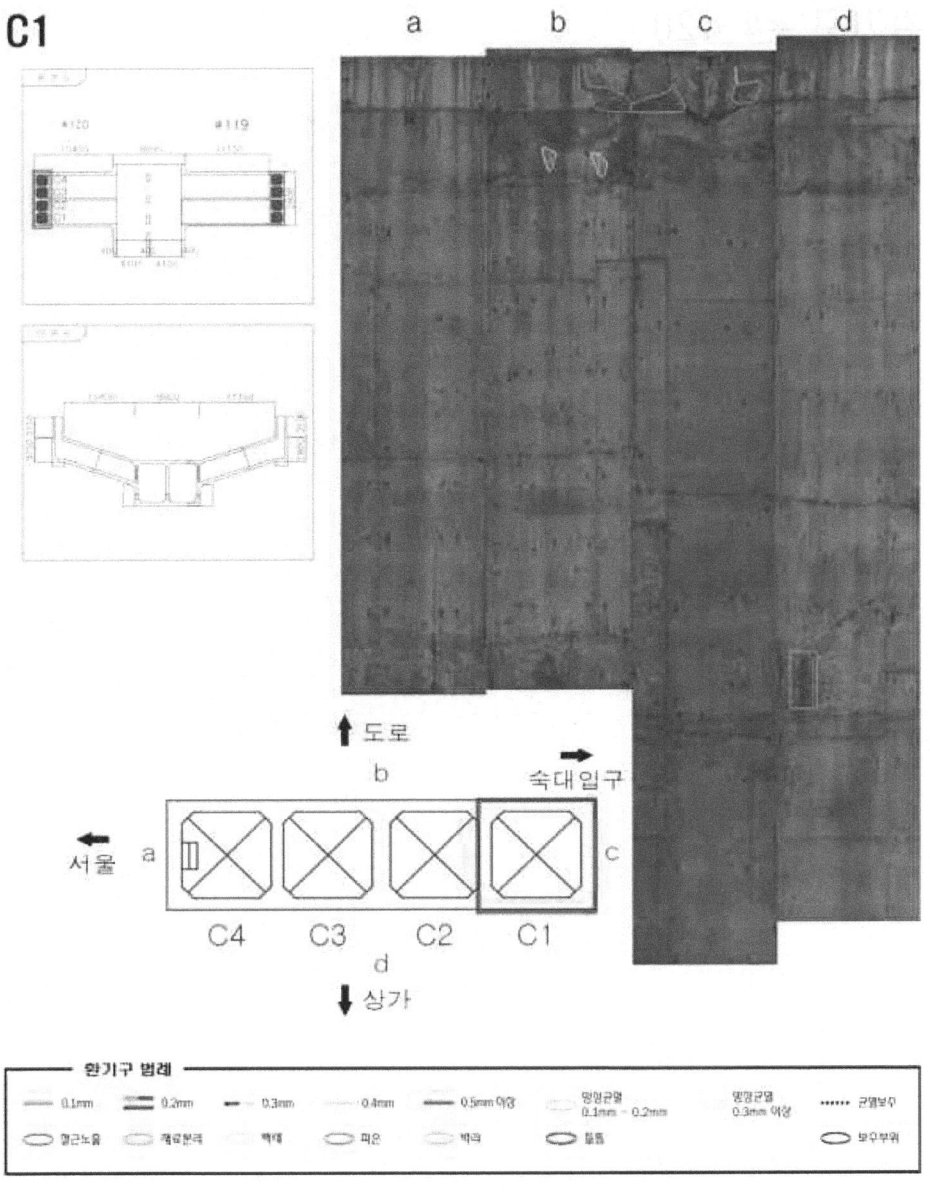

지하철 4호선 서울역~숙대입구역
환기구 #4-120
C2

지하철 4호선 서울역~숙대입구역
환기구 #4-120
C3

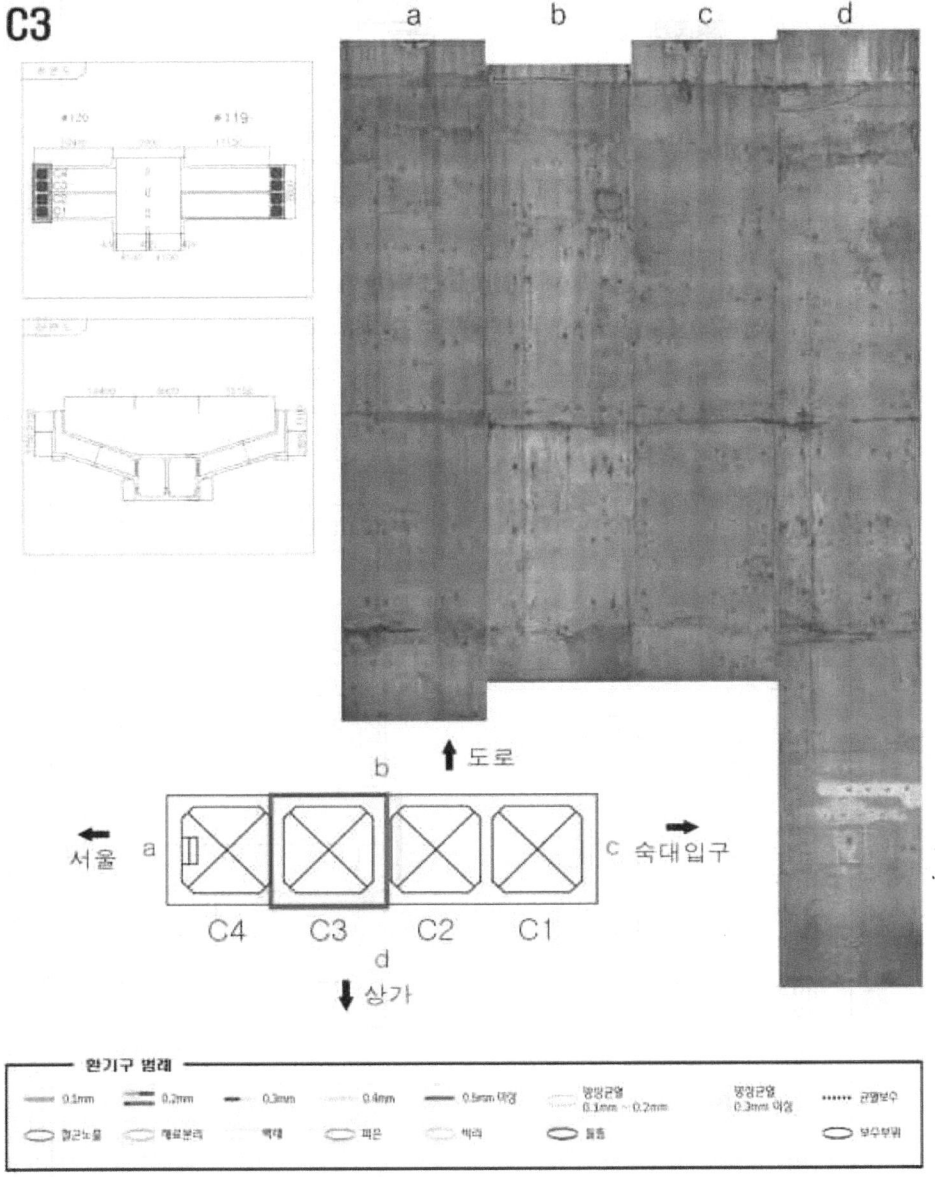

나. 외관조사망도(CAD망도)

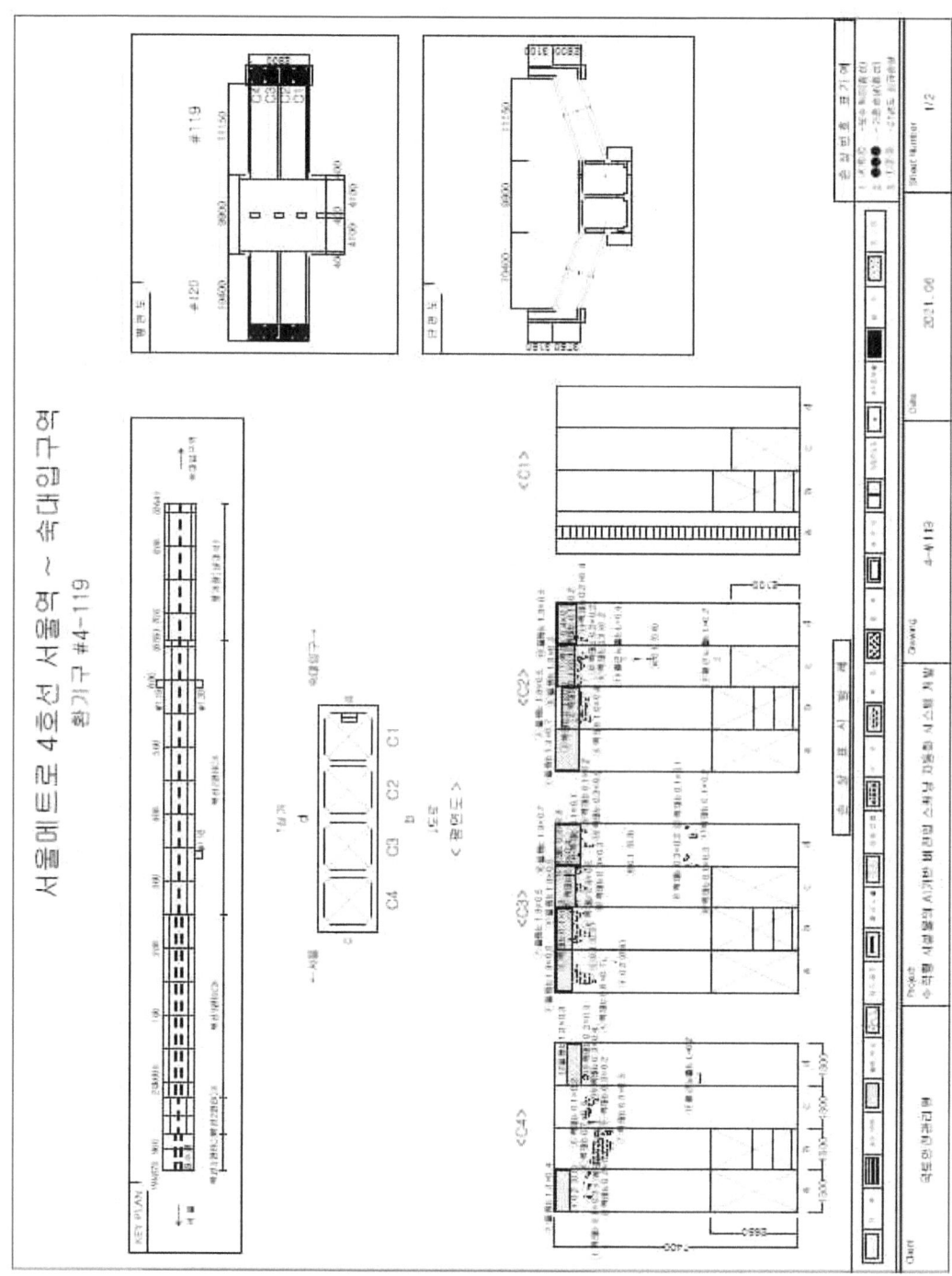

2. 서울지하철 4호선 환기구 현장시험 결과

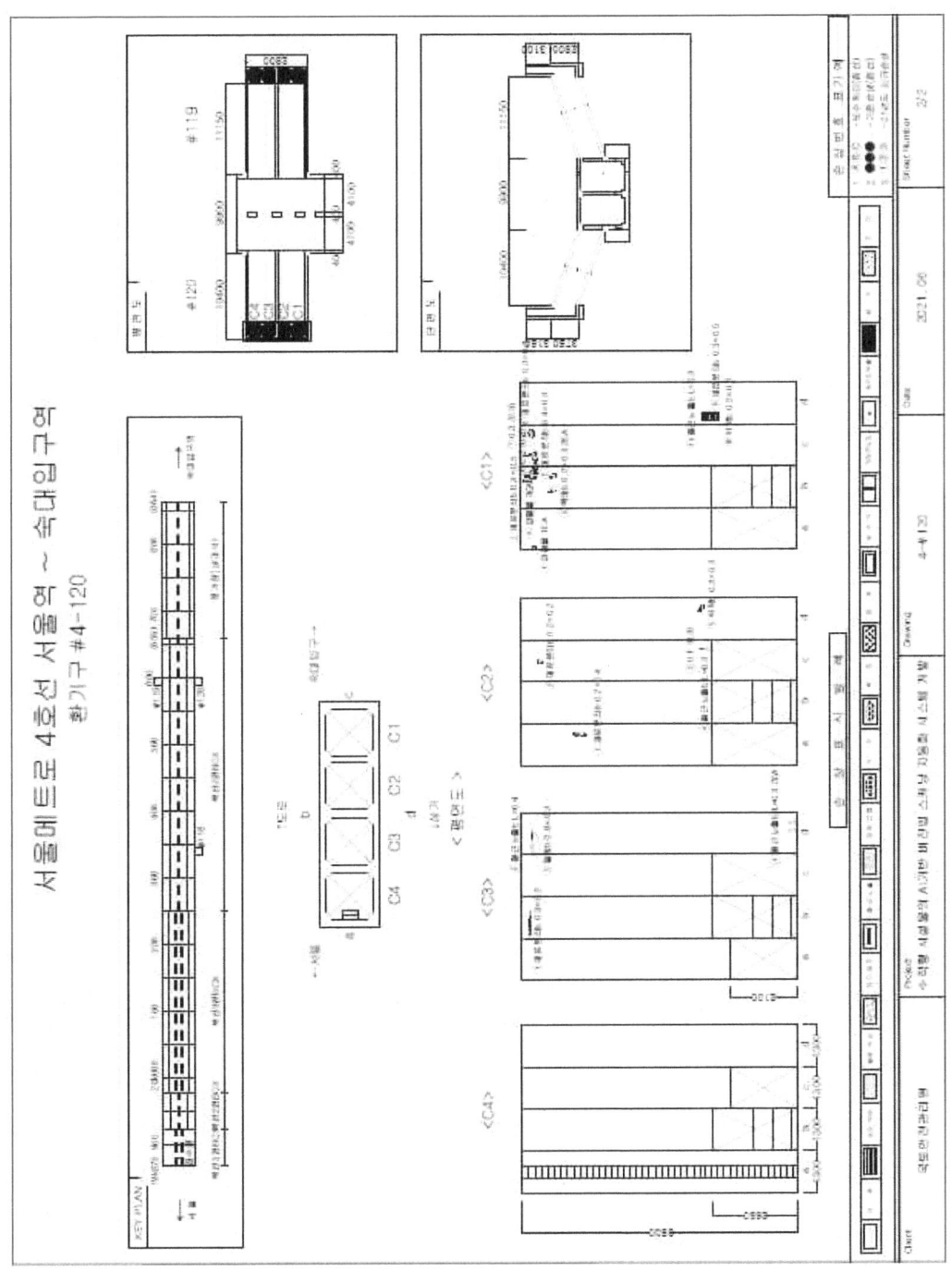

다. 물량집계표

NO.	ID	번호	단면	손상	등급	방향	폭	너비	길이	개소	물량	단위
119	1	C4	a	백태	b			0.1	0.3	1	0.03	m²
119	2	C4	a	백태	b			0.2	0.1	1	0.02	m²
119	3	C4	a	들뜸	b			1.3	0.4	1	0.52	m²
119	4	C4	a	균열		종	0.2		0.8	1	0.80	m
119	5	C4	a	백태	b			0.2	0.1	1	0.02	m²
119	6	C4	b	백태	b			0.7	0.5	1	0.35	m²
119	7	C4	b	백태	b			0.3	0.5	1	0.15	m²
119	8	C4	c	백태	b			0.1	0.2	1	0.02	m²
119	9	C4	c	백태	b			0.3	0.2	1	0.06	m²
119	10	C4	c	백태	b			0.3	0.4	1	0.12	m²
119	11	C4	d	철근노출	b				0.2	1	0.20	m
119	12	C4	d	백태	b			0.2	0.3	1	0.06	m²
119	13	C4	d	들뜸	b			1.3	0.3	1	0.39	m²
119	1	C3	a	백태	b			0.6	0.7	1	0.42	m²
119	2	C3	a	들뜸	b			1.3	0.5	1	0.65	m²
119	3	C3	a	균열		횡	0.1		0.5	1	0.50	m
119	4	C3	a	균열		횡	0.2		0.4	1	0.40	m
119	5	C3	b	백태	b			0.1	0.3	1	0.03	m²
119	6	C3	b	백태	b			0.4	0.5	1	0.20	m²
119	7	C3	b	들뜸	b			1.3	0.5	1	0.65	m²
119	8	C3	b	백태	b			0.3	0.4	1	0.12	m²
119	9	C3	c	들뜸	b			1.3	0.5	1	0.65	m²
119	10	C3	c	백태	b			0.3	0.3	1	0.09	m²
119	11	C3	c	백태	b			0.3	0.3	1	0.09	m²
119	12	C3	d	백태	b			0.1	0.3	1	0.03	m²
119	13	C3	d	백태	b			0.3	0.2	1	0.06	m²
119	14	C3	d	백태	b			0.1	0.1	1	0.01	m²
119	15	C3	d	들뜸	b			1.3	0.7	1	0.91	m²
119	16	C3	d	백태	b			0.3	0.5	1	0.15	m²
119	17	C3	d	백태	b			0.1	0.2	1	0.02	m²
119	18	C3	d	균열		사	0.1		0.3	1	0.30	m
119	19	C3	d	백태	b			0.1	0.2	1	0.02	m²
119	20	C3	d	백태	b			0.1	0.1	1	0.01	m²

NO.	ID	번호	단면	손상	등급	방향	폭	너비	길이	개소	물량	단위
119	1	C2	a	들뜸	b			1.3	0.7	1	0.91	m²
119	2	C2	b	백태	b			0.1	0.2	1	0.02	m²
119	3	C2	b	백태	b			0.1	0.1	1	0.01	m²
119	4	C2	b	백태	b			0.1	0.4	1	0.04	m²
119	5	C2	b	들뜸	b			1.3	0.5	1	0.65	m²
119	6	C2	c	백태	b			0.3	0.2	1	0.06	m²
119	7	C2	c	백태	b			0.4	0.3	1	0.12	m²
119	8	C2	c	들뜸	b			1.3	0.5	1	0.65	m²
119	9	C2	c	철근노출	b				0.2	1	0.20	m
119	10	C2	c	균열		횡	0.1		0.6	1	0.60	m
119	11	C2	c	철근노출	b				0.4	1	0.40	m
119	12	C2	c	백태	b			0.1	0.2	1	0.02	m²
119	13	C2	c	백태	b			0.2	0.2	1	0.04	m²
119	14	C2	d	백태	b			0.2	0.4	1	0.08	m²
119	15	C2	d	들뜸	b			1.3	0.5	1	0.65	m²
120	1	C3	b	재료분리	b			0.9	0.2	1	0.18	m²
120	2	C3	d	철근노출	b				0.4	1	0.40	m
120	3	C3	d	들뜸	b			0.8	0.3	1	0.24	m²
120	4	C3	d	철근노출	b				0.3	2	0.60	m
120	1	C2	a	재료분리	b			0.2	0.4	1	0.08	m²
120	2	C2	c	재료분리	b			0.2	0.2	1	0.04	m²
120	3	C2	c	균열		횡	0.1		0.3	1	0.30	m
120	4	C2	c	철근노출	b				0.3	1	0.30	m
120	5	C2	d	박락	b			0.3	0.3	1	0.09	m²
120	1	C1	a	잡철물						1	1.00	EA
120	2	C1	b	백태	b			0.2	0.3	2	0.12	m²
120	3	C1	b	재료분리	b			0.3	0.5	1	0.15	m²
120	4	C1	b	잡철물						3	3.00	EA
120	5	C1	c	재료분리	b			0.4	0.3	1	0.12	m²
120	6	C1	c	균열		횡	0.2		0.3	1	0.30	m
120	7	C1	c	균열		횡	0.3		0.3	1	0.30	m
120	8	C1	c	재료분리	b			0.3	0.3	1	0.09	m²

3. 광주지하철 1호선 환기구

(1) 사진대지

(2) 조사결과

　가. 이미지망도

　나. 외관조사망도

　다. 물량집계표

3. 광주지하철(공항역~마륵역) 환기구 현장시험 결과

(1) 사진대지

광주지하철 1호선 환기구 #1161 외부 전경

광주지하철 1호선 환기구 #1161 내부 전경

환기구 외부그레이팅 상단 윈치박스 설치 및 작업 전경

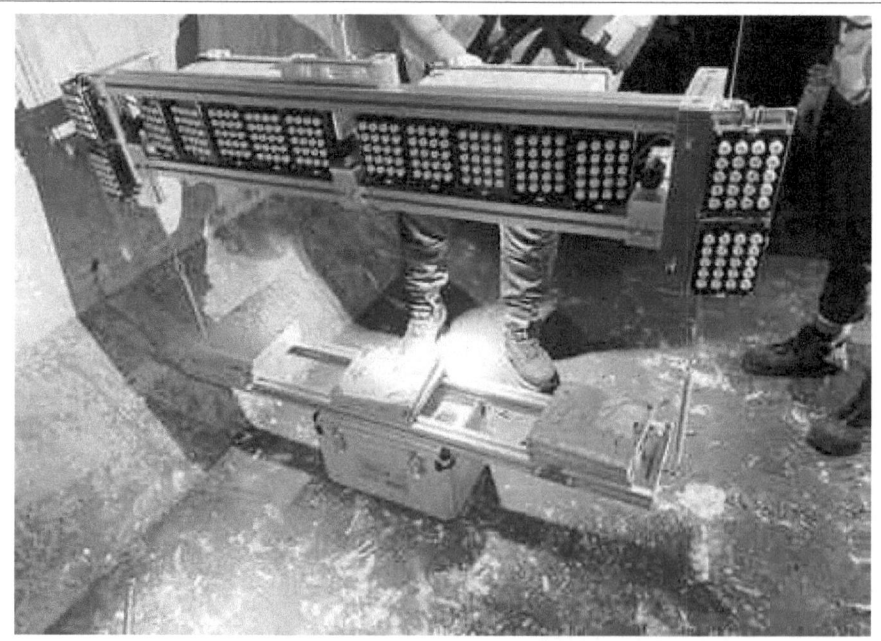
환기구 내부 수직형 스캐닝 시스템 상용화 시제품 설치완료 전경

3. 광주지하철(공항역~마륵역) 환기구 현장시험 결과

수직형 스캐닝 시스템 상용화 시제품 무선통신연결 및 제어 S/W 영상설정

환기구 내부 수직형 스캐닝 시스템 상용화 시제품 설치완료 전경

(2) 조사결과

가. 이미지망도

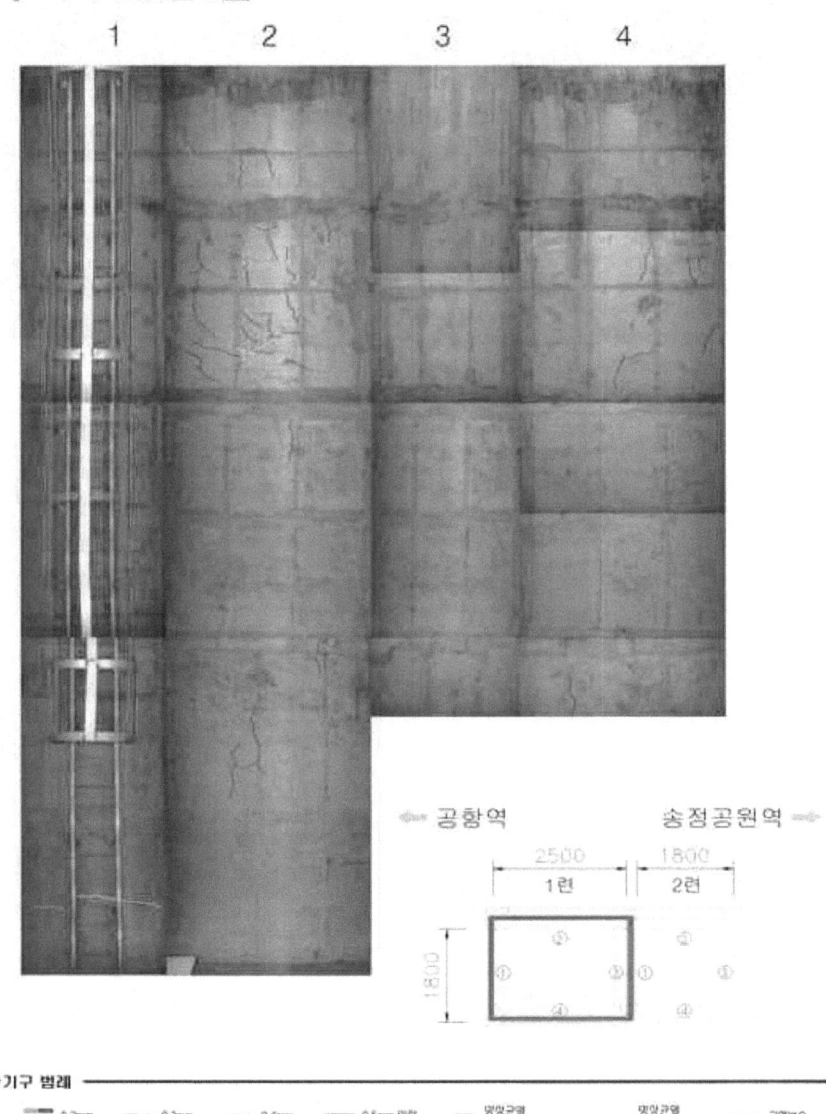

3. 광주지하철 1호선 환기구 현장시험 결과

광주지하철 공항역~송정공원역
환기구 #1161_2련

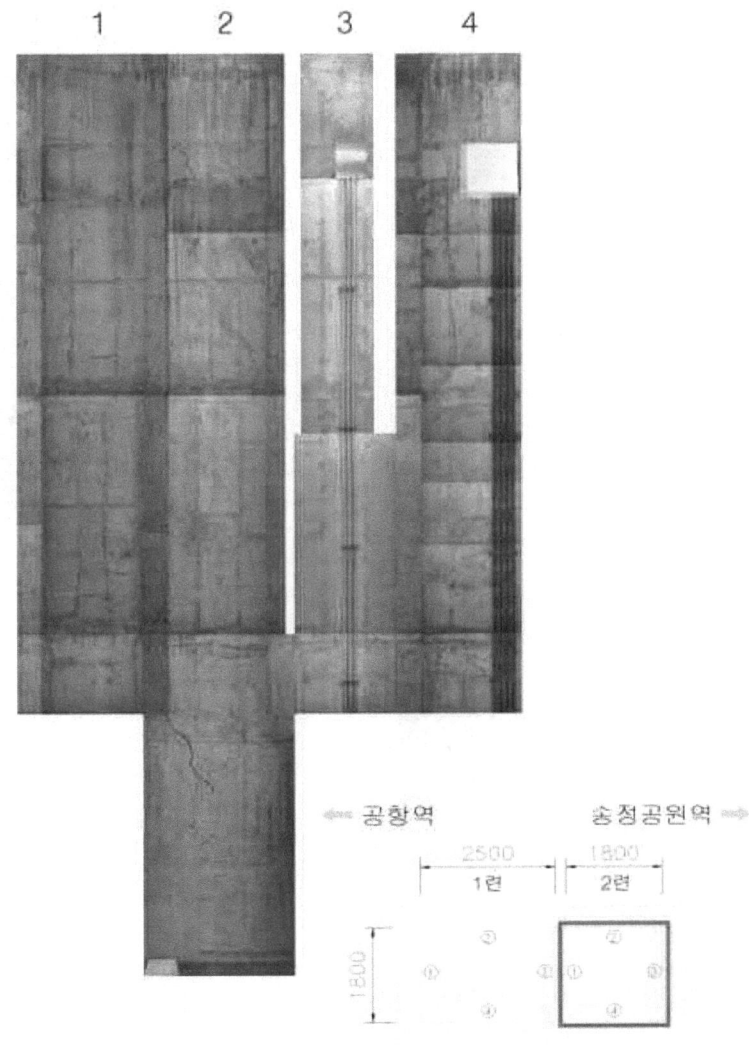

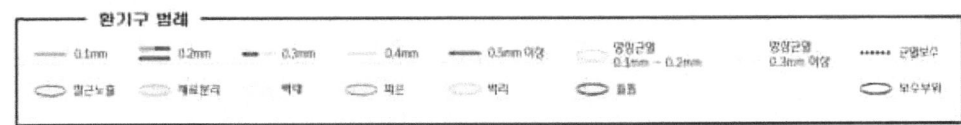

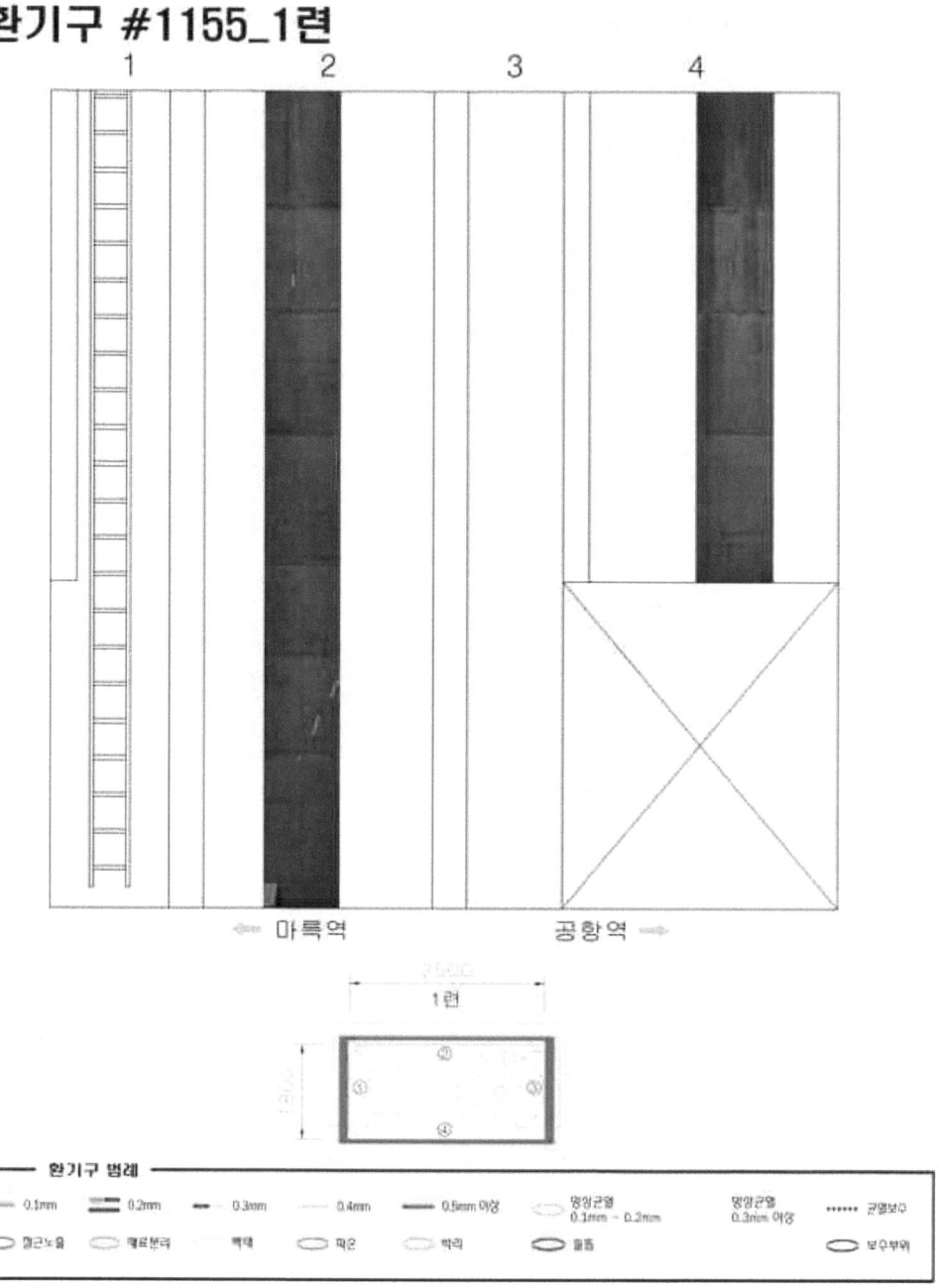

3. 광주지하철 1호선 환기구 현장시험 결과

광주지하철 마륵역~공항역
환기구 #1154_1련

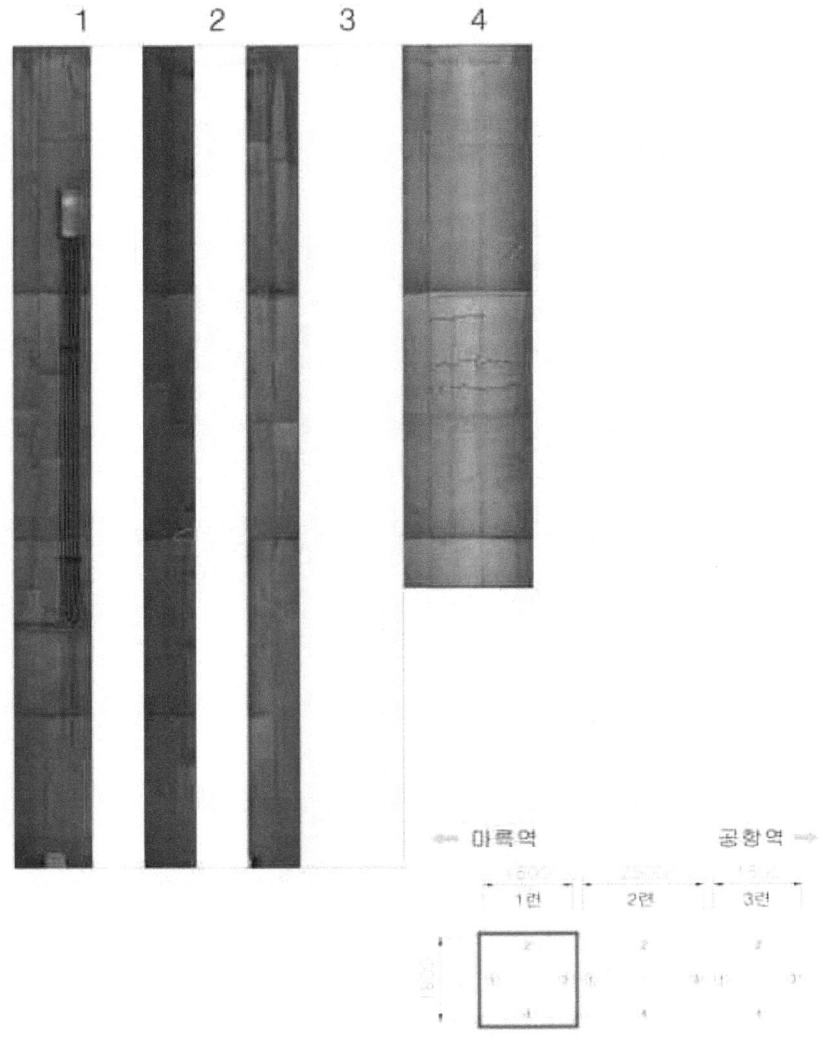

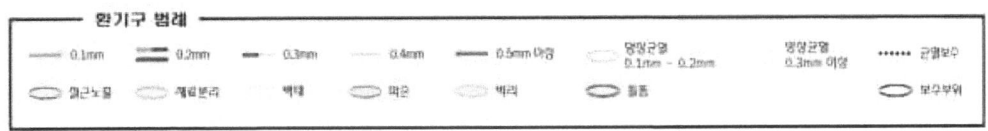

광주지하철 마륵역~공항역
환기구 #1154_3련

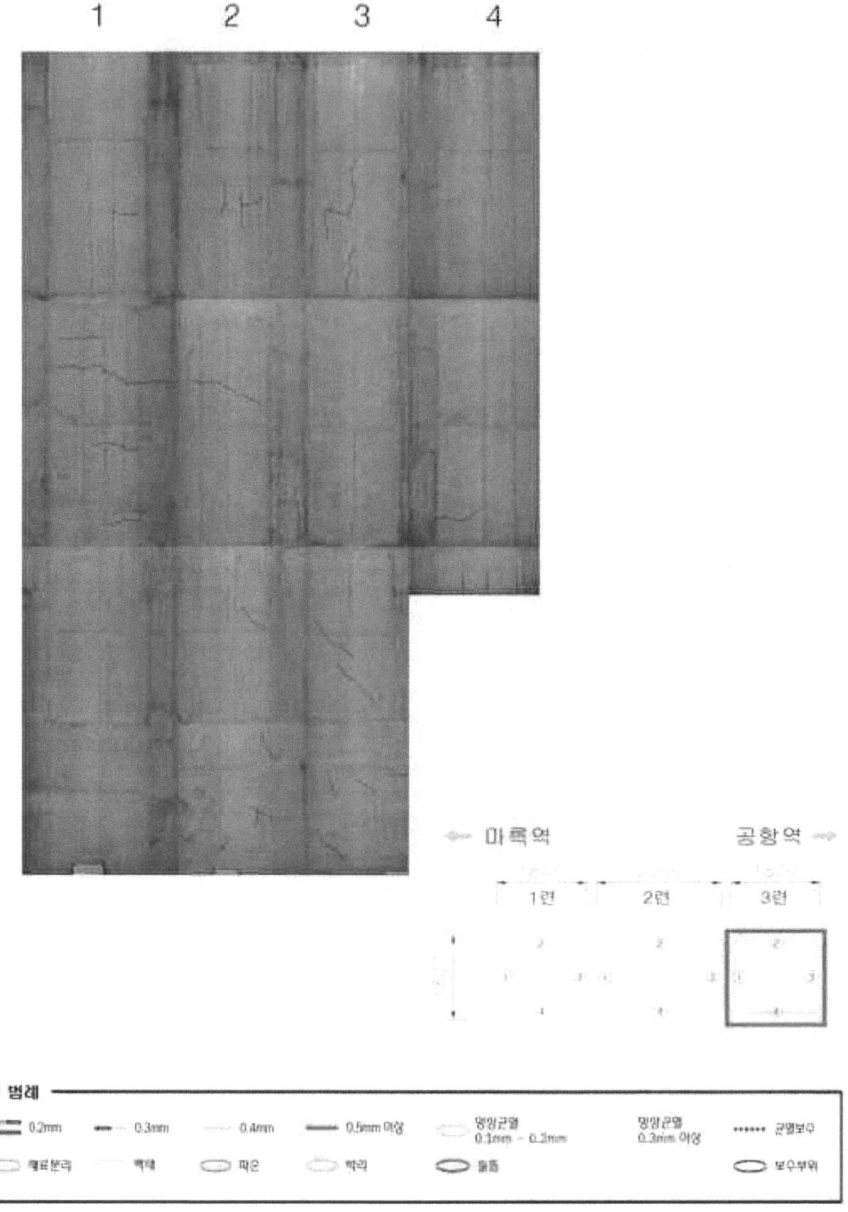

나. 이미지망도

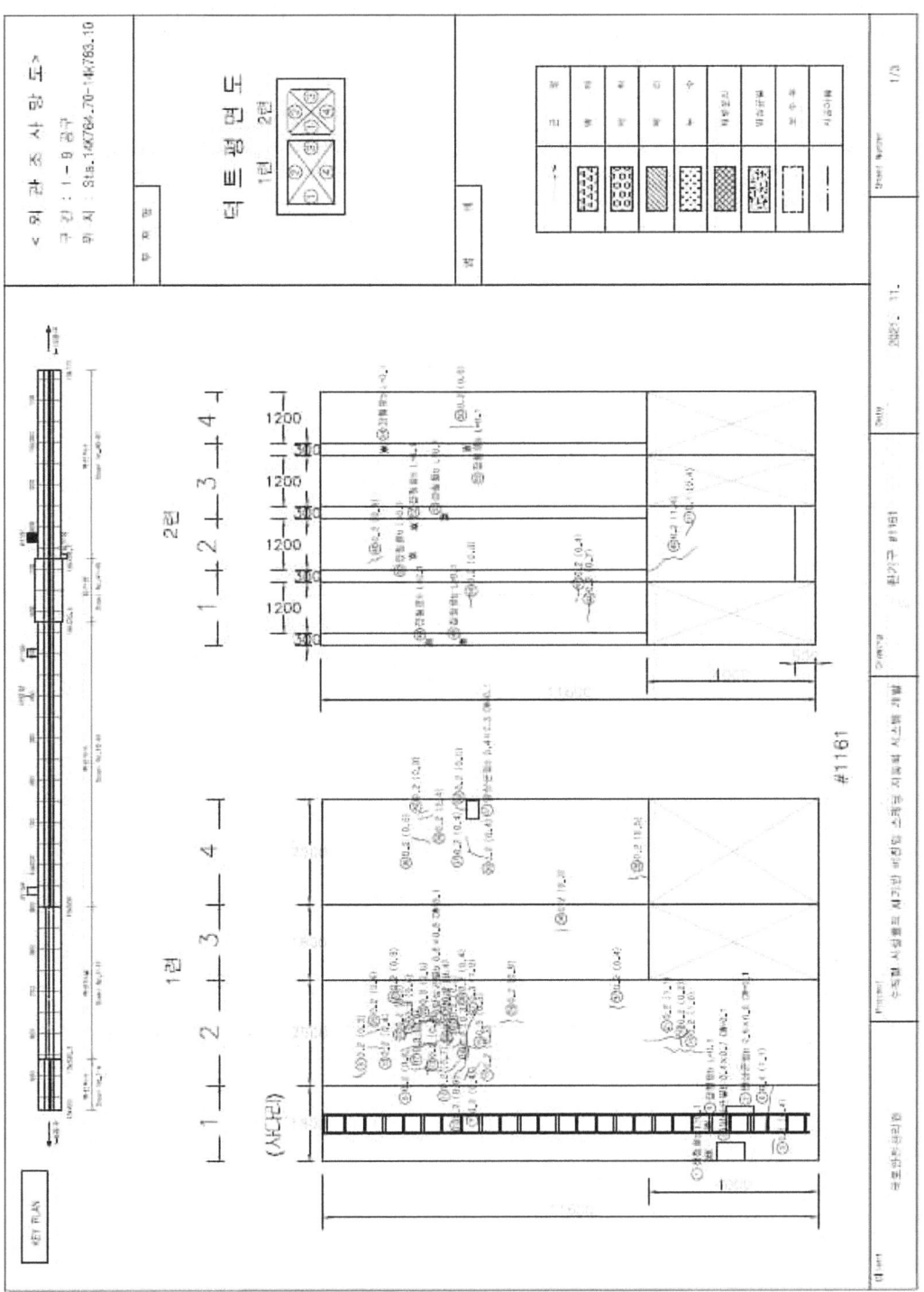

수직형 시설물의 AI 기반 비진입 스캐닝 자동화 시스템 개발

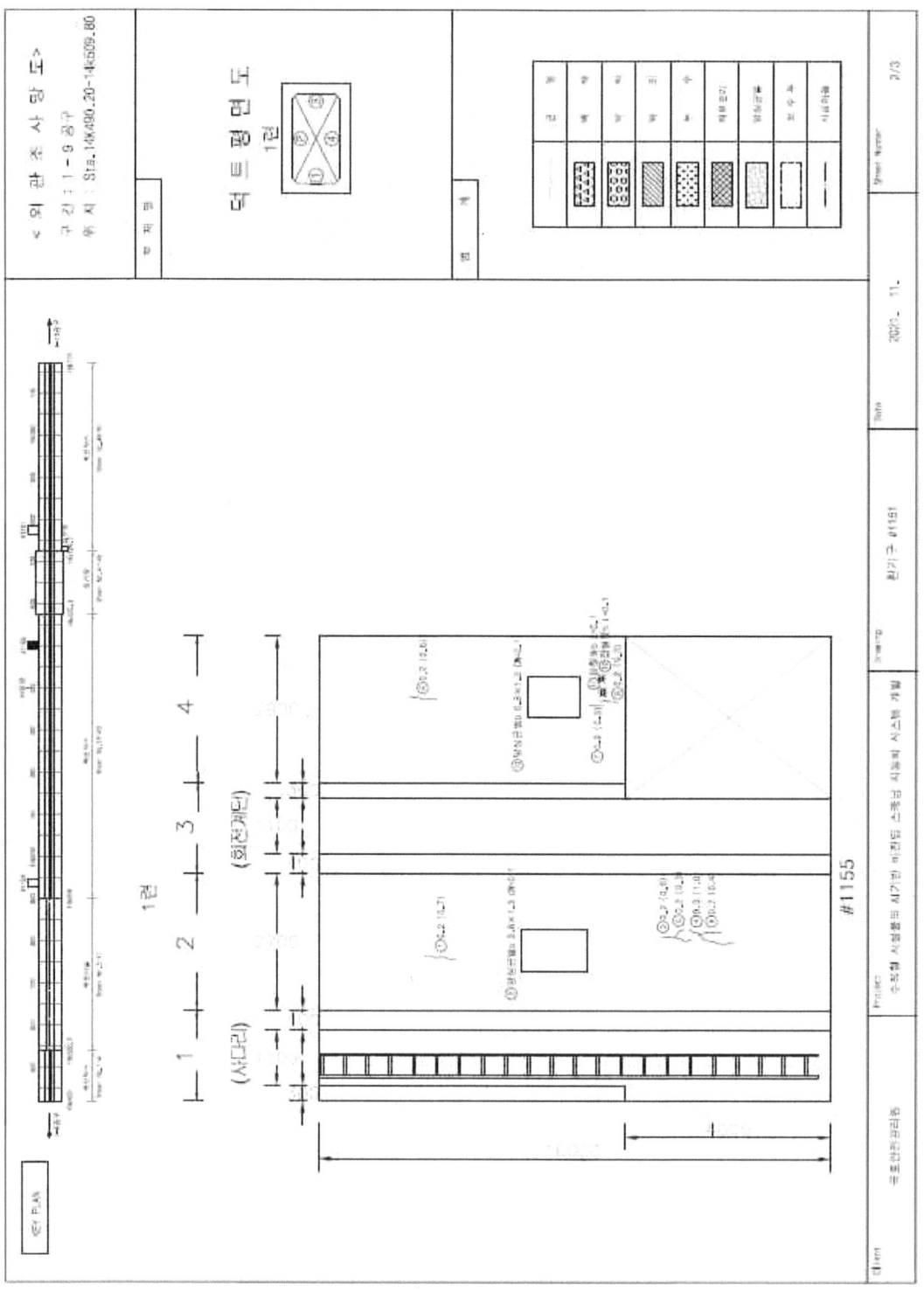

3. 광주지하철 1호선 환기구 현장시험 결과

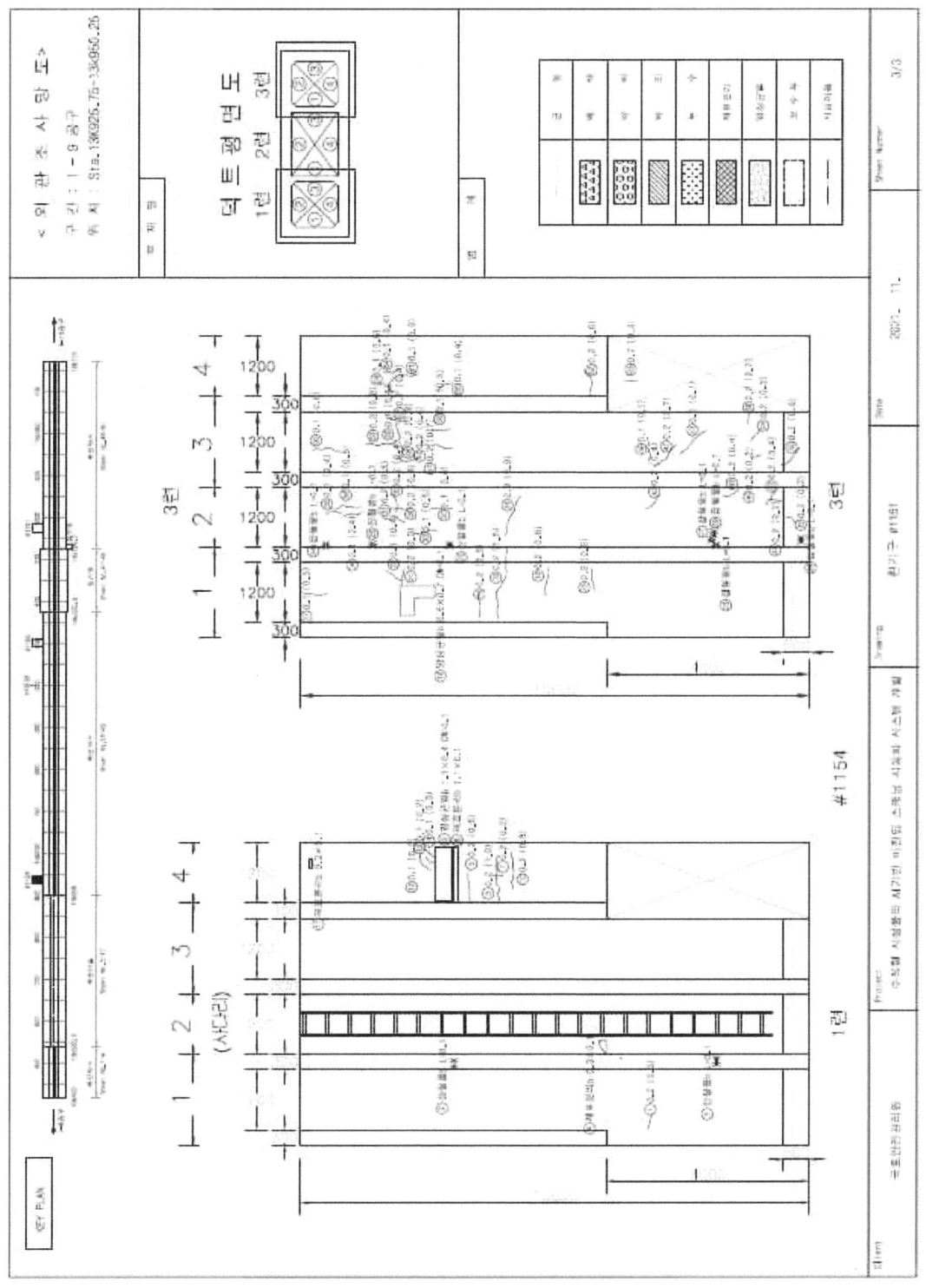

다. 물량산출표

NO.	ID	위치	단면	손상	등급	방향	폭	너비	길이	개소	물량	단위	비고
#1154	1	1련	1	균열		종	0.2		0.3	1	0.30	m	
#1154	2	1련	1	잡철물	b				0.1	1	0.1	m	
#1154	3	1련	1	잡철물	b				0.1	1	0.1	m	
#1154	4	1련	2	재료분리	b			0.3	0.1	1	0.03	㎡	
#1154	5	1련	4	균열		종	0.2		0.6	1	0.60	m	
#1154	6	1련	4	균열		종	0.2		1	1	1.00	m	
#1154	7	1련	4	균열		횡	0.2		0.2	1	0.20	m	
#1154	8	1련	4	재료분리	b			1.1	0.1	1	0.11	㎡	
#1154	9	1련	4	망상균열	b			1.1	0.4	1	0.44	㎡	CW=0.1
#1154	10	1련	4	균열		종	0.2		0.8	1	0.80	m	
#1154	11	1련	4	재료분리	b			0.2	0.1	1	0.02	㎡	
#1154	12	1련	4	균열		사	0.1		0.5	1	0.50	m	
#1154	13	1련	4	균열		사	0.1		0.2	1	0.20	m	
#1154	14	1련	4	균열		사	0.1		0.3	1	0.30	m	
#1154	15	3련	1	균열		종	0.2		0.5	1	0.50	m	
#1154	16	3련	1	망상균열	b			0.6	0.7	1	0.42	㎡	CW=0.1
#1154	17	3련	1	균열		횡	0.1		0.5	1	0.50	m	
#1154	18	3련	1	균열		종	0.2		1.5	1	1.50	m	
#1154	19	3련	1	균열		종	0.2		0.6	1	0.60	m	
#1154	20	3련	1	균열		종	0.2		0.5	1	0.50	m	
#1154	21	3련	1	균열		종	0.2		0.3	1	0.30	m	
#1154	22	3련	1	균열		사	0.1		0.4	1	0.40	m	
#1154	23	3련	2	잡철물	b				0.1	1	0.1	m	
#1154	24	3련	2	잡철물	b				0.1	1	0.1	m	
#1154	25	3련	2	잡철물	b				0.1	1	0.1	m	
#1154	26	3련	2	잡철물	b				0.1	1	0.1	m	
#1154	27	3련	2	잡철물	b				0.1	1	0.1	m	
#1154	28	3련	2	잡철물	b				0.1	1	0.1	m	
#1154	29	3련	2	잡철물	b				0.1	1	0.1	m	
#1154	30	3련	2	균열		횡	0.1		0.5	1	0.50	m	
#1154	31	3련	2	균열		횡	0.2		0.5	1	0.50	m	

3. 광주지하철 1호선 환기구 현장시험 결과

NO.	ID	위치	단면	손상	등급	방향	폭	너비	길이	개소	물량	단위	비고
#1154	32	3련	2	균열		사	0.2		0.2	1	0.20	m	
#1154	33	3련	2	균열		종	0.2		0.9	1	0.90	m	
#1154	34	3련	2	균열		횡	0.1		0.4	1	0.40	m	
#1154	35	3련	2	균열		횡	0.1		0.4	1	0.40	m	
#1154	36	3련	2	균열		횡	0.2		0.4	1	0.40	m	
#1154	37	3련	2	균열		횡	0.1		0.4	1	0.40	m	
#1154	38	3련	2	균열		횡	0.1		0.6	1	0.60	m	
#1154	39	3련	2	균열		종	0.2		0.4	1	0.40	m	
#1154	40	3련	2	균열		사	0.2		0.4	1	0.40	m	
#1154	41	3련	2	균열		횡	0.2		0.2	1	0.20	m	
#1154	42	3련	2	균열		사	0.2		0.4	1	0.40	m	
#1154	43	3련	2	균열		사	0.2		0.4	1	0.40	m	
#1154	44	3련	3	균열		횡	0.2		0.4	1	0.40	m	
#1154	45	3련	3	균열		사	0.2		0.5	1	0.50	m	
#1154	46	3련	3	균열		횡	0.2		0.2	1	0.20	m	
#1154	47	3련	3	균열		사	0.2		0.7	1	0.70	m	
#1154	48	3련	3	균열		종	0.2		0.3	1	0.30	m	
#1154	49	3련	3	균열		종	0.1		0.5	1	0.50	m	
#1154	50	3련	3	균열		횡	0.1		0.6	1	0.60	m	
#1154	51	3련	3	균열		횡	0.2		0.7	1	0.70	m	
#1154	52	3련	3	균열		횡	0.2		0.8	1	0.80	m	
#1154	53	3련	3	균열		사	0.2		0.7	1	0.70	m	
#1154	54	3련	3	균열		사	0.2		0.3	1	0.30	m	
#1154	55	3련	3	균열		종	0.1		0.5	1	0.50	m	
#1154	56	3련	3	균열		횡	0.1		0.5	1	0.50	m	
#1154	57	3련	3	균열		횡	0.1		0.4	1	0.40	m	
#1154	58	3련	3	균열		종	0.2		0.2	1	0.20	m	
#1154	59	3련	4	균열		사	0.1		0.5	1	0.50	m	
#1154	60	3련	4	균열		사	0.1		0.4	1	0.40	m	
#1154	61	3련	4	균열		사	0.1		0.9	1	0.90	m	
#1154	62	3련	4	균열		종	0.2		0.6	1	0.60	m	
#1154	63	3련	4	균열		횡	0.2		0.3	1	0.30	m	
#1154	64	3련	4	균열		횡	0.1		0.4	1	0.40	m	

NO.	ID	위치	단면	손상	등급	방향	폭	너비	길이	개소	물량	단위	비고
#1155	1	1련	2	균열		횡	0.2		0.7	1	0.70	m	
#1155	2	1련	2	망상균열	b			0.8	1.3	1	1.04	㎡	CW=0.1
#1155	3	1련	2	균열		횡	0.2		0.6	1	0.60	m	
#1155	4	1련	2	균열		횡	0.3		1	1	1.00	m	
#1155	5	1련	2	균열		사	0.2		0.3	1	0.30	m	
#1155	6	1련	2	균열		횡	0.2		0.4	1	0.40	m	
#1155	7	1련	4	균열		횡	0.2		0.3	1	0.30	m	
#1155	8	1련	4	균열		횡	0.2		0.3	1	0.30	m	
#1155	9	1련	4	균열		횡	0.2		0.6	1	0.60	m	
#1155	10	1련	4	망상균열	b			0.8	1	1	0.80	㎡	CW=0.1
#1155	11	1련	4	잡철물	b				0.1	1	0.1	m	
#1155	12	1련	4	잡철물	b				0.1	1	0.1	m	
#1161	1	1련	1	잡철물	b				0.1	1	0.1	m	
#1161	2	1련	1	망상균열	b			0.4	0.7	1	0.28	㎡	CW=0.1
#1161	3	1련	1	균열		종	0.1		0.4	1	0.40	m	
#1161	4	1련	1	잡철물	b				0.1	1	0.1	m	
#1161	5	1련	1	망상균열	b			0.6	0.6	1	0.36	㎡	CW=0.1
#1161	6	1련	1	균열		종	0.4		1.1	1	1.10	m	
#1161	7	1련	2	균열		사	0.2		0.4	1	0.40	m	
#1161	8	1련	2	균열		사	0.2		0.3	1	0.30	m	
#1161	9	1련	2	균열		횡	0.2		0.6	1	0.60	m	
#1161	10	1련	2	균열		종	0.2		0.4	1	0.40	m	
#1161	11	1련	2	균열		사	0.2		0.3	1	0.30	m	
#1161	12	1련	2	균열		사	0.2		0.7	1	0.70	m	
#1161	13	1련	2	균열		사	0.2		0.9	1	0.90	m	
#1161	14	1련	2	균열		횡	0.2		1	1	1.00	m	
#1161	15	1련	2	균열		횡	0.3		0.3	1	0.30	m	
#1161	16	1련	2	균열		횡	0.2		0.4	1	0.40	m	
#1161	17	1련	2	균열		횡	0.3		0.6	1	0.60	m	
#1161	18	1련	2	균열		사	0.2		0.3	1	0.30	m	
#1161	19	1련	2	균열		종	0.2		0.2	1	0.20	m	
#1161	20	1련	2	균열		사	0.2		0.2	1	0.20	m	
#1161	21	1련	2	균열		횡	0.2		1.1	1	1.10	m	
#1161	22	1련	2	균열		종	0.2		0.3	1	0.30	m	
#1161	23	1련	2	균열		횡	0.2		0.3	1	0.30	m	

NO.	ID	위치	단면	손상	등급	방향	폭	너비	길이	개소	물량	단위	비고
#1161	24	1련	2	망상균열	b			0.6	0.6	1	0.36	㎡	CW=0.1
#1161	25	1련	2	균열		횡	0.2		0.4	1	0.40	m	
#1161	26	1련	2	균열		횡	0.2		0.4	1	0.40	m	
#1161	27	1련	2	균열		종	0.3		1	1	1.00	m	
#1161	28	1련	2	균열		종	0.2		0.4	1	0.40	m	
#1161	29	1련	2	균열		횡	0.2		0.6	1	0.60	m	
#1161	30	1련	2	균열		횡	0.3		0.5	1	0.50	m	
#1161	31	1련	2	균열		횡	0.2		0.4	1	0.40	m	
#1161	32	1련	2	균열		횡	0.2		0.4	1	0.40	m	
#1161	33	1련	2	균열		횡	0.2		0.3	1	0.30	m	
#1161	34	1련	3	균열		횡	0.2		0.3	1	0.30	m	
#1161	35	1련	4	균열		횡	0.2		0.5	1	0.50	m	
#1161	36	1련	4	균열		횡	0.2		0.4	1	0.40	m	
#1161	37	1련	4	균열		종	0.2		0.4	1	0.40	m	
#1161	38	1련	4	균열		횡	0.2		0.5	1	0.50	m	
#1161	39	1련	4	균열		횡	0.2		0.4	1	0.40	m	
#1161	40	1련	4	균열		횡	0.2		0.3	1	0.30	m	
#1161	41	1련	4	망상균열	b			0.4	0.3	1	0.12	㎡	CW=0.1
#1161	42	1련	4	균열		사	0.2		0.5	1	0.50	m	
#1161	43	2련	1	잡철물	b				0.1	1	0.1	m	
#1161	44	2련	1	잡철물	b				0.1	1	0.1	m	
#1161	45	2련	1	균열		종	0.2		0.7	1	0.70	m	
#1161	46	2련	1	균열		종	0.2		0.3	1	0.30	m	
#1161	47	2련	1	균열		종	0.2		0.4	1	0.40	m	
#1161	48	2련	2	균열		사	0.2		0.4	1	0.40	m	
#1161	49	2련	2	균열		사	0.2		1.4	1	1.40	m	
#1161	50	2련	2	잡철물	b				0.1	1	0.1	m	
#1161	51	2련	2	균열		사	0.1		0.4	1	0.40	m	
#1161	52	2련	2	잡철물	b				0.1	1	0.1	m	
#1161	53	2련	3	잡철물	b				0.1	1	0.1	m	
#1161	54	2련	3	잡철물	b				0.1	1	0.1	m	
#1161	55	2련	3	잡철물	b				0.1	1	0.1	m	
#1161	56	2련	4	균열		횡	0.2		0.6	1	0.60	m	

4. 대전지하철 1호선 환기구

   (1) 사진대지

   (2) 조사결과

　　가. 이미지망도

　　나. 외관조사망도

　　다. 물량집계표

4. 대전지하철 1호선 환기구 현장시험 결과

(1) 사진대지

대전지하철 1호선 환기구 외부 전경

대전지하철 1호선 환기구 내부 전경

환기구 외부그레이팅 상단 윈치박스 설치 및 작업 전경

환기구 내부 수직형 스캐닝 시스템 개선 시제품 설치완료 전경

4. 대전지하철 1호선 환기구 현장시험 결과

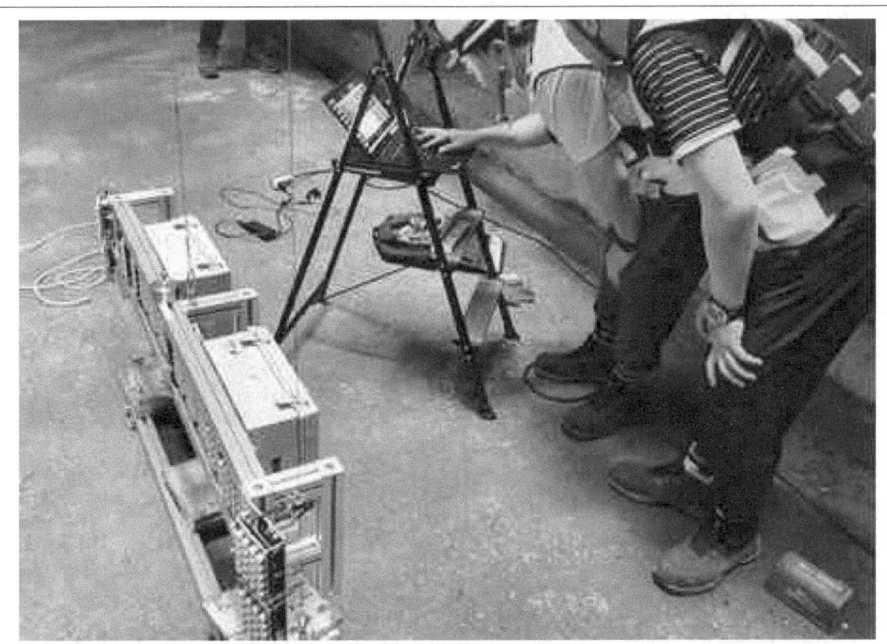

수직형 스캐닝 시스템 개선 시제품 무선통신연결 및 제어 S/W 영상설정

환기구 내부 수직형 스캐닝 시스템 개선 시제품 영상취득 전경

(2) 조사결과

가. 이미지망도

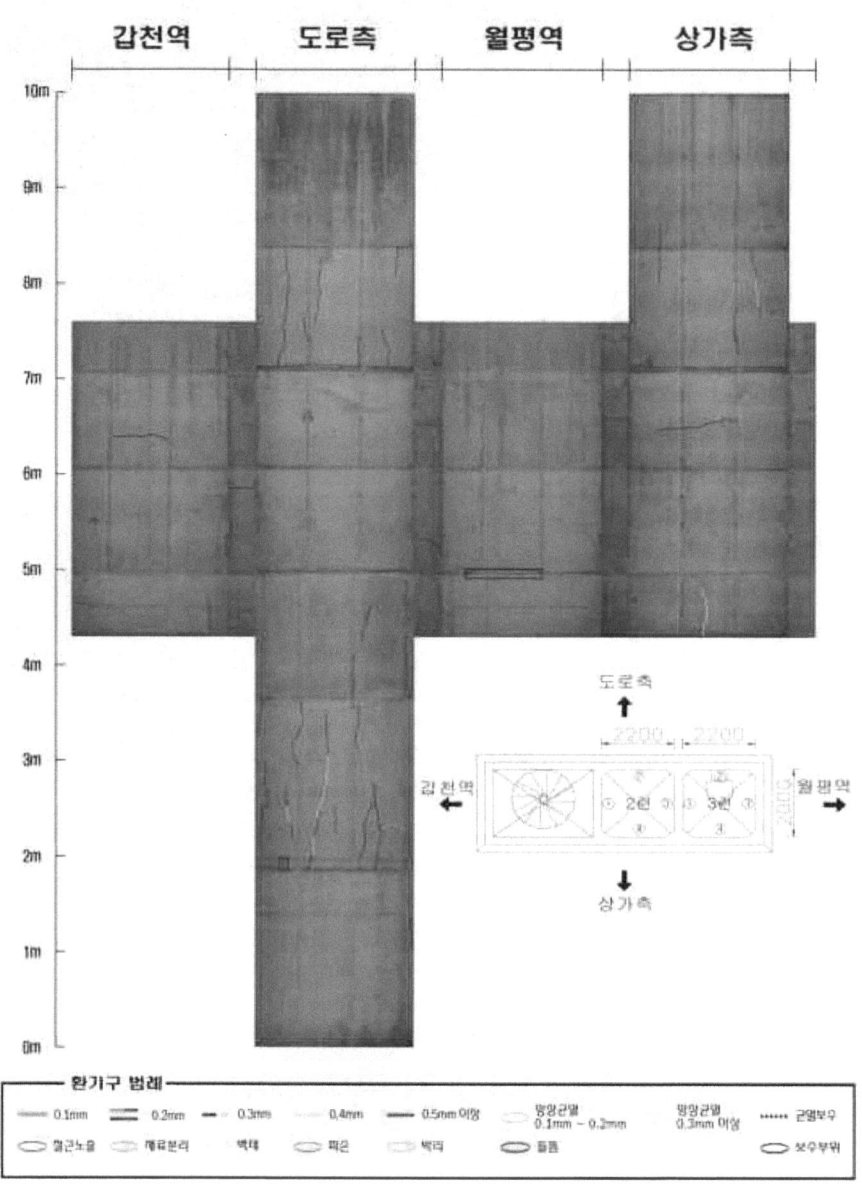

4. 대전지하철 1호선 환기구 현장시험 결과

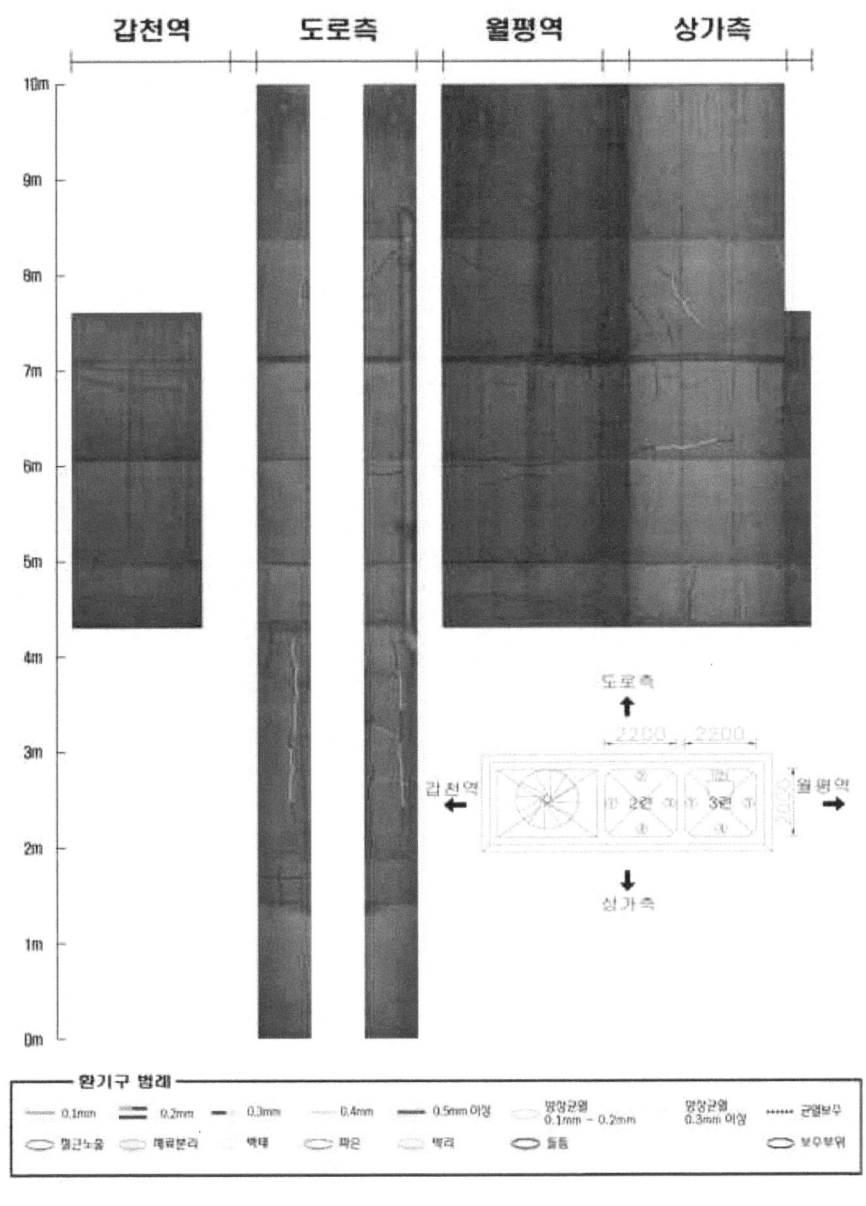

대전도시철도 환기구 114S 풍도 3
[환기구114S 풍도3]

수직형 시설물의 AI 기반 비진입 스캐닝 자동화 시스템 개발

나. 이미지망도

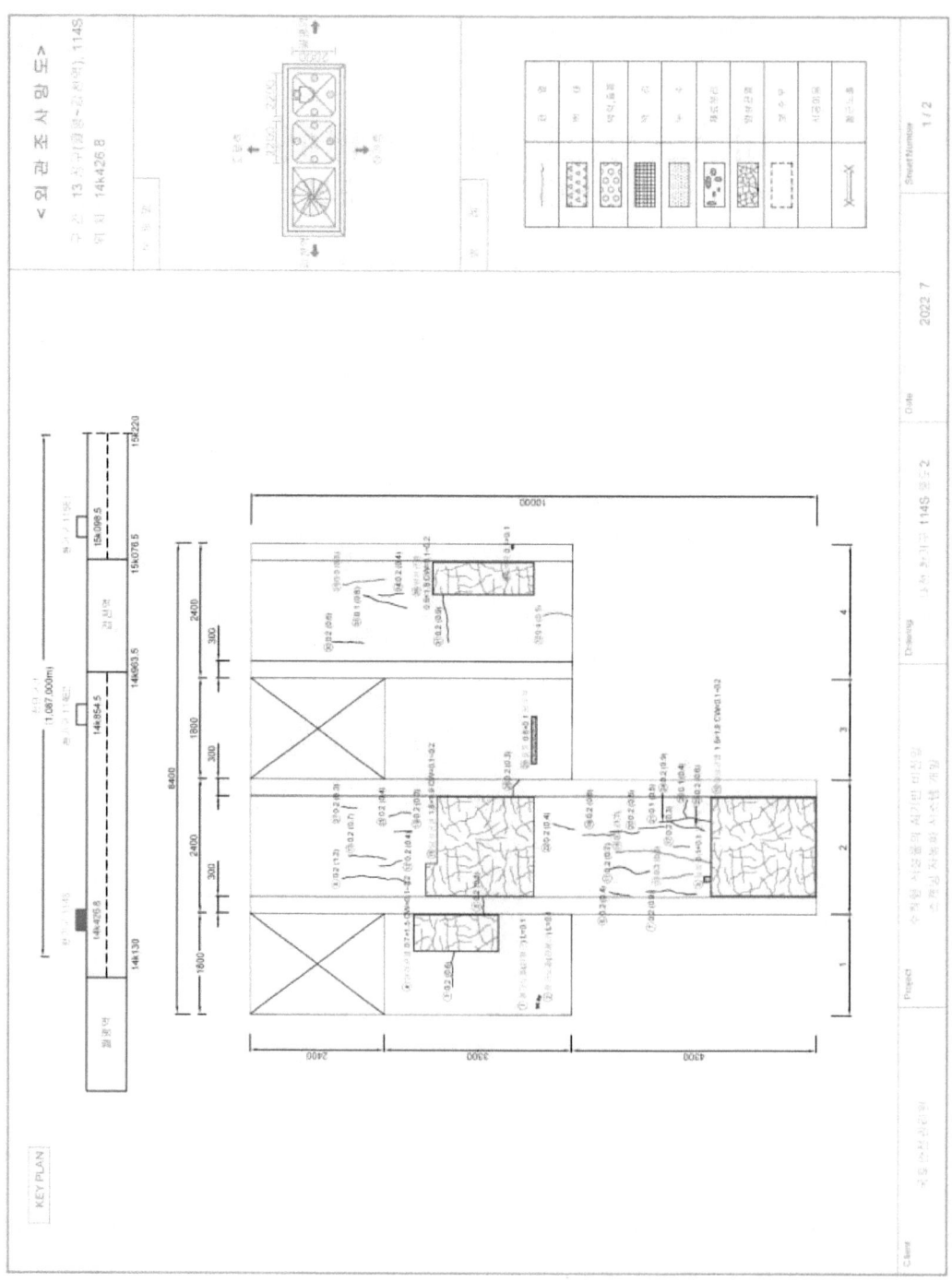

4. 대전지하철 1호선 환기구 현장시험 결과

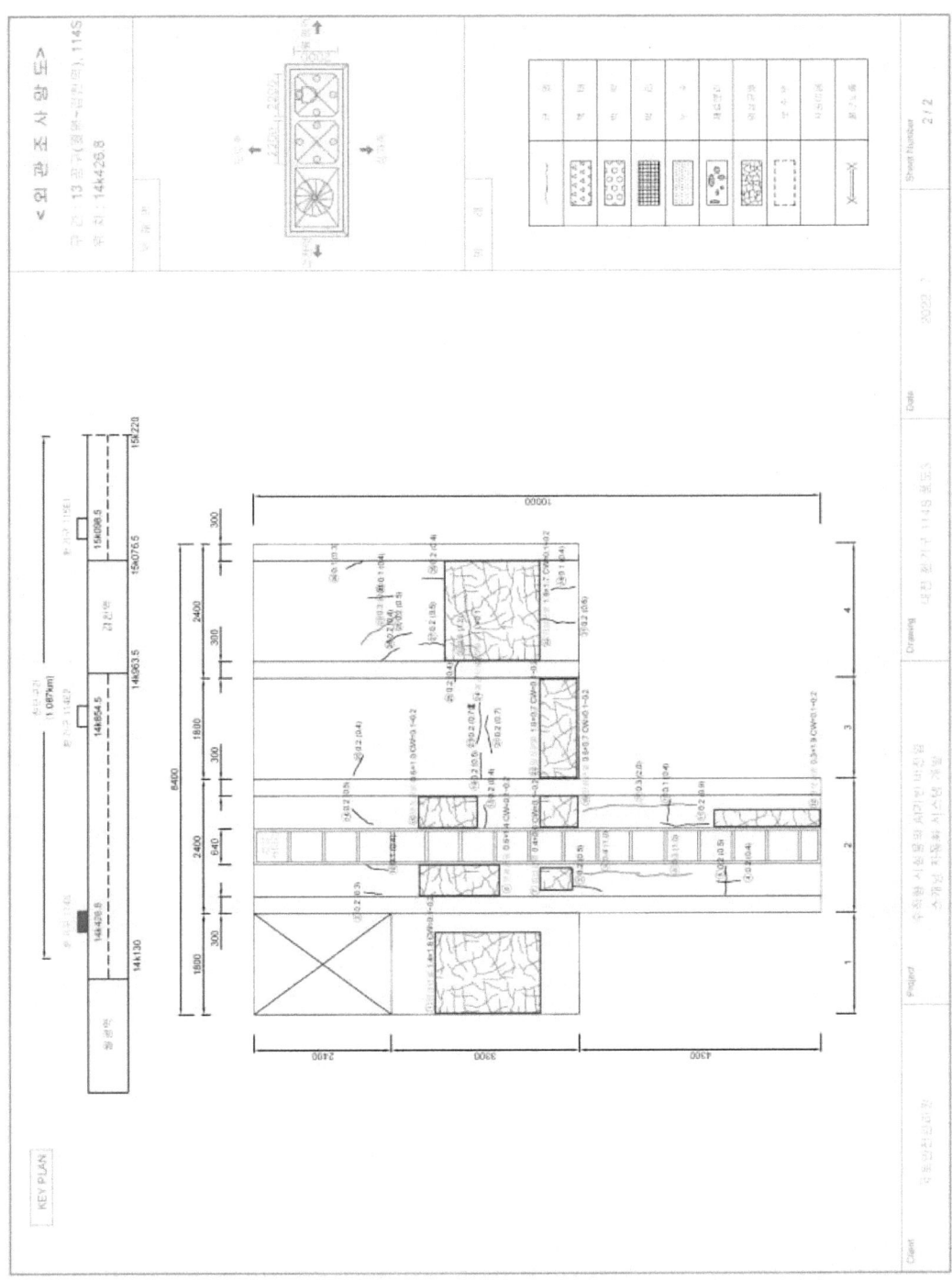

다. 물량산출표

대전도시철도 1호선 환기구 114S 풍도02 물량집계표

번호	선별	위치	변상	등급	방향	폭 (mm)	너비(m)	길이(m)	개소 (EA)	단위	물량 (m,㎡)	비고
1	풍도01-1	5m	철근노출	b				0.1	1	m	0.10	
2	풍도01-1	5m	철근노출	b				0.1	1	m	0.10	
3	풍도01-1	7m	균열		종	0.2		0.6	1	m	0.60	
4	풍도01-1	7m	망상균열	b			0.7	1.5	1	㎡	1.05	0.1~0.2
5	풍도01-2	6m	균열		종	0.2		0.3	1	m	0.30	
6	풍도01-2	4m	균열		횡	0.2		0.4	1	m	0.40	
7	풍도01-2	3m	균열		횡	0.2		0.9	1	m	0.90	
8	풍도01-2	8m	균열		횡	0.2		1.2	1	m	1.20	
9	풍도01-2	2m	들뜸	b			0.1	0.1	1	㎡	0.01	보수부
10	풍도01-2	3m	균열		횡	0.3		0.6	1	m	0.60	
11	풍도01-2	4m	균열		횡	0.2		0.7	1	m	0.70	
12	풍도01-2	8m	균열		횡	0.2		0.4	1	m	0.40	
13	풍도01-2	8m	균열		횡	0.2		0.7	1	m	0.70	
14	풍도01-2	3m	균열		횡	0.3		1.7	1	m	1.70	
15	풍도01-2	6m	망상균열	b			1.8	1.9	1	㎡	3.42	0.1~0.2
16	풍도01-2	1m	망상균열	b			1.8	1.8	1	㎡	3.24	0.1~0.2
17	풍도01-2	3m	균열		횡	0.2		0.3	1	m	0.30	
18	풍도01-2	4m	균열		횡	0.2		0.6	1	m	0.60	
19	풍도01-2	8m	균열		횡	0.2		0.3	1	m	0.30	
20	풍도01-2	4m	균열		횡	0.2		0.5	1	m	0.50	
21	풍도01-2	3m	균열		횡	0.1		0.5	1	m	0.50	
22	풍도01-2	5m	균열		횡	0.2		0.4	1	m	0.40	
23	풍도01-2	3m	균열		횡	0.2		0.6	1	m	0.60	
24	풍도01-2	3m	균열		횡	0.2		0.9	1	m	0.90	
25	풍도01-2	8m	균열		횡	0.2		0.4	1	m	0.40	
26	풍도01-2	3m	균열		종	0.1		0.4	1	m	0.40	
27	풍도01-2	9m	균열		횡	0.2		0.3	1	m	0.30	
28	풍도01-2	6m	균열		종	0.2		0.3	1	m	0.30	
29	풍도01-3	5m	들뜸	b			0.8	0.1	1	㎡	0.08	보수부
30	풍도01-4	9m	균열		횡	0.2		0.6	1	m	0.60	
31	풍도01-4	7m	균열		종	0.2		0.9	1	m	0.90	
32	풍도01-4	5m	균열		횡	0.4		0.5	1	m	0.50	
33	풍도01-4	8m	균열		횡	0.1		0.8	1	m	0.80	
34	풍도01-4	8m	균열		횡	0.2		0.4	1	m	0.40	
35	풍도01-4	8m	균열		횡	0.3		0.8	1	m	0.80	
36	풍도01-4	6m	망상균열	b			0.6	1.8	1	㎡	1.08	0.1~0.2
37	풍도01-4	6m	박락	b			0.1	0.1	1	㎡	0.01	

4. 대전지하철 1호선 환기구 현장시험 결과

대전도시철도 1호선 환기구 114S 풍도02 물량집계표

번호	선별	위치	변상	등급	방향	폭(mm)	너비(m)	길이(m)	개소(EA)	단위	물량(m,㎡)	비고
1	풍도02-1	6m	망상균열	b			1.4	1.8	1	㎡	2.52	0.1~0.2
2	풍도02-2	8m	균열		횡	0.2		0.3	1	m	0.30	
3	풍도02-2	5m	균열		횡	0.2		0.5	1	m	0.50	
4	풍도02-2	2m	균열		횡	0.2		0.4	1	m	0.40	
5	풍도02-2	2m	균열		종	0.2		0.5	1	m	0.50	
6	풍도02-2	7m	망상균열	b			0.6	1.4	1	㎡	0.84	0.1~0.2
7	풍도02-2	5m	망상균열	b			0.4	0.6	1	㎡	0.24	0.1~0.2
8	풍도02-2	3m	균열		횡	0.3		1.0	1	m	1.00	
9	풍도02-2	4m	균열		횡	0.4		1.0	1	m	1.00	
10	풍도02-2	8m	균열		횡	0.1		0.4	1	m	0.40	
11	풍도02-2	3m	균열		횡	0.2		0.9	1	m	0.90	
12	풍도02-2	1m	망상균열	b			0.3	1.9	1	㎡	0.57	0.1~0.2
13	풍도02-2	6m	균열		종	0.2		0.4	1	m	0.40	
14	풍도02-2	9m	균열		사	0.2		0.5	1	m	0.50	
15	풍도02-2	7m	망상균열	b			0.6	1.0	1	㎡	0.60	0.1~0.2
16	풍도02-2	5m	망상균열	b			0.6	0.7	1	㎡	0.42	0.1~0.2
17	풍도02-2	3m	균열		종	0.1		0.4	1	m	0.40	
18	풍도02-2	4m	균열		횡	0.3		2.0	1	m	2.00	
19	풍도02-3	7m	균열		종	0.2		0.5	1	m	0.50	
20	풍도02-3	9m	균열		사	0.2		0.4	1	m	0.40	
21	풍도02-3	6m	균열		종	0.2		0.7	1	m	0.70	
22	풍도02-3	5m	망상균열	b			1.8	0.7	1	㎡	1.26	0.1~0.2
23	풍도02-3	7m	균열		종	0.2		0.7	1	m	0.70	
24	풍도02-3	7m	철근노출	b				0.1	1	m	0.10	
25	풍도02-4	7m	균열		종	0.2		0.4	1	m	0.40	
26	풍도02-4	8m	균열		사	0.2		0.4	1	m	0.40	
27	풍도02-4	7m	균열		횡	0.2		0.5	1	m	0.50	
28	풍도02-4	8m	균열		횡	0.2		0.5	1	m	0.50	
29	풍도02-4	8m	균열		사	0.3		0.9	1	m	0.90	
30	풍도02-4	7m	균열		종	0.3		1.2	1	m	1.20	
31	풍도02-4	5m	균열		횡	0.2		0.6	1	m	0.60	
32	풍도02-4	6m	망상균열	b			1.8	1.7	1	㎡	3.06	0.1~0.2
33	풍도02-4	8m	균열		횡	0.1		0.4	1	m	0.40	
34	풍도02-4	5m	균열		횡	0.1		0.4	1	m	0.40	
35	풍도02-4	7m	균열		횡	0.2		0.4	1	m	0.40	
36	풍도02-4	9m	균열		사	0.1		0.3	1	m	0.30	

부록. 2
지식재산권

1. 특허 제 10-2387098호
   - 수직형 시설물의 내부 외관 조사 시스템 및 외관 조사방법

2. 특허 제 10-2442689호
   - 수직형 시설물의 내부 외관을 조사하기 위한 스캐닝 장치

특허증
CERTIFICATE OF PATENT

특 허 / Patent Number: 제 10-2387098 호

출원번호 / Application Number: 제 10-2020-0186187 호

출원일 / Filing Date: 2020년 12월 29일

등록일 / Registration Date: 2022년 04월 12일

발명의 명칭 / Title of the Invention: 수직형 시설물의 내부 외관 조사 시스템 및 외관 조사방법

특허권자 / Patentee: 등록사항란에 기재

발명자 / Inventor: 등록사항란에 기재

위의 발명은 「특허법」에 따라 특허원부에 등록되었음을 증명합니다.
This is to certify that, in accordance with the Patent Act, a patent for the invention has been registered at the Korean Intellectual Property Office.

2022년 04월 12일

특허청장
COMMISSIONER,
KOREAN INTELLECTUAL PROPERTY OFFICE

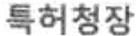 

Korean Intellectual Property Office

특허증
CERTIFICATE OF PATENT

특 허 (Patent Number) 제 10-2442689 호

출원번호 (Application Number) 제 10-2021-0177701 호

출원일 (Filing Date) 2021년 12월 13일

등록일 (Registration Date) 2022년 09월 06일

발명의 명칭 (Title of the Invention)
수직형 시설물의 내부 외관을 조사하기 위한 스캐닝 장치

특허권자 (Patentee)
등록사항란에 기재

발명자 (Inventor)
등록사항란에 기재

위의 발명은 「특허법」에 따라 특허원부에 등록되었음을 증명합니다.
This is to certify that, in accordance with the Patent Act, a patent for the invention has been registered at the Korean Intellectual Property Office.

2022년 09월 06일

특허청
Korean Intellectual Property Office

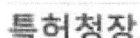

특허청장
COMMISSIONER,
KOREAN INTELLECTUAL PROPERTY OFFICE

QR코드로 편리하운 등록사항을 확인하세요

부록. 3
평가의견 조치계획 및 조치결과

[별지 제8-1호 서식]

평가의견 조치계획

평가위원 확인
정일원 (서명)

☐ 과 제 명 : 수직형 터널(환기구 포함) 진단을 위한 AI 기반 3D 외관조사망도 자동 스캐닝 시스템 개발

평가자	평가 의견	평가답변 및 조치계획	비고
정일원	1. 추진내용 충실도 - 다양한 현장 적용을 통해 발견된 문제점을 효과적으로 보완하여 기술의 상용화가 가능한 성과를 창출한 것으로 판단됨	-	-
	2. 질적인 기술향상 - 인력점검의 안전 위험을 원천 차단하고 정확도도 전문가 육안점검과 유사한 결과를 도출할 수 있을 것으로 기대됨.	-	-
	3. 실용화 의견 및 실용화를 위한 개선, 발전 방안에 관한 의견 - 운영매뉴얼에 적용 범위를 제시하고, 현장 장비운용에서의 안전관리방안을 수록할 것 - 연구성과가 인력 점검 대비 효율성(맨데이 등)이나 경제적 측면에서의 장점을 검토하여 기술의 우수성을 강조 필요	- 운영매뉴얼에 개발 시스템의 적용 범위와 장비운용 안전관리 방안을 기수록하였음(연구보고서 p.175 및 p.202) - 연구보고서 기대효과에 인력점검 대비 효율성과 경제적 실익 등을 검토하여 기재시하였음(연구보고서 p.12).	기반영
	4. 종합평가 의견 - 의견 없음	-	-

※ 비고 : 기반영, 반영, 부분반영, 반영불가.

[별지 제8-1호 서식]

평가의견 조치계획

평가위원 확인: 노은철 (서명)

□ 과 제 명 : 수직형 터널(환기구 포함) 진단을 위한 AI 기반 3D 외관조사망도 자동 스캐닝 시스템 개발

평가자	평가 의견	평가답변 및 조치계획	비고
노은철	1. 추진내용 충실도 - 수직형 시설물의 점검 및 진단 시 외관조사망도 자동화를 위한 AI 기반 외관망도 자동 스캐닝 시스템 개발은 다양한 각도에서 연구하여 개발한 충실한 연구 성과임 - 원형 단면의 수직형 시설물인 경우, 개발된 시제품의 적용이 용이한지 검토 필요	- 원형 단면 및 직사각 단면 등에 대해 현재 개발된 상용화 시제품의 화각을 고려한 중복 촬영을 통해 정밀 분석용 영상을 취득할 수 있음을 기검토 하였음(연구보고서 p.158)	기반영
	2. 질적인 기술향상 - 기존 조사가 불가능했던 수직형 시설물의 외관조사를 정밀하게 조사가 가능하도록 한 질적 기술 향상이 이루어짐 - 시제품의 경우 정지영상을 획득하는 방식으로 우수한 영상을 확보할 수 있는 것으로 평가되었음, 동영상에 의한 조사영상 획득방식과의 장단점 분석 수록 요함	- 연구개발 성과로 1) 정밀영상 취득용 상용화 시제품 2) 신속한 손상 여부 검사용 3D VR 카메라를 제시하였음. 점검 목적에 따라 정밀한 손상영상을 취득, 손상을 정량화 할 필요성이 있는 경우에는 상용화 시제품을 적용하고, 일상점검과 같이 손상여부만을 신속히 점검하기 위해서는 3D VR 카메라 영상으로 점검을 수행하는 것을 권고	기반영
	3. 실용화 의견 및 실용화를 위한 개선, 발전 방안에 관한 의견 - 실재 현장 조사시 투입인력, 비용을 검토하고 장비를 운용할 수 있는 기술수준 및 장비 세팅 비용 등의 분석을 통해 실용화에 대한 검토 필요 - 깊이 10m의 환기구 1개소당 조사시간이 최소 30분으로 평가하였는데, 각 조사 단면별 세팅시간을 고려한 실 조사 시간의 검토 필요 - 수직형 시설물이 30m 이상인 경우, 조사 장비의 진동 및 흔들림 발생 방지 등 균형 조정이 가능한지 검토, 실습한 내용 추가 요함	- 수직형 시설물의 장비 세팅 등을 종합적으로 고려한 작업 소요인원과 소요시간을 기검토 하였음(연구보고서 p.199) - 30m 이상의 대심도 시설물의 경우, 지적하신 바대로 장비의 진동 혹은 외부요인으로 인한 흔들림이 예상됨 (연구보고서 p.158) - 해당 사항은 실무부서에서 장비를 실적용하는 과정을 지속적으로 기술지원하고 기술 피드백을 통해 추후 개선 연구 계획에 반영 예정임	반영
	4. 종합평가 의견 - 본 연구는 조사가 어려웠던 수직형 시설물에 대한 조사를 일정부분 객관적이고 정확한 조사가 가능하도록 하였으며, 향후 기술 발전을 통한 조사 장비의 개선, 현장 적용성 향상을 통해 지속적으로 개선해 나갈 필요가 있음.	- 지적사항을 반영하여, 연구종료 이후에도 실무부서와 지속적 기술협의를 통해 장비 개선을 수행하겠음.	반영

※ 비고 : 기반영, 반영, 부분반영, 반영불가.

[별지 제8-1호 서식]

평가의견 조치계획

평가위원 확인
윤형구 (서명)

☐ 과 제 명 : 수직형 터널(환기구 포함) 진단을 위한 AI 기반 3D 외관조사망도 자동 스캐닝 시스템 개발

평가자	평가 의견	평가답변 및 조치계획	비고
윤형구	1. 추진내용 충실도 - 해당 연구는 수직구 및 환기구 등의 수직형 시설물의 외관조사를 스캐닝 시스템으로 자동화 할 수 있는 기술개발을 목적으로 하고 있으며, 연구 추진체계에 부합하며 적절하게 진행된 것으로 사료됩니다.	-	-
	2. 질적인 기술향상 - 그동안 사람에 의해 수행된 외관검사를 스캐닝 시스템으로 점검할 수 있어 정량적이고 객관적인 데이터를 획득할 수 있다고 판단됩니다. 이에 점검 기술이 질적으로 향상된 성과를 보유하고 있다고 판단됩니다.	-	-
	3. 실용화 의견 및 실용화를 위한 개선 발전 방안에 관한 의견 - 개발된 스캐닝 시스템이 적극적으로 활용될 수 있도록 다양한 지하구에 적용하여 방법 및 해석 방안이 업데이트 되길 바랍니다.	지적하신 내용을 반영하여, 연구종료 이후에도 지속적으로 현업 부서와의 기술협의체 시행 예정이며, 현장 적용 범위 확대와 분석방안 고도화를 위한 후속 연구를 기획하겠음.	반영
	4. 종합평가 의견 - 해당 과제는 스캐닝 시스템으로 객관적인 데이터를 확보하여 효율적인 안전검검을 수행할 방법을 제시하고 있어 향후 활용성이 높을 것으로 판단됩니다.		

※ 비고 : 기반영, 반영, 부분반영, 반영불가.

[별지 제8-1호 서식]

평가의견 조치계획

평가위원 확인
(서명)

☐ 과 제 명 : 수직형 터널(환기구 포함) 진단을 위한 AI 기반 3D 외관조사망도 자동 스캐닝 시스템 개발

평가사	평가 의견	평가답변 및 조치계획	비고
강기천	1. 추진내용 충실도 - 연구계획에 따라 성능목표를 대부분 달성한 것으로 판단됨.	-	-
	2. 질적인 기술향상 - 목표 진단시간(10cm/s)보다는 정확도에 초점을 맞추어 보다 정확한 외관망도의 작성을 목표로 하는 것이 필요함.	- 이 연구에서는 장비의 영상취득 속도 뿐 아니라 지적하신 영상분석의 정확도 90% 이상을 성과지표로 설정하였으며, 검증 결과 95% 이상의 정확도를 확보하였음(연구보고서 p.170)	기반영
	3. 실용화 의견 및 실용화를 위한 개선, 발전 방안에 관한 의견 - 연구에서 도출된 문제점 및 개선사항이 필요하며, 이는 현업과의 긴밀한 교류가 필요할 것으로 사료됨.	- 연구종료 이후에도 현업 부서와의 기술협의체 시행으로 지속적으로 기술 피드백/개선 예정임.	반영
	4. 종합평가 의견 - 전체적으로 잘 수행된 연구라고 판단되나, 실용화가 가능하도록 도출된 문제점이 해결될 수 있도록 후속조치가 필요할 것으로 판단됨.	- 연구종료 이후에도 지속적으로 현업 부서와의 기술협의체 시행 예정이며, 현장 실용성을 제고하기 위한 후속 연구를 기획하겠음.	반영

※ 비고 : 기반영, 반영, 부분반영, 반영불가.

[별지 제8-1호 서식]

평가의견 조치결과

평가위원 확인
한 택 희 (서명)

☐ 과 제 명 : 수직형 터널(환기구 포함) 진단을 위한 AI 기반 3D 외관조사망도 자동 스캐닝 시스템 개발

평가자	평가 의견	평가답변 및 조치계획	비고
한택희	1. 추진내용 충실도 - 계획된 진도로 수행되어 단계별 연구 목표를 달성하였으며, 특수한 작업환경에 적합한 하드웨어를 개발함.	-	-
	2. 질적인 기술향상 - 하드웨어 측면에서 특수 작업조건을 고려한 계측장비를 개발하였으나, 소프트웨어적인 면에서 보았을 때, 타 영상기반 AI 계측과 유사한 기술을 보이고 있음.	- SW 측면에서 영상분석 관련, 타 기술과 유사성을 가지고 있으나, 수직형 시설물의 특수한 환경조건(조명 확보, 부분적 태양광 차단 등)을 고려하여 일반 영상취득 알고리즘 대비, 높은 정확도의 영상분석 알고리즘을 개발함 (F1-score 95% 이상)	
	3. 실용화 의견 및 실용화를 위한 개선, 발전 방안에 관한 의견 - 향후, 각 시설물별로 개발된 AI 자동 영상판독 SW는 하나의 SW와 알고리즘으로 통합될 필요가 있음. - 또한, 현재의 HW는 아직 사용 편의성에 최적화 되지 않은 것으로 판단되는 바, 현장 적용을 위해서는 사용 편의성에 대한 개선이 필요함.	- 개발된 SW의 알고리즘 통합을 위한 후속 연구를 기획하겠음. - 연구종료 이후에도 현업 부서와의 기술 협의체 시행으로 지속적으로 기술 피드백/개선 예정이며, 현장 실용성을 제고하기 위한 후속 연구를 기획하겠음.	반영
	4. 종합평가 의견 - 계획된 진도로 수행되어 단계별 연구 목표를 달성하였으며, 할당된 연구비 대비 우수한 성과를 거둔 것으로 판단됨.	-	-

※ 비고 : 기반영, 반영, 부분반영, 반영불가.

[별지 제8-2호 서식] <신설 2021. 12. 29.>

평가의견 조치결과

평가위원 확인 : 정일원 (인)

☐ 과 제 명 : 수직형 터널(환기구 포함) 진단을 위한 AI 기반 3D 외관조사망도 자동 스캐닝 시스템 개발

평가자	평가 의견	조치결과 내용 요약	반영 여부	증빙
정일원	1. 추진내용 충실도 - 다양한 현장 적용을 통해 발견된 문제점을 효과적으로 보완하여 기술의 상용화가 가능한 성과를 창출한 것으로 판단됨	-	-	-
	2. 질적인 기술향상 - 인력점검의 안전 위험을 원천 차단하고 정확도로 전문가 육안점검과 유사한 결과를 도출할 수 있을 것으로 기대됨.	-	-	-
	3. 실용화 의견 및 실용화를 위한 개선·발전 방안에 관한 의견 - 운영매뉴얼에 적용 범위를 제시하고, 현장 장비운용에서의 안전관리방안을 수록할 것 - 연구성과가 인력 점검 대비 효율성(맨데이 등)이나 경제적 측면에서의 장점을 검토하여 기술의 우수성을 강조 필요	- 운영매뉴얼에 개발 시스템의 적용 범위와 장비운용 안전관리 방안을 기수록 하였음(연구보고서 p.175 및 p.202) - 연구보고서 기대효과에 인력점검 대비 효율성과 경제적 실익 등을 검토하여 기재시하였음(연구보고서 p.12).	기반영	연구보고서 p.175 및 p.202 연구보고서 p.12
	4. 종합평가 의견 - 의견 없음	-	-	-

※ 반영여부 : 기반영, 반영, 부분반영, 반영불가

[별지 제8-2호 서식] <신설 2021. 12. 29.>

평가의견 조치결과

평가위원 확인: 노은철 (서명)

☐ 과 제 명 : 수직형 터널(환기구 포함) 진단을 위한 AI 기반 3D 외관조사망도 자동 스캐닝 시스템 개발

평가자	평가 의견	조치결과 내용 요약	반영여부	증빙
노은철	1. 추진내용 충실도 - 수직형 시설물의 점검 및 진단 시 외관조사망도 자동화를 위한 AI 기반 외관망도 자동 스캐닝 시스템 개발은 다양한 각도에서 연구하여 개발한 충실한 연구 성과임 - 원형 단면의 수직형 시설물인 경우, 개발된 시제품의 적용이 용이한지 검토 필요	- 원형 단면 및 직사각 단면 등에 대해 현재 개발된 상용화 시제품의 화각을 고려한 중복 촬영을 통해 정밀 분석용 영상을 취득할 수 있음을 기검토 하였음(연구보고서 p.158)	기반영	연구보고서 p.158
	2. 질적인 기술향상 - 기존 조사가 불가능했던 수직형 시설물의 외관조사를 정밀하게 조사가 가능하도록 한 질적 기술향상이 이루어짐 - 시제품의 경우 정지영상을 획득하는 방식으로 우수한 영상을 확보할 수 있는 것으로 평가되었음, 동영상에 의한 조사영상 획득방식과의 장단점 분석 수록 요함	- 연구개발 성과로 1) 정밀영상 취득용 상용화 시제품 2) 신속한 손상 여부 검사용 3D VR 카메라를 제시하였음. - 점검 목적에 따라 정밀한 손상영상을 취득, 손상을 정량화 할 필요성이 있는 경우에는 상용화 시제품을 적용하고, 일상점검과 같이 손상여부만을 신속히 점검하기 위해서는 3D VR 카메라 영상으로 점검을 수행하는 것을 권고	기반영	
	3. 실용화 의견 및 실용화를 위한 개선·발전 방안에 관한 의견 - 실제 현장 조사시 투입인력, 비용을 검토하고 장비를 운용할 수 있는 기술수준 및 장비 셋팅 비용 등의 분석을 통해 실용화에 대한 검토 필요 - 깊이 10m의 환기구 1개소당 조사시간이 최소 30분으로 평가하였는데, 각 조사 단면별 셋팅시간을 고려한 실 조사 시간의 검토 필요 - 수직형 시설물이 30m 이상인 경우, 조사장비의 진동 및 흔들림 발생 방지 등 균형 조정이 가능한지 검토, 실습한 내용 추가 요함	- 수직형 시설물의 장비 셋팅 등을 종합적으로 고려한 작업 소요인원과 소요시간을 기검토 하였음(연구보고서 p.199) - 30m 이상의 대심도 시설물의 경우, 지적하신 바대로 장비의 진동 혹은 외부요인으로 인한 흔들림이 예상됨(연구보고서 p.158) - 해당 사항은 실무부서에서 장비를 실적용하는 과정을 지속적으로 기술지원하고 기술 피드백을 통해 추후 개선 연구 계획에 반영 예정임	반영	연구보고서 p.199 연구보고서 p.158 현업부서 지속적 기술지원 및 피드백 예정
	4. 종합평가 의견 - 본 연구는 조사가 어려웠던 수직형 시설물에 대한 조사를 일정부분 객관적이고 정확한 조사가 가능하도록 하였으며, 향후 기술발전을 통한 조사 장비의 개선, 현장 적용성 향상을 통해 지속적으로 개선해 나갈 필요가 있음.	- 지적사항을 반영하여, 연구종료 이후에도 실무부서와 지속적 기술협의를 통해 장비 개선을 수행하겠음.	반영	현업부서 지속적 기술지원 및 장비개선 예정

※ 반영여부 : 기반영, 반영, 부분반영, 반영불가

수직형 시설물의 AI 기반 비진입 스캐닝 자동화 시스템 개발

[별지 제8-2호 서식] <신설 2021. 12. 29.>

평가의견 조치결과

평가위원 확인
윤형구 (서명)

□ 과 제 명 : 수직형 터널(환기구 포함) 진단을 위한 AI 기반 3D 외관조사망도 자동 스캐닝 시스템 개발

평가자	평가 의견	조치결과 내용 요약	반영여부	증빙
윤형구	1. 추진내용 충실도 - 해당 연구는 수직구 및 환기구 등의 수직형 시설물의 외관조사를 스캐닝 시스템으로 자동화 할 수 있는 기술개발을 목적으로 하고 있으며, 연구 추진체계에 부합하여 적절하게 진행된 것으로 사료됩니다.	-	-	-
	2. 질적인 기술향상 - 그동안 사람에 의해 수행된 외관검사를 스캐닝 시스템으로 점검할 수 있어 정량적이고 객관적인 데이터를 획득할 수 있다고 판단됩니다. 이에 점검 기술이 질적으로 향상된 성과를 보유하고 있다고 판단됩니다.	-	-	-
	3. 실용화 의견 및 실용화를 위한 개선·발전 방안에 관한 의견 - 개발된 스캐닝 시스템이 적극적으로 활용될 수 있도록 다양한 지하구에 적용하여 방법 및 해석방안이 업데이트 되길 바랍니다.	- 지적하신 내용을 반영하여, 연구 종료 이후에도 지속적으로 현업 부서와의 기술협의체 시행 예정이며, 현장 적용 범위 확대와 분석방안 고도화를 위한 후속 연구를 기획하겠음.	반영	현업부서와 지속적 기술 피드백 예정 후속 연구로 기획 예정
	4. 종합평가 의견 - 해당 과제는 스캐닝 시스템으로 객관적인 데이터를 확보하여 효율적인 안전검검을 수행할 방법을 제시하고 있어 향후 활용성이 높을 것으로 판단됩니다.		-	

※ 반영여부 : 기반영, 반영, 부분반영, 반영불가

[별지 제8-2호 서식] <신설 2021. 12. 29.>

평가의견 조치결과

평가위원 확인: Erchun Bang (서명)

☐ 과 제 명 : 수직형 터널(환기구 포함) 진단을 위한 AI 기반 3D 외관조사망도 자동 스캐닝 시스템 개발

평가자	평가 의견	조치결과 내용 요약	반영여부	증빙
강기천	1. 추진내용 충실도 - 연구계획에 따라 성능목표를 대부분 달성한 것으로 판단됨.	-	-	-
	2. 질적인 기술향상 - 목표 진단시간(10cm/s)보다는 정확도에 초점을 맞추어 보다 정확한 외관망도의 작성을 목표로 하는 것이 필요함.	- 이 연구에서는 장비의 영상취득 속도 뿐 아니라 지적하신 영상분석의 정확도 90% 이상을 성과지표로 설정하였으며, 검증 결과 95% 이상의 정확도를 확보하였음(연구보고서 p.170)	기반영	연구보고서 p.170
	3. 실용화 의견 및 실용화를 위한 개선.발전 방안에 관한 의견 - 연구에서 도출된 문제점 및 개선사항이 필요하며, 이는 현업과의 긴밀한 교류가 필요할 것으로 사료됨.	- 연구종료 이후에도 현업 부서와의 기술협의체 시행으로 지속적으로 기술 피드백/개선 예정임.	반영	현업부서와 지속적 기술 피드백 예정
	4. 종합평가 의견 - 전체적으로 잘 수행된 연구라고 판단되나, 실용화가 가능하도록 도출된 문제점이 해결될 수 있도록 후속조치가 필요할 것으로 판단됨.	- 연구종료 이후에도 지속적으로 현업 부서와의 기술협의체 시행 예정이며, 현장 실용성을 제고하기 위한 후속 연구를 기획하겠음.	반영	현업부서와 지속적 기술 피드백 예정 후속 연구로 기획 예정

※ 반영여부 : 기반영, 반영, 부분반영, 반영불가

수직형 시설물의 AI 기반 비진입 스캐닝 자동화 시스템 개발

[별지 제8-2호 서식] <신설 2021. 12. 29.>

평가의견 조치결과

평가위원 확인
한 택 희 (서명)

☐ 과 제 명 : 수직형 터널(환기구 포함) 진단을 위한 AI 기반 3D 외관조사망도 자동 스캐닝 시스템 개발

평가자	평가 의견	조치결과 내용 요약	반영 여부	증 빙
한택희	1. 추진내용 충실도 - 계획된 진도로 수행되어 단계별 연구목표를 달성하였으며, 특수한 작업환경에 적합한 하드웨어를 개발함.	-	-	-
	2. 질적인 기술향상 - 하드웨어 측면에서 특수 작업조건을 고려한 계측장비를 개발하였으나, 소프트웨어적인 면에서 보았을 때, 타 영상기반 AI 계측과 유사한 기술을 보이고 있음.	- SW 측면에서 영상분석 관련, 타 기술과 유사성을 가지고 있으나, 수직형 시설물의 특수한 환경조건(조명 확보, 부분적 태양광 차단 등)을 고려하여 일반 영상취득 알고리즘 대비, 높은 정확도의 영상분석 알고리즘을 개발함 (F1-score 95% 이상)	-	-
	3. 실용화 의견 및 실용화를 위한 개선,발전 방안에 관한 의견 - 향후, 각 시설물별로 개발된 AI 자동 영상판독 SW는 하나의 SW와 알고리즘으로 통합될 필요가 있음. - 또한, 현재의 HW는 아직 사용 편의성에 최적화 되지 않은 것으로 판단되는 바, 현장 적용을 위해서는 사용 편의성에 대한 개선이 필요함.	- 개발된 SW의 알고리즘 통합을 위한 후속 연구를 기획하겠음. - 연구종료 이후에도 현업 부서와의 기술협의체 시행으로 지속적으로 기술 피드백/개선 예정이며, 현장 실용성을 제고하기 위한 후속 연구를 기획하겠음.	반영	후속 연구로 기획 예정 현업부서 지속적 기술지원 및 피드백 예정
	4. 총합평가 의견 - 계획된 진도로 수행되어 단계별 연구목표를 달성하였으며, 할당된 연구비 대비 우수한 성과를 거둔 것으로 판단됨.	-	-	-

※ 반영여부 : 기반영, 반영, 부분반영, 반영불가

참 여 연 구 진

참여구분	소 속	직 위	성 명
연 구 관 리	안전성능연구소	소 장	김 동 희
연 구 책임자	안전성능연구소	책임연구원	유 훈
참 여 연구원	안전성능연구소	수석연구원	김 동 주
참 여 연구원	안전성능연구소	연 구 원	채 명 수
(공동연구원)			
연 구 책임자	㈜케이엠티엘	연구소장	박 신 전
참 여 연구원	㈜케이엠티엘	상 무	지 기 환
참 여 연구원	㈜케이엠티엘	부 장	김 재 범
참 여 연구원	㈜케이엠티엘	차 장	박 진 태
참 여 연구원	㈜케이엠티엘	차 장	김 호 직
참 여 연구원	㈜케이엠티엘	과 장	김 태 식
연 구 보조원	㈜케이엠티엘	과 장	임 성 일
연 구 책임자	세종대학교	부교수	안 윤 규

수직형 터널(환기구 포함) 진단을 위한
AI기반 3D 외관조사망도 자동 스캐닝 시스템 개발

초판 인쇄 2023년 02월 24일
초판 발행 2023년 03월 02일

저 자 국토안전관리원
발행인 김갑용

발행처 진한엠앤비
주소 서울시 서대문구 독립문로 14길 66 205호(냉천동 260)
전화 02) 364 - 8491(대) / 팩스 02) 319 - 3537
홈페이지주소 http://www.jinhanbook.co.kr
등록번호 제25100-2016-000019호 (등록일자 : 1993년 05월 25일)
ⓒ2023 jinhan M&B INC, Printed in Korea

ISBN 979-11-290-4596-6   (93540)   [정가 32,000원]

☞ 이 책에 담긴 내용의 무단 전재 및 복제 행위를 금합니다.
☞ 잘못 만들어진 책자는 구입처에서 교환해 드립니다.
☞ 본 도서는 [공공데이터 제공 및 이용 활성화에 관한 법률]을 근거로 출판되었습니다.